술로 만나는 중국·중국인

술로
만나는
중국·중국인

서교출판사

한잔 술과 함께 즐기는 대륙 문화의 향기

내가 모종혁 씨를 처음 만난 지도 벌써 10여 년이 흘렀다. 당시만 해도 나는 시사교양PD로서 여러 차례 중국을 취재한 경험이 있었다. 어느 날 쓰촨四川과 윈난雲南에서 촬영할 일이 있어 취재 코디네이터를 찾다가 주위의 소개로 그를 알게 됐다. 그 이전에 같이 일했던 다른 코디들은 취재원들에게 사전 연락을 취했다가, 한국에서 취재진이 중국에 도착하면 본격적인 작업을 시작하곤 했다. 이에 반해 모종혁 씨는 모든 취재 내용을 숙지하고 미리 취재 지역에 가서 현지 상황을 파악, 취재원들을 섭외한 뒤 기다리곤 했다. 그때 나는 일에 대한 그의 열정과 중국에 대한 애정이 얼마나 깊은가를 느낄 수 있었다.

모종혁 씨는 중국이 전면적인 개혁·개방을 시작하는 시기에 조국을 떠나 바다를 건너 중국 땅을 밟았다. 중국을 젊은 시절 잠시 거쳐 가는 곳이 아니라, 자신이 계속 살아갈 삶의 터전이라고 생각하며 그곳에 자리 잡은 것이다. 특히 그는 중국 오지에 사는 소수민족의 삶과 문화풍습을 생생히 소개하는 르포를 쓰겠다며, 중국 전역을 샅샅이 누비고 다녔다. 그가 발로 뛰어가며 얻은 중국에 대한 지식과 경험은 한국 방송프로그램 제작에도 큰 기여를 했다.

이 책은 그간의 노고와 땀의 결실인 셈이다. 단순한 기행문을 넘어 중국 각 지역의 역사와 문화, 변화하는 경제와 사회를 종횡으로 엮어놓고 있다. 또한 현장에서 찍은 사진을 곁들여 놓아, 보는 이의 눈을 즐겁게 한다. 예를 들어 '시안西安' 지역 편에서는 병마용의 발굴부터 그와 관련된 뒷이야기, 진시황에 대한 소개와 냉정한 평가까지 총동원하여 흥미진진하게 이야기를 펼쳐놓는다. 그뿐만 아니라 시안의 역사와 가장 핵심이 되는 왕조인 당나라, 지금까지 남아 있는 당대의 대표적인 유적 등을 속도감 있게 풀어내면서 상당한 정보량을 제공하고, 읽는 재미도 쏠쏠하다. 여기에 진시황의 선조이자 시펑주西鳳酒를 낳은 춘추전국시대 진나라의 일화를 풀어나가며 시펑주를 설명한다. 그야말로 현장감이 넘쳐난다.

중국인을 만나면 빼놓을 수 없는 '술'을 각 도시와 마을에 깃들어 있는 스토리와 연계하여 흥미 있게 풀어놓는 솜씨는 과연 모종혁 씨 다운 필력이다. 많은 이들은 보통 중국을 찾으면 마오타이茅臺나

수이징팡水井坊을 찾는다. 그러나 그 밖에도 중국은 지방마다 각 특산주를 가지고 있고, 다양한 문화풍습도 많다. 또한 5,000년 역사를 자랑하는 중국문학은 술로 인해 이토록 풍성해질 수 있었다. 술이 없었다면 과연 도연명, 이백, 소동파 등 대시인들이 주옥 같은 명시를 과연 쓸 수 있었을까?

위성에 아침비 내려 가벼운 먼지를 적시니,
渭城朝雨浥輕塵
객사에 푸릇푸릇 버들 빛 새롭도다.
客舍青青柳色新
그대에게 권하노니, 다시 한잔 비우게나.
勸君更進一杯酒
서쪽으로 양관을 나서면 벗 하나 없으리니.
西出陽關無故人

- 왕유의 시 中

기뻐서 마시고, 슬퍼서 마시고, 만나서 마시고, 헤어져서 마시고…. 예나 지금이나 우리의 삶과 생활 속에서 술은 빠지지 않고 희로애락을 함께 해 왔다. 이런 술을 통해 중국에 다가서고 중국인을 만나며 곳곳의 도시와 그 지방 사람들을 다각도로 이해하려는 모종혁 씨의 발상은 참으로 신선하다고 할 수 있다. 이 책을 다 읽고 나니 중국이라는 거대한 성찬을, 13억 7,000만 중국인의 다채로운 생활상을, 그에 어울리는 좋은 술과 함께 즐긴 기분이다. 어찌 즐거운 마음으로 다른 이들에게 함께 즐기기를 권하지 않을 수 있겠는가?

노혁진(MBC 라디오국 국장)

1996년 2월 26일, 거센 황사 바람을 뚫고 베이징에 도착해 학교등록을 마쳤던 날이 아직도 생생합니다. 첫날부터 짧은 중국어 실력에 절망하며, 한국과 너무나도 다른 이 대륙에서 어떻게 홀로 살아가야 할지 눈앞이 캄캄해지는 것을 느꼈습니다. 그로부터 20년이 지난 오늘, 저는 여전히 중국에 살고 있습니다. 10년이면 강산이 변한다지만 그 사이 대륙 곳곳은 천지개벽의 변신을 거듭했습니다. 저도 베이징에서 시안으로, 시안에서 다시 베이징으로 거처를 옮겼고, 지금은 충칭에서 살고 있죠.

지난 20년간 저는 중국에서 참으로 많은 일을 겪었습니다. 대학을 졸업하고, 사업을 했으며, 저널리스트로 중국 전역을 누볐습니다. 각지에서 만난 여러 중국 여성들과 뜨겁게 사랑했고, 이별했습니다. 속되게 말해 산전수전에 공중전까지 치른 셈이지요. 그런 와중에 장시(江西)성을 제외한 4개 직할시, 21개 성, 5개 자치구, 홍콩·마카오와 대만을 발로 뛰어가며 열의를 다해 취재했습니다. 제가 방문했던 도시와 마을은 500여 곳이나 되었고, 그곳에 다녀오기 위해 총 400여 번의 비행기를 탔습니다. 그렇게 20년이 지나고 보니, 어느새 저는 중국의 서부지역, 노동자·농민, 환경, 소수민족, 변경 등의 분야에서 가장 많은 취재를 다닌 외국인 저널리스트가 되었습니다.

이 책은 제가 중국생활 만 20년을 결산하며 내는 첫 책입니다. 그런데 하필 그 소재로 술을 택했을까요? 먼저 진실부터 밝히자면, 저는 평생 동안 단 한 번도 담배를 피운 적이 없는 사람입니다. 게다가 평소 가족이나 친한 벗, 비즈니스 파트너를 제외하고는 술도 일절 마시지 않습니다. 그 횟수도 많아봤자 한 달에 네다섯 차례뿐입니다. 적지 않은 수의 여성들과 교제했지만, 현재 함께 있는 내 여자를 두고 다른 여자에게 눈길 한 번 준 적이 없습니다. 즉, 술과 관련된 그 어떤 악습관도 없는 사람입니다.

그런데 저는 중국 전체를 포괄하면서 한 도시나 마을을 깊이 있게 살펴 볼 수 있는 아이템이 바로 '술'이라고 판단했습니다. 중국에는 각 지방, 도시, 마을마다 특색 있는 술이 있죠. 그 술 이면에는 흥미롭고 재미있는 스토리가 담겨져 있고요. 저는 바로 이 점에 착안했습니다. 우선 중국 서부지역을 중심으로, 독자들이 찾아가 볼만한 도시와 마을을 선정했습니다. 그다음 한국인으로서 반드시 알아야 할 역사적 인물과 사건, 경제 및 사회 현상을 포착했으며, 중국을 대표하는 문화와 문학, 오랜 전통과 다채로운 풍습을 지닌 소수민족도 선별했습니다. 무엇보다 술을 이야기하는 책이니만큼 중국 주류산업과 기업의 현황도 철저하게 조사했습니다.

이 책을 통해 제가 가장 부각하고 싶었던 것은 '제가 살고 있고, 또 사랑하는 중국'의 알려지지 않은 좋은 점들이었습니다. 저는 사실 정식으로 저널리즘을 공부하거나 어느 누구로부터 체계적으로 가르침을 받은 적은 없습니다. 오직 현장에서 일을 배웠죠. 그런 제가 지금에서야 미생을 벗어나, 중국전문 저널리스트로서 완생의 길에 들어서게 되었습니다. 지금의 제가 있기까지 저를 단련시켜 준 이들이 바로 그동안 만났던 중국의 이웃들입니다. 저는 평소 기사를 통해 중국의 면면을 매섭게 비판하지만, 주로 중국 정부와 지배층에게만 해당되는 것이 대다수였습니다. 그래서 이 책을 통해서는 우리 독자들에게 중국의 이웃과 취재원의 이야기를 진솔하게 들려주고 싶었습니다.

두 번째로는, 중국과 관계를 맺고 싶어 하는 모든 이들이 실전에서 참고해야 할 교재를 만들고 싶었습니다. 중국여행을 준비 중인 독자들에게도 어필할 수 있다면 더 바랄 것이 없을 것입니다. 현재 저는 중국에 진출한 한국기업, 한국기업과 합작하거나 한국에 진출하려는 중국기업을 여러 방면에서 도와주며 직원교육을 담당하는 일을 하고 있습니다. 이러한 현장 경험과 중국학 지식을 총동원하여, 읽기 쉽고 재미있는 책을 만들려고 노력했습니다.

2남 4녀를 키우느라 한평생을 고생하신 어머님, 사랑하는 가족, 중국 친구들과 모든 취재원에게 감사의 말씀을 전하며 제 땀과 결실이 깃든 이 책을 바칩니다.

2016년 8월, 충칭에서 저자

| 차 례 |

5 술로 만나는 강남 문화

1 술로 만나는 천부지국

세 번 다시 찾게 한 번거로움은 천하를 위한 계책으로
두 임금을 섬겨 나라를 구하려던 노신의 마음으로 나타났네.
전쟁에 나가 뜻을 이루지 못하고 몸이 먼저 죽어
후세의 영웅들로 하여금 눈물을 옷깃에 적시게 하네.

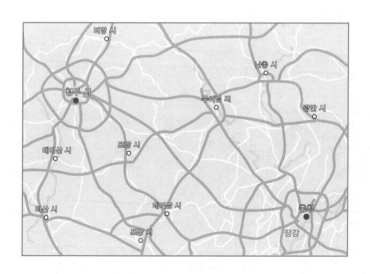

두장옌이 탄생시킨 청두의 자존심 '수이징팡'

19세기 청나라 동치제同治帝 때 일이
다. 쓰촨四川성 청두成都의 상인 온溫씨에게 자색이 고운 딸이 있었
다. 온교교溫巧巧는 집안이 좋고 아름다웠지만, 얼굴이 얽었다. 부
모는 딸을 대갓집에 시집보내길 포기하고 착하고 성실한 청년을 수
소문했다. 마침 목재상에 일하던 진지호陳志灝를 찾아 결혼시켰다.
부지런했던 신랑은 결혼 후 밥 먹을 때를 빼곤 문밖에 나오질 않았
다. 부부간 금슬이 너무 좋았기 때문이었다.

　시댁 식구들이 험하게 흉보자, 신혼부부는 살림을 따로 차렸다.
진씨는 기름집에 취직하고 온씨는 집 앞에서 차를 끓여 팔아 생계
를 유지했다. 생활이 안정되던 어느 날 진씨가 기름을 운반하다 사
고를 당해 죽었다. 온씨는 비통한 심정을 추스르고 과부인 시누이

와 진교교시누이·올케 두부팽조陳巧巧姑嫂豆腐烹調라는 식당을 차렸다. 쌍과부가 차린 식당이라 하여 사람들은 '진씨네 넷째 형수陳四嫂'라거나 '교아가씨'이라 불렀다.

온교교와 시누이는 시장 주변의 두부집, 푸줏간, 기름집 등에서 사들인 두부, 돼지고기, 고추, 콩기름 등을 볶아 음식을 만들어 팔았다. 다행히 장사는 잘 됐고 식당은 커져갔다. 이웃들은 온씨에게 재혼을 권했다. 하지만 온씨는 거절하고 평생 수절했다. 온씨가 죽고 나서 청두 사람들은 이름 없던 요리에 '마파두부麻婆豆腐'라는 명칭을 붙였다. 이는 '곰보 할머니의 두부요리'라는 뜻인데, 온씨 얼굴에 마마자국이 있었던 것을 착안했다.

전 세계에 널려 있는 중국식당 메뉴에 빠지지 않고 등장하는 마파두부의 탄생 설화다. 마파두부는 중국을 대표하는 음식이자 청두에서 시작된 쓰촨요리다. 음식재료부터 쓰촨요리의 특징을 잘 보여 준다. 먼저 두부는 가장 서민적인 식재료로, 값싸고 쉽게 구할 수 있다. 고추와 화자오花椒는 맵고 얼얼한 맛을 내게 한다. 발효소스인 더우반장豆瓣醬은 짙고 깊은 맛을 낸다. 이처럼 마파두부는 쓰촨요리의 맛과 향을 고스란히 담고 있다.

마파두부의 고향 청두는 3천여 년의 역사를 지닌 유서 깊은 도시다. 춘추전국시대 청두 일대에서는 촉蜀나라가 흥기해서 황하문명과 전혀 다른 문화를 꽃피웠다. 기원전 316년 진시황이 보낸 대군은 촉을 멸망시켰는데, 뜻밖에 선물을 청두에 남겼다. 태수 이빙李泳이 건설한 두장옌都江堰이 그것이다. 두장옌은 청두 서쪽에 흐르

마파두부의 고향 청두를 있게 한 고대 수리시설 두장옌의 전경.

던 민강岷江을 막아 여러 갈래로 흐르게 한 수리관개시설이다. 중국 고대 수리사업의 효시로, 유네스코가 지정한 세계문화유산이다.

두장옌에서 갈라져 나온 수십 줄기의 물은 쓰촨과 청두를 비옥하게 했다. 기름진 땅에서 풍부하고 다양한 물산이 나오자, 중국인들은 쓰촨을 '천부지국天府之國'이라 불렀다. 본래 이 말은 사마천이 〈사기〉에서 시안西安 일대의 관중평야를 일컬었다. 두장옌은 천부지국 타이틀을 빼앗아 쓰촨에 안겨다 줬다. 우리에게 청두는 친숙한 역사 무대다. 3세기 삼고초려 끝에 출사한 제갈량은 유비에게 천하삼분책을 내놓는다. 이에 유비는 당시 익주益州였던 쓰촨에 들어와 촉한蜀漢을 세웠다.

제갈량諸葛亮은 유비와 유선 두 임금을 모시면서도 천하통일의 대업을 못 이뤘다. 하지만 그의 충심과 기개는 지금도 사당 무후사武侯祠에 남아 있다. 무후사는 본래 유비의 묘였던 한소열묘漢昭烈廟에 제갈량 사당을 합쳐서 조성했다. 제갈량은 북벌 중 죽은 뒤 산시陝西성 몐勉현 딩준산定軍山에 묻혔다. 유비의 아들 유선이 청두 외곽에 제갈량 사당을 조성했는데, 이를 5세기 초 성한成漢 황제인 이웅이 시내로 옮겨 왔다. 그 뒤 명대 초기에 지금처럼 한소열묘와 합쳐졌다.

후대인들은 유비보다 제갈량을 높이 더 평가했기에 이곳도 한소열묘보다 무후사로 불리게 됐다. 760년 안사의 난을 피해 청두에 정착했던 두보杜甫는 무후사를 즐겨 찾았다. 그는 제갈량을 기리며 '촉상蜀相'을 남겼다.

세 번 다시 찾게 한 번거로움은 천하를 위한 계책으로
三顧頻煩天下計
두 임금을 섬겨 나라를 구하려던 노신의 마음으로 나타났네.
兩朝開濟老臣心
전쟁에 나가 뜻을 이루지 못하고 몸이 먼저 죽어
出師未捷身先死
후세의 영웅들로 하여금 눈물을 옷깃에 적시게 하네.
長使英雄淚滿襟

무후사에서 동남쪽으로 두장옌에서 흘러나온 진강錦江을 건너면 우리에게 낯익은 유적지가 나온다. 오늘날 한국 주당들이 가장 좋아하는 중국 술 수이징팡水井坊의 유적이다. 1998년 8월 일단의 인

수이징팡 유적지에서 술 수이징팡의 원료가 발효된다.

부들이 주류기업 취안싱全興의 낡은 공장 시설을 보수하기 위해 땅을 파던 중 특이한 유물을 발견했다. 즉시 이 사실을 회사에 알렸고 공사를 멈췄다. 이듬해 3월 청두박물원 문물고고연구소 주도로 정식 발굴이 시작됐다.

수개월에 걸친 발굴 작업 끝에 13세기 원대부터 청대까지 술을 양조했던 수이징팡이란 걸 알아냈다. 발굴팀장이었던 천젠陳劍 연구원은 "각기 다른 지층에서 곡식 발효지, 아궁이 터, 술 저장고, 나무기둥과 주춧돌 등이 발견되어 맥이 끊겼던 중국 고대 양조장의 원형이 세상에 드러났다."고 말했다. 천 연구원은 필자와 여러 차례 만난 바 있다. 그는 "술잔, 주전자, 항아리, 질그릇 등 술과 관련된 유물도 쏟아졌는데 가장 오래된 유물은 800년이나 됐다."

고 밝혔다.

중국 국가문물국은 수이징팡을 '1999년 중국 10대 고고학 발굴' 중 하나로 평가했고, 2001년 6월 전국중점유적지로 지정했다. 현재 이 유적지에서 바이주白酒 수이징팡의 원료가 발효된다. 그 배경에서 취안싱의 상품 개발 및 마케팅 전략에서 비롯됐다. 취안싱은 1993년 쓰촨제약이 청두술공장酒廠을 흡수 통합해 성립된 국유기업이다. 청두술공장은 1951년 문을 연 주류업체로, '취안싱다취全興大曲'라는 중저가 술을 생산했다.

취안싱다취는 1786년 청대 건륭제 때부터 빚어진 전통 깊은 술이다. 1824년 취안싱양조장에서 상품 판매를 시작해 20세기 전반까지 청두 술시장을 독점했다. 이를 1949년 사회주의 정권 수립 후 국영화한 것이 청두술공장이다. 한때 취안싱다취는 전국적으로 명성을 떨쳤었다. 1963년 중국 전역의 술이 자웅을 겨루던 술품평회評酒會 2회 대회에서 8대 명주 중 하나로 선정됐던 것이다. 1984년과 1988년에 열린 4, 5회 술품평회에서도 국가명주로 뽑혀 전성기를 구가했다.

그러나 1980년대부터 우량예五糧液, 루저우라오자오瀘州老窖, 젠난춘劍南春 등 쓰촨성 내 강력한 경쟁자들이 개선된 물류환경을 발판으로 취안싱을 위협했다. 홈그라운드에서도 시장점유율이 떨어지자, 청두시 정부는 청두술공장을 취안싱에 통합해 몸집을 키웠다. 하지만 사정은 나아지지 않았다. 청두인만 마시는 서민 술로 고정된 브랜드 이미지가 문제였다. 취안싱은 1996년 증시 상장을 통해 모은 자금을 기반으로 고급 바이주 개발에 나섰다.

당시 신상품 개발의 총지휘자는 라이덩이賴登燁 취안싱 부사장이었다. 라이 부사장은 10대부터 품주사品酒師로 일하며 40년 이상 술과 함께해 왔다. 품주사는 바이주의 맛과 향을 가려내고 품질을 관리하는 양조 장인이다. 현재 중국에서 수천 명이 활동하고 있다. 라이 부사장은 취안싱 최고이자 중국정부가 지정한 국가 1급 품주사다. 그는 내게 "미각과 후각을 관리하기 위해 담배를 피우거나 과음, 과식을 한 적이 없다."면서 "현재 취안싱 내에서 일하는 품주사만 30명에 달한다."고 밝혔다.

라이 부사장은 "1997년부터 4년의 시간과 1억 위안(약 170억 원)을 투입해 고급 술을 개발했다."고 말했다. 때마침 수이징팡 유적이 발견되자, 취안싱은 새 술 양조에 필요한 곡식을 수이징팡에서 숙성시키기로 결정했다. 라이 부사장은 "과학적인 조사 결과 유적지는 풍부한 미생물의 보고로 판명됐다."면서 "국가문물국의 까다로운 심사와 허가 절차를 거쳐 이용할 수 있었다."고 소개했다.

취안싱의 출시 전략은 치밀했다. 2000년 600위안(약 10만 2,000원)에 수이징팡을 내놓았다. 당시 바이주로는 최고가였다. 취안싱은 고급 브랜드에 걸맞은 품격을 위해 일정한 규모와 수준을 갖춘 도매상과 판매점에만 수이징팡을 공급했다. 고가의 술을 소비할 수 있는 연해 대도시와 청두 시장을 타깃으로 집중 공략했다. 일반 대중을 대상으로 한 TV나 길거리 광고보다 고급 신문이나 잡지, 다운타운 디스플레이 등 평면 광고에 주력했다. 특히 수이징팡 유적을 이용한 광고는 중국인의 눈길을 사로잡았다.

수이징팡은 원래 깨끗한 우물물로 술을 빚었던 술도가를 일컫는다

　무엇보다 수이징팡의 독특한 맛과 향은 중국 주당들을 열광시켰다. 수이징팡의 맛은 부드러우면서 입에 달라붙는 듯 했는데, 이는 다른 바이주에서 맛볼 수 없는 신선함이었다. 수이징팡은 병마개를 따면 코를 자극하면서 은은하고 향을 풍긴다. 이런 맛과 향으로 갖춘 경쟁력 덕분에 수이징팡은 중국 술시장에서 큰 돌풍을 일으켰다. 출시 후 10여 년이 지난 지금 마오타이와 자웅을 겨루는 고급 바이주로 자리매김했다.

　수이징팡의 약진은 생산지인 청두에서 독점적인 지위를 굳힌 것이 결정적이었다. 2015년 청두 상주 인구는 1,465만 명에 달한다. 이는 중국에서 충칭重慶, 상하이上海, 베이징北京 다음으로 많다. 인

　　　　　　　　　　　　　　　술로 만나는 중국·중국인

구만큼 소비시장의 규모가 크다. 소비총액은 4946억 위안(약 84조 820억 원)으로, 중국 내 도시 중 6위를 차지했다. 1위인 베이징(1조 338억 위안)의 절반 수준이지만, 연해 대도시인 쑤저우蘇州나 난징南京보다 앞선다.

내륙 최대 소비도시답게 청두에서 고급 상품의 매출은 고공행진 중이다. 2014년 기준 자동차 등록대수는 베이징, 상하이, 광저우에 이어 4위다. 루이비통, 샤넬, 까르띠에 등 명품 소비액은 200억 위안(약 3조 4,000억 원) 규모로 베이징, 상하이에 이어 3위다. 청두 사람들은 풍족한 물산을 바탕으로 차 마시기를 좋아하고 한담을 즐기길 좋아한다. 평소 그들의 삶은 여유가 넘친다. 또한 외부 세계에 대한 동경심이 강하고 개방적이다. 이런 생활문화와 사고방식으로 인해 저축보다 소비 성향이 강하다.

2000년 수이징팡을 출시한 취안싱의 총판매액은 12억 8055만 위안(약 2,176억 원), 영업이익은 1억 7,896만 위안(약 304억원)이었다. 이는 제약, 유통 등 다른 부문을 포함한 수치다. 그 뒤 매년 두 자릿수 성장을 구가해 2012년 총판매액이 16억 3,618만 위안(약 2,781억 원), 영업이익은 5억 998만 위안(약 866억 원)을 기록했다. 이는 기업 구조조정 이후 오직 주류 판매에만 의지해 이룬 성과였다. 2009년 취안싱은 회사 이름을 아예 수이징팡으로 고쳤다.

지난 10여 년간 성공가도를 달려왔지만 수이징팡의 앞날이 밝지만은 않다. 2012년 수이징팡은 회사의 주인이 바뀌는 변혁기를 거쳤다. 조니 워커, 베일리스 등을 생산하는 영국 주류업체 디아지

오가 수이징팡을 사들였다. 디아지오는 잉성盈盛투자홀딩스가 보유하고 있던 주식 100%를 매입해 수이징팡 전체 지분의 39.71%를 확보하여 대주주가 됐다. 2005년 말부터 지분 투자를 시작해 7년을 공들인 성과다. 중국에서 외국기업이 국유 주류기업을 M&A한 것은 그때가 처음이다.

주인이 바뀐 뒤 일부 직원들이 사직하는 사태가 벌어졌다. '철밥통' 국유기업에서 외자기업으로 신분 변화에 따른 불안감이 작용했기 때문이다. 이런 걱정은 2013년 현실로 나타났다. 시진핑習近平 국가주석이 벌이는 반부패 운동에 따라 공무원들의 고급 술 소비가 대폭 감소했다. 이에 따라 수이징팡의 실적도 2013년부터 급전낙하했다. 2014년 총판매액은 3억 6,486만 위안(약 620억 원)에 불과했고, 4억 2,982만 위안(약 730억 원)의 기록적인 손실을 맛보았다.

다른 주류업체의 상황도 비슷하지만, 고급 술 판매에 치중한 수이징팡이 받는 타격이 훨씬 컸다. 이 때문에 2년 동안 총판매액이 급락했고 엄청난 영업손실을 겪었다. 다행히 2015년에는 상황이 호전됐다. 총판매액은 8억 5,500만 위안(약 1,453억 원)을 거둬 전년 대비 134%나 성장했다. 영업이익도 8,800만 위안(약 149억 원)을 냈다. 지난 10여 년 바이주의 황금기를 선두에서 거침없이 달려온 수이징팡. 간신히 가시밭길에서 빠져나와 성공신화를 재현할 수 있을지 주목된다.

주선 이백이 즐겼던 당 황실의 어주 '젠난춘'

2008년 5월 12일 오후 2시 28분 쓰
촨성 원촨汶川현에서 리히터 규모 8의 강진이 발생했다. 지진은 룽
먼龍門산맥 지하 19m에서 발생해 약 2분간 지표면을 심하게 뒤흔
들었다. 그 세기가 얼마나 강력한지 1,000여 ㎞나 떨어진 베이징,
상하이, 홍콩 등 연해 대도시에서도 지축의 흔들림을 체감할 정도
였다. 그렇게 쓰촨대지진은 순식간에 일어나 6만 9,227명의 생명
을 앗아갔고, 37만 4,000명을 다치게 했으며 1만 8,000명을 실종
상태에 빠뜨렸다.

진앙지인 원촨현 잉슈映秀진에서 80㎞ 이내의 도시와 마을은 온
전한 데가 없었다. 다행히 내륙 최대 도시이자 인구 1,000만 명이
넘는 청두는 피해를 거의 입지 않았다. 하지만 잉슈진에서 동쪽으

양조장을 복구한 뒤 조성한 젠난 옛거리. 길 옆 건물은 모두 양조장이다.

로 50여 ㎞ 떨어진 멘주綿竹시는 재앙과도 같은 타격을 받았다. 1만 1,098명이 죽고 3만 6,000명이 다쳐 쓰촨성 내 피해 도시 중 세 번째로 많은 사상자가 발생했다. 이는 당시 멘주 인구(2014년 말 51만 명) 중 1/10에 달하는 수치다.

인명 피해뿐만 아니라 수많은 기업과 상점도 큰 피해를 입었다. 그중에는 중국 8대 명주 중 하나를 생산하는 주류업체 젠난춘劍南春이 있었다. 젠난춘그룹은 멘주시 중심가의 서쪽에 위치해 있다. 지진이 남긴 피해는 상당히 심각했다. 양조장 일부가 폐허로 변했다. 특히 바이주白酒의 원액을 보관하는 원주原酒창고의 외벽이 45도 각도로 기울었다. 그중에는 중국 최대 술 저장고도 있었다.

차오잉趙穎(여) 대당국주大唐國酒 총경리는 "지반이 심하게 흔들리면서 원주창고에 보관됐던 술독 대부분이 서로 부딪치고 깨졌다."

술로 만나는 중국·중국인

면서 "당시 13곳의 원주창고 항아리에 담겨져 있던 술이 쏟아져 나오면서 시가지는 1주일 넘게 술 냄새로 진동했었다."고 회고했다. 당시 바닥에 쏟아진 술은 전체 보관량 중 40%에 달했다. 이 때문에 젠난춘그룹은 8억 위안(약 1,360억 원)의 직접적인 피해를 입었다. 여기에 3개월간 생산이 중단되고 양조장과 원주창고를 재건하기 위해 투입된 공사비 등을 합하면 20억 위안(약 3,400억 원)의 경제적 손실을 입었다.

지진이 일어난 다음날 밤 나는 쓰촨을 찾았다. 당시 두 번째로 찾았던 피해 도시가 멘주였다. 당시 멘주시 정부와 공안당국은 외국 취재진에게 극심한 피해 상황이 노출되길 꺼렸다. 도심 진입을 금지하면서 취재를 방해했다. 이 때문에 농촌 마을만 돌아다니며 부상자와 이재민이 겪는 고통을 취재해야만 했다. 그로부터 7년이 지난 2015년 1월 나는 멘주를 다시 방문했다. 이제 멘주는 지진의 참상을 완전히 치유하고 깨끗이 정비되어 있었다.

멘주는 중국에서 현급縣級 도시에 속한다. 20세기 말 중국은 대대적인 행정 개편을 통해 모든 도시를 광역시화했다. 한 도시를 중심으로 주변 시와 현을 통합해서, 중앙정부에서 지방 말단 촌까지 피라미드형으로 체계화한 것이다. 이에 따라 멘주는 더양德陽시에 소속됐다. 더양은 멘주 외에도 광한廣漢, 스팡什邡 등 4개 시로 구성되어 있다. 2015년 호적 인구는 390만 명으로 경상남도 336만 명보다 많고, 면적은 5911㎢로 경기도의 60% 수준이다.

중국 내에서도 잘 알려지지 않은 더양이지만, 경제실력은 만만치 않다. 2015년 지역내총생산(GRDP)은 1605억 위안(약 27조

젠난춘 제1원주창고는 쓰촨대지진의 경험으로 술독의 1/3을 땅에 묻어 지진을 대비했다.

2,850억 원)을 기록해 쓰촨성 내 21개 시·주州 중 3위를 차지했다(1위 청두는 1조 801억 위안). 이는 중국 최대 발전기 생산기지가 더양에 몰려 있기에 가능한 성적표다. 현재 중국 원자력 장비의 60%, 수력 발전설비의 40%, 화력 발전설비의 30%가 더양에서 생산된다. 이런 생산기지가 더양에 집중된 것은 과거 중국정부가 추진했던 한 정책에서 비롯됐다.

1960년대 중반부터 마오쩌둥毛澤東은 유사시 미국과 소련의 핵공격으로부터 산업시설을 지켜야 한다며 3선 건설정책을 추진했다. 이에 따라 연해지역(1선)의 군수산업 시설을 중부지역(2선)보다 훨씬 깊숙한 내륙지역(3선)으로 옮겼다. 이 3선 건설로 발전기 제조업체들이 더양에 자리 잡게 됐다. 이 같은 정책에 따라 더양에는 중국에서 가장 많은 합금화학공장이 몰려있다. 이런 기업들보

술로 만나는 중국·중국인

다 월등히 높은 브랜드 가치를 지닌 업체가 멘주에 있으니, 그것이 바로 젠난춘이다.

2012년 중화브랜드전략연구원이 발표한 중국 기업의 브랜드 가치 순위에서 젠난춘은 121억 위안(약 2조 570억 원)으로 42위를 차지했다. 이는 더양 내 기업 중 가장 높고 중국 바이주업체 중 4위에 해당한다. 젠난춘은 2008년에는 지진의 여파로 총판매액이 25억 위안(약 4,250억 원)까지 급락했지만, 2012년에는 5만 3,000톤의 술을 팔아 80억 위안(약 1조 3,600억 원)의 판매고를 올렸다. 이는 창업 이래 최고 실적이었다. 그 뒤 2년간 판매부진을 겪었지만, 2015년 반전해 전년대비 20%가 증가한 70억 위안(약 1조 1,900억 원)의 총판매액을 실현했다.

내가 직접 살펴봤던 젠난춘은 2008년의 상처를 말끔히 털어내고 한창 도약을 준비 중이었다. 지진 당시 피해가 가장 심했던 원주창고는 모두 복구됐다. 새로이 한 곳을 더 건설해 14곳으로 늘어났다. 이 중 1980년대 세워져 역사가 가장 오래된 제1창고는 면적이 무려 5만㎡에 달한다. 현재 1,000ℓ의 술을 담을 수 있는 항아리를 2만 3,000여 개나 보관하고 있다. 제1창고는 규모나 양에 있어 중국에서 가장 큰 술 저장고다.

시설 일부가 파괴됐던 양조장도 복고풍 건물로 중건됐다. 젠난춘이 지진의 참화를 빠르게 극복한 데는 양조장의 피해 정도가 크지 않았기 때문이다. 차오 대당국주 총경리는 내게 "2010년 지진으로 파괴됐던 양조장의 외관을 모두 명·청대 양식으로 바꾸고 그 주변을 전통거리로 정비해 지금의 젠난 옛거리老街를 조성했다."고

이백의 고택 롱서원 앞에 세워진 그의 소년 시절을 형상화한 인물상.

말했다. 대당국주는 젠난춘그룹이 젠난춘의 대외홍보와 젠난 옛거리 관리를 위해 설립한 계열사다.

멘주에서 술을 빚기 시작한 것은 5세기로 거슬러 올라간다. 1985년 멘주시 외곽에서 고대 양조장 유적이 발굴됐는데, 거기서 남제南齊 때 명문이 새겨진 꽃무늬 벽돌이 발견됐다. 이 유물뿐만 아니라 당대의 여러 사서에는 '젠난소춘燒春'에 대한 기록이 언급되어 있다. 〈후당서〉는 8세기 말 덕종德宗 때 젠난소춘을 궁중어주로 지정했다고 적혀 있다. 이런 젠난소춘의 명성을 보여 주는 일화에는 이백李白도 등장한다.

두보와 더불어 당대를 대표하는 시인 이백은 태어난 고향에 있어 논란이 있다. 중국의 여러 지방정부가 이백이 자기네 땅에서 출생했다고 우기고 있기 때문이다. 하지만 역사기록을 고증해 보면, 이

술로 만나는 중국·중국인

백은 당이 지배했던 서역의 안서도호부 수이예청碎葉城에서 태어났다. 수이예청은 지금의 키르기스스탄 토크마크에 해당한다. 그 뒤 네 살 때 쓰촨성 장요江油로 이주해 성장했다. 즉, 분명한 점은 이백이 유년기와 청소년기를 장요에서 보냈다는 사실이다. 이백의 호인 청련거사青蓮居士는 이백이 살았던 장요시 칭롄青蓮진에서 따왔다. 이백은 25세 때 장요를 떠났는데, 그 이전까지의 행적은 거의 알려진 바가 없다. 하지만 오늘날까지 전해내려 오는 일화 중 하나가 젠난소춘과 관련이 있다. 어느 날 이백은 명주의 고향으로 명성 높은 멘주를 찾아갔는데, 입고 있던 모피옷을 저당 잡히고 술을 마셨다解貂贖酒고 한다. 멘주는 장요에서 약 80㎞ 떨어져 있다. 이백은 천하를 주유하면서도 고향을 잊지 못했다. 26세 때 양저우揚州에서 지은 '정야사靜夜思'에는 이런 애틋한 마음이 잘 녹아있다. 정야사는 고향을 그리워하는 나그네의 마음을 제대로 표현한 최고 망향시望鄉詩로 손꼽힌다.

침상 앞 달빛을 바라보니

牀前看月光

땅 위에 내린 서리가 아닌가.

疑是地上霜

머리를 들어 산에 뜬 달을 바라보다

擧頭望山月

고향 생각에 고개가 숙여지네.

低頭思故鄉

배합된 원료를 다시 큰 통에 넣어 다지는 한 노동자.
이것을 진흙에 덮어 90일간 발효시킨다.

이백은 한평생을 방랑하며 지냈으나, 자신의 재능을 조정에서 펼치길 바랐다. 42세 때 도사 오균의 천거로 현종玄宗의 부름을 받아 장안長安에 들어갔다. 현종으로부터 한림공봉이라는 관직을 제수받고 많은 총애를 받았으나, 궁정시인에 불과한 신분을 벗어나질 못했다. 정치적 야망을 펼칠 수 없는 현실에 절망하면서 술에 빠져 지냈다. 고관대작 앞에서도 거침없던 이백은 결국 조정을 주무르던 고역사의 미움을 사서 쫓겨나고 말았다. 잠시 장요로 돌아왔다가 다시 천하를 주유했는데, 이 시기에 쓴 시가 '장진주將進酒'다.

그대 보지 못했는가? 황허의 물이 하늘에서 내려와,
君不見 黃河之水天上來

　　　　　　　　　　　　　술로 만나는 중국·중국인

세차게 흘러 바다에 이르면 다시 돌아오지 않음을.

奔流到海不復廻

그대 보지 못했는가?

귀한 집에서 거울에 비친 백발을 보며 슬퍼함을,

君不見 高堂明鏡悲白髮

아침에 푸른 실 같은 머리카락이 눈처럼 세어졌네.

朝如靑絲暮成雪

인생은 뜻을 얻으면 모름지기 즐길 것이니,

人生得意須盡歡

금술잔을 부질없이 달 아래 헛되이 두지 말게나.

莫使金樽空對月

하늘이 나를 낳고 주신 재주는 반드시 쓸 데가 있고,

天生我材必有用

천금도 다 쓰고 나면 다시 돌아오게 마련일세.

千金散盡還復來

양을 삶고 소를 잡아서 즐겨 보세나,

烹羊宰牛且爲樂

모름지기 한번 마시면 삼백잔은 마셔야지.

會須一飮三百杯

　　장진주는 인생무상의 현실을 술로 잊고자 했던 이백이 호방한 풍
격으로 써내려간 절창이다. 이백은 훗날 '월하독작月下獨酌'까지 지
어 후대인으로부터 '주선酒仙'이라는 명성을 얻게 된다. 이때를 마

지막으로 이백은 다시는 장요를 찾지 못한다. 오늘날 칭롄진에는 당대 관련 유적은 하나도 남아 있질 않다. 단지 청대 복원된 이백의 고택 롱서원隴西院이 있다.

이 롱서원은 지진으로 큰 피해를 입었다. 고택의 산문이 무너졌고 침실, 서재, 사랑방 등도 기와가 내려앉았다. 2015년 1월 18일 내가 방문한 현장은 여전히 보수가 진행 중이었다. 롱서원을 관리하는 이백고리故里의 관계자는 "외관 복구는 모두 끝났으나 내부 수리가 아직 끝나지 않아 올해 하반기쯤 대외 공개가 가능할 것"이라고 말했다. 롱서원 옆에는 2010년 허난河南성 정부의 지원을 받아 이백의 시로 시비, 시벽 등을 세운 태백비림碑林이 조성됐다.

젠난소춘이 오늘날까지 젠난춘이란 이름으로 남게 된 것은 춘이 곧 술을 의미하기 때문이다. 고대 중국 술은 대부분 황주黃酒 계열이라 술 빛깔이 황록색을 띄었다. 이 색이 봄을 상징하는 데다 술을 마시면 기운이 나게 하는 효과에 착안해서, 중국인들은 춘을 더해 술 이름을 지었다. 특히 당대에 이런 작명법이 유행했다. 북송 시인 소동파蘇東坡가 "당대에는 '춘'자가 들어간 술이 많았다. 금릉춘金陵春, 죽엽춘竹葉春, 곡미춘曲米春 등 한두 개가 아니었다."고 언급했을 정도다.

당대 이후에도 몐주는 술의 고장이라는 명성을 유지했고, 청대부터는 대곡주大麯酒를 주로 생산했다. 대곡주는 밀에다 약간의 완두콩을 넣어 만든 누룩을 더해 양조되는 술이다. 오랜 시간 발효시킨 큰 누룩 덩어리를 배합해서 효소와 효모균이 풍부하다. 젠난춘은 수수·밀·옥수수·쌀·찹쌀 등에다 이 누룩을 더해 만든 증류주인데, 우리에게 잘 알려진 우량예와 원료 및 양조법에서 유사하다. 두 술은 모두 드넓은 쓰촨 대지 위에 풍부한 물을 공급받아 자란 양질의 곡물을 쓴다.

결정적으로 두 술은 물에서 차이가 난다. 우량예가 양쯔강 변에 위치해 강물을 주로 쓰는데 반해, 젠난춘은 룽먼산맥에서 지하수를 끌어와 술을 빚는다. 차오 총경리는 "룽먼산맥은 세계의 지붕 칭짱青藏고원의 동단으로 칼슘, 탄산 등 천연 광물질이 풍부한 지하수를 품고 있다."며 "젠난춘은 이 물을 퍼와 빚은 술이라 맛이 아주 깨끗하다."고 말했다. 실제 필자가 제1원주창고에서 맛봤던 60도 원액은 도수를 가늠하기 힘들 정도로 부드러웠다. 19세기 말 멘주의 술은 다시 청 황실에 진상되는 공주貢酒로 지정됐고, 17개의 양조장이 세워져 번성했다. 1949년 사회주의 정권이 들어설 때 그 수는 200개로 늘어났다. 이를 1951년에 통합해 국영 멘주술공장이 성립됐고, 1958년 회사 이름을 젠난춘술공장으로 바꿨다. 젠난춘이 중국 최고 반열에 오른 것은 1979년이다. 제3회 전국주류평가대회에서 중국 8대 명주 중 하나로 뽑혔는데, 당시 선정된 술들의 명성과 시장 장악력은 지금까지 이어져 오고 있다. 이제 젠난춘은 중국에서 '마오우젠茅五劍'이라 불리며 마오타이茅臺, 우량예와 어깨를 나란히 하고 있다. 특히 금세기 초부터 당대 궁중어주라는 과거 이력과 이백을 앞세운 마케팅으로 중국 주당들에게 성공적으로 어필했다. 여기에 저가주부터 최고급 술까지 다양한 상품으로 선보이면서 격변하는 중국 술시장에 대응하고 있다. 이런 젠난춘의 시장전략은 중국 시장을 공략하려는 우리 주류기업에 큰 시사점을 준다.

장비의 도시가 낳은 천하제일 약술 '바오닝야주'

청두에서 동북쪽으로 3시간 거리에는 우리에게 친숙한 인물의 도시가 있다. 바로 소설 〈삼국지〉에서 맹장으로 이름난 장비張飛가 말년을 보냈던 랑중閬中이다. 211년 유비는 유장의 요청으로 익주에 들어갔다. 3년 뒤 유비는 유장을 몰아내고 청두에서 촉한을 건국했다. 뒤이어 위나라의 공격을 막기 위해 장비를 파서巴西 태수로 임명했다. 이에 따라 장비는 랑중에 주둔하면서 7년간 생활했다. 장비가 유비를 만난 뒤 한 곳에 이리 오래 머물기는 처음이자 마지막이었다.

유비는 장비가 음주하면 자주 실수했기에 술을 멀리하라고 엄명했다. 이에 따라 장비도 마음을 잡고 음주를 줄였다. 또한 백성들에게 선정을 베풀고 병사들을 엄격히 조련했다. 218년 위의 장수장합이 랑중에 쳐들어오자, 장비는 1만여 명의 군사를 이끌고 나가 격퇴했다. 그러나 이듬해 10여 년 동안 홀로 형주荊州를 지켰던 관우가 위와 오의 협공을 받는 와중에 여몽의 습격으로 불귀의 객이 됐다. 〈삼국지〉에는 "관우의 전사 소식을 전해들은 유비가 너무 울다보니 눈물이 말라 피가 나왔다."고 묘사했다.

221년 유비는 황제의 자리에 오르고 장비를 거기장군 겸 사례교위에 세웠다. 곧이어 관우의 원수를 갚기 위해 오나라 정벌에 나섰다. 제갈량은 갓 건국한 촉한의 상황에서 대군을 일으켜 원정하기에는 때가 이르다며 말렸으나, 유비는 막무가내로 듣지 않았다. 유비의 동원령에 랑중에 있던 장비도 군중에 영을 내려 출정을 준비했다. 장비는 장수들에게 병사들이 입을 흰 갑옷과 흰 기를 사흘 안에 만들라고 명령했다.

범강과 장달이 나서서 "짧은 기일 내에 그 많은 갑옷과 기를 마련할 수 없으니 출정 날짜를 좀 늦췄으면 한다."고 간언했다. 부하가 항명한다고 여긴 장비는 크게 노해 두 사람을 심하게 매질했다. 범강과 장달은 군령을 지키지 못할 것을 두려워해서 숙소에서 술에 취해 잠든 장비를 살해했다. 이때가 장비의 나이 쉰다섯으로, 천하를 호령했던 맹장의 죽음으로는 너무나 허무했다. 암살에 성공한 범강과 장달은 바로 장비의 머리를 베어 수하들을 데리고 오로 도망쳤다.

방치된 장비의 시체는 랑중 백성들에 의해 수습되어 숙소 뒤에 조성한 봉분에 묻혔다. 그 뒤 촉한의 후주가 된 유선은 장비를 환후에 봉해서 묘소를 크게 정비했고 사당도 조성했다. 이것이 오늘날 랑중고성 한복판에 남아있는 장환후사張桓侯祠다. 장환후사는 장비를 모신 대전, 장비의 아들과 수하들을 모신 적만루敵萬樓, 묘소 및 묘당 등으로 구성됐다. 지금 남아있는 건축물은 모두 청대 지어진 것이다.

흥미로운 것은 충칭시 윈양雲陽현에 또 다른 장비묘가 있다는 점이다. 윈양은 장비나 〈삼국지〉의 격전지와는 전혀 관련이 없다. 그곳에 장비묘가 생긴 데에는 범강과 장달의 행적에서 비롯됐다. 두 사람이 랑중을 떠나 오로 가던 중 손권이 유비에게 화친을 청한다는 소식을 들었다. 오로 가기 뭐하고 촉으로도 돌아갈 수 없는 진퇴양난의 처지에 빠지자, 범강과 장달은 장비의 머리를 양쯔강長江에 던져 버리고 남쪽으로 도망쳤다.

예부터 전해져 오는 전설에 따르면, 장비의 머리는 강물에 흘러 내려가다가 윈양의 한 어부에게 발견됐다. 어부는 물고기를 잡으려다 사람의 머리를 건지게 되자, 깜짝 놀라 강으로 다시 던져 버렸다. 하지만 그 수급은 하류로 떠내려가지 않은 채 자꾸 어부의 배 주위를 맴돌았다. 집으로 돌아가 놀란 가슴을 진정시킨 어부는 깜박 잠이 들었는데, 꿈에서 한 사람이 나타나 호소했다.

"나는 거기장군 장비로, 얼마 전 살해당해 구천을 맴돌고 있소. 당신이 건진 수급은 내 머리요. 이대로 흘러 내려가면 오의 땅인데, 내가 어찌 원수의 땅으로 흘러간다 말이오. 제발 내 머리를 건져 촉의 땅에 묻어주시오." 어부는 잠에서 깨어나자 곧바로 강으로 가 장비의 머리를 건져 올렸다. 이웃들과 정성을 다해 수습한 뒤 강변에 묻고 작은 사당을 지었으니, 이것이 윈양의 장환후묘張桓侯廟다.

술로 만나는 중국·중국인

랑중고성의 기본 골격은 당대에 갖춰졌고,
현재 남아있는 민가는 대부분 청대에 지어졌다.

현재 장환후묘는 본래 자리에서 32㎞ 떨어진 곳에 옮겨졌다. 원래 터는 2007년 완공된 싼샤三峽댐으로 인해 수몰됐기 때문이다.

이처럼 랑중은 장비의 도시로 유구한 역사를 지닌 고도다. 기원전 330년 오늘날 충칭에서 번성했던 파국巴國이 랑중으로 도읍을 옮기면서 사서에 처음 등장했다. 316년 진秦 혜왕惠王이 랑중을 공략해 점령하자, 얼마 안 있어 파국과 청두에 있던 촉국은 종말을 고했다. 2년 뒤 혜왕이 쓰촨 북부를 효율적으로 다스리기 위해 새로운 행정 소재지로 랑중현을 세웠다. 2,300년 전 지은 지역 이름이 지금까지 내려져 오는 사례는 중국에서도 아주 희귀하다.

7세기 랑중의 관할 지역이 커지면서 더 큰 행정 구역으로 랑저우閬州가 생겼고 10세기에는 그 명칭이 바오닝保寧으로 바뀌었다.
바오닝이 1,000년 동안 관할하는 현은 늘어나거나 줄어들기를 반
복했지만, 그 중심지는 항상 랑중이었다. 하지만 신해혁명 후 커다
란 변화가 찾아왔다. 1914년 중화민국 정권은 쓰촨 북부의 행정
소재지를 랑중에서 난충南充으로 이관했다. 이로써 랑중은 2,000
년 넘게 지킨 독보적인 지위를 상실했다.

이렇듯 긴 세월 랑중이 쓰촨 북부를 대표하게 된 데는 지리적 위
치에서 비롯됐다. 랑중은 쓰촨과 산시陝西를 이어주는 교통의 요
지이자 군사적 요충지다. 산으로 사방이 둘러싸여 있고 그 가운
데를 자링강嘉陵江이 S자형으로 꿰뚫어 흐른다. 그 지형이 흡사 태
극의 형상과 흡사하다. 자링강 북쪽으로 랑중고성이 자리 잡고 있
다. 랑중고성은 청대 지어진 성곽 안에 당대 기본 골격이 짜인 도
로와 수백 년 된 민가들이 원형대로 남아있는 중국 고대 도시계획
의 활화석이다.

주변의 자연 풍광도 아름다워 수많은 문인들이 랑중을 찾았다.
안사의 난을 피해 쓰촨에 정착했던 시성 두보는 랑중을 방문한 뒤
다음과 같이 읊었다. '삼면으로 흐르는 강이 성벽을 껴안고, 주위의
산세가 노을을 가두다三面江光抱城廓, 四圍山勢鎖煙霞.' 주변 산하에 둘
러싸여 조화를 이룬 랑중의 매력을 멋들어지게 표현한 시구다. 오
늘날 랑중고성은 산시山西성 핑야오平遙, 윈난雲南성 리장麗江, 안후
이安徽성 서셴歙縣 등과 더불어 중국 4대 고성으로 손꼽힌다.

오랜 세월 쓰촨 북부의 중심지였다 보니, 랑중은 전통산업이 오
늘날까지 발달했다. 중국 3대 비단 생산지 중 하나이고, 잠사와 면

직의 품질은 중국에서 1~2위를 다툰다. 명대 말기부터 제조되어 지금까지 옛 기술 그대로 생산되는 초醋는 중국에서 가장 맛 좋기로 유명하다. 초는 중국에서 요리를 만들 때 빠져서는 안 될 조미료다. 이런 경공업을 중심으로 2015년 GRDP는 178.8억 위안(약 3조 396억 원)을 달성했다. 현급 도시치고는 인구도 많아 91만 명이나 된다. 다양한 전통문화도 잘 보존하고 있는데, 그중 대표적인 것이 그림자극皮影戱이다. 그림자극은 소가죽으로 만든 인형을 배우가 스크린 뒤에서 조명을 받아 움직여 공연하는 연극이다. 배우는 막대기로 인형을 조종할 뿐만 아니라 대사를 치고 노래를 부르며 악기 연주까지 해야 하기에, 오랜 시간 고도의 기예를 연마해야 한다. 중국에서 시작된 그림자극은 인도네시아와 중앙아시아 초원으로 전파됐고, 터키와 그리스를 거쳐 유럽에까지 전해졌다.

현재 중국에는 10대 그림자극 유파가 존재한다. 이 중 랑중을 중심으로 발달한 쓰촨 북부 그림자극은 여러 가지 면에서 독특하다. 첫째, 배우가 직접 인형을 만든다. 다른 유파에는 인형만 전문으로 만드는 장인이 따로 있다. 둘째, 인형의 얼굴형이나 세부를 둥글게 처리해 부드러운 느낌을 준다. 이에 반해 다른 지방은 인형은 코, 턱, 손 등이 뾰족하고 날카롭다. 셋째, 공연되는 레퍼토리가 촉한과 관련이 있거나 지역의 전설과 민간 설화다.

2012년 10월 내가 만났던 왕뱌오王彪 씨는 랑중 그림자극을 대표하는 인물이다. 3대째 그림자극을 공연하면서 자녀들 및 동생 가족들과 함께 전문 극단을 운영하고 있다. 왕씨는 "촉한은 쓰촨을

장비는 랑중의 수호신이자 여러 파생 상품을 낳은 아이콘이다.

중국 역사무대의 중심으로 끌어올린 왕조이기에 쓰촨 사람들이 보내는 애정이 아주 깊다."며 "장비가 랑중을 다스렸던 시기에 일어났던 고사를 중심으로 공연하고 있다."고 말했다. 왕씨 극단은 전통적인 연희 형식뿐만 아니라 야외에서 벌이는 퍼포먼스를 창작해 선보이고 있다.

랑중의 또 다른 자랑거리로는 전통주인 바오닝야주保寧壓酒다. 바오닝야주는 1668년 랑중고성 북문 밖에 살던 란문중蘭文中이 처음 빚었다. 이 술은 원액을 만들기까지의 제조 과정에서는 여타 증류주와 별반 차이가 없다. 그러나 양조할 때 첨가하는 누룩을 천마天麻, 육계肉桂, 구기자, 반하半夏, 대추 등 108개의 약재로 만드는 것이

술로 만나는 중국·중국인

특징이다. 따라서 바이주가 아닌 약술이라 할 수 있다. 오늘날 중국에선 이런 약술을 보건주保健酒라고 부른다.

증류된 원액은 꽃가루와 얼음설탕을 더한 뒤 술독에 넣는다. 이를 일정한 온도를 유지할 수 있는 저장고에 보관해 1~3년간 숙성시킨다. 그러면 알코올 도수는 60도에서 16~30도로 떨어지고 술빛깔은 짙으면서 투명한 황색을 띠게 된다. 바오닝야주의 맛은 흡사 최고급 사케를 연상케 하지만, 냄새는 더욱 향긋했고 맛은 부드러우면서도 깊었다. 왕뱌오 씨의 추천으로 바오닝야주를 처음 접했던 나는 금세 그 맛에 반해 하룻밤 사이 3병이나 들이켰다.

란씨 가문은 오랫동안 바오닝야주의 제조법을 가족끼리만 전수했다. 양조기술은 오직 집안 남자들에게만 가르쳐 외부 유출을 막았다. 이 덕분에 란씨 가문이 경영했던 술도가는 300년 동안 랑중에서 규모가 가장 컸고 장사가 잘 됐다. 사회주의 정권이 들어선 뒤 1953년 국영 랑중술공장이 문을 열었고, 1956년에는 란씨 형제들이 운영하던 4개의 술도가를 합병했다. 이에 따라 란씨 가문은 대대로 내려져 온 양조기술도 국가에 헌납했다.

2014년 6월 만났던 쑹하이췐宋海全 랑중시 문화관광국장은 "란씨 가문의 헌신 덕분에 바오닝야주의 제조법이 퍼져나갔고 랑중의 주류산업이 비약적으로 발전했다."고 말했다. 개혁·개방 이후 바오닝야주의 대중화는 더욱 진척됐다. 현재 랑중의 술도가라면 어느 곳이나 바오닝야주를 빚고 있다. 핵심기술과 노하우를 보유한 랑중술공장은 2009년 회사 이름을 아예 바오닝야주주식회사로 바꿨고 전국 술시장을 노크하고 있다. 최근 들어 랑중은 시정부 차원에서 풍수 홍보에 열을 올리고 있다. 당대 유명한 천문학자이자 풍수사였던 원천강袁天綱과 이순풍李淳風은 잠시 랑중에 살면서 풍수지리에 대해 토론하고 연구했다. 이런 역사적 사실을 밑거름 삼아 풍수문화를 랑중의 새로운 문화콘텐츠로 키우려는 것이다. 시정부는 원천강과 이순풍을 기리기 위해 15세기 명대에 세운 사당인 톈궁위안天宮院을 확장했고, 두 사람의 가묘까지 조성했다.

또한 2012년에는 전 세계의 저명한 풍수학자들을 초청해 국제학술대회를 개최했다. 쑹 국장은 "중국을 대표하는 풍수가들과 맺은 인연뿐만 아니라 배산임수背山臨水의 도시 배치, 풍수에 따라 집을 짓는 전통 등 랑중은 자타가 공인하는 풍수지리의 성지"라고 말했다. 랑중시는 2년마다 국제학술대회를 개최해 세계 최대 풍수문화포럼으로 키울 계획이다. 과거 장비의 도시로만 기억됐던 랑중이 앞으로는 바오닝야주와 풍수문화로 이름을 떨칠 날이 머지않아 보인다.

공룡·염정·등축제의 도시 쯔궁의 '염정주'

세계에서 공룡 화석이 가장 많이 발견된 나라는 어디일까? 대부분 독자들은 아마 미국을 떠올릴 것이다. 실제 미국은 중생대 전 시기의 공룡 화석이 출토된 몇 안 되는 국가다. 2010년 말까지 트라이아스기 7곳, 쥐라기 44곳, 백악기 91곳의 공룡 화석지가 발견됐다. 그러나 조만간 그 자리를 다른 나라에 물려줄 가능성이 크다. 미국을 넘보면서 새롭게 떠오르는 '공룡왕국'은 바로 중국이다.

중국은 트라이아스기를 제외하고 쥐라기(56곳)와 백악기(101곳)의 공룡 화석지가 세계에서 가장 많다. 지역 분포가 넓어 26개 성·시에 골고루 퍼져 있다. 또한 네 발로 걷는 초식 용각류龍盤類, 두 발로 걷는 육식 수각류獸脚類, 머리에 뿔을 가진 초식 각룡류角

龍類, 등에 뿔이 난 초식 검룡류劍龍類, 온몸이 단단한 골판을 한 초식 곡룡류曲龍類, 두 발로 걷는 초식 조각류鳥脚類, 날개가 있어 하늘을 난 육식 익룡류翼龍類 등 모든 종류의 공룡 화석이 발견됐다.

이런 중국을 대표하는 공룡박물관이 쓰촨성 동남부 쯔궁自貢시에 있다. 1972년 일단의 탐사팀이 도심에서 동북쪽으로 11㎞ 떨어진 다산푸大山鋪진에서 천연가스 개발을 위한 지질탐사를 하던 중 이상한 물체를 발견했다. 1975년 기초조사를 통해 대량의 공룡화석이 땅속에 묻혀 있는 것을 확인했다. 1979년부터 중국 각지와 영국에서 온 대규모 발굴팀이 작업을 시작했다. 5년간의 1차 발굴을 통해 당시 중국에서 가장 많은 200여 구의 공룡 화석이 쏟아져 나왔다. 이 중 40여 구는 60%, 10여 구는 80% 이상 골격을 유지해 복원이 가능했다.

발견된 화석은 쥐라기 시대의 것으로 모든 종류의 화석이 출토됐다. 이 때문에 세계 공룡학계로부터 '쥐라기 공룡의 성전'이라 명명됐다. 공룡 화석지는 대략 축구장 66개를 합해 놓은 면적에 퍼져 있으나, 2001년부터 3년간 진행된 2차 발굴까지 일부만 윤곽이 드러낸 상태다. 지금의 쯔궁공룡박물관은 1987년 화석이 집중 발굴된 한 지점 위에 세워졌다. 미국 유타주의 다이너소어 국립기념공원, 캐나다 앨버타주의 로열티렐 고생대박물관과 더불어 세계 3대 공룡박물관으로 손꼽힌다.

세계 각지에서 공룡 화석이 발굴되지만, 화석이 형성되기란 그리 쉽지 않다. 부서지지 않는 지층에 신속히 매몰되어야 하고 열과

17개의 목뼈로 이뤄진 긴 목을 가진 초식공룡 '오메이사우루스'.

압력을 피해야 한다. 중생대 중국은 호수가 많아 진흙지대가 발달했다. 고운 진흙은 오랜 시간을 거쳐 부드러운 이암을 형성한다. 공룡 시체는 이 이암층에서 화석이 되어 오늘날 빛을 보게 된 것이다. 이암 사이 화석은 약간의 물을 부으면 손으로 파낼 수 있을 정도다. 중국에서 공룡 화석의 수습률이 높은 이유는 순전히 이암층의 공로다.

쥐라기 시대 쯔궁은 열대 기후로 수풀이 우거지고 물이 풍부한 분지였다. 특히 다산푸는 공룡이 번식하기 알맞은 호숫가 삼각주였다. 어느 시기에 이르러 수많은 공룡이 다산푸에서 죽었고 다른 곳에서 시체가 강을 타고 떠밀려 왔다. 공룡 시체는 진흙이 많았던 다산푸의 지층에 겹쳐 쌓이면서 화석이 됐다. 현재 쯔궁공룡박물관에는 20여 구의 크고 작은 공룡이 복원된 채 전시되어 있다. 이 중 마멘치사우루스(Mamenchisaurus)와 오메이사우루스(Omeisaurus)가 가장 크다.

마멘치사우루스는 높이가 20~25m에 달하는 용각류다. 19개의 목뼈로 길이 13m의 목을 지녀 공룡 중 목이 가장 길다. 몸집이 거대해 날마다 엄청난 양의 침엽수 잎과 부드러운 잡목을 먹어 치웠다. 덩치에 비해 머리는 작고 성질이 온순했는데, 긴 꼬리를 휘두르며 육식 공룡에 대항했다. 오메이사우루스도 마멘치사우루스와 같은 과로, 17개의 목뼈로 이뤄진 긴 목을 가졌다. 차이점은 주둥이 끝에 콧구멍이 있고, 어깨보다 엉덩이의 높이가 더 높다. 발견지로 속명을 짓는 다른 공룡들과 달리 불교성지 어메이산峨眉山에서 이름을 따왔다.

백악기 최고의 포식자가 티라노사우루스라면 쥐라기에는 양촨노사우루스(Yangchuanosaurus)가 있었다. 높이 10m에 큰 머리에 날카로운 이빨과 발톱을 지녔다. 길고 튼튼한 다리와 평형을 맞춰 주는 꼬리는 마멘치사우루스를 추적하는 데 안성맞춤이었다. 생김새는 북미의 알로사우루스와 비슷하지만 더 큰 주둥이와 많은 이빨을 지녔다. 높이 6m인 스제촨노사우루스(Szechuanosaurus)도 초식공룡에겐 공포의 대상이었다. 이 밖에 아시아에서 처음 발견된 검룡인 튀장고사우루스(Tuojiangosaurus)가 있다.

쯔궁에는 공룡박물관뿐만 아니라 다른 지방에서 보기 힘든 곳이 또 있다. 바로 지하 염정鹽井이다. 소금은 해변 염전이나 내륙 염호

청대에 염정 굴착시설에서 작업하는 모습을 기록한 벽화.

에서 난다. 바닷물이나 호숫물을 가두고 태양에 수분을 증발시키면 앙금처럼 소금이 생긴다. 쯔궁은 연해지방에서 1,000여 ㎞ 떨어진 내륙도시이고 주변에 염호가 없다. 하지만 지난 2,000여 년 동안 중국 내륙 최대 소금 도시로 명성을 떨쳐왔다. 그 이유는 쯔궁의 염부들이 최대 지하 1,000m까지 파내려간 염정에서 소금물을 길어 올렸기 때문이다. 고생대 쯔궁은 바다에 덮여져 있었다. 중생대 트라이아스기와 쥐라기 초기 히말라야조산운동이 일어나면서 지금처럼 육지가 됐다. 고대 쯔궁 주민들은 우물을 파면 솟아나는 염수를 커다란 솥에 넣고 끓여 불순물을 제거해 소금을 얻어냈다. 세월이 흘러 인구가 늘어나 소금 소비가 급증하면서 지표면에서 뚫어야 하는 염정의 깊이는 갈수록 깊어졌다. 이에 따라 쯔궁의 우물파기 기술도 장족의 발전을 거듭했다.

지하 속 염수를 퍼내기 위해 먼저 길고 육중한 쇠막대를 만들었다. 이 쇠막대를 사용하기 위해 나무로 피라미드 형태의 굴착시설을 지었다. 굴착시설 꼭대기에서 무거운 쇠막대를 내리꽂아 땅을 파고들어갔다. 파헤쳐진 흙과 깨진 돌멩이는 다른 막대 봉에 담아 끌어올렸다. 일직선으로 곧게 파면서도 흙이 무너져 내리는 것을 막아내는 기술까지 고안해냈다. 땅파기는 염수를 찾을 때까지 계속됐고 때로는 천연가스층이 발견됐다. 이 천연가스는 염수를 끓이는 데 이용했다.

찾아낸 지하의 염수는 긴 나무통 파이프를 넣어 올려냈다. 이 과정에서 필요한 동력은 3~4마리의 소가 돌리는 거대한 물레로 해결했다. 이런 염정 뚫기 작업은 3세기부터 시작되어 청대에 이르러 고도의 기술 수준을 완성했다. 19세기 말 작업 중인 굴착시설은 400여 개에 달했다. 뚫었던 염정은 무려 1만 3,000여 개나 됐고 평균 굴착 깊이는 지하 300m였다. 1910년대까지 이 굴착시설로 염수를 길어 올렸지만, 발전소가 세워지고 전기모터를 이용하면서 퇴출됐다.

오늘날 쯔궁에는 10여 개의 굴착시설이 남아있는데, 옛 시설과 방식으로 소금을 생산하는 곳은 선하이징樂海井이 유일하다. 선하이징은 1835년 청대 도광제 때 세워졌다. 4개의 축대는 여러 줄기의 긴 나무를 엮어 굵은 통나무처럼 해서 만들었다. 가운데 축대의 높이는 18.4m나 되는데, 이는 과거 굴착시설 중 중간급에 해당한다. 그 아래 정교하게 만든 시추설비가 수레바퀴, 도르래 등을 이

술로 만나는 중국·중국인

염수는 커다란 솥에 넣고 끓고 불순물을 제거해 소금으로 팔게 된다.

용해 염수를 뽑아낸다. 굴착 피라미드 옆에는 직경 4.5m인 물레
도 그대로 남아있다.

선하이징은 세계에서 최초로 지하 1,000m를 뚫었다. 1847년
땅 밑 1001.42m까지 도달했는데, 지금도 같은 심도에서 염수를
뽑아내고 있다. 2013년 2월 내가 만났던 루샤오쥐안盧筱娟(여) 선
하이징관광개발 총경리는 "현재 한 해 약 800톤의 소금을 생산하
고 있다."고 소개했다. 선하이징관광개발은 쯔궁시 정부가 선하이
징의 관리 및 홍보, 소금 판매, 관련상품 개발 등을 위해 설립했다.
루 총경리는 "식용 소금뿐만 아니라 치약, 비누, 미용 보조제 등 다
양한 상품을 만들어 팔고 있다."고 말했다.

지하 염정에서 뽑은 소금은 지난 1,000여 년 동안 쯔궁 경제를
지탱했다. 소금은 송대부터 마방馬幫을 통해 쓰촨뿐만 아니라 윈난,

구이저우, 산시 등지로 팔려나갔다. 1736년 축조된 서진회관西秦會
館은 청대 번영했던 소금산업을 보여 준다. 서진회관은 소금 상인
들의 사무실이자 교류장이었다. 쯔궁 경제를 쥐락펴락했던 이들의
회합장소답게 건축양식이 화려하고 예술성이 뛰어난 조각이 많다.
현재까지 원형 그대로 보존되어 1959년 중국 유일의 염업역사박
물관으로 탈바꿈했다.

20세기 들어서도 염업은 쯔궁 최대 산업의 지위를 지켰다. 1940
년대 생산된 소금은 한 해 190만여 톤에 달했고, 중국 내륙 인구의
1/3을 먹여 살렸다. 그러나 1980년대 들어 교통 사정이 개선되면
서 연해 지방에서 생산된 저가의 소금이 점차 내륙시장을 잠식했
다. 이에 따라 쯔궁 염업은 몰락의 길에 들어섰다. 1990년대 초까
지 소금 생산량은 한해 200만 톤 이상을 기록했으나 2013년에는
166만 톤까지 떨어졌다. 전체 산업에서 차지하는 비중도 1990년
에는 50%였으나 지금은 20%에 못 미치고 있다.

쇠퇴하는 쯔궁 염업이지만, 매년 춘제春節마다 과거의 영화를 상
징하는 염정을 도심에 세우는 저력을 과시하고 있다. 중국 최대 규
모인 쯔궁등축제燈會를 통해 피라미드 굴착시설을 만들어 한 달
여 간 도시를 밝힌다. 중국에서 연등행사는 기원전 2세기부터 시
작됐다. 당대부터 마을마다 각종 형상의 등을 만들어 곳곳을 수놓
으면서 춘제를 상징하는 민속축제로 발돋움했다. 특히 날씨가 따
뜻해 눈이 내리지 않은 남방에서는 등축제가, 북방에서는 얼음축
제冰燈가 열렸다.

2013년 쯔궁등축제에서는 사상 최대 규모의
염정 굴착시설과 작업장 조형물이 선보였다.

쯔궁이 중국 등축제의 메카가 된 것은 1964년 사회주의정권 수
립 이후 최초로 대규모 행사를 열었기 때문이다. 비록 2년 뒤 시작
된 문화대혁명으로 중단됐지만, 1978년 가장 먼저 등축제를 재개
했다. 특히 경제무역교역회와 같이 개최해 규모를 키웠기에, 같은
해 중국에서 열린 민속관련 이벤트 중 가장 화려했다. 이때 활약
한 등 조형회사들이 기술을 갈고 닦아 1988년 베이징 베이하이北
海공원에서 열린 등축제를 성공적으로 이끌었다. 베이하이등축제
에는 덩샤오핑, 양샹쿤 등 당시 중국 최고지도자들이 여러 차례 찾
아가 구경했다.

이를 계기로 중앙정부의 전폭적인 지원을 받게 되어 1991년부
터 국제적인 행사로 발전했다. 명성 또한 날로 높아져서 쯔궁의 등

조형회사들은 중국 각지와 한국, 일본 등 해외로부터 초청되어 사업을 진행했다. 오늘날 중국인들은 등축제를 공룡, 염정과 더불어 쯔궁의 '삼절三絕'이라 부르고 있다. 나는 2006년 1월 쯔궁을 처음 방문했다. 바로 등축제를 취재하기 위해서였다. 당시 만났던 쑹량시宋良曦 등축제지휘부 총설계사는 "비단, 섬유유리 등 재료와 조형 기업이 동반 성장하면서 지금은 쯔궁의 6대 산업 중 하나로 커졌다."고 말했다.

등축제는 축구장 8배 크기인 채등彩燈공원에서 열린다. 해마다 주제와 테마를 달리해 등 조형물을 설치한다. 불교, 도교 등 종교 소재부터 신화설화, 고전명작, 문화풍습, 이국풍광 등까지 다양한 소재를 재미있게 형상화한다. 하지만 염정과 공룡 조형물은 매년 단골로 등장한다. 특히 2013년에는 '천년의 소금 도시'를 주제로 했는데, 염업기업들의 협찬 아래 역대 최대 규모의 굴착시설과 작업장 조형물을 선보였다.

그동안 여러 차례 쯔궁을 찾았지만, 현지의 특산주를 줄곧 맛볼 길이 없어 아쉬웠다. 하지만 2013년 2월 등축제 취재 후 만났던 시정부 관리가 식사 자리에 흰 도자기에 파란 상표를 음각한 염정방鹽井坊를 가져왔다. 염정방은 2007년 문을 연 홍다宏大주업이 2011년 론칭한 고급 바이주다. 홍다주업은 내로라하는 명주가 즐비한 쓰촨의 현실을 감안해 특색 있는 새 술 개발에 매진했다. 이에 홍콩생물공정연구원, 화뉴華牛세기생물기술연구원 등과 협력하여 3년 만에 시장에 내놓은 술이 염정방이다.

술로 만나는 중국·중국인

쯔궁등축제는 역사와 규모, 화려함 등에 있어 중국 최고다.

우리는 보통 술을 마신 뒤 겪는 숙취의 원인으로 알코올을 꼽는다. 하지만 숙취의 실제 주범은 아세트알데하이드이다. 아세트알데하이드는 몸속에서 알코올을 분해하는 과정에서 생기는데, 각종 질환과 세포 손상을 일으킨다. 다행히 인체에는 이를 방지하는 ALDH효소가 있어 그 피해를 줄인다. 염정방은 이 아세트알데하이드의 생성을 최대한 낮추도록 한 술이다.

중고가의 바이주는 술을 빚을 때 첨가하는 누룩의 발효 기간을 길게 하고 오랫동안 원주를 숙성해서 아세트알데하이드가 적게 발생한다. 염정방은 이 과정을 짧게 해도 동일한 효과를 볼 수 있도록 했다. 실제 52도 염정방 한 병의 2/3를 마셨으나, 2시간여 뒤 술이 완전히 깼고 속도 편해졌다. 현재 염정방은 쯔궁시정부의 각별한 지원 아래 판매량을 늘리고 있다. 327만 명(2015년 말 기준)

에 달하는 쯔궁 주민들이 애정을 가지고 마셔 준다면, 머지않아 지방 술시장에서는 뿌리를 내릴 수 있을 것이다.

쯔궁은 쓰촨성 내 도시 중에서 한국과 인연이 가장 깊다. 1990년대 말부터 쯔궁의 회사들이 한국에 건너와 '천하제일등축제'의 등 조형물을 제작해 왔다. 2006년에는 쯔궁시가 경상남도 고성군과 자매결연을 하여 공룡 화석을 빌려 주고 있다. 2013년 4월에는 쯔궁공룡박물관이 경기도 화성시와 업무제휴를 체결했다. 이런 인연대로라면 향후 훙다주업이 우리 주류업체에 협력의 손길을 내밀 날이 올지 모른다.

천하제일 대나무숲 촉남죽해의 '죽통주'

쓰촨성 동남부에는 우리에게 잘 알려 진 명주 우량예五糧液의 고향 이빈宜賓이 있다. 우량예는 고급 바이주뿐만 아니라 수십 종의 술 브랜드를 거느린 종합 주류업체다. 2015년 216.6억 위안(약 3조 6,822억 원)의 판매고를 올려, 중국 주류업체 중 마오타이(326.6억 위안)에 뒤이어 2위를 기록했다. 영업이익도 61.6억 위안(약 1조 472억 원)으로 마오타이(155억 위안) 다음으로 많다.

지난 2년간 중국 술시장은 시진핑 국가주석이 주도하는 반부패 운동으로 인해 큰 타격을 입었다. 중국정부가 당·정·군과 국영기업의 삼공경비三公經費에 강력한 제재를 가했기 때문이다. 삼공경비는 관용차, 접대비, 출장비를 가리킨다. 이런 현실 속에서 2015

년 영업이익을 50억 위안 이상 달성한 중국 주류업체는 마오타이와 우량예뿐이다. 마오타이는 지방정부, 군대, 공안, 세관, 기업 등에 연회·접대용이나 선물용으로 공급되는 특공주特供酒다. 이에 반해 우량예는 주로 일반 소비자를 대상으로 판매하면서 선전했다.

오늘날 이빈시에서 우량예가 가지는 위상은 절대적으로 높다. 2015년 시 전체 공업생산액 812억 위안의 1/4을 차지했고 세수공헌도가 가장 컸다. 농업, 유통업 등 연관업종에 미치는 영향이 지대하고, 2015년 말 호적주민 552만 명 중 10% 가까이가 주류업과 관련 산업에 종사한다. 거리, 주거단지, 공단 등 지명 곳곳에 우량예가 들어간다. 도로에서 운행하는 모든 버스와 택시에 우량예 광고판이 달려 있다. 심지어 2012년 2월에 착공해 짓고 있는 신공항의 이름도 우량예공항으로 명명됐다.

이런 지명도와 달리 우량예의 역사는 그리 길지 않다. 이빈에서 술을 양조하기 시작한 것은 5세기 남북조시대부터다. 당시 이빈에 살던 이족彝族은 곡물을 혼합해 잡주咂酒를 제조했다. 당대에는 관영 양조장에서 4가지 곡식으로 춘주春酒를 빚었다. 명·청대에는 오곡으로 술을 제조했으나, 원료가 다른 지방 바이주와 크게 다를 바 없었다. 지금처럼 수수·쌀·찹쌀·밀·옥수수 등 오곡을 쓴 것은 1909년이었고, 1929년에 우량예라는 이름을 얻었다. 이에 반해 고대부터 이빈을 대외에 알린 명소는 따로 있었으니, 바로 촉남죽해蜀南竹海다.

촉남죽해는 이빈에서 동남쪽으로 50㎞ 떨어져 있다. 창닝長寧과

술로 만나는 중국·중국인

촉남죽해는 영화 〈와호장룡〉의 촬영지로 우리에게 친숙하다.

장안江安 두 현에 걸쳐 면적이 120㎢에 달하는 중국 최대 대나무 자생지다. 해발은 높지 않아 600~1,000m이다. 겨울에는 영하로 떨어지지 않고 여름에는 30℃가 넘지 않아 피서지로 알맞다. 촉남죽해 내에는 남죽楠竹, 면죽面竹, 수죽水竹, 자죽慈竹, 나한죽羅漢竹, 향비죽香妃竹 등 58종의 대나무가 있다. 곳곳에 200종의 약재가 자라고 10여 종의 야생동물도 서식하고 있다.

　흥미롭게도 촉남죽해의 옛 이름은 북송 4대가로 유명한 시인 황정견黃庭堅과 관련이 있다. 황정견은 장시江西성 출신으로 23세 때 진사에 급제해 벼슬길에 올랐다. 태자감 교수로 일할 때 소동파를 만나 큰 가르침을 받았다. 지방관으로 선정을 펼치고 조정에서 일했으나, 말년에는 정적의 모함을 받아 두 차례나 유배당했다. 두 번째 유배지가 이빈이었는데 53세부터 3년간 머물렀다. 이때 지은 시가 57수, 사詞가 17수에 달할 정도로 황정견의 문학세계를 풍요롭게 했다. 어느 날 황정견이 촉남죽해를 찾았는데, 산마루에 서서 보니 울창한 대나무 숲이 산등성이를 따라 펼쳐지는 광경이 너무나 장관이었다. "굉장하구나! 대나무 파도가 만리에 달하고, 어메이 미인의 귓불 같구나!壯哉, 竹波萬里, 峨眉姐妹耳."라고 감탄했다. 돌 위에는 '만령정萬岭箐'이라 적었다. 만령정은 대나무가 무성한 드넓은 산맥이라는 뜻이다. 이 고사에 유래해서 근대까지 촉남죽해는 만령정이라 불렸다. 황정견은 유배에서 풀려난 뒤 5년 만에 병사해 이빈을 다시 찾질 못했다.

황정견을 꼽지 않더라도 촉남죽해는 우리에게 결코 낯선 무대가 아니다. 저우룬파周潤發와 장쯔이章子怡가 대나무 숲에서 결투하고, 숲 사이 호수에서 검무를 펼친 명장면이 지금도 회자되는 영화 〈와호장룡臥虎藏龍〉의 촬영지가 바로 촉남죽해다. 실제 트레킹으로 촉남죽해를 걷다보면 각양각색의 대나무가 호수, 폭포 등과 어울려 한 폭의 산수화를 연출한다. 곳곳에는 대나무와 함께 사는 순박한 주민들이 찾아간 이를 반긴다.

대나무와 쓰촨을 연상할 때 빠뜨려서는 안 될 중국의 상징물이 있다. 바로 대나무만 먹고 사는 유일무이한 동물 판다(Giant Panda)다. 잘 알려졌다시피 판다는 오직 중국에만 산다. 중국에서도 쓰촨·산시·간쑤甘肅성에서만 서식하는데, 절대다수가 쓰촨에 있다. 2014년 말 판다는 1,864마리가 있고, 이 중 67마리가 인간에 의해 사육되고 있다. 이런 희소성 때문에 세계야생동물기금

술로 만나는 중국·중국인

(WWF)은 판다를 멸종위기종으로 지정했고 단체 상징마크로 삼았다. 본래 판다는 800만 년 전에 처음 출현해 육식을 즐겼던 식육목食肉目이다. 지금도 송곳니와 발톱은 날카로워 고기를 물고 찢기에 알맞다. 고기를 먹을 수 있는 모든 유전자도 갖고 있다. 그러나 오랜 세월 진화를 거치면서 육식을 즐기는 습성이 퇴화됐고 현재는 고기 맛을 전혀 느끼질 못한다. 지난 수천 년 동안 해발 1,400~3,000m의 산림이 우거진 대나무 숲에 살면서 환경에 적응되어 버렸기 때문이다.

늦겨울과 봄철 판다는 해발 1,600m 안팎에 살면서 어린 죽순을 먹는다. 죽순은 단백질, 당질, 식이섬유 등을 함유하고 있다. 초여름에는 해발 2,400m 산악으로 이동해 죽순을 먹으면서 부족한 칼슘, 인, 질소 등을 보충하기 위해 신선한 대나무 잎의 소비를 늘려간다. 이는 봄철 짝짓기로 잉태한 태아에게 영양분을 공급하기 위해서다. 판다의 임신기간은 83~150일이다. 7월 말부터 다시 저지대로 내려와 8월에 새끼를 낳는다. 새끼는 아주 작아 90~225g에 불과하다. 출산 이후에도 대나무 잎을 주로 먹으며 새끼에게 먹일 젖을 생산한다.

대나무는 그리 좋은 먹잇감은 아니다. 단백질이 적은 반면 식이섬유와 리그린의 함량은 높다. 이 때문에 판다는 봄철에 하루 12~16시간에 걸쳐 30~38kg의 대나무를 먹어 치운다. 판다의 위는 단순하고 창자가 짧아 미처 소화되지 못한 상태에서 하루 10여 kg의 똥을 배설한다. 그런데 죽순이 너무 자랐거나 대나무 잎이 시들면 굶어 죽을지언정 절대 입에 대지 않는다. 이런 까다로운 식성

판다는 대나무만 먹고 사는 유일한 동물이다.

은 판다의 활동 범위를 제한했다. 하지만 판다를 멸종위기로 내몬 결정적인 주범은 인간이었다.

판다는 70만~50만 년 전 전성기를 누렸다. 당시에는 중국 전역과 베트남·미얀마 북부까지 살았다. 주로 서식하던 숲의 해발도 500~700m에 불과했다. 이런 판다를 인간은 마구잡이로 수렵했다. 고기는 육류가 부족한 사람들에게 훌륭한 먹거리였다. 모피는 부유층이 고급 장식품으로 선호했다. 뼈는 각종 한약재에 들어가야 하는 재료로 거래했다. 이에 따라 판다 수는 급감했고 20세기 중반에는 쓰촨성 서부 산악지대로 국한됐다.

물론 낮은 번식력도 판다에게는 치명적이다. 보통 판다의 수명

술로 만나는 중국·중국인

은 20~30년인데, 암컷이 평생 동안 한두 마리의 새끼만 낳는다. 이를 출산율로 따지면 1.0674%로, 저출산으로 고민하는 서유럽 국가나 한국보다 뒤진다. 판다는 섹스 자체를 귀찮아하는 데다 1년 중 발정기도 4~5일에 불과하다. 고립된 활동 범위로 인해 근친 간 교미가 이뤄져 질병 저항력이 떨어졌고 출산 능력이 저하됐다. 조사에 따르면, 현존하는 판다의 암컷 78%와 수컷 90%는 자연 생식이 불가능한 상태다.

이를 극복하기 위해 중국정부는 쓰촨성 각지에 번식기지를 두어 판다를 양육하고 있다. 자연 교배를 위해 판다의 골반과 다리 근육을 강화시키는 훈련에서부터 비아그라를 복용시키고 포르노까지 시청케 한다. 이런 고육책에도 불구하고 뚜렷한 성과를 거두질 못해 주로 인공수정을 통해 새끼를 낳고 있다. 중국이 막대한 투자를 아끼지 않는 이유는 판다가 국가 이미지 향상과 대외교류에 크게 기여하기 때문이다.

중국은 1957년 러시아에 한 마리를 선물하고 1965년부터 북한에 다섯 마리를 보내는 등 판다를 우호의 상징으로 이용해 왔다. 특히 1972년 리처드 닉슨 대통령의 방중에 대한 답례로 판다 한 쌍을 미국에 보내면서 '판다 외교'에 본격 시동을 걸었다. 일본, 독일, 멕시코, 호주, 한국 등과 국교를 정상화하면서 판다를 빌려준 것이다. 현재 중국이 해외로 보낸 판다는 48마리로, 14개국 19개 도시에 불과하다. 판다는 멸종위기 동물의 상업적인 거래를 금지한 국제법에 따라 임대만 가능하다. 이 때문에 각국 동물원은 매년 한 마리당 100만~200만 달러의 임차료를 중국에 지불하고 있다.

그동안 쓰촨성 동부에서는 판다가 멸종된 것으로 알려졌다. 그런데 2013년 11월 촉남죽해에서 가까운 라오쥔산老君山에서 판다가 발견됐다. 이는 지난 반세기 이래 동부에서 처음 발견된 야생 판다다. 현재 건설 중인 번식기지가 내년에 완공되면 10마리 안팎의 판다가 촉남죽해에서 살게 된다. 쓰촨에는 판다뿐만 아니라 대나무와 관련된 특산물이 많다. 젓가락, 바구니, 의자, 책상, 뗏목 등 생활용품에서부터 죽편 차구茶具와 도자기, 죽지 등 예술품의 경지에 오르는 상품까지 생산한다.

　특히 이빈에서 한 시간 반 떨어진 자장夾江현에서 생산하는 종이는 청대에 황실로 진상됐던 공지貢紙다. 백협죽白夾竹과 수죽을 원료로 72차례의 작업 과정을 걸쳐 만들어 비단처럼 매끄럽고 부드럽다. 지질은 희고 수묵성이 뛰어나 붓으로 글씨를 쓰거나 그림을 그리기 알맞다. 기계로 만든 종이로는 도저히 따라올 수 없는 부드러움과 섬세함이다. 지금도 자장 죽지는 옛 방식을 고수하며 생산되어 중국 최고의 서화지로 꼽히고 있다.

　촉남죽해에서는 다양한 대나무 상품과 더불어 술을 제조한다. 바로 12가지 약재로 빚은 누룩을 첨가해 양조한 바이주를 대나무 통에 넣어 파는 죽통주竹筒酒다. 보통 죽통주는 통 안에 바이주를 주입하고 뚜껑을 밀봉 처리해 숙성시킨다. 이때 진공을 유지하는 압력과 술을 부어 넣는 조절에 있어 고도의 기술이 필요하다. 밀봉된 술통을 일정한 온도가 유지되는 실내에 2~3개월 동안 보관하면 대나무 향이 깊게 배어진다.

　죽통주는 현재 중국에서 푸젠福建과 윈난을 주산지로 손꼽는다.

촉남죽해의 한 마을에서 파는 죽통주.
대나무 향이 깊게 배어 맛이 일품이다.

하지만 촉남죽해 죽통주의 역사와 품질도 두 지방 못지않다. 단지 쓰촨 내 명주가 워낙 많다보니 잘 알려지지 않았을 뿐이다. 죽통주는 오래전에 한국에도 전래됐다. 영조 때 유중림이 쓴 〈증보산림경제〉에 그 양조법이 기록되어 있다. 일부 상인이 대나무 통을 여러 번 재활용해 곰팡이가 생기는 경우가 간혹 발생하는데, 이런 악덕 상행위만 근절된다면 죽통주는 누구나 즐겨 마실 수 있는 약주다.

죽통주와 곁들여 먹는 전죽연全竹宴은 촉남죽해의 또 다른 자랑거리다. 전죽연은 베이징의 만한전석滿漢全席을 모방해 촉남죽해 주민들이 개발한 대나무 요리 성찬이다. 죽순채, 죽손단竹蓀蛋, 죽손버섯, 죽통두부, 죽통밥, 죽순탕 등 대나무에서 나는 모든 것을 재료나 도구로 써서 조리한 음식이다. 내가 2006년 1월 촉남죽해를 처음 찾았던 것도 이 전죽연을 취재하기 위해서였다. 이때 전죽연을 먹으며 마신 죽통주에 반해, 각지의 대나무 산지를 방문할 때면 죽통주를 찾아 마시곤 했다. 쓰촨성 메이산眉山 출신인 소동파는 대나무를 좋아해 평소 죽순과 죽손 요리를 즐겨 먹었다. 대나무에 관한 시도 여러 편을 지었는데, 그중 '어잠승녹균헌於潛僧綠筠軒'이 지금까지 애송되는 절창이다. 여기서 어잠은 지금의 저장浙江성 린안臨安현이고, 녹균헌은 승려가 거처했던 처소다. 이 시는 사군자 중의 하나인 대나무를 빌려 세속적 욕망을 멀리하고 지조를 지켜야 하는 선비의 도리를 노래했다.

밥 먹는데 고기가 없어도 되지만,

可使食無肉

사는데 대나무가 없어서는 안 되지.

不可居無竹

고기 없으면 사람이 야위지만,

無肉令人瘦

대나무 없으면 사람을 속되게 하네.

無竹令人俗

사람이 야위면 살찌면 그만이지만,

人瘦尙可肥

선비가 속되면 고칠 수 없다네.

士俗不可醫

사람들은 이 말을 비웃으며,

傍人笑此言

고상한 척하며 어리석다고 말하네.

似高還似癡

만약 대나무를 마주하고 배불리 먹을 수 있다면,

若對此君仍大嚼

세상에 어찌 양주학이 생겨났겠는가.

世間那有揚州鶴

　　그동안 나는 촉남죽해를 두 차례나 더 방문했지만, 아쉽게도 현지산 죽통주을 마시거나 전죽연을 먹어 볼 여유를 다시 갖질 못했다. 판다 번식기지가 문을 열면, 촉남죽해를 찾아 죽통주를 마시고 소동파의 시를 읊조리며 욕망의 때를 털어내야겠다.

매운맛 쓰촨요리의 마리아주 '루저우라오자오'

쓰촨성 청두에서 동남쪽으로 자동차로 3시간을 달리면 루저우瀘州시에 도착한다. 루저우는 양쯔강과 튀강沱江이 만나는 지점에 위치한 도시다. 이곳은 쓰촨, 충칭, 윈난, 구이저우貴州 등 4개 성·시의 교차점에 자리 잡아 교통의 요지다. 이런 지리적 이점 때문에 루저우는 오래전부터 상업도시로 명성을 떨쳐왔다. 기원전 서한西漢이 장양江陽현을 설치하면서 도시의 역사가 시작됐다.

2015년 루저우의 호적인구는 505만 명을 넘어 중국 내 2급 도시에 해당한다. GRDP는 1353억 위안(약 23조 10억 원)을 달성했다. 흥미롭게 다른 도시와 달리 루저우의 최대 산업은 주류업이다. 2014년 루저우 주류산업의 영업총액은 724억 위안(약 12조

3,080억 원)을 기록했다. 이는 전체 공업생산수입 1,358억 위안의 절반을 넘는다. 주류업 다음으로 큰 화공산업의 영업총액이 128억 위안임을 비춰볼 때 주류산업이 루저우에서 얼마나 큰 위상을 차지하는지 알 수 있다.

실제 루저우는 '술의 도시酒城'라 이름 지을 만큼 크고 작은 술회사가 수십 개나 산재한다. 그중 루저우라오자오와 랑주郎酒는 중국인이라면 누구나 아는 명주. 중국정부가 지정한 17개의 국가명주 중 한 도시가 두 개의 브랜드를 지닌 곳은 루저우와 구이저우성 쭌이遵義뿐이다. 특히 루저우라오자오는 중국인들이 '농향濃香형 바이주의 비조鼻祖' '술의 우두머리酒中泰斗'라 부를 만큼 명성이 자자하다.

술은 루저우에서 한대부터 빚기 시작했다. 지금까지 전해 내려오는 설화에 따르면, 225년 촉한의 재상이었던 제갈량이 루저우 일대에 출병했다가 군사를 시켜 누룩을 빚게 했다. 당시 유행했던 역병을 고치기 위해 누룩과 술을 이용했던 것이다. 주류업이 괄목할 만큼 성장한 시기는 송대였다. 〈송사〉에는 1070년 루저우에서 생산된 술이 1만 관貫(1관=3.75kg)에 달했고 소주小酒와 대주大酒를 모두 빚은 기록이 남아 있다.

루저우가 술의 도시로 자리매김한 것은 명대다. 16세기 대곡주의 양조기술이 확립됐고, 일정한 규모를 갖춘 양조장이 등장했다. 특히 1657년 청대 순치제 때 서취원조방舒聚源糟坊이 문을 열었다. 서취원조방은 개업 전부터 있었던 '발효 구덩이' 6개를 기반으로

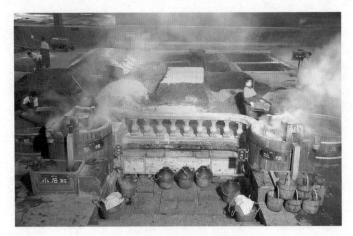

루저우라오자오 저장고에서 한창 누룩을 만들고 있다.

400여 년 동안 마르지 않고 뿜어져 나오는
용천정의 물은 궈자오1573을 만드는 비결이다.

술로 만나는 중국·중국인

발전했고, 1750년에 4개를 더 만들었다. 1869년에는 이름을 온영성조방溫永盛糟坊으로 바꿨다. 청대 말기 루저우에는 온영성조방을 비롯해 600여 개의 크고 작은 양조장이 성업했다.

1949년 사회주의 정권이 들어선 뒤 루저우 양조업은 큰 변화를 맞이했다. 당시 루저우에는 36개의 큰 양조장이 있었다. 이 중 10여 개를 온영성조방이 합병해 진촨釜川술공장을 성립했다. 진촨술공장은 1952년 다시 17개 양조장을 흡수해 쓰촨성 국영제1술공장으로 전환했다. 1955년에는 4개의 양조장이 통합해 지방 국영술공장이 세워졌다. 1960년 두 회사가 합병해 루저우곡술공장이 됐고, 1990년 오늘날과 같은 루저우라오자오술공장으로 이름을 바꿨다. 본래 라오자오老窖는 '오래된 구덩이'라는 뜻이다. 이는 루저우의 특이한 지역 환경과 그것을 이용한 독창적인 양조법에서 비롯됐다. 예부터 루저우 일대에서는 붉은 찰수수가 생산됐다. 이 찰수수는 껍질이 붉고 윤기 나며 알갱이는 알차고 촘촘하다. 영양소가 풍부해 전분 함량이 62.8%나 된다. 이런 품질을 지닌 찰수수는 술을 양조하는 재료로 최상품이다. 루저우 사람들은 찰수수를 수확하면 먼저 창고에 두어 숙성시킨다.

숙성된 찰수수는 펑황산鳳凰山 아래 저장고에서 용천정龍泉井 지하수를 이용해 다른 원료들과 배합한다. 여기서 쓰이는 용천정의 물은 단순한 지하수가 아니다. 펑황산은 양쯔강에서 1㎞ 떨어진 곳에 위치해 있다. 산속에 흐르는 산천수와 양쯔강의 강물이 오랜 세월 혼합되면서 독특한 지하수를 만들었다. 바로 산성이 적고 단맛

용천정 물로 원료를 배합해 누룩을 만든다.

이 돌아 효모를 발육하고 번식시키는 데 일품인 약수로 탄생했다.

용천정 바로 옆에는 발효 저장고가 있다. 이 저장고에는 600여 종의 미생물이 숨 쉬고 있다. 1573년부터 배합된 누룩이 바닥과 벽에 침투하면서 깊고 짙은 향과 풍부한 미생물을 생성했기 때문이다. 여기에 도시 밖에서 퍼온 황토와 용천정의 물로 반죽해 누룩 위에 바른 진흙은 미생물의 활동을 촉진한다. 바닥에 판 구덩이에 담긴 누룩은 짧게는 2~3년에서, 길게는 30년 이상 발효된다. 심지어 50~100년 발효된 누룩도 있다. 이렇게 오래된 발효 구덩이가 바로 라오자오다.

평황산 저장고는 중국에서 가장 오래된 누룩 발효지로 인정됐다. 중국정부는 1996년 전국중점유적지로 지정했고, 2006년에는 국가급 비물질문화유산으로도 지명했다. 오늘날 중국에서 가장 비싼

술로 만나는 중국·중국인

농향형 바이주 '궈자오國窖1573'은 이런 역사적 장소에서 탄생했다. 중국술 브랜드 중 국자를 상표로 사용하는 브랜드는 '국주國酒마오타이', '국밀國密 동주董酒' 그리고 궈자오1573뿐이다.

본래 루저우라오자오는 루저우라오터취老特曲라는 전통 브랜드가 있었다. 루저우라오터취는 다섯 번 개최된 전국 술품평회에서 줄곧 국가명주상을 받았다. 그러나 1990년대 중반 쓰촨의 다른 술회사인 우량예가 고급 브랜드를 내놓으면서 루저우라오자오는 큰 타격을 받았다. 절치부심 끝에 1999년 궈자오1573을 개발해 론칭했다. 역사 유적지를 과감히 상표로 채택해 새 브랜드의 신뢰도와 인지도를 높였다.

궈자오1573은 시장에 빠르게 안착했다. 그 이유는 쓰촨요리와 궁합이 잘 맞는 '마리아주'였기 때문이다. 오늘날 쓰촨 사람들은 모임이나 회합에 가장 어울리는 술로 루저우라오자오를 손꼽는다. 그 배경을 이해하려면 중국 음식에 대해 알아야 한다. 중국은 요리의 천국이다. 전 세계에서 음식의 종류가 가장 많고 다양하다. '중국인은 하늘에는 비행기, 땅에는 의자 다리를 빼고 발이 달린 모든 것을 다 먹는다.'는 우스갯소리까지 있을 정도다.

중국은 지방마다 특색 있는 요리 문화를 꽃피워 발전시켰다. 그중 산둥山東의 루차이魯菜, 장쑤江蘇의 화이양차이淮揚菜, 광둥廣東의 웨차이粤菜, 쓰촨의 촨차이川菜는 중국 4대 요리로 손꼽힌다. 이들 요리는 주변 지역의 음식 문화를 흡수해 독보적인 지위를 누려왔다. 드넓은 대륙 어디를 가든 4대 요리 식당을 손쉽게 만날 수 있다. 이 중 식당 수가 가장 많은 음식은 단연 광둥요리와 쓰촨요리다.

광둥요리는 해삼, 전복, 바다가재, 상어 지느러미 등 진귀한 해산물을 재료로 써서 음식 값이 비싸다. 관료, 기업인 등이 접대를 위해 광둥요리점을 찾는 것은 중국에서 관행이다. 곧 권력과 부를 쌓은 중국인에게 한정된 귀족요리인 셈이다. 이에 반해 쓰촨요리는 서민음식의 대명사다. 중국 주택가 곳곳에 차지한 식당은 대개 쓰촨요리점이다. 쓰촨요리는 돼지고기와 닭고기를 주재료로 다양한 소스와 향료를 넣어 만든다. 여기에 저렴한 채소와 다양한 버섯은 음식 맛을 돋운다.

무엇보다 얼얼하고 매운麻辣 맛이 특징이다. 이런 맛은 중국인의 혀끝을 잡아끌 뿐만 아니라 중독까지 시킨다. 쓰촨 사람들은 말린 고추와 초피나무 알갱이인 화자오花椒를 그대로 넣어 음식을 만든다. 그래야 맛味에 색色과 향香이 더해져 모습形을 낼 수 있다고 믿기 때문이다. 오늘날 중국인들은 이런 쓰촨요리의 강렬한 맛을 좋아한다. 매운 맛은 2012년 월간지 〈샤오캉小康〉과 칭화淸華대 조사에서 '중국인이 선호하는 맛' 1위를 차지했다.

쓰촨에서 매운 요리가 발달한 것은 자연조건과 관련이 깊다. 쓰촨은 분지 지형으로 강과 하천이 많다. 여름에는 무덥고 습도가 높으며 겨울에는 햇빛을 보기 힘들다. 쓰촨인은 이런 기후풍토를 이겨내기 위해 매운 음식을 먹고 땀을 흘려 건강을 유지했다. 요리는 먹는 사람들의 기질을 바꿨다. 쓰촨인은 솔직담백하고 열정적이다. 쓰촨 곳곳을 다니다보면 중국인답지 않게 속마음을 잘 드러내고 다혈질인 사람들을 쉽게 만날 수 있다.

그 때문에 쓰촨에서는 혁명가가 많이 태어났다. 중국공산당 지도자인 덩샤오핑鄧小平, 주더朱德, 류보청劉伯承, 천이陳毅, 녜룽전聶榮臻, 양샹쿤楊尚昆 등이 쓰촨 출신이다. 매운 요리로 쓰촨과 쌍벽을 이루는 후난湖南도 마오쩌둥, 허룽賀龍, 펑더화이彭德懷, 류샤오치劉少奇, 후야오방胡耀邦 등 혁명가가 많다. 마오쩌둥은 대장정 중 "매운 것을 먹지 않는 사람은 혁명을 말할 수 없다不吃辣的東西的人不能講對革命."고 즐겨 말했다.

사실 후난요리도 중국에서 매운 맛으로 둘째가라면 서러워 할 정도다. 중국에는 "후난 사람들은 매운 것을 두려워하지 않지만不怕辣, 쓰촨 사람들은 맵지 않을까 두려워한다怕不辣."라는 우스갯소리가 있을 정도다. 때로는 이 문장의 주체가 바뀌어서 쓰인다. 그만큼 쓰촨과 후난은 음식뿐만 아니라 인물, 문화, 풍습 등 각 방면에서 라이벌 의식이 강하다. 제3자의 입장에서 객관적으로 평가하면, 매운 강도는 쓰촨요리가 한수 위다.

물론 후난요리는 "매운 맛이 아닌 음식은 요리가 아니다."라 할 정도로 맵다. 돼지고기, 닭고기, 야채 등을 먼저 끓는 물로 데친 뒤 기름으로 볶는 과정에서 고추, 파, 생강, 식초 등을 넣는 것이 후난의 기본적인 요리법이다. 그러나 아무리 많은 고추를 넣어도 화자오를 넣어 얼얼한 맛까지 내는 쓰촨요리를 당해낼 수 없다. 쓰촨요리를 먹다 보면 너무 맵고 얼얼해 입안이 마비 증세를 느낄 정도다. 실제 쓰촨인들은 고추와 화자오의 비율을 알맞게 조절해야 제대로 된 쓰촨요리를 만든다고 믿는다.

쓰촨요리의 또 다른 특징은 발효음식이 많다는 점이다. 그 대표적인 음식이 '파오차이泡菜'다. 파오차이는 무, 고추, 마늘 등을 소금물에 절여 담가 먹는다. 고온 방식으로 발효해 3~4일이면 완성할 수 있다. 김치와는 만드는 방식이나 발효법이 전혀 다르지만, 중국인은 파오차이를 김치와 같은 음식으로 보고 있다. 그로 인해 중국에서는 김치를 '한국 파오차이'라고 부른다. 이런 그릇된 인식으로 인해 쓰촨에서는 파오차이가 김치의 원조라는 주장까지 나왔다.

농향형 바이주의 비조답게 루저우라오자오의 술맛은 깊고 진하다. 오래된 구덩이에서 발효된 누룩을 이용해 증류한 뒤 춘양春陽동굴에서 숙성시켰기 때문이다. 춘양동굴에는 7,647개 술 항아리가 있는데, 이 항아리는 수십 년의 역사를 지녔다. 동굴 안은 20도의 온도와 90도의 습도를 유지하면서 항아리 속 술에 극음의 기운을 불어넣는다. 모든 숙성이 끝난 루저우라오자오의 술맛은 매운 쓰촨요리와 절묘한 조화를 이룬다.

이런 루저우라오자오를 즐겨 마신 대표적인 인물은 중국 개혁·개방의 설계사 덩샤오핑이었다. 본래 중국공산당 지도자들은 마오타이를 선호해 마셨다. 하지만 쓰촨성 광안廣安 출신인 덩은 달랐다. 한평생 고향 사투리의 말투를 버릴 수 없었듯이, 고향 음식과 고향 술을 자주 먹고 마셨다. 특히 1949년부터 4년간 충칭에서 중국공산당 서남국 제1서기로 재직했을 때 루저우라오자오는 덩의 식탁에서 떠나질 않았다.

중국 음식업을 장악한 쓰촨요리의 마리아주답게 루저우라오자

소금물의 단지에 채소를 절여 담가 고온 발효로 만든 쓰촨 파오차이.

오는 지난 10여 년간 성공대로를 달려왔다. 중국인들에게 400여
년 된 구덩이에서 누룩을 발효해 만든 술이라는 이미지가 확고하
기 때문이다. 하지만 바이주시장이 빙하기에 들어서면서 큰 난관
에 봉착했었다. 특히 2014년에는 증시 상장 이래 최악의 성적표를
받아들였다. 다행히 2015년 총판매액은 전년대비 28.9% 늘어난
69억 위안(약 1조 1,730억 원)을 기록했다. 영업이익은 전년대비
무려 67% 증가한 14억 7,000만 위안(약 2,499억 원)을 거두었다.
이는 2012년에 거두었던 최고 성적에 근접한 수치다.

현재 루저우라오자오는 용천정 저장고를 비롯해 100년 이상 된
발효 구덩이를 1,619개나 갖고 있다. 중국정부가 지정한 국가 1급
품주사는 10여 명에 달한다. 시장에 내놓은 상품도 최고급형인 궈

자오1573부터 저가 보급형까지 40여 종에 달할 정도로 다양하다. 무엇보다 중국 곳곳에 뿌리내린 쓰촨요리 식당은 루저우라오자오의 앞날을 밝게 해 주는 주춧돌이다.

임정과 미인의 도시가 배출한 시인의 술 '시선태백'

1945년 4월 29일 이른 아침, 짙은 안개가 잔뜩 낀 중국의 전쟁 피난 수도인 충칭重慶. 시 중심가 치싱강七星崗 렌화츠蓮花池 38호에 자리잡은 대한민국임시정부 청사 앞마당에 20여 명의 군복 입은 젊은이들이 도열해 있었다. 이들의 얼굴 표정은 모두 엄숙하면서 비장함이 서려 있었다. 청년들 옆에는 안경 낀 중년의 이범석 장군이 정면을 바라본 채 서 있었다.

시계바늘이 7시 정각을 가리키자, 두루마기를 입은 한 노인이 청사 안에서 안개를 뚫고 걸어 나왔다. 그는 단아하고 신념에 찬 표정으로 도열한 젊은이들을 찬찬히 살펴봤다. 모두 20대 초중반에 앳된 얼굴을 한 채 긴장된 모습으로 서 있는 청년들. 노인은 자신을 우러러 보는 그들의 눈빛을 주의 깊게 바라봤다. 그리곤 아무 말

없이 두루마기 안주머니에서 작은 회중시계 하나를 꺼내어 쳐들었다. 이윽고 무겁게 입을 열었다.

"13년 전인 1932년 오늘은 윤봉길尹奉吉 군을 죽음으로 보내던 날이오. 지금 이 시간은 바로 폭탄을 던진 아침 7시요. 상하이 홍커우虹口공원에서 일본 시라카와白川 대장 등을 죽였던 윤군이 나와 시계를 바꿔 차고 떠나던 날이기도 하오. 같은 날인 오늘 윤군과 꼭 같은 임무를 담당할 여러분을 또 떠나보내는 내 마음이 괴롭기 짝이 없구려." (김준엽 〈장정, 나의 광복군 시절〉 참조해 재구성)

비장감 어린 목소리로 말을 잇던 노인은 백범白凡 김구 주석이었다. 김 주석은 또 다른 사지로 떠날 젊은이들의 모습에 목이 메어져 갔다. 그로부터 다시 70년의 세월이 흘렀지만, 롄화츠 청사는 묵묵히 자리를 지키고 있다. 윤 의사의 의거 후 임시정부에 대한 일본의 탄압은 혹독했다. 이에 임정은 상하이를 떠났고 1937년 중일전쟁이 발발하면서 피난길에 올랐다. 국민당은 장쑤성 난징에 피신해 있던 임정 요인들과 그 가족들에게 배 한 편을 제공해 후난성 창사로 이동시켰다.

일본군의 진격 속도가 빨라지자, 임시정부 대가족은 1938년 7월 창사를 떠나 광둥성 광저우廣州·푸산佛山을 지나 광시자치구 류저우柳州로 옮겼다. 1년도 안 되어 또 피난을 떠나 구이저우성 구이양貴陽·준이를 거쳐 1939년 3월 충칭 아래 치장綦江에 도착했다. 임정이 충칭에 입성해 양류제楊柳街에 안착한 것은 1940년 8월. 난징을 떠난 지 2년 9개월 만이었다.

렌화츠 청사 내부에 모셔진 김구 주석 동상과 임정이 사용했던 태극기.

　임시정부 대가족은 충칭에서도 거처를 4차례 옮겼다. 일본 공군이 밤낮없이 폭격을 계속해 안전한 곳을 찾기 힘들었다. 충칭은 산과 언덕이 많지만, 양류제는 평지여서 폭격에 쉽게 노출됐다. 이에 임정은 상대적으로 안전한 스반제石板街로 청사를 옮겼다. 하지만 얼마 뒤 스반제가 폭격을 당해 다시 우스예샹吳師爺巷으로 이사했다. 1944년 4월 렌화츠 청사로 마지막 이주를 단행했다. 임정은 충칭에서 한반도와 해외 곳곳에 흩어졌던 우리 겨레의 정신적 지주 역할을 했고, 감격어린 민족해방을 맞이했다.

　이처럼 충칭은 우리 겨레와 인연이 깊은 도시다. 본래 충칭의 원주민은 한족과 무관했다. 기원전 11세기 파족巴族은 한족 왕조인 상商·주周와 전혀 다른 문화를 꽃피웠고, 충칭을 도읍지로 파국을 세웠다. 파국은 쓰촨성 청두에 있던 촉국과 수시로 전쟁을 벌이며 성장했다. 기원전 4세기 진나라의 대군에게 멸망당하기 전까지, 파국은 선이 굵고 호전적인 사회기풍과 문화풍습을 발전시켰다.

그 뒤 충칭은 여러 이름을 거쳤다가 수대부터 위저우渝州라 불렸다. 1189년 남송 왕자였던 조돈趙惇은 위저우의 왕으로 봉해졌다. 한 달 만에 다시 황제로 추대되자, '경사가 겹친다雙重嘉慶.'란 뜻에서 충칭으로 도시명이 바뀌어 지금까지 쓰고 있다. 중일전쟁 시기 충칭은 전시 수도로 중국 정치·경제·문화의 중심지였다. 지금도 당시 번영의 흔적은 도시 곳곳에 남아 있다. 1949년 사회주의 정권 수립 후 충칭은 직할시로 지정됐으나, 1954년 쓰촨성에 편입되면서 오랫동안 개발이 정체됐다.

이런 충칭이 주목받은 것은 1960년대 중반이었다. 당시 마오쩌둥은 3선 건설 정책을 들고 나왔다. 냉전체제와 중소분쟁이라는 국제상황에서 미국과 소련의 핵공격을 피하기 위해 연해지역(1선)의 군수산업 시설을 중부지역(2선)보다 훨씬 깊숙한 내륙지역(3선)으로 옮기자는 주장이었다. 이 덕분에 충칭은 1970년대 3선 건설의 핵심 기지로 막대한 투자 세례를 받았다. 이에 따라 해마다 7% 이상의 고성장을 구가했다.

그러나 덩샤오핑 집권 후 개혁·개방정책이 추진되면서 개발의 대오에서 또다시 탈락했다. 1980년대 연해지역 중심의 수출주도형 경제성장이 이뤄졌기 때문이다. 비대한 군수산업과 낙후된 중화학공업으로 개발이 정체했던 충칭이 다시 도약의 날개를 단 것은 1997년이었다. 중국정부는 발전이 뒤처진 서부지역의 개발을 위해 충칭을 전초기지로 삼아서 직할시로 승격시켰다. 그 뒤 충칭은 중국 4대 직할시로 탈바꿈해 내륙에서 가장 빠르게 발전하는 도시로 성장했다. 이는 각종 수치를 통해 잘 드러난다. 2015년 충칭시 GRDP는 1조 5,719억 위안(약 267조 2,230억 원)으로, 전년대비 11%나 늘어났다. 아쉽게도 5년 연속 25% 이상의 고성장을 구현했던 수출입총액이 4,615억달러로 전년대비 21%나 줄어들어 전체 성장률을 떨어뜨렸다. 하지만 이런 경제성장에 힘입어 1인당 GDP는 2만 110위안(약 341만 원)을 기록했다. 오늘날 충칭은 면적이 8만 2,402㎢로 세계에서 가장 넓은 도농 복합도시다. 상주인구도 3,016만 명으로 세계에서 가장 많다.

임시정부 관련 유적은 지금도 충칭 곳곳에 남아 있으나 전망은 그리 밝지 않다. 롄화츠 청사와 더불어 원형 그대로 간직했던 우스예샹 청사는 2012년 12월에 헐렸다. 임정이 우스예샹에서 머문 기간은 1년도 안 됐으나, 김구 주석은 여기서 〈백범일지〉 하권을 집필했다. 당시 예순일곱 살이던 김 주석은 "하루가 다르게 늙고 병들어가고 있으니, 상하이시대를 죽자꾸나 하던 시대라 하면 충칭시대는 죽어가는 시대라 하겠다."고 기록했다. 저우룽루鄒容路 37호에 있는 광복군 본부 건물도 2015년 4월에 철거됐다.

충칭을 대표하는 술은 흥미롭게도 이백을 차용한 '시선詩仙태백'이다. 이백은 서역에서 태어나 쓰촨성 장요우에서 자랐다. 어릴 때부터 독서와 검술에 정진했고 때로는 유협의 무리와 어울렸다. 도교에 심취해서 활달하고 자유분방한 시 세계를 정립했다. 이백은 25세 때 쓰촨을 떠나 양쯔강을 일주하고 전국 곳곳을 주유했다. 자신과 더불어 중국 최고의 시인으로 손꼽히는 두보를 비롯해 수많

'월하독작'을 형상화해서 이백의 고향에 세운 이백 동상.

은 시인과 만나 교유했다.

43세에 현종玄宗의 부름을 받아 관직을 하사받았다. 정치적 포부가 남달랐지만, 호방한 성격과 기행으로 고관의 미움을 사서 쫓겨났다. 안사의 난이 일어나자 영왕永王의 막료로 일하며 권토중래를 꿈꿨다. 하지만 또 다른 황자 숙종이 영왕을 살해하고 황제가 되면서 역모자로 몰려 죽을 뻔 했다. 이렇듯 이백은 정치적으로 불우했기에 음주로 인생의 무상함을 달랬다. 수많은 술 예찬시를 남겼는데, '월하독작月下獨酌'이 백미로 손꼽힌다.

꽃 사이에 술 한병 놓고
花間一壺酒

술로 만나는 중국·중국인

벗 없이 혼자 마시노라.

獨酌無相親

잔 들어 밝은 달을 맞이하니

擧杯邀明月

그림자 비추어 세 사람이 되었구나.

對影成三人

달은 본래 술 마실 줄 모르고

月旣不解飮

그림자는 그저 흉내만 내네.

影徒隨我身

잠시 달을 벗하고 그림자를 거느리고

暫伴月將影

이 봄을 마음껏 즐겨보세.

行樂需及春

내가 노래하니 달도 서성이고

我歌月徘徊

내가 춤추니 그림자도 어지럽구나.

我舞影零亂

취하기 전엔 함께 즐기지만

醒時同交歡

취하고 나면 각자 흩어지겠지.

醉後各分散

영원히 정에 얽매이지 않는 우정을 맺어

永結無情遊

아득한 은하수에서 만나기를 기약하세.

相期邈雲漢

젊었을 때 이백은 양쯔강을 일주하면서 충칭의 완저우萬州를 3차례 찾았다. 풍광이 수려한 시산西山 암벽 밑에서 자주 바둑을 두고 술을 마셨다. 어느 날 '시산 암벽에서 크게 취해 바둑 한판을 두니, 신선이 웃으며 금빛 봉황을 타고 가네大醉西岩一局棋, 謫仙醉乘金鳳去.'라는 시를 남겼다. 후대인들은 이 시구를 인용해 이백을 '시선'이라 불렀다. 시성 두보와 쌍벽을 이루는 별칭이었다. 뒷날 시산 암벽은 '태백암'으로 바뀌었고 여러 문인들이 많은 시를 새겨 놓았다.

바이주 시선태백의 역사는 1917년으로 거슬러 올라간다. 충칭 상인 바오녠룽鮑念榮이 쓰촨 성 루저우에 가서 온영성조방의 양조법과 재료 일체를 사온 것이 그 시작이다. 바오녠룽은 고향 완저우에 화림춘주방花林春酒坊을 차렸다. 현지에서 생산되는 쌀, 옥수수, 찹쌀, 밀, 녹두 등 다섯 가지 곡식으로 술을 빚었다. 최고의 원료를 골라 독특한 발효기법으로 제조한 술은 곧바로 충칭인들에게 큰 인기를 끌었다.

사회주의 정권 수립 후 화림춘주방은 국영화되어 완저우술공장으로 개조됐다. 개혁·개방 이후에는 그 이름을 시선태백주업그룹으로 고쳤다. 시선태백은 1988년 국가주류대회에서 은장을 받으면서 충칭을 대표하는 술로 자리매김했다. 2002년부터 중국 바이

보기만 해도 맵고 얼얼해지는 훠궈의 탕. 우리에게 중경신선로로 잘 알려졌다.

주 100대 기업에 선정됐고, 2012년에는 총판매액이 20억 위안(약 3,400억 원)을 돌파했다. 무엇보다 뒤끝이 강렬한 술맛으로 충칭인들의 사랑을 독차지하고 있다.

이런 시선태백에 어울리는 음식으로 '마라훠궈麻辣火鍋'를 들 수 있다. 마라훠궈는 탁자 중간에 구멍을 뚫어 냄비를 놓아 끓여 먹는 탕이다. 세숫대야만한 냄비 가운데는 보통 일一자나 십十자로 나눈다. 우리에겐 '중경신선로'로 잘 알려졌다. 탕에는 소 천엽, 오리창자, 돼지고기, 미꾸라지, 야채 등을 넣어서 익혀 먹는다. 겉보기에는 샤부샤부와 비슷하지만 맛은 전혀 다르다. 마라훠궈의 육수는 아주 맵다. 그냥 매운 게 아니라 입안을 얼얼하게 하고 땀을 뻘뻘 나게 할 정도로 맵다.

마라훠궈의 매운 맛은 육수에 들어가는 유채 기름, 고추, 화자오花椒 등 때문이다. 유채 기름은 20여 가지의 한약재를 볶아 우려내어 숙성시킨 홍탕紅湯의 주원료다. 여기에 고추와 화자오가 더해져 얼얼하고 매운 맛麻辣을 극대화한다. 홍탕에 넣어지는 고추는 충칭 동남부에서 생산된 것으로, 맛이 중국에서 가장 맵다. 또한 화자오의 맛은 너무 얼얼해서 입이 마취된 것처럼 감각을 없게 한다.

마라훠궈는 본래 밑바닥 서민들의 음식이었다. 충칭은 양쯔강과 그 지류인 자링강이 만나는 지점에 있다. 교차점에 있는 차오톈먼朝天門은 내륙 최대의 항구로, 송대부터 번성해 왔다. 수백 년 전부터 차오톈먼 일대에서는 수많은 뱃사공과 짐꾼이 활동했다. 그들은 짬나는 시간을 이용해 강변 모래사장에서 끼니를 때웠다. 냄비를 놓고 값싼 소고기의 내장과 민물고기를 넣어 끓여 먹었던 탕요리가 오늘날 마라훠궈의 시초다.

마라훠궈가 대중화된 데에는 충칭의 기후조건이 크게 작용했다. 충칭은 산지 사이로 큰 강 흐르다 보니 습도가 아주 높다. 겨울에는 해가 뜨는 날이 많지 않다. 충칭인들은 습한 기후와 우중충한 날씨를 이겨내기 위해 매운 음식을 먹어 땀을 빼냈다. 충칭은 산과 구릉, 언덕도 많다. 이 때문에 가옥은 산비탈에 기대어 오밀조밀 들어서 있다. 이 같은 기후 덕분에 충칭에는 미인이 많다. 습도가 높고 자외선이 없는 환경은 충칭 여성으로 하여금 희고 탄력 있는 피부를 지니게 했다.

고추가 많이 들어간 매운 음식도 피부를 좋게 하는 데 영향을 줬다. 또한 충칭 여성은 어릴 때부터 산간을 오르내리며 몸매를 가꿨기에 다리가 길고 날씬하다. 외모와 달리 성격은 직설적이고 화끈하다. 남성에게 경제적으로 기대지 않고 자의식이 강하다. 충칭 여성은 결혼할 때 신랑에게 지참금인 차이리彩禮를 요구하지 않고, 이혼할 때는 자녀를 스스로 양육하려 한다. 다른 지방 여성과 달리 술을 즐겨 마시고 놀기를 좋아한다. 월수입의 50% 이상을 외모 가 꾸기에 쓸 만큼 소비성향도 강하다.

기가 드센 충칭 여성은 우리 언론지상에서 해외 토픽으로 종종 등장한다. 길거리에서 남녀가 언쟁하다 싸움이 붙었는데, 상대방의 양쪽 뺨을 사정없이 후려치는 중국 여성으로 등장한다. 이런 여성을 중국에서 '라메이쯔辣妹子'라고 부른다. '매서운 여자'라는 뜻인데, 성격 강하고 매운 음식을 좋아하는 충칭과 쓰촨 여성을 통칭해서도 가리킨다. 이렇듯 충칭은 중국 시인 중 가장 낭만적이고 열정적인 시를 썼던 이백의 명성을 담은 바이주가 어울리는 곳이다.

인민해방군 10대 원수를 기르는 술 '원수주'

충칭시 도심에서 자동차로 서남쪽으로
40분을 내려가다 보면 공산혁명을 완수한 홍군의 주요 지도자 한
명을 만날 수 있다. 1899년 장진江津에서 태어난 녜룽전聶榮臻이 그
주인공이다. 녜는 1919년 장진중학을 졸업한 뒤 일하면서 공부하
는 근공검학勤工儉學 학생으로 뽑혀 프랑스로 갔다. 1922년 벨기에
노동대학에 들어가 화공기술을 전공하면서 공산주의에 물들었다.
이에 1924년 소련으로 건너가 모스크바 동방노동자대학에서 수학
했다.

이듬해 귀국한 녜는 한때 황푸黃埔군관학교에서 정치교관으로 일
했고, 북벌시기 군내 공산당 조직에서 활동했다. 1927년에는 난
창南昌 봉기와 광저우 봉기를 이끌었으나 패퇴하여 홍콩으로 피신

장진 도심에 세워진 녜룽전기념관 앞의 녜룽전 원수상.
공산당 중앙군사위원회에서 세웠다.

했다. 1931년 장시江西 소비에트공화국으로 가서 홍군 1군단의 정치위원이 됐다. 장정이 끝나고 1937년 제2차 국공합작이 시작되면서, 녜는 팔로군八路軍 진찰기晉察冀군구 사령관으로 활약했다. 제2차 세계대전 후 재편성된 인민해방군에서는 제5야전군 사령관으로 임명됐다.

1946년에 국공내전이 재발하자, 녜는 화북華北지역 전투에서 큰

1955년 9월 계급 수여식에 참석한 인민해방군 장성들.
앞줄 왼쪽부터 녜룽전, 쉬샹첸이다.

공을 세웠다. 1949년 건국 후에는 한동안 총참모장을 지내며 한국전쟁에 참전한 중공군의 후방지원을 담당했다. 1955년 그간의 공로를 인정받아 10대 원수의 반열에 올랐다. 이듬해에는 국무원 부총리에 임명됐고, 군 현대화와 핵무기·인공위성 개발을 전담했다. '중국 로켓의 아버지' '중국 우주개발의 대부'로 손꼽히는 과학자 첸쉐썬錢學森을 줄곧 후원한 막후 실력자가 바로 녜룽전이었다.

그러나 녜도 문화대혁명의 광풍을 피해가질 못했다. 홍위병들에게 끌려 다니며 얻어맞는 등 온갖 굴욕을 당했다. 문혁이 끝나자 1977년 복권한 뒤 1987년 퇴직할 때까지 병기 현대화에 온힘을 쏟았다. 1992년에 숨을 거두자 유언에 따라 간쑤성 주취안酒泉 위성기지 옆 공동묘지에 안장됐다. 주취안기지는 중국의 첫 위성

술로 만나는 중국·중국인

둥팡훙東方紅을 발사했고, 유인우주선 선저우神舟를 쏘아 올린 중국 우주개발의 요람이다. 주취안기지에 묻힌 고위급 지도자는 녜가 유일하다.

앞서 거론한 10대 원수가 누구인지 알기 전 중국군에 대해 먼저 이해해야 한다. 중국군은 공산당에 소속되어 당 지도자가 이끄는 당의 군대다. 공산당은 초창기 노동자와 농민을 조직해 홍군을 만들었다. 홍군은 공산혁명을 수행해 지금의 사회주의 정권을 수립했다. 그렇기에 지금도 중국군을 인민해방군이라 부른다. 이에 반해 홍군과 같은 배경에서 출발한 국민당군인 국부군國府軍은 대만으로 건너간 뒤 중화민국 국군으로 재편됐다.

인민해방군이 당의 군대라는 원칙은 지금도 확고히 유지되고 있다. 군내에는 당위원회가 설치되어 있고 당서기가 최고 수장이다. 당서기는 지휘관의 임면권, 부대의 운용과 병력 배치 등 전권을 행사한다. 개혁·개방 이후 7대 군구(지역통합군사령부)는 사령관이 당서기를 겸임하지만, 집단군(우리의 군단) 이하 부대는 지휘관 외에 정치위원이 맡기도 한다. 당위원회에는 중앙위원회와 기율검사위원회에서 파견한 간부가 있어 당에 의한 군의 통제와 지휘를 강화하고 있다.

이처럼 중국군은 당과 군을 분리해 생각할 수 없다. 현재 군 통수권은 공산당 중앙군사위원회가 지니고 있고, 그 수장은 시진핑 총서기이다. 중앙군사위 위원 11명과 군부 주요 인사는 공산당 중앙위원회(205인)에 소속되어 있다. 시 주석과 판창룽范長龍·쉬치량許

其亮 중앙군사위 부주석은 중앙정치국(25인)의 일원이다. 이 중앙정치국이 중국 권력의 최고핵심기구이고, 7명의 중앙정치국 상무위원이 핵심 중의 핵심이다.그렇다면 당권과 군권이 나뉘게 되면 어찌 될까? 개혁·개방 이후 그런 일이 두 차례 발생했다. 1980년대 당 총서기는 후야오방과 자오쯔양趙紫陽이 수행했고, 중앙군사위 주석은 덩샤오핑이 맡았다. 2002년부터 2005년까지는 후진타오胡錦濤가 당권을, 장쩌민江澤民이 군권을 장악했다. 이론상으로 군지휘관은 당 총서기에게 충성해야 하지만, 실제로는 군권을 움켜진 중앙군사위 주석에게 복종했다. 이는 1989년 덩이 군대를 동원해 자오를 축출한 톈안먼天安門사태에서 잘 드러났다.

사회주의 정권 성립 후 한동안 인민해방군에는 계급이 없었다. 창군 이래 공산당 지도자들은 '혁명동지'라는 유대감을 앞세워 계급을 두지 않았다. 단지 총사령관, 군장軍長(군단장), 사장師長(사단장), 여장旅長(여단장), 단장團長(연대장), 영장營長(대대장), 연장連長(중대장) 등을 두어 지휘권을 구분했다. 하지만 군의 전문성을 강화하고 군인에게 성취동기를 부여하며, 지휘체계를 확실히 하기 위해 1955년 9월 계급제도를 마련했다.

장성은 원수元帥, 대·상·중·소장將을 뒀다. 영관은 4단계로 대·상·중·소교校로, 위관은 5단계로 대·상·중·소·준위尉로 나눴다. 하사관은 상·중·하사士로, 사병은 상등병과 열병列兵으로 구분했다. 이때 원수로 임명된 10명이 주더, 펑더화이, 린뱌오林彪, 류보청, 허룽, 천이, 뤄룽환羅榮桓, 쉬샹첸徐向前, 예젠잉葉劍英 그리고 녜룽전이다. 이들은 모두 홍군 사령관을 역임했거나 국공내전에서 5개 야

술로 만나는 중국·중국인

전군의 사령관과 정치위원을 지냈다.

본래 군부에서는 덩샤오핑도 원수로 추천했다. 덩은 제2야전군의 정치위원으로, 사령관인 류보청과 함께 중부와 서남부 전투에서 혁혁한 공을 세웠다. 1951년 티베트 점령을 진두지휘하기도 했다. 그러나 당시 덩은 중앙정치국 위원, 국무원 부총리, 중앙군사위 위원 등 당·정·군의 요직을 꿰차고 있어서 제외됐다. 문혁이 끝난 뒤 덩이 마오쩌둥의 후계자였던 화궈펑華國鋒을 제치고 대권을 잡은 것은 군 출신으로 군부의 강력한 지지를 받았기 때문이다.

한편 군 계급은 "혁명군대의 본질을 위배한다."는 극좌파의 공격을 받아 1965년에 폐지됐다. 개혁·개방 이후 덩이 계급제도의 제정을 추진해 1988년에야 부활했다. 그 뒤 1999년까지 네 차례의 수정을 거쳐 지금의 체계를 확립했다. 현재는 원수와 대장이 없어졌고, 대위와 준위도 삭제됐다. 하사관은 더 세분화하여 6단계로 나눴다. 이에 따라 최고 계급인 상장은 우리의 대장, 대교는 준장에 상당한다. 중국에서는 대교가 사단장을 맡기도 한다.

흥미로운 점은 10대 원수 중 녜룽전과 류보청은 충칭, 주더와 천이는 쓰촨 동부 출신이라는 것이다. 덩샤오핑의 고향도 쓰촨 동부다. 충칭은 1997년 직할시로 분리되기 이전까지 쓰촨성에 속했다. 이 지역에서 혁명가가 많이 배출된 데는 독특한 역사와 문화 지리적 환경에서 비롯됐다. 지금의 충칭과 쓰촨 동부는 과거 파국의 영역이었다. 파국은 기원전 2000년경 5개 씨족 연합체로 처음 등장했다. 기원전 11세기경에는 서주西周의 제후국으로 국가 체계를 갖췄다.

충칭 중심가 제팡베이에 들어선 고층빌딩 숲.
충칭은 산이 많아 고층의 주상복합건물이 즐비하다.

춘추전국시대에는 쓰촨 중부의 촉국, 후난·후베이의 초楚국과
쟁패하면서 성장했다. 두 나라와 끊임없는 전투를 치러야 했기에
파국은 호전적인 군사문화가 팽배했다. 오늘날 내려져 오는 파국
유물의 대다수가 병기와 관련이 있을 정도다. 한때 파국은 한자와
전혀 다른 상형문자를 창제할 정도로 독창적인 문화를 꽃피웠지
만, 촉국과 초국의 협공을 받아 점차 쇠퇴했다. 결국 316년 진시황

술로 만나는 중국·중국인

대군의 침략을 받아 멸망했다.

　파국의 경쟁자였던 촉국은 청두 일대의 드넓은 평야 위에서 흥성했다. 청두 평원은 자동차로 3~4시간을 줄곧 달려도 땅의 기복이 없고 산과 터널이 없다. 크고 작은 개천이 많아 땅은 비옥하다. 이 '하늘이 내린 곳간'의 풍요와 여유 덕분에 중국 문학사에 한 획을 그은 시인들이 줄지어 태어났다. 한대 부賦를 대표하는 사마상여司馬相如, 당대 시선 이백, 송대 최고 문장가 소동파, 20세기 저명한 문인이자 사학자 궈모뤄郭沫若 등은 모두 촉국의 후예다.

　이에 반해 파국은 산과 언덕이 많은 악조건 위에서 출발했다. 오늘날 충칭시는 전체 면적의 90%가 산지인 '산의 도시山城'다. 양쯔강과 자링강이 합류해서 다리가 많은 '교량의 도시橋城'다. 겹겹이 둘러싸인 산 사이에 크고 작은 강이 흘러 안개가 자주 끼는 '안개의 도시霧都'다. 여름에는 35~40℃의 무더위가 지속되고 겨울에는 햇빛을 보기 힘들다. 거주 환경이 워낙 열악하다 보니 주민들은 투지가 넘치고 끈기가 있다. 한국의 83%에 달하는 면적에 상주인구 3,016만 명(2015년 말 기준)이 몰려 살지만, 하늘을 원망하거나 남을 탓하지는 않는다.

　이런 기질은 맛과 향이 강한 음식문화를 낳았다. 파국의 후예는 무더운 날씨를 이겨내기 위해 얼얼하고 매운 요리를 먹고 땀을 흘려 기력을 유지했다. 이런 기력을 보충하기 위한 대표적인 요리가 마라훠궈다. 매운 요리를 즐겨 먹어서인지 충칭인은 외향적이고 직선적이다. 성격이 '솔직하고 시원시원한耿直爽快' 사람을 가장 좋

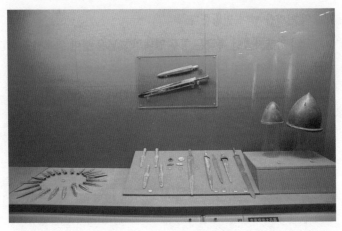

충칭시 싼샤박물관에 전시된 파국 유물.
지금까지 발견된 파국 유물은 대부분 병장기다.

아한다. 이 같은 파국의 후예가 불굴의 의지로 공산혁명을 성공시
키고 뚝심 있게 개혁·개방을 밀고 나간 것은 결코 우연이 아니다.

장진에서 생산되는 라오바이간老白乾은 전형적인 충칭의 술이
다. 이 술은 1908년 문을 연 홍메이宏美양조장을 모태로 한 청향
형淸香型 소곡주다. 청향향은 향이 맑고 맛이 부드러운 바이주다.
소곡주는 크기가 작은 쌀 누룩으로 빚은 술을 일컫는다. 충칭과 쓰
촨 대부분의 바이주가 향이 짙고 깊은 농향형 대곡주인 현실과 차
별된다. 장진라오바이간은 첫맛이 아주 강렬하고 진하다. 흡사 베
이징의 얼궈터우주二鍋頭酒를 연상케 하지만, 뒷맛은 훨씬 부드럽
고 은은하다.

홍메이양조장은 사회주의 정권이 들어선 뒤 다른 양조장과 통폐

술로 만나는 중국·중국인

합해 장진술공장을 성립했다. 1955년 봄 녜룽전은 32년 만에 고향을 찾아 오랜만에 라오바이갈을 마신 뒤 "양조기술을 더욱 발전시켜 장진을 벗어나 베이징에서도 맛보게 해 달라."고 당부했다. 그에 부응하듯 1961년 장진술공장은 지장幾江이라는 새 브랜드를 시장에 내놓았다. 지장주는 착실한 성장을 거듭해 1993년에는 쓰촨 7대 명주 반열에 올라섰다.

장진술공장도 중화라오쯔하오中華老字號의 명예를 수여받았다. 중화라오쯔하오는 중국정부가 오랜 역사를 지닌 기업이나 브랜드에 부여하는 칭호다. 하지만 금세기 초까지 장진술공장의 술은 서민 술이라는 이미지에서 벗어나질 못했다. 이에 야심차게 내놓은 중급술이 '진장진金江津', 고급술이 '원수주元帥酒'다. 량샤오친(여) 장진술공장 홍보팀장은 "진장진은 송대부터 술을 빚었던 장진의 전통을 담은 의미에서, 원수주는 녜룽전 원수를 기리는 뜻에서 출시했다."고 말했다.

원수주라는 브랜드는 다른 주류업체에서도 내놓았다. 전주珍酒가 론칭한 '대원수', 우링주武陵酒가 출시한 '원수주' 등 현재 네 종류의 술이 경쟁하고 있다. 여기에 군대에 공급되는 특공주에 원수라는 표식을 붙인 술까지 합치면 그 숫자는 더 늘어난다. 특공은 당·정·군 고위층에게만 특별 공급하는 제품을 일컫는다. 하지만 10대 원수의 고향에서 생산되는 원수주 브랜드는 장진술공장의 제품이 유일하다.

2015년 5월 내가 장진을 방문했던 자리에서 흥미로운 이야기를

녜룽전은 주취안에서 핵무기와 인공위성 개발을 지휘했다.

들었다. 녜룽전기념관의 한 관계자는 "녜 원수는 1955년 이후 단한 번도 장진을 찾지 않았다. 고향 발전을 위해 도로를 놓거나 건물을 세우는 등 영향력을 행사한 일도 없다. 그저 고향마을 주민들과 학생들을 초청해 베이징 구경을 시켜 주거나 장진 출신 대학생들에게 격려금을 지급했을 뿐이다."고 말했다. 개혁·개방 이전 중국 대학의 학비는 모두 면제였다.

이런 녜의 행동거지는 우리에게 여러 시사점을 준다. 자신이 태어나고 자란 고향을 각별히 아끼는 마음은 인간 본연의 측은지심이다. 그러나 무릇 위정자라면 고향의 발전보다 국가 전체의 균형 발전을 먼저 생각해야 한다. 또한 녜는 죽은 뒤 자신이 터를 정하고 조성한 주취안위성기지 옆에 묻혔다. 이에 반해 다른 원수들은 베이징의 파바오산八寶山혁명릉원이나 태어난 고향에 안장됐다. 파바오산릉원은 중국공산당 고위급 지도자만 묻힐 수 있는 공동묘지다.

녜룽전이라고 수구초심首丘初心의 마음이 없지는 않았을 것이다. 하지만 그는 생전에 공평무사公平無私의 정신을 몸소 실천했다. 문혁의 고난 속에서도 핵무기와 인공위성의 자력개발에 온 힘을 쏟아 부었다. 그의 무남독녀인 녜리聶力도 군에 입대해 병기 개발부서에서 일했고, 사위는 핵무기 개발에 종사한 과학자였다. 국적과 이념을 뛰어넘어 이런 녜의 마음가짐과 열정을 우리의 지도자들도 본받아야 할 것이다.

천하절경 '장강삼협' 뱃사공의 술 '싼샤주'

중국인에게 있어 양쯔강長江은 특별나다. 황허와 더불어 중화문명을 낳은 어머니의 강母親河으로 숭배된다. 양쯔강은 총길이가 무려 6,397㎞에 달한다. 중국인은 이 중에서 싼샤三峽를 가장 아름다운 구간으로 손꼽는다. 싼샤는 충칭시 펑제奉節현에서 후베이성 이창宜昌시까지 192㎞에 이르는 대협곡을 일컫는다. 서에서 동으로 이어지는 취탕샤瞿唐峽—우샤巫峽—시링샤西陵峽가 그것이다. 강 양쪽으로 해발 1,000m가 넘는 고산절벽이 마주보고 줄지어 서있다.

200만 년 전 지구의 지각 변동이 싼샤를 만들었다. 본래 이 일대는 고산 평지였다. 떨어져 있던 아시아와 인도 대륙이 합쳐지면서 히말라야산맥이 솟아났고 티베트고원이 융기했다. 싼샤도 융장한 협곡이 터져나가는 모양새로 변했다. 하지만 현지인들은 신이 내린 산물이라 믿고 있다. 신이 중국의 젖줄인 양쯔강을 하류까지 흘러내려 보내기 위해 돌 산맥을 칼로 내리쳐서 싼샤를 만들었다는 것이다.

이런 절경에 취해 예부터 수많은 문인들이 싼샤를 찾았다. 이백, 두보, 백거이, 구양수, 소식 등은 고금에 길이 남을 시와 문장을 남겼다. 싼샤는 위대한 시인 굴원屈原을 낳았다. 굴원은 전국시대 초나라의 정치가이자 초사楚辭의 시인이다. 망해 가는 조국을 염려했던 굴원은 시를 읊으며 돌을 안고 양쯔강의 한 지류에 몸을 던졌다. 싼샤는 〈삼국지〉의 무대이다. 유비의 촉蜀, 손권의 오吳, 조조의 위魏는 싼샤 일대를 두고 치열한 쟁탈전을 벌였다.

'단장斷腸'의 고사도 이때 유래됐다. 진晉의 환온桓溫은 촉을 정벌하기 위해 수십 척의 배를 이끌고 싼샤를 거슬러 올라갔다. 어느 날 병졸 한 명이 협곡에 사는 원숭이 새끼를 붙잡아 배에 실었다. 어미 원숭이가 곧 추격했지만, 강물 때문에 배에는 오르지 못하고 슬피 울부짖으며 뒤쫓을 뿐이었다. 선단이 100여 리쯤 올라간 뒤 강변에 정선했다. 이때 어미 원숭이가 뛰어올랐으나 그대로 죽고 말았다. 군사들이 어미 시체를 갈라보니 애통함을 금치 못해 창자가 토막토막 끊어져 있었다.

오늘날 싼샤가 전 세계인의 주목을 받은 것은 싼샤댐에서 비롯됐다. 싼샤댐은 높이 185m, 길이 2,335m에 달하는 세계 최대 댐이다. 총저수량 393억 ㎥은 소양강댐의 15배에 달하는 규모다. 초당

싼샤댐은 높이 185m, 길이 2,335m에 달한다.

10만 2,500톤의 물을 100m 이상의 낙차로 떨어뜨려 32개의 수력발전기를 돌린다. 1기의 발전량이 70만㎾에 달해 하루 2,250만㎾, 연간 1,000억㎾의 전기를 생산한다. 투입된 공사비는 320억 달러로, 만리장성 건설 이래 중국 최대의 역사였다.

오랫동안 중국 지도자들은 양쯔강 상류에 대형 댐 건설을 꿈꿔왔다. 양쯔강은 중화문명을 꽃피운 젖줄이지만, 동시에 홍수라는 자연 재앙을 안겨다 줬기 때문이다. 지난 2,000년 동안 양쯔강에서는 10년 단위로 200번 이상의 큰 홍수가 일어났다. 홍수는 강 주변의 주민과 마을을 덮쳤고 민심을 흔들어 왕조의 운명을 좌우했다. 이 때문에 양쯔강과 황허의 치수 문제는 역대 왕조의 주요 정책 중 하나였다.

술로 만나는 중국·중국인

댐 건설을 처음 구상한 이는 중국 혁명의 아버지 쑨원孫文이었다. 장제스蔣介石의 국민당정부는 쑨원의 유지를 받들어 1932년 싼샤 일대를 측량 조사했다. 국민당을 몰아내고 대륙의 패권을 잡은 공산당도 댐 건설의 목표를 계승했다. 1954년 20세기 최대의 홍수가 양쯔강을 휩쓸었다. 수십만 명이 죽었고 1,000만 명의 이재민이 발생했다. 이에 마오쩌둥은 1956년 댐 건설을 결정하고 양쯔강을 시찰했다.

그러나 당시 토목 기술이 열악한 데다 재원 확보가 어려워 사업을 진행하지 못했다. 한동안 묻어 놓았던 댐 건설안은 1980년 다시 빛을 봤다. 덩샤오핑이 충칭에서 싼샤댐이 들어선 싼더우핑三斗坪까지 순례하면서 급물살을 탄 것이다. 중국정부는 세 가지 목표를 내걸고 사업을 밀어붙였다. 첫째는 홍수의 위험으로부터 영원한 해방이었다. 둘째는 고질적인 전력난을 해소해 산업 발전을 촉진하려 했다. 셋째는 선박의 운항환경을 개선해 낙후된 서부지역을 부흥시킬 물류혁명의 주춧돌을 세우려 했다.

1980년대 중반 들어 구체적인 계획이 수립되자 중국 사회에서는 치열한 논쟁이 벌어졌다. 수많은 전문가들과 지식인들은 양쯔강에서 건설될 대형 댐이 가져올 재앙을 우려해 극렬히 반대했다. 싼샤댐 건설안은 1992년 4월 전국인민대표회의全人大를 통과했다. 투표 참가자 2,608명 중 1,767명만 찬성했고, 33%인 841명은 반대하거나 기권했다. 이는 전인대 역사상 전무후무한 투표 결과로 지금까지 깨지지 않는 기록이다.

1994년 12월 싼샤댐 건설의 첫 삽을 떴다. 댐 건설 사업은 네 단

위안화에 등장하는 천하제일절경 쿠이먼.

계로 진행됐다. 1기 공정은 1997년까지 기초 공사에 전념했다. 2
기 공정은 댐 축조와 갑문 및 선박 통행로 건설, 물 채우기 작업으
로 2003년에 끝났다. 수몰민 이주, 발전기 가동 등의 3기 공정을
마친 뒤 2006년 5월 완공식을 가졌다. 2012년 모든 발전기의 가
동, 수위 높이기, 환경보호 및 재해방지 공사 등 4기 공정이 끝나면
서 전체 사업이 마무리됐다.

　댐이 완공되자 싼샤는 옛 모습을 완전히 잃었다. 60m에 불과
했던 강 수위는 최고 175m까지 올라갔다. 강의 폭은 최대 2㎞까
지 넓어지고 수심은 깊어졌다. 이 때문에 과거 깎아지는 듯 했던
절벽 봉우리는 지금은 손으로 잡을 수 있을 듯 낮아졌다. 무엇보
다 싼샤가 거대한 저수지로 변하면서 강 주변의 역사 유적이 엄청
난 수난을 당했다. 높아진 강물로 무려 1200여 곳에 달하는 유적

지가 수몰됐다.

펑제현에 있는 백제성은 육지에서 섬으로 변했다. 백제성은 유비가 오나라 정벌에 실패한 뒤 죽어가면서 제갈량에게 후사를 부탁한 '유비탁고劉備託孤'의 현장이다. 1,000여 년 된 성벽은 철거되거나 물에 잠겼고 일부 건축물만 섬 위에 남아있다. 백제성 맞은편에 있는 쿠이먼夔門은 절반 가까이 물에 잠겨 과거의 풍광을 잃어버렸다. 쿠이먼은 싼샤의 첫 번째 협곡인 취탕샤의 시작점이다. 깎아지는 듯한 절벽이 장관으로 중국 위안元화에 등장한다. 취탕샤는 전장 8㎞에 불과하지만 좁고 웅장한 협곡으로 명성이 높다.

우산巫山현은 수몰 도시의 고민을 잘 보여 준다. 우산은 싼샤 중 정중앙에 위치해 있다. 싼샤의 정수만 모아놓은 샤오小싼샤와 웅장한 우샤 12봉을 간직하고 있어 언제나 활력이 넘친다. 주민보다 수십 배 넘는 관광객이 우산을 사시사철 찾기 때문이다. 다른 수몰지와 마찬가지로 우산은 도시 전체를 고지대로 옮겼다. 건물들은 가파른 비탈에 기대어 돌로 쌓은 축대 위에 세워졌다. 토사 유실이 빈번하고 날림으로 지어진 건물이 많아 보기에도 위태롭고 불안하다.

싼샤댐은 양쯔강 상류 660㎞에 이르는 수몰지에서는 도시 22개와 마을 1,700여 개를 물로 삼켜버렸다. 현재까지 공식적으로 파악된 이주민은 140만여 명에 달한다. 여기에 통계에서 제외된 주민까지 합치면 200만 명이 정든 고향을 떠나 외지로 이사했다. 특히 16만 명은 각기 다른 11개 성시로 강제이주 당했다. 이들은 옮

겨간 지방의 원주민들로부터 '못살고 낙후한 산골에서 온 외지인'
이라는 멸시를 받으며 살고 있다.

우산부터는 전장 46㎞의 협곡 우샤가 시작된다. 우샤에는 강물
로 깎인 석회암 암벽이 허다하다. 특히 우샤 12봉은 기이한 산과
깎아지는 절벽을 지녔기에 예부터 싼샤의 백미로 손꼽혀 왔다. 그
중 신녀봉神女峰은 고산준봉 가운데 홀로 조그맣게 우뚝 솟아있어
보는 이를 감탄케 한다. 해발이 2,000m에 달해 밑에서 봉우리를
보노라면 고개가 아플 지경이다.

우샤 중간에는 바둥巴東현이 위치해 있다. 여기서부터 행정구역
상으로 후베이성의 관할이다. 싼샤를 오가는 유람선은 바둥에서
잠시 정선한다. 천혜의 절경 중 하나인 선눙시神農溪를 구경하기 위
해서다. 관광객들은 목선에 올라타서 선눙시의 깊숙한 계곡을 유
람한다. 계곡에는 20여 척의 목선이 언제나 대기해 있는데, 수몰
지 주민들이 조금씩 돈을 출자해 마련한 것이다. 보통 한 척당 4명
의 뱃사공이 직접 노를 저으며 일한다. 이들은 일부 구간에서는 첸
푸纖夫가 되어 배를 끌어간다.

옛날 싼샤는 물길이 얕고 물살이 거세어 배를 인력의 힘으로 끌
고 올라가야 했다. 처음에는 뱃사공이 그 일을 감당했는데, 곧 힘에
부쳐서 전문 직업인인 첸푸가 탄생했다. 첸푸는 미끄러지지 않게
고안된 짚신을 신고 노래를 합창하며 배를 끌어올렸다. 1980년대
까지 싼샤 일대에서는 수천 명의 첸푸가 활동했다. 싼샤댐이 건설
된 뒤 좁은 지류까지 배의 통행이 수월해지면서 자취를 감췄다. 선

목선을 노저는 선눙시의 뱃사공들. 일부 구간에서 첸푸로 탈바꿈한다.

눙시의 뱃사공은 이런 첸푸의 일면을 보여 준다. 뱃사공은 물질을 하다가 일부 구간에서는 배에서 내려 밧줄로 끌어올린다.

이들 뱃사공이 즐겨 마시는 술이 있다. 바로 바둥에서 생산되는 싼샤주다. 싼샤주는 예부터 싼샤 원주민들이 집에서 빚어 마셨던 청향형 바이주를 기원으로 한다. 이를 1962년 문을 연 국영 예싼관野三關술공장이 상품화했다. 청향형은 깨끗하고 투명한 술맛이 특징으로, 농향형에 비해 뒷맛이 달다. 예싼관술공장은 1999년 회사 이름을 싼샤술공장으로 바꿨고, 2004년에는 싼샤주업이라는 민영기업으로 탈바꿈했다.

싼샤주는 보리와 옥수수를 주원료로 한 소곡주다. 소곡주는 누룩을 적게 쓰는 대신 오랜 발효와 숙성을 거치기에 향기롭고 단맛이 깊다. 청향형 소곡주는 중국 서남지역에서는 보기 드문 제조법이다. 싼샤주 외에 장진주 정도가 생산된다. 싼샤주업은 해발 1,200m인 예싼관진에 소재해 있다. 배산임수의 명당으로, 명대부터 크고 작은 양조장이 우후죽순 등장해 성업했다. 청대에는 후베이성 서북부에서 술의 고장으로 명성을 얻었다.

과거 예싼관은 교통이 불편해서 배로만 운송이 가능했다. 이 때문에 뱃사공, 첸푸 등 싼샤를 오가는 주민들만 맛볼 수 있었다. 싼샤댐 건설 후 물류 사정이 개선되면서 싼샤주는 급성장을 거듭하고 있다. 지난 10년간 싼샤주업은 마케팅을 강화하고 시장을 개척해 매년 30% 이상의 고성장을 기록했다. 2013년에는 2억 위안(약 340억 원)의 판매고를 달성했다. 2012년 중국정부가 수여하는 중국유명상표도 획득했다.

바둥을 지나면 마지막 협곡인 시링샤가 나온다. 시링샤는 연장 76㎞로 세 협곡 중 가장 길다. 과거 시링샤는 물살이 험해서 뱃사공들에게 공포의 대상이었다. 지금은 싼샤댐 덕분에 가장 안전한 물길로 변했다. 이처럼 싼샤댐은 협곡 싼샤와 주민들에게 상전벽해의 변화를 가져다줬다. 중국에게도 커다란 경제적 효과가 선사했다. 하지만 기후변화, 지진 등 각종 부작용이 조금씩 나타나고 있다. 특히 파괴된 자연, 사라진 역사유적은 천고의 한으로 남을 수 있다.

이런 현실 때문일까. 나는 1997년 이래 싼샤를 10번 넘게 찾았다. 안사의 난을 피해 그곳을 유랑했던 두보의 시 '추흥秋興'이 언제나 내 가슴 깊이 스며들어왔다.

술로 만나는 중국·중국인

석회암으로 이뤄진 우샤의 절벽 아래를 지나는 싼샤 유람선.

찬이슬이 내려 숲은 단풍으로 물들고

玉露潤傷楓樹林

우산과 우샤는 쓸쓸한 기운이 가득하네.

巫山巫峽氣蕭森

강 사이로 이는 파도는 하늘로 솟구치고

江間波浪兼天湧

변방의 구름은 천지에 어둠을 드리운다.

塞上風雲接地陰

국화를 바라보니 다시 전날처럼 눈물이 나고

叢菊兩開他日淚

쓸쓸이 배를 저으니 온통 고향 생각만 나네.

孤舟一繫故園心

어느새 다가온 추위에 겨울옷을 마련하는지

寒衣處處催刀尺

백제성에는 다듬이 소리가 요란하구나.

白帝城高急暮砧

2 술로 만나는 소수민족 대지

봄날 성안에 꽃이 흩날리지 않는 곳이 없고,
한식날 봄바람에 버들가지가 나부끼네.
날이 저물어 한나라 궁에는 촛불이 밝혀지고,
옅은 연기가 다섯 제후 집으로 흩어져 들어가네.

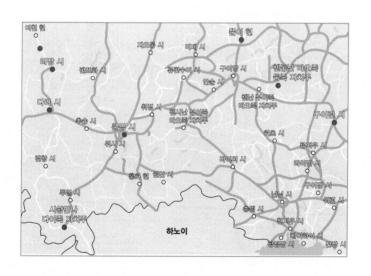

사시사철 꽃천지 쿤밍에서 꽃피운 '장미술'

봄날 성안에 꽃이 흩날리지 않는 곳이 없고,

春城無處不飛花

한식날 봄바람에 버들가지가 나부끼네.

寒食東風御柳斜

날이 저물어 한나라 궁에는 촛불이 밝혀지고,

日暮漢宮傳蠟燭

옅은 연기가 다섯 제후 집으로 흩어져 들어가네.

輕煙散入五侯家

이 시는 8세기 말 하급관리로 일했던 한굉韓翃이 지은 '한식寒食'
이다. 안사의 난을 겪은 뒤 당나라 수도 장안은 폐허로 변해 버렸

경매장에 나갈 꽃들로 가득한 KIFA 창고.

쉴 새 없이 화훼 경매가 이뤄지는 KIFA 경매장.

술로 만나는 중국 · 중국인

다. 덕종德宗을 위시해 조정은 시름에 잠겨 있었는데, 한굉이 이 시를 지어 장안이 다시 생명력을 얻어가고 있음을 노래했다. '한식'을 읽은 덕종은 크게 기뻐해 한굉에서 중서사인이라는 벼슬을 내렸다. 한굉은 시 한 편 덕분에 중급관리로 승진했고 명성이 지금까지 전해지고 있다. 이 시에서 나온 '춘성春城'이라는 시구는 그 뒤 후대인들이 즐겨 사용했다.

오늘날 중국 서남부의 한 도시는 아예 '봄의 도시'라는 뜻으로 변용해 쓰고 있다. 윈난雲南성 성도인 쿤밍이 그 주인공이다. 쿤밍은 도시 홍보 광고 글귀마다 '날마다 봄날인 쿤밍昆明天天是春天'이라 소개하고 있다. 위도로 보면 쿤밍은 북회귀선 바로 위에 위치한 아열대 기후대다. 실제 윈난성은 남쪽으로 미얀마, 라오스, 베트남과 접경해 있다. 하지만 쿤밍은 연평균 기온이 16.5℃에 불과하다. 가장 더운 6월 평균기온은 19.9℃, 가장 추운 1월 평균기온은 8.1℃밖에 되질 않는다.

이처럼 쿤밍이 사시사철 일정한 온도를 유지할 수 있는 비결은 높은 산지에 자리 잡고 있기 때문이다. 쿤밍의 평균 해발은 무려 1,891m에 달한다. 고산에 있다 보니 날씨가 맑거나 서리 끼지 않는 날이 많다. 연평균 일조시간은 2,200시간을 넘고 서리 없는 날은 278일이나 된다. 비는 적당히 내려서 연평균 강수량은 1,450㎜를 기록하고 있다. 이런 기후 조건 덕분에 쿤밍은 사계절이 봄 같고 언제나 꽃이 만발한다. 그렇기에 쿤밍의 또 다른 별명은 '꽃의 도시花城'다.

쿤밍 도심에서 동남쪽으로 10여 ㎞를 가다 보면 이런 별칭이 결코 허언이 아님을 증명하는 장소가 있다. 바로 더우난斗南화훼시장이다. 더우난은 중국에서 가장 큰 화훼거래장터다. 전체 면적이 8만㎡에 달하고 날마다 2만 명이 200~500톤의 생화를 거래한다. 하루 거래액은 600만~1200만 위안(약 10억 2,000만~20억 4,000만 원)으로 연평균 거래액이 100억 위안(약 1조 7,000억 원)을 넘는다. 거래된 화훼는 고속도로, 철도, 비행기를 통해 중국 내 60여 개 도시와 전 세계 46개국으로 수출된다. 이는 중국을 넘어서 아시아 최대 규모다.

더우난의 진면목을 보려면 시장 내 있는 쿤밍국제화훼교역센터(KIFA)를 살펴봐야 한다. KIFA의 일과는 저녁 6시부터 시작된다. 쿤밍 주변 화훼기업들이 보내온 각종 생화가 KIFA 창고에 도착한다. 창고는 축구장보다 훨씬 넓다. KIFA 직원들은 도착한 꽃을 품종별, 상태별로 나눈다. KIFA에서는 하루 최대 300여 종, 200만 송이의 생화가 거래된다. 가장 많이 거래되는 품종은 장미, 카네이션, 백합, 국화, 패랭이꽃 등이다.

밤 9시부터 중국 각지에서 온 화훼 도매상인들이 KIFA로 몰려든다. 상인들은 먼저 창고로 가서 경매에 나올 꽃의 상태를 점검한다. 날카로운 눈썰미로 창고의 꽃을 빠르게 살펴본다. 10시 정각이 되면 경매가 시작된다. 400여 명이 앉을 수 있는 경매석은 매일 빈자리 없이 꽉 찬다. 짐차가 갖가지 꽃을 가득 실은 트레일러를 끌고 경매장을 쉴 새 없이 들락날락 한다. 상인들이 전광판에 나타나는 가격을 바라보며, 전광석화 같은 속도로 탁자 위의 버튼을 누르며 경매가 진행되기 때문이다.

경매는 다음날 1~2시가 넘어서야 끝나는데, 상인들은 구입한 꽃을 옮기느라 보통 새벽 4시까지 창고에 남아 일한다. 그동안 나는 더우난시장을 세 차례 취재했다. 2009년 11월에는 화훼 생산기업이 생화를 따서 KIFA로 보내고, 상인들이 꽃을 경매 받아 가져가는 전 과정을 밀착 취재했다. 당시 경매장에서 한 일본인 상인도 만날 수 있었다. 그는 유창한 중국어로 "윈난의 꽃은 품질이 뛰어나면서 가격이 싸다."며 "중국 최고의 브랜드 가치를 지니고 있어 일본에서도 환영받는다."고 말했다.

KIFA 경매는 더우난시장에서 벌어지는 일상의 시작일 뿐이다. 새벽 3시부터는 바통을 이어받아 자유시장에서 장이 열린다. 축구장 3배 크기의 자유시장은 윈난성 각지에서 몰려온 화훼 재배농으로 북새통을 이룬다. 특히 아침 7시에는 그 숫자가 5,000명에서 최대 1만 명까지 늘어난다. 저녁 6시까지 더우난은 이들 차지다. KIFA 경매는 화훼 생산기업만 참가할 수 있다. 이에 반해 자유시장은 약간의 가입비만 내고 회원 등록을 하면 누구나 참여할 수 있다. 등록된 회원 수는 6만 명을 넘는다.

가져온 꽃다발을 트럭이나 삼륜차에서 내리는 농민, 지정된 자리에서 좌판을 펼쳐 호객행위를 하는 재배농, 이곳저곳을 옮겨 다니며 꽃 상태를 살펴보는 소매상, 이들에게 먹거리를 파는 장사치 등으로 자유시장은 온종일 북적댄다. 아침에는 장미가, 낮과 오후에는 카네이션과 백합이 주로 거래된다. 이렇듯 더우난은 어느 시인이 노래한 것처럼, '꽃이 아직 시들지 않았는데 다시 하나 피고, 사계절 내내 꽃이 피어 끊이지 않는—花未謝一花開, 四季花開開不絶'쿤 밍을 체감할 수 있는 곳이다.

더우난시장은 1980년대 초부터 자생적으로 형성됐다. 이를 쿤밍시 정부가 나서서 1999년 체계화하고 규모를 키웠다. 또한 세계 최대인 네덜란드 알스매어 화훼경매센터와 합자해 2002년 12월 KIFA를 개관했다. KIFA는 화훼 정리, 정보 제공, 경매, 포장, 배송, 항공 운송 등 운영시스템이 네덜란드와 동일하다. 자오웨이펑趙衛鵬 KIFA 회원부장은 "KIFA는 규모와 거래량에 있어 아시아 최대이자 세계 2위"라며 "등록된 거래 회원 수는 1만 5,000명(2009년 현재)에 달한다."고 말했다.

2015년 3월에 큰 변화가 일어났다. 이날을 마지막으로 더우난시장은 문을 닫았고, 2㎞ 떨어진 곳에 '더우난국제화훼산업원'이 새로이 문을 열었다. 화훼산업원은 2010년 홍콩으로부터 38.8억 위안(약 6596억 원)을 투자받아, 2011년 시공해 2015년 초 완공했다. 면적이 23만㎡에 달해 기존 시장보다 3배나 넓다. KIFA도 규모가 갑절로 커졌다. 또한 올해 내 지하철이 개통되면 앞으로는 누구나 손쉽게 더우난을 찾아가 다양한 화훼상품을 살 수 있게 된다.

이런 괄목상대한 성장은 14억 중국인의 급등하는 소비 덕분이다. 2014년 중국 내 화훼 소비총액은 1279억 위안(약 21조 7,430억원)에 달했다. 생산 총면적은 127만㏊로 전 세계 화훼 생산면적의 3분의 1을 차지했다. 이는 30년 만에 소비는 90배, 생산은 50배가 늘어난 수치다. 화훼 수출액은 6억 2,000만 달러를 기록했는데, 윈난성이 2억 2,000만 달러로 전국 1위를 차지했다. 특히 윈난은 절화切花에서 수출의 75%를 맡고 있다.

국내외 소비를 감당하기 위해 화훼 생산기업과 재배농이 선택한 방법은 대규모 생산체제 구축과 무차별 농약 사용이다. 필자가 취재했던 화훼기업은 거대한 단지에서 다양한 꽃을 재배했다. 하지만 병충해 방지를 위해 적지 않은 양의 농약을 사용했다. 이에 반해 외국투자기업은 친환경방식을 고수한다. 한 한국기업의 책임자는 "우리는 진출할 때부터 유기농방식으로 꽃을 재배했다."며 "생산량은 줄어들지만 향기가 좋고 색깔이 선명한 고부가가치의 꽃을 생산할 수 있다."고 말했다.

이렇게 뿌려진 농약은 별다른 정제처리 없이 하수구와 개울로 흘러들어갔다. 곧바로 쿤밍 주변 강과 호수에 악영향을 미쳤다. 이를 적나라하게 보여 주는 곳이 뎬츠滇池다. 뎬츠는 전체 면적이 311㎢에 달하는 중국 6대 담수호. 쿤밍 서남부에 남북 41.2㎞, 동서 13.3㎞로 넓게 퍼져 있다. 오랜 세월 뎬츠는 쿤밍을 살찌운 젖줄이었다. 주변 자연풍광도 아름다워 '고원강남高原江南'이라 불려 왔다.

그러나 오늘날 뎬츠는 중국에서 녹조가 가장 심각한 호수다. 1990년대 초 첫 녹조가 발생하더니, 1990년대 중반에는 부영양화가 호수 전체로 번졌다. 이로 인해 31종에 달했던 어류는 16종으로 줄어들었다. 그중 4종은 지구상에서 뎬츠에만 서식했었다. 1980년대 중반부터 호수 주변에 난립했던 화학·비료·시멘트·특

중국 최악의 녹조 호수 뎬츠. 과거에는 쿤밍을 먹여 살찌운 젖줄이었다.

수강 공장이 오염의 주범이었다. 수십 개의 공장 중 폐수정화시설을 설치한 곳은 거의 없었다. 딩젠화丁建華 쿤밍녹색협회 부회장은 "공장보다 훨씬 많은 화훼농장에서 사용한 농약이 하천을 타고 유입되면서 뎬츠의 상황을 더욱 악화시켰다."고 말했다.

매년 수백억 원의 예산을 들여 수질을 개선시켜야 할 골칫덩어리로 전락했지만, 과거 뎬츠는 여러 왕조를 잉태했었다. 기원전 278년에 건국한 소수민족왕국 뎬국이 그 첫 번째다. 뎬국은 〈사기〉에 '비옥한 평지가 수천리에 달한다.'고 기록될 정도로 농업이 발달했다. 진시황과 한무제 대군의 침입해 풍전등화의 위기를 겪기도 했지만, 115년까지 400년간 번성했다. 오늘날 윈난을 가리키는 약칭이 '뎬滇'이고, 뎬츠의 이름이 지금까지 유지될 만큼 뎬국이 남

술로 만나는 중국 · 중국인

긴 유산은 지대하다.

그 뒤 한족왕조가 윈난을 간접 지배했지만, 8세기부터 소수민족 왕국이 부흥했다. 다리大理에 도읍을 둔 남조南詔와 대리국이 각각 738~902년, 937~1253년 쿤밍에 수도를 세워 뎬츠 일대를 통치했다. 원나라가 대리국을 멸망시킨 뒤에야 윈난은 중국왕조의 지배권 아래 완전히 복속됐다. 특히 명대에는 한족이 대규모 유입되면서 쿤밍에서 주민 수에 있어 토착 소수민족을 능가했다. 이들을 기반으로 청대 초기에는 청조에 저항하는 여러 한족왕국이 명멸했다.

그중 오삼계吳三桂가 세운 대주大周는 청조를 위협할 정도로 강성했다. 오삼계는 본래 명의 장군으로 천연의 요새 산해관山海關에서 청군을 방비하는 중책을 맡았다. 이자성李自成의 난으로 명조가 멸망하고 가족이 포로로 잡히자, 오삼계는 농민군에게 투항하려 했다. 하지만 아버지가 참수당하고 연인인 진원원陳圓圓이 이자성의 수하에게 겁탈 당하자 마음을 바꿨다. 1644년 오삼계는 산해관을 열어 청군에 투항했고, 농민군의 섬멸과 명 잔존세력 소탕에 앞장섰다.

청조는 큰 공을 세운 오삼계에게 윈난과 구이저우의 행정·군사 전권을 부여했다. 이에 오삼계는 쿤밍에 번藩을 설립했다. 오삼계의 번과 광둥, 푸젠의 다른 두 번은 독립정권이나 진배없었다. 1673년 강희제가 황권 강화를 위해 철번을 단행하자, 오삼계가 앞장서 삼번의 난을 일으켰다. 오삼계는 중부지방까지 진공하고 황위에도 올랐지만 1678년 병으로 급사했다. 오삼계 사후 삼번은 쇠

오삼계가 진원원을 위해 청동으로 만든
동전(銅殿) 안 신선상은 오삼계를 본떠 만들었다.

락해져 1681년에 진압됐다. 그 뒤로 윈난에서 흥기한 정권은 나오질 않았다.

삼번의 난을 겪은 뒤 쿤밍에서는 새 양조법으로 빚은 술을 즐겨 마시는 게 유행했다. 증류된 바이주 원액에 장미꽃잎과 얼음설탕을 넣어 숙성해 마시는 장미술玫瑰花酒이었다. 장미술은 당대에 처음 빚기 시작해 명대에 랴오닝遼寧을 중심으로 제조됐다. 쿤밍에서도 명대부터 빚었다는 기록은 있지만 18세기 들어서야 본격적으로 대량 생산됐다. 오삼계 정권을 진압하기 위해 온 청군을 통해 만주의 양조법이 전해진 것으로 추측된다.

장미술은 꽃의 도시인 쿤밍에 잘 어울렸다. 19세기에는 장족

술로 만나는 중국·중국인

의 기술발전도 이뤄졌다. 1860년대 광둥과 푸젠의 상인이 쿤밍을 찾아와 대량 구입한 뒤 홍콩, 싱가포르 등지에서 되팔 정도였다. 1940년대에는 장미술이 일반 바이주와 쿤밍 술시장을 양분했다. 특히 필씨畢氏 양조장의 장미술이 쿤밍 주민들의 사랑을 독차지했다. 가전비법으로 증류한 원액에다 짙은 향의 장미를 더해 3년을 숙성시켜서, 술맛이 좋고 향기가 감미로웠기 때문이다.

그러나 사회주의 정권이 들어서면서 사정이 급변했다. 크고 작은 민간 양조장이 모두 국영 술공장으로 통폐합되면서 장미술의 생산이 급감했다. 엎친 데 덮친 격으로 1980년대부터는 생산원가가 폭등했다. 화훼 재배농이 대량 생산에 집착하면서 농약을 무분별하게 사용함에 따라 깨끗하고 신선한 장미꽃을 구하기 힘들어졌기 때문이다. 이 때문에 1990년대 초 장미술을 생산하던 핑瓶술공장이 문을 닫았다. 현재는 작은 양조장 두어 군데가 근근이 명맥을 잇고 있다.

시장에는 60~100위안대(약 1만 200~1만 7,000원)의 장미술이 서너 종류 판매되고 있다. 이런 연유 때문에 나는 2013년에야 술맛을 처음 맛보았다. 1998년 이래 쿤밍을 취재와 휴양으로 20여 차례나 찾았던 점에 비춰볼 때 늦어도 한참 늦은 셈이다. 최근들어 쿤밍시정부와 현지 언론을 중심으로 장미술을 부흥시키려 노력하고 있다. 하지만 지난 반세기 동안 양조술이 발전하지 못해 앞날이 밝지 못하다. 이처럼 장미술은 산업발전과 환경오염에 영향받은 중국의 대표적인 전통주다.

이상향에서 꽃핀 티베트인의 술 '칭커주'

1931년 인도 바스쿨에서 영국에 반대하는 민중 봉기가 일어났다. 영사 콘웨이, 대위 멜린슨, 선교사 브링클로 등은 비행기를 타고 바스쿨을 탈출했다. 일행은 원하는 목적지에 가지 못하고 조종사로 가장한 티베트 청년에 의해 납치당했다. 비행기는 히말라야산맥을 넘어 험준한 푸른 달 계곡에서 불시착했다. 불시착의 충격으로 티베트 청년은 "샹그릴라(Shan-gri-La)"라는 외마디만 남기고 죽었다.

콘웨이 일행이 조난당한 푸른 달 계곡은 지상낙원이었다. 병풍처럼 둘러싸인 설산 안에는 널 푸른 초원, 아름다운 호수, 비옥한 토지 등이 있었다. 모든 종교가 공존했고, 어떠한 분쟁도 일어나지 않았다. 티베트인, 중국인, 유럽인 등 출신 성분이 다양한 주민들이

샹그릴라 도심 뒷산에 있는 티베트불교의 백탑인 초르텐.

모두 행복하게 살며 무병장수했다. 콘웨이 일행은 중국인 창의 안내로 한 사원에 인도됐다. 여기서 천주교 신부 페로와 멸망한 청나라 공주 로센을 만났다. 80대 노인으로 보이는 페로는 실제 나이가 300세에 가깝고, 청순한 미인 로센은 90세가 넘었다.

페로는 서구 문명은 세계대전이 일어나 멸망하기에, 샹그릴라가 신세계의 중심이 될 것이라고 주장했다. 이에 콘웨이에게 샹그릴라에 남아 줄 것을 부탁하며 숨을 거뒀다. 콘웨이는 한동안 갈등했다. 하지만 동료들의 신변을 걱정해서 샹그릴라를 떠났다. 세상 밖으로 나온 콘웨이 일행은 누구도 행복하지 못했다. 같이 나온 로센은 본래의 노인으로 변해서 곧바로 숨졌다. 콘웨이는 샹그릴라로 되돌아가려 했지만 영원히 찾지 못했다.

위와 같은 내용은 1933년 영국 소설가 제임스 힐튼이 발표한 〈잃

두커쭝고성 뒷산에 있는 마니통. 세계에서 가장 크다.

어버린 지평선(Lost Horizon)〉의 줄거리다. 이 소설은 출판되자마
자 베스트셀러가 됐고 사회적으로 큰 반향을 일으켰다. 1937년에
는 미국 컬럼비아영화사에 의해 영화로도 제작됐다. 당시 세계는 유
례없는 대공황으로 인해 사회가 크게 황폐해져 있었다. 소설 속에
서 묘사된 유토피아는 심신이 피폐해진 서양인들에게 희망의 빛줄
기를 비춰 주었다.

사람들은 소설과 영화로 샹그릴라를 접한 뒤 이상향을 향해 찾

　　　　　　　　　　　　　　　　　　술로 만나는 중국·중국인

아 나섰다. 그중에는 독일의 독재자 아돌프 히틀러도 있었다. 히틀러는 샹그릴라를 '순수 아리안 혈통의 진원지'로 규정하고 나치 친위대에서 탐험대를 구성해 7차례나 파견했다. 탐험대의 일원이었던 하인리히 하러와 페터 아우프슈나이터는 인도 주둔 영국군에게 포로로 잡혔다가 티베트로 탈출했다. 두 사람이 티베트에서 지내면서 겪었던 일을 쓴 논픽션은 훗날 영화로 만들어졌다. 바로 1997년에 제작되고 브래드 피트가 주연한 〈티벳에서의 7년(Seven Years In Tibet)〉이다.

이런 샹그릴라가 지난 1997년 9월 다시 세상의 이목을 끌었다. 윈난성 정부는 기자회견을 통해 "전설로만 내려져 온 샹그릴라의 실체가 확인됐다."고 발표했다. 윈난성은 "1년여 동안 역사·지리·종교·민속·언어 등 각 분야 50여 명 전문가들로 구성된 조사단이 모든 티베트인 거주지를 탐험하고 연구한 결과, 디칭迪慶티베트자치주 중뎬中甸현이 샹그릴라로 판명됐다."고 주장했다.

본래 샹그릴라를 자처하는 후보지는 여러 곳이 있었다. 티베트 서부 카일라스산岡底斯山 인근의 다와쫑을 비롯해서 부탄, 네팔, 쓰촨성 등 히말라야산맥 기슭의 여러 마을이 신경전을 벌였다. 이 마을들은 모두 이상향에 대한 전설을 가졌고 천혜의 자연조건을 갖췄다. 이런 와중에 윈난성이 먼저 선수를 쳤다. 윈난성은 중뎬을 저돌적으로 샹그릴라로 만들어 갔다.

먼저 중뎬 내에 있는 모든 사찰과 관광지를 정비했다. 기존 도로를 포장하고 새로이 공항을 개항했다. 뒤이어 중뎬만의 특징과 장점을 적극적으로 홍보해 나갔다. 첫째, 중뎬은 〈잃어버린 지평선〉

에서 묘사한 외적 조건을 모두 갖췄다. 찾는 이를 매혹시키는 아름다운 자연, 설산을 배경으로 한 드넓은 초원, 불심이 깊은 라마승이 사는 거대한 불교사원 등이 그것이다. 둘째, 디칭 토속어로 샹그릴라는 '내 마음 속의 해와 달'이라는 뜻이다. 이는 티베트어 '샴발라(Shambala)'의 방언 격인 샹그릴라의 어원과 정확히 일치했다.

셋째, 중뎬의 주민들은 타지의 티베트인과 달리 품성이 유순하고 이민족에게 우호적이다. 중뎬은 경작할 농토가 넉넉하고 물산이 풍부하다. 이 때문에 주민들은 멀리서 온 이방인을 언제나 환대해 왔다. 윈난성은 2001년 12월 중뎬의 이름을 샹거리라香格里拉로 고쳤다. 2003년에는 샹그릴라의 산야를 유네스코 세계자연유산으로 등재했다. '샹그릴라 공정'의 완결판이었다. 윈난성이 샹그릴라를 독점한 위력은 컸다. 2015년 샹그릴라를 찾은 관광객 수는 1,268만 명을 넘어섰다. 이들이 뿌린 돈은 115.6억 위안(약 1조 9,652억 원)에 달했다.

1995년 방문객이 7만 명에 불과했던 해발 3,280m의 작은 도시는 이제 전 세계인이 가고 싶어 하는 관광지로 탈바꿈했다. 1998년 7월 나는 개발 초창기의 샹그릴라를 처음 방문했다. 그림 같은 설산과 울창한 원시림, 드넓은 초원과 검푸른 호수, 신비로운 불교 사원과 순박한 티베트인 등에 금방 매료됐다. 티베트인들 사이에서 유행하는 노래 가사처럼 매력적이었다.

그곳은 사계절 항상 푸르고

새들 지저귀고 꽃들 향기로운 곳이라네

술로 만나는 중국·중국인

포핑산 기슭에 있는 '작은 포탈라궁' 간덴 숨첼링 곰파의 대웅전인 대경당.

그곳은 고통, 근심, 걱정이 없는 곳이라네

그곳의 이름은 샴발라

신선들의 낙원이라네

그러나 지금의 샹그릴라는 아쉽게도 상업화가 빠른 속도로 진행되고 있다. 구시가인 두커쭝獨克宗은 개발의 혜택이 곳곳에 배어 있다. 전통가옥은 때깔 좋게 꾸며졌고, 내부는 현대 문명의 이기로 가득 찼다. 도심의 주민들은 세 집 건너 한 집씩 자동차가 있다. 경제적 풍요 때문인지 샹그릴라 티베트인은 중국의 지배를 숙명처럼 받아들인다. 지방정부가 추진하는 관광개발에 대한 호응도가 높고 정부 시책을 잘 따른다. 2008년 3월 티베트인 거주지 전역이 독립 시위로 들끓었지만, 샹그릴라는 아주 조용했다.

도심에서 5㎞ 떨어진 포핑산佛屏山 기슭에는 간덴 숨첼링 곰파松

贊林寺가 있다. 숨첼링 곰파는 1676년 달라이 라마 5세가 청나라 강희제康熙帝에게 주청해 지어진 티베트불교 13대 사원 중 하나로, 작은 포탈라궁이라 불린다. 전체 면적이 10만 ㎡에 달하는데 대웅전인 대경당大經堂, 양대 주전인 자창扎倉과 지캉吉康, 중소 불전인 8개의 캉찬康參, 300개의 승방이 있다. 사찰 건물은 흰색과 붉은색이 단순하며 절제되어 있다.

황금빛 장식을 한 지붕은 햇빛이 비치는 날이면 강렬하게 반짝인다. 거대한 대경당 및 주전과 달리 소박한 승방은 잿빛을 띠면서 묘한 운치를 더한다. 사원 곳곳에는 전통의상을 입은 티베트인을 쉽게 볼 수 있다. 그중에는 멀리 티베트 본토와 쓰촨성에서 온 티베트인도 적지 않다. 외부인들 사이로 붉은 가사를 입은 라마승들이 분주히 오간다. 현재 숨첼링 곰파에 거주하는 라마승은 700여 명이다. 가장 흥성했던 시기에는 1,600여 명의 승려와 8명의 린포체活佛가 있었다.

숨첼링 곰파는 게룩파格魯派 사원이다. 게룩파는 티베트불교를 일신한 대학승 총카파宗喀巴가 창시했다. 총카파는 무분별했던 라마승의 생활을 비판하고 전통 수련생활로 돌아갈 것을 갈파했다. 티베트에 만연했던 신비주의적 의식과 주법呪法도 타파했다. 1409년 티베트력 1월 1일부터 보름간 총카파는 라싸의 조캉 사원大昭寺에서 신년법회 몬람(Monlam)을 열어 게룩파를 출범시켰다. 청 순치제順治帝 때부터 게룩파 영수를 달라이 라마라고 칭했고 티베트의 통치자로 모셨다.

관세음보살은 티베트 민족의 창조자이자 수호신이다. 티베트인

상그릴라의 한 민가 앞에서 재배하는 칭커. 티베트인의 주식이자 칭커주의 원료다.

은 불세출의 영웅 송첸캄포松贊干布왕과 달라이 라마를 관세음보살의 화신으로 여긴다. 티베트인이 언제나 읊조리는 "옴 마니 파드메 훔"는 천수경에 나오는 관세음보살의 진언眞言이다. 샹그릴라는 관세음보살 후예들이 사는 캄(Kham) 남단에 위치해 있다. 캄은 티베트 중부지역과 중국 사이로, 전체 티베트 영토의 1/3을 차지한다. 라싸와는 거리가 멀어 언어와 풍습에서 약간의 차이가 있다.

예부터 캄의 티베트인을 캄파康巴라고 불렀다. 캄파는 거친 고산에 사는 유목민답게 정열이 넘치고 억세다. 이들은 1950년 중국이 티베트를 점령한 이후 무장투쟁을 주도했다. 중국은 티베트와 중국 문화를 흡수·융합해 독자적인 문화예술을 창조하는 캄파의 생명력을 두려워했다. 티베트가 중국에 점령된 뒤 본토는 시짱西藏자치구로 바꿨고 캄은 공중분해됐다. 영토는 칭하이靑海, 간쑤甘肅, 쓰촨, 윈난으로 찢겨져 사분됐다.

그러나 티베트력으로 새해를 지내는 풍습은 어딜 가든 똑같다. 2015년은 티베트력으로 1028년, 새해 첫날은 2월 19일이었다. 티베트인들은 보통 보름간 설을 지낸다. 첫날부터 일주일간 가족·친척·이웃과 새해의 기쁨을 함께 나눈다. 8일차부터는 사원이나 성산에 가 오체투지를 하며 예불을 올린다. 새해 밥상에서 빠지지 않고 등장하는 것은 칭커青稞주다. 이 술은 보리의 일종인 칭커를 주원료로 만든 발효주다. 티베트어로는 '나란' '창'이라 부른다.

칭커는 해발 3,000m 이상의 티베트고원에서만 자라나는 티베트인의 주식이다. 언제부터 칭커로 술을 만들었는지는 고증하기 어렵다. 중국 사서에 따르면, 7세기 송첸감포왕에게 시집간 당나라 문성 공주가 가져간 양조기술과 티베트 제조법이 더해져 지금의 형태로 발전됐다. 칭커주의 양조법은 쌀로 미주米酒를 만드는 방식과 비슷하다. 이 때문에 숙성이 끝난 칭커주는 빛깔이 하얗고 술맛도 소주에 막걸리를 섞어 놓은 듯하다. 보기와 달리 도수가 높아서 40~50도에 달한다.

물은 고산에서 받아낸 천연 광천수를 사용한다. 이 때문에 마신 뒤 숙취가 없고 입 안이 촉촉하며 정신이 빨리 되돌아온다. 티베트인은 새해뿐만 아니라 전통축제, 결혼식, 아이를 낳았을 때 칭커주를 마시며 축원한다. 멀리서 온 손님에게 흰색 천 하다를 걸어주고 쑤요차酥油茶를 대접하며 칭커주로 노고를 위로하는 것은 티베트인이 표하는 최대의 예의다. 티베트인의 심성이 순박한 데다 집집마다 쑤요차를 만들고 칭커주를 빚기에 가능하다.

티베트 곳곳을 다니며 다양한 술을 마셨지만, 샹그릴라는 나에게 칭커주를 처음 맛보게 해 준 곳이다. 샹그릴라는 티베트 3대 칭커 생산지 중 하나다. 또한 다른 티베트인 거주지에서 맛 볼 수 없는 독특한 칭커주를 생산한다. 바로 '칭커 포도주'다. 칭커 포도주는 18세기 프랑스 선교사가 가져온 서구 양조기술에 티베트 제조법이 더해져 현지 주민들이 독창적으로 개발했다. 윈난성 정부는 2007년 칭커주와 그 양조법을 중국에서는 처음으로 비물질문화유산으로 등재했다. 샹그릴라는 하천과 호수가 많아 필요 시 물을 대기 쉽다. 우기를 제외하고 해 뜨는 날이 많아 일조량도 적당하다. 샹그릴라의 칭커는 이런 양질의 토지와 자연조건에서 자라난다. 그렇기에 어느 곳보다 맛 좋은 칭커주를 빚을 수 있다. 여기에 주민들은 오래전부터 반농·반목의 생활을 해 와서 다른 지역의 티베트인보다 농사 기술이 뛰어나다. 또한 매년 1,000만 명이 넘는 관광객들이 샹그릴라를 찾아 뿌린 돈으로 이룬 경제적 풍요는 샹그릴라 칭커주를 산업화했다.

지난 10여 년간 괄목할 만한 성장을 이뤘지만, 최근 샹그릴라는 큰 시련을 겪었다. 2014년 1월 두커쭝 구시가지에서 화재가 발생해 100여 채의 건물이 잿더미로 변해 버렸다. 두커쭝의 민가는 길게는 300년에서 짧게는 수십 년 된 티베트 전통건축물이다. 목조로 지어진 데다 집들이 다닥다닥 붙어 있어 순식간에 번진 화마를 피하지 못했다. 칭커는 해발 3,000m 이상 고산에서 끈질긴 생명력으로 자라난다. 이 칭커처럼 샹그릴라가 화재의 아픔을 딛고 재기하길 기원해 본다.

지진이 선사한 세계유산 리장과 나시족의 '인주'

            윈난성 서북부에는 두 개의 성산이 있
다. 하나는 리장麗江의 위룽玉龍설산이고, 다른 하나는 더친德欽의
메이리梅里설산이다. 두 산의 해발은 각각 5,596m, 6,740m에 달
한다. 모두 만년설이 뒤덮인 고산준봉으로, 지금까지 어느 누구에
게도 정복당하지 않은 처녀산이다. 차이점도 있다. 위룽설산은 나
시족納西族의 성산이다. 이에 반해 메이리설산은 티베트 불교의 8
대 성산 중 하나로 티베트인의 숭배 대상이다.

  위룽설산은 리장 어느 곳에나 볼 수 있다. 13개의 봉우리가 모여
서 마치 은색의 용이 춤추는 모습과 같다고 해서 위룽이라 이름 지
어졌다. 보기는 아름답지만 산세가 험준하다. 고산의 날씨는 종잡
을 수 없는데, 위룽설산의 날씨도 하루 종일 오락가락한다. 언제나

구름 속에 숨어 진면목을 보여 주지 않는다. 행운이 따라야만 위룽설산의 진면목을 볼 수 있다. 위룽설산은 티베트고원에서 내려오는 한랭전선을 막아 주는 바람막이 역할을 톡톡히 한다.

그 덕분에 리장은 평균 해발이 2,418m에 달하지만, 연평균 온도는 12.6~19.8℃로 사람이 살기 쾌적하다. 겨울철에도 4~11.7℃를 유지해 그리 춥지 않다. 위룽설산의 만년설에서 흘러내린 물은 산 구릉에 아름다운 호수 헤이룽탄黑龍潭을 만들었다. 헤이룽탄은 다시 여러 갈래로 흘러내려가 리장을 형성했다. 리장은 고성古城구와 4개 현, 69개 향진, 446개 촌으로 구성됐다. 2015년 상주인구는 128만 명으로 인구 밀도가 낮다.

리장은 중국에서 유일한 나시족 자치지역이다. 나시족은 중국에서 독보적인 문화와 풍습을 지닌 소수민족이다. 2010년 현재 중국 전역에서 32만 명이 사는데, 그중 76%인 24만 명이 리장에 거주한다. 리장 주민은 한족이 53만 명으로 가장 많고 이족彝族(24만 명), 리쭈족傈僳族(11만 명) 등 다른 소수민족도 적지 않다. 하지만 나시족의 도시로 중국에서 각인되어 있다. 리장고성이라 불리는 다옌전大研鎭과 수허束河 일대에 사는 주민 70% 이상이 나시족이기 때문이다.

본래 나시족은 간쑤성과 칭하이성에서 유목을 하며 살았었다. 지금도 '남녀 모두 양가죽을 걸치는男女皆披羊皮' 유목민 특유의 복식문화가 남아 있다. 나시족이 옛 거주지를 떠난 것은 한족, 티베트인, 창족羌族 등 주변 강대 민족이 압박해 왔기 때문이었다. 이

다옌전 고성 입구에 있는 수로.

다옌전을 뒤덮은 층층이 겹쳐진 나시족의 전통 기와집들.

술로 만나는 중국 · 중국인

에 민족의 생존을 위해, 새로이 먹고 살 목축지를 찾아서 엑소더스를 감행했다.

11세기 초 나시족은 쓰촨을 거쳐 윈난에 들어왔다. 처음에는 바오산寶山에 살았고 송말·원초 때 리장으로 들어왔다. 초기에는 슈에충雪崇과 바이사白沙에 정착했으나, 위룽설산 자락에 있어 입지 조건이 좋지 않았다. 이주해 오는 주민이 늘어나자 11세기 말 다옌전으로 이전해서 도시를 건설했다. 13세기 새 터전에서 평화롭게 살던 나시족에게 첫 외풍이 불어 닥쳤다. 몽골군이 대리국을 정벌하기 위해 먼저 리장을 침략해 왔던 것이다. 이 침략으로 나시족은 2세기 동안 쌓아 올린 모든 재부를 약탈당했다. 몽골의 지배는 그리 오래가지 않았지만, 영원히 잊히질 않는 유산 하나를 남겼다. 바로 '리장'이란 지명이다. 몽골인들은 진사강金沙江 옆에 있는 분지라 하여 그렇게 이름을 지어 남겼다. 1382년 리장을 다스리던 지방관 아자아阿甲阿는 원나라를 버리고 당시 흥기하던 명나라에 귀부했다. 이에 명태조 주원장朱元璋은 아자아 일족에게 목木씨 성을 하사했고, 리장 일대를 통치하는 영주인 토사土司로 임명했다.

명말·청초에 이르러 리장은 윈난 서북부에서 다리大理와 자웅을 겨룰 정도로 성장했다. 유명한 지리학자 서하객徐霞客은 "(목씨) 궁궐이 아름다워 왕이 사는 곳과 다를 바 없다."고 여행기에 남겼다. 18세기 리장에 두 번째 외풍이 불어왔다. 청 조정이 개토설류改土設流정책을 추진하면서, 470여 년 된 목씨 정권을 종식시키고 중앙에서 관리를 파견해 통치했다. 이때부터 중앙정부의 직접 지배가 시작되어 지금까지 이어져 오고 있다.

다옌전 어느 집에서 문이나 창문을 열면 수로를 볼 수 있다.

오늘날 리장은 중국인이 가장 가고 싶어 하는 관광지다. 2015년 중국 각지와 외국에서 온 관광객은 3,055만 명을 넘어섰다. 1996년 5,000여 명에 불과했던 관광객 수는 17년 뒤에 무려 6,000배로 폭증한 것이다. 이들이 뿌린 돈만 483.4억 위안(약 8조 2,178억 원)에 달했다. 과거 리장은 주목받지 못했던 산간 도시였다. 세상 밖으로 처음 모습을 드러낸 것은 지난 1996년 2월이었다. 규모 7의 강진이 발생해 293명이 죽고 3,700여 명이 다쳤다. 수많은 건물과 민가도 무너졌다.

지진을 수습하는 과정에서 중국인들은 리장의 숨은 매력을 발견했다. 지진의 여파로 새로 건설된 신도시는 타격이 컸지만, 옛 기와집이 밀집한 다옌전은 피해가 작았다. 목조 기와집은 지은 지 수백 년이나 됐고 쇠못을 사용하지 않았는데, 70% 이상 멀쩡했다. 기둥과 대들보를 사개맞춤식으로 결합한 건축술이 내진의 효과를 발휘했던 것이다. 골목과 수로는 마을 구석구석까지 이어져 자연친화적이고 주민에 대한 배려가 세심했다.

입구에서 세 갈래로 나뉜 수로는 마을 전체 3.8㎢를 가로지르며 흐른다. 어느 집이든 문이나 창문을 열면 수로와 만난다. 치밀하게 조성된 도시 계획은 중국 고대 도시 중 으뜸이었다. 지진은 리장에 재앙을 가져왔지만, 동시에 기회를 안겨다 줬다. 전통 민가와 도시 구조가 강진의 피해를 작게 했다는 사실이 보도되면서 큰 유명세를 탔다. 1997년 12월 중국정부는 리장고성을 유네스코 세계문화유산으로 등재시켰고, 본격적인 관광 개발에 나섰다.

오늘날 리장은 관광으로 먹고사는 도시가 됐다. 여행업에 10만여 명이 종사하고, 시정부 재정수입의 절반 가까이가 관광산업에서 나온다. 매일 밤 리장고성은 거대한 쇼핑센터이자 유흥가로 변한다. 상점, 식당, 술집 등으로 단장한 전통 기와집은 소수민족 삐끼를 앞세워 여행객을 유혹한다. 관광 개발 전 다옌전은 나시족의 거주공간이었으나 지금 기와집에 사는 원주민은 거의 없다. 살던 집을 외지인에게 팔거나 임대를 주고 신도시의 아파트로 이사했다. 너무 시끄러워 살기 불편했기 때문이다.

관광 개발 뒤 리장의 지역격차는 갈수록 심각해져 가고 있다. 다옌전 주민들은 부동산 매매 및 임대, 장사 등으로 부를 축적했다. 하지만 도시 외곽에 사는 나시족은 여전히 빈곤하다. 2015년 리장 도시민의 1인당 소득은 2만 5,803위안(약 438만 원)에 달하지

다옌전 곳곳에서는 나시족 여인네들이 춤추는 모습을 쉽게 볼 수 있다.

만 농촌 주민은 7,924위안(약 134만 원)에 불과하다. 한 지역에서 무려 3배 이상 빈부격차를 보이고 있는 것이다. 이 때문에 리장 전체 주민의 80%를 차지하는 농민들의 불만이 커져가고 이농 현상이 가속화되고 있다.

이렇듯 리장이 사시사철 외지 관광객을 불러들이고 번창하는 또 다른 비결은 나시족의 독특한 문화풍습에서 비롯됐다. 나시족은 어느 민족과 비교해도 뒤처지지 않을 만큼 독보적인 전통문화를 계승해왔다. 티베트·창족어계에 속하는 언어, 뜻과 음을 있는 상형문인 동파東巴문자, 동파라는 사제가 주관하는 샤머니즘 종교인 동파교, 기본 음계의 악보와 전통악기로 연주하는 나시고악納西古樂 등이 대표적이다.

중국에서 한족을 제외하고 독자적인 언어·문자·종교·예술을 간

술로 만나는 중국·중국인

직한 소수민족은 극소수다. 동파문자는 현재 세계에서 유일하게 사용되는 상형문자다. 그 기원은 아주 먼 옛날로 거슬러 올라간다. 나시족은 기원전부터 만물의 형상을 그대로 그림으로 그려 기록했다. 나무를 나무 형상, 돌을 돌 모습으로 그려 뜻과 음을 겸비한 상형문자를 발전시켰다.

나시족이 윈난으로 이주하면서 동파문자는 더욱 풍부하고 다양해졌다. 13~15세기경 지금의 형태로 완성됐는데, 오늘날 각종 문헌을 통해 1400여 자가 확인되고 있다. 글자 수가 많지는 않지만 단어는 풍부하다. 인간의 세세한 감정, 복잡한 사건의 기술, 시와 문학의 서술 등을 기록할 수 있다. 특히 대담한 과장과 생략, 요약 등의 기법으로 사물의 뜻과 의미를 생동감 있게 그린다. 예를 들어 고苦는 입으로 검은 물체를 밖으로 내뱉고 있는 모습을, 행복幸福을 남녀가 함께 춤을 추고 기뻐하는 형태로 그린다.

나시족은 동파문자를 이용해 신화전설, 종교의례, 천문역법, 민속풍습, 의학 등을 기록한 동파경을 남겼다. 지금까지 남겨진 동파경의 수는 무려 1만 4,000여 권에 달한다. 모두 전통 제조법으로 만들어진 종이와 목판에 기록됐다. 동파경은 우주와 인생에 대한 고뇌, 현세와 내세에 대한 탐색, 세상의 진리 등 철학적인 담론부터 하늘, 달, 산천, 동물과 새, 물고기와 곤충 등 나시족의 문명을 담은 백과사전이다. 이런 가치를 인정받아 2003년 유네스코는 동파경을 세계기록유산으로 지정했다.

나시족 종교인 동파교는 난생卵生 설화를 지녔다. 음의 세계는 검

한 종이 공방에서 동파문자를 쓰는 나시족 할아버지.
동파문자를 쓸 수 있는 나시족은 30~40명에 불과하다.

은 알에서, 양의 세계는 흰 알에서 태어난다. 인간은 알에서 태어나 어떤 삶을 살았느냐에 따라 하늘의 세계인 천계에 가기도 하고 지옥의 세계에도 간다. 전형적인 권선징악의 교리를 보여 주는 원시종교다. 또한 '여성에게 고개를 숙이고 떠받칠 것'을 강조한다. 최고신인 태양신이 여신이라는 점에서 모계사회의 전통이 숨겨져 있음을 알 수 있다.

이 같은 위대한 전통과 문화를 지닌 나시족은 평소 민족의상을 즐겨 입는다. 여인네들은 날마다 다옌전 입구 광장이나 쓰팡제四方街에 나와 춤을 춘다. 귀찮을 법한 여행객의 카메라 세례를 자연스럽게 받아들인다. 외지인과 관광객에게 우호적인 풍토는 그들의 술 문화에서도 잘 드러난다. 나시족은 먼 길을 찾아온 손님을 융숭

술로 만나는 중국·중국인

히 대접한다. 먼저 술을 권하며 객고를 풀게 하는데, 이때 내미는 술이 바로 '인주窨酒'다.

인주는 지하 저장고에서 숙성되는 술이라 붙여진 이름이다. 보리, 밀, 수수 등을 원료로 만든 발효주다. 술을 빚을 때 보리누룩을 많이 사용하고 대추를 넣는다. 술독은 지하에 저장해서 보통 3년에서 길게는 20년까지 숙성시킨다. 숙성이 끝난 술 도수는 20도 안팎이 되는데, 이는 다른 중국 술에 비해 낮다. 술맛은 달고 부드러우나 오랜 숙성 덕분에 향은 진하다. 포도당과 비타민을 풍부하게 함유하고 있어, 중국에서 영양주로 분류된다.

나시족은 명절이나 축제마다 남녀를 불문하고 인주를 마신다. 식사 전 입맛을 돋우기 위해 먼저 술을 들이킨다. 과거 일부 마을에서는 아이가 태어나면 인주를 담갔다. 그 자식이 장성해 결혼을 하면, 혼례 날에 담갔던 인주를 내놓아 하객들과 함께 축하주로 마셨다. 인주는 따뜻하게 데워 마시는 데다 붉은 빛깔을 띠어 황주에 속한다. 양조기술은 다른 황주와 다를 바 없지만, 한족이 제조하는 황주는 쌀을 주원료로 한다는 점에서 큰 차이가 있다.

본래 나시족은 다옌전에 갓 정착했을 때부터 술을 담갔다. 명·청대 한족의 증류법을 받아들여 양조법을 한 단계 업그레이드하였다. 지하에 술독을 밀봉해 숙성시키는 기술도 이때 개발됐다. 이 덕분에 일정한 도수와 향, 당도를 유지하게 되어서 판매를 목적으로 하는 술도가가 등장했다. 20세기 전반기에는 자신들의 성을 브랜드로 내세운 허和·양楊·리李·황黃 아주머니네 술집이 명성을 떨쳤다.

그러나 1949년 사회주의 정권이 들어선 뒤 리장에 들어온 바이주의 인기에 큰 타격을 받았다. 찾는 이가 급격히 줄어든 데다, 대량생산 체계를 갖추는 데 실패해 시장에서 퇴출됐다. 한동안 명절이나 연회 때나 마시는 술로 명맥을 근근이 이어 왔다. 제조하는 양조장도 시골 마을에 3~4곳만 남았다. 하지만 바이주와 차별된 맛과 향 때문에 리장을 찾는 외국인들에게 사랑받고 있다. 1986년 윈난성을 방문했던 영국 여왕 엘리자베스 2세는 연회석상에서 인주를 3잔이나 들이키며 찬미했다.

그렇기에 인주의 앞날이 어둡지만은 않다. 현대화에 실패했던 과거를 거울삼아, 금세기 들어서는 지방정부의 주도 아래 '나시인주'라는 브랜드를 앞세워 재기를 도모하고 있다. 2015년에는 윈난성 내 판매량이 130톤을 넘어설 정도로 규모의 경제를 키워 나가고 있다. 무엇보다 독특한 전통·문화·풍습 등을 지닌 나시족의 술인 데다, 리장을 찾는 관광객이 폭발적으로 늘고 있는 현실이 인주의 미래를 밝게 한다.

차마고도·실크로드 누빈 바이족의 '허칭첸주'

6세기 말 윈난성 서북부 다리大理 일대
에서 육조六詔라는 여섯 부족이 출현했다. 육조는 서로 경쟁하고 협
력하면서 성장했다. 7세기 후반 육조의 균형 관계에 변화가 일어
났다. 몽사조蒙舍詔가 당나라의 후원을 받아 육조를 통합해 나갔던
것이다. 당은 티베트왕국 토번吐蕃을 견제하기 위해 몽사조를 지원
했다. 738년 몽사조의 4대왕 피라각皮邏閣은 통일의 대업을 완수하
고 얼하이洱海 변에 남조南詔를 세웠다. 당은 남조와 조공관계를 맺
고 피라각을 윈난왕으로 책봉했다.

그러나 두 나라의 우호관계는 오래가지 못했다. 남조는 내정에
사사건건 개입하던 당 지방관을 쫓아내고 토번과 연합해 당에 맞
섰다. 이에 당은 남조를 세 차례나 침략했다. 754년 검남유수 이복

다리성은 8세기 중엽 처음 세워져 14세기 말 중축됐다.

은 대군 7만 명을 이끌고 내려왔다. 당 군대는 물밀듯이 쳐들어왔으나, 남조군의 치밀한 전술에 대패했다. 얼하이를 이용한 남조군의 수전에 당군 모두가 몰사했다. 남조인들은 멀리까지 와서 죽은 당군의 시신을 수습해 장사를 지내고 만인총에 묻었다.

남조는 13대 250년간 지금의 윈난성 대부분 지역을 통치했다. 세력은 쓰촨성 남부, 구이저우성 서부, 미얀마 동부에까지 미쳤다. 중원의 당과 티베트의 토번도 무시하지 못할 존재였다. 이런 남조

술로 만나는 중국·중국인

의 영향력으로 중국에서 미얀마·인도로 이어지는 남부 실크로드
가 열렸다. 902년 남조 멸망 후 937년 세워진 대리국은 또 다른
윈난의 패자였다. 대리는 송나라와 조공관계를 맺고 13세기 중엽
까지 번성했다.

윈난성 쿤밍에서 320여 ㎞ 떨어진 다리는 이같이 유구한 역사를
지닌 고도다. 다리를 병풍처럼 둘러싼 산은 창산蒼山이다. 윈링雲
嶺산맥의 주봉으로, 평균 해발이 3,500m나 된다. 이 창산 사이로
난 18계곡의 물이 흘러내려와 형성된 담수호가 얼하이다. 얼하이
는 전체 면적이 250㎢로 중국에서 7번째로 크다. 사람의 귀 모양
처럼 생겼다 하여 이름이 지어졌다. 해발 1900m 고지 위에 바다
처럼 넓고, 최고 수심이 23m에 달한다.

다리는 쿤밍 다음가는 윈난의 2대 도시로, 1개 시와 11개 현으
로 구성되어 있다. 2015년 다리의 호적인구는 358만 명으로, 이
중 소수민족은 185만 명에 달한다. 바이족白族이 가장 많아 121만
명을 넘고 이족, 회족回族, 리쑤족 등이 뒤를 잇는다. 이처럼 다리는
자연풍광이 아름다운 데다 바이족의 고향이라는 명성이 높아 사시
사철 찾는 관광객으로 줄을 잇는다. 2015년 다리를 찾는 관광객
수는 2,928만 명을 돌파했다.

바이족 마을에 들어가면 낯익은 건축양식이 눈에 들어온다. 바
이족 민가는 구조와 양식이 우리의 전통가옥과 비슷하다. 외벽을
돌담으로 쌓았고 내부는 목재를 사용했다. 겉으로는 베이징의 사
합원四合院과 비슷한 구조지만, 실제는 ㄷ자 형태이다. 이를 삼방일
조벽三坊一照壁 양식이라 한다. 좌우가 대칭하는 ㄷ자의 양쪽부분은

얼하이는 사람의 귀 모양처럼 생겼다 하여
이름이 붙여진 호수다.

술로 만나는 중국 · 중국인

주방과 창고, 가축을 기르는 축사가 있다. 사합원과 달리 돌담의 키는 높지 않다. 폐쇄적인 것 같으면서 개방된 배치다.

지붕은 기와를 얹어 놓았고, 담장은 흰색으로 칠했다. 바이족은 흰색을 아주 좋아해 내부 곳곳도 흰색으로 칠했다. 흰색이 칠해진 조벽은 바이족 가옥의 특징이다. 조벽은 해가 반대편으로 넘어가면 햇빛을 반사시켜 언제나 마당을 따스하게 한다. 가옥은 2층 구조로 보통 3대 대가족이 함께 산다. 1층 중앙은 거실로, 집안의 대소사를 논하거나 손님을 맞는 장소다. 거실 옆 양쪽 방은 조부모와 부모가 묵는 침실이다. 2층 한편에는 자녀들이 묵는 침실이 있고 다른 한편은 작업실로 이용된다.

마을에서는 본주 사당도 볼 수 있다. 본주는 바이족의 전통신앙으로, 모시는 대상이 다양하다. 하얀 돌, 황소와 같은 자연 사물에서부터 민족을 구한 영웅까지 수를 헤아리기 힘들다. 대상은 다르지만 모두 평등한 신격을 가진다. 바이족은 좋은 일이 생기거나 나쁜 일이 일어나면 본주를 찾아간다. 본주는 찾아 온 주민들이 얘기하는 대소사에 귀를 기울인다. 바이족은 이런 본주를 전지전능의 신이라기보다 인간의 감정을 가진 존재라고 믿는다.

바이족 여성은 주로 흰색 계통의 옷을 입는다. 머리카락은 길게 길러 하나로 땋은 다음 바오터우包頭를 한 바퀴 두른 뒤 화관을 쓴다. 상의는 붉은 바탕에 소매가 짧은 흰 옷을 입는다. 하의는 흰색 바지를 입고 그 위에 수놓은 검은 색 앞치마를 두른다. 신발은 꽃으로 수놓은 뾰족 신을 신는다. 지방마다 차이가 조금 있지만, 흰색을 선호하는 것은 어느 곳이든 똑같다. 이 때문에 중국에서는 바

문양을 만들기 위해 면포에 수놓은 실은 염색이 끝난 뒤 일일이 손으로 뽑아낸다.

이족을 '백의의 민족'이라 부른다.

바이족은 손재주가 좋다. 다리의 대표적인 민속공예품 자란扎染은 천연 염료 반란건板藍根으로 색깔을 넣어 만든 면포다. 다리는 반란건이 많이 자라고 제작에 필요한 물이 풍부하다. 먼저 산에서 딴 반란건의 잎을 빻아서 즙을 내 염료를 만든다. 10일 이상 숙성시켜 고운 빛깔을 내도록 한다. 목화에서 얻어진 면으로 면포를 짠다. 면포는 수분을 잘 흡수하고 촉감이 좋다. 완성된 면포는 물에 담가 이틀 동안 이물질과 독성을 제거한다. 이를 탈수기로 물을 뺀 뒤 그늘에 펴서 말린다. 면포가 다 말려지면 다리를 상징하는 자연, 동식물, 종교적 기호 등 문양을 넣는다. 문양이 그려지면 이틀 동안 실로 문양 선을 일일이 꿰맨다. 여러 장의 면포를 한 통의 염료통에 한꺼번에 넣어 반나절 정도 담가서 물들인다. 면포가 잘 물들어지

술로 만나는 중국·중국인

면 꺼내서 물로 세척한다. 이를 탈수기에 넣어 돌린다. 물이 빠지면 집 처마 밑에 걸어놓아 말리고, 다시 문양을 꿰맨 실을 하나씩 풀어 낸다. 마지막으로 물로 면포를 풀어준 뒤 그늘에 말려서 완성한다.

다리 북부 허칭鶴慶현에서는 바이족의 뛰어난 손기술을 볼 수 있는 마을이 있다. 중국 최고의 금속공예 장인들이 사는 신화촌新華村이 그곳이다. 신화촌은 펑황산鳳凰山 아래 있는 전통촌락이다. 전체 마을 주민 5,975명 중 바이족이 98.5%다. 신화촌은 다리에서 가장 잘 사는 농촌마을이다. 2013년 현재 주민 1인당 연간 수입은 1만 900위안(약 185만 원)에 달한다. 이는 다리 농민 평균수입(6,677위안)의 2배에 가깝다.

신화촌은 예부터 주민은 많았지만 농사지을 땅이 적었다. 마을 뒤 펑황산은 이름과 달리 돌산이라 초목이 자라지 않는다. 열악한 자연조건으로 인해 적지 않은 주민들은 일찍이 고향을 떠나 외지로 나갔다. 가깝게는 윈난성 각지로, 멀리는 중국 각 성시와 티베트·미얀마·태국으로 떠돌았다. 오직 입에 풀칠하기 위해서였다. 그들은 빈손으로 고향을 떠나진 않았다. 조상 대대로 전해져 내려오는 손기술을 가지고 갔다. 금·은·동·철 등 금속을 다루는 기술이었다.18세기 〈허칭부지〉에 따르면, 명대 초기부터 신화촌은 독특한 공예술로 윈난성 전역에서 이름을 떨쳤다. 신화촌 주민은 지니고 나간 바이족 전통의 공예술로 타향이국에서 큰 환영을 받았다. 금속공예 장인으로서 쉽게 정착했고 경제적 부와 사회적 명성을 얻었다. 그중 적지 않은 수는 현지에서 보고 듣고 익힌 기술과 문화, 예술, 종교 등을 품고 귀향했다.

오늘날 신화촌에서 가장 유명한 장인 춘파뱌오寸發標가 대표적이다. 춘 장인은 16세부터 10여 년간 부친과 함께 고향을 떠났다. 구이저우, 광시, 쓰촨, 간쑤 등지를 주유하며 공예품을 팔고 견문을 넓혔다. 1987년 라싸에 정착한 뒤 각지에서 익힌 가공기술을 융합해 독특한 작품을 만들어냈다. 이런 명성을 들은 티베트자치주 정부는 포탈라궁의 금·동 법기와 제기를 제작해 줄 것을 요청했다.

춘 장인은 문화대혁명 중 파괴되어 복원된 수많은 라마사원 내 법기도 만들었다. 그는 "1996년 고향으로 되돌아올 때까지 티베트를 방문하는 중국 및 외국 지도자에게 선물하는 금·은기 제품은 다 내손을 거쳤다."고 회고했다. 유네스코는 이 같은 공로를 인정해 2003년 춘 장인을 민간공예미술대사로 임명했다. 춘 장인은 "주문받았던 제품 중에는 랴오닝성 단둥丹東시당이 주문해 김정일 북한 국방위원장에게 선물한 은차기 세트도 있다."고 말했다.

이처럼 신화촌 장인들이 만든 금속 공예품은 중국뿐만 아니라 인도, 파키스탄, 버마, 태국, 네팔, 일본, 미국, 독일 등 세계 각지로 팔려나가고 있다. 2013년 신화촌에서 생산한 금속 공예품은 800만 건을 넘어섰고 총판매액은 6,180만 위안(약 105억 원)에 달했다. 877가구가 금속공예품을 만드는 데 종사하고, 장인 수는 1,470명을 넘어섰다. 한 해 평균 신화촌을 찾은 관광객은 200만 명에 달한다. 같은 해부터 윈난성 정부 차원에서 대대적인 투자가 이뤄져 14억 위안(약 2,380억 원)이 투입되고 있다.

현재 신화촌에는 변변한 기술학교가 없다. 장인이 되려면 오직 가업을 잇거나 이웃어른을 스승으로 모셔서 기술을 전수받아야 한다. 신화촌 아이들은 어릴 때부터 망치를 장난감처럼 가지고 논다. 10~12세가 되면 스승을 모시고 수련의 길에 들어선다. 수련 기간은 짧게는 5~6년, 길게는 10년 이상 걸린다. 가정마다 전승되는 기술과 만드는 제품 종류도 각기 다르다.

이런 고된 수련과 거친 노동 속에서 장인들에게 위안이 되어주는 술이 있다. 바로 허칭현의 토속주인 '첸주乾酒'다. 첸주의 역사는 15세기로 거슬러 올라간다. 명 조정이 허칭에 둔전을 설치하면서 한족의 양조기술이 전해졌다. 이어 바이족의 전통주 제조법과 융합되어 지금의 첸주가 탄생했다. 1782년 청대 문장가 오대훈吳大勳은 〈첸난滇南문견록〉에서 "윈난성 서부에는 술을 빚어 마시는 풍습이 성행하는데 그중 추슝楚雄의 리스力石주와 허칭의 첸주가 으뜸이다."고 기록했다. 첸주는 보리를 주원료로 해서 누룩을 적게 쓰는 소곡주다. 보리 외에 당귀當歸, 육계肉桂, 향초香草 등 56종의 한약재를 넣어 약주의 효능도 지녔다. 또한 펑황산에서 흘러나오는 광천수만 사용해 술을 빚는다. 이 때문에 첸주의 맛은 부드럽고 감칠맛 나며 독특한 향기가 풍긴다. 도수도 20~30도로 다른 중국 술에 비해 높지 않아 마시기가 편하다.

신화촌 장인들은 이 첸주를 끼니마다 반주로 마신다. 2008년 6월 신화촌을 방문했을 때 점심식사를 하면서 춘파뱌오 장인이 권하는 첸주를 처음 마셨다. 춘 장인은 "일을 마치고 마시는 첸주는 노동의 피로를 잊게 해주는 청량제나 다름없다."고 말했다. 첸주에는 한약 성분이 많아 뭉친 근육을 풀고 혈액 순환을 좋게 한다. 춘 장인은 "첸주를 마시며 기운을 북돋우고 원기를 보충해 우리 장인

저택 마당에서 자신이 만든 작품을 배경으로 포즈를 취한 춘파뱌오 장인.

들에게는 보약이라 할 수 있다."고 말했다.

과거 신화촌에서는 한 집 건너 술을 빚었지만, 오늘날 직접 술을 빚어 마시는 집은 드물다. 집안일을 도맡아 했던 여성들이 금속 공예품 제작 일선에 나서고 있기 때문이다. 춘 장인은 "밀려드는 주문으로 여성에게 기술을 가르치지 않는 금기가 깨졌다."면서 "공예품을 만들지 않는 여성도 상품 파는 가게나 쇼핑센터에서 일하기에 마을 주민 모두가 장인인 셈이다."고 말했다.

현재 첸주 생산은 허칭술공장이 도맡아 하고 있다. 허칭술공장은 1997년 국영에서 민영기업으로 탈바꿈한 뒤 품질 개선과 브랜드 개발에 힘써왔다. 2007년에는 고급 브랜드 '허칭첸주'를 시장에 내놓았다. 허칭첸주는 전통과 맛은 그대로 유지하되 도수를 52도까지 끌어올린 술이다. 2012년에는 윈난성 바이주로는 최초로 '중국유명상표'의 명예를 획득했다. 이제 신화촌의 금속 공예품은

술로 만나는 중국·중국인

푸얼普洱의 푸얼차와 더불어 윈난을 대표하는 특산품으로 성장했다. 그 바탕에는 바이족 특유의 포용성으로 이민족의 문화예술을 받아들여 재창조한 장인들의 노력이 밑거름이었다. 과거 신화촌 장인들은 차마고도와 실크로드를 통해 멀리 신장新疆위구르자치구와 부탄, 인도까지 뻗어갔다. 자신의 기술을 선보이면서도 현지의 문화예술을 적극 받아들였다. 이들 장인들처럼 허칭첸주가 중국 술시장에서 명성을 얻을 수 있을지 지켜볼 일이다.

중국의 식물왕국 시솽반나 소수민족의 '미주'

윈난성 쿤밍에서 비행기를 타고 남으로 50분을 가면 시솽반나西雙版納자치주가 나온다. 시솽반나는 북위 21도에 위치해 있어 북회귀선보다 낮다. 이런 위도 때문에 시솽반나에는 겨울이 없다. 오직 우기와 건기로 나뉜다. 우기는 5월 하순에서 10월 말까지고, 건기는 10월 하순에서 이듬해 5월 중순까지다. 우기 동안 1년 강수량의 80~85%가 내린다. 가장 추운 1월의 평균기온이 15℃에 불과하고 7~8월에는 27℃를 유지한다. 한해 평균기온이 20℃으로 사람이 사는 데 쾌적하다.

이런 시솽반나의 기온은 쿤밍처럼 높은 해발에서 비롯됐다. 전체 면적의 65%가 해발 800~1,300m에 이른다. 해발이 1,300~2,500m인 산지도 10%를 넘는다. 이 해발대는 북부에 주로 몰려있고 남부는 500~800m의 평지다. 시솽반나의 주도 징훙景洪은 평원에 자리잡고 있다. 해발 800m 이상에서는 푸얼차普洱茶와 커피를 심고, 평지에서는 고무나무와 바나나를 재배한다. 산지에는 하니족哈尼族, 라후족拉祜族, 부랑족布朗族, 이족 등이 살고, 평원에는 다이족傣族이 거주한다.

이 같은 자연조건 덕분에 시솽반나에는 풍부한 식물군이 번식한다. 시솽반나에서 자라는 식물은 무려 2만 종이 넘어 중국 전체의 1/4을 차지한다. 그중 열대식물이 6,000종이고, 지구상에서 시솽반나에만 존재하는 식물도 500종에 달한다. 우거진 열대우림 속에는 수많은 동물과 조류가 서식한다. 아시아 코끼리, 벵골 호랑이, 표범, 코뿔소 등 760종이 넘는 야생동물이 활동한다. 조류는 429종에 달해, 중국 전체의 2/3를 점한다.

여기에 란창강瀾滄江이 시솽반나를 가로질러 미얀마와 라오스로 흐른다. 란창강은 티베트에서 발원해 윈난을 거쳐 동남아시아 전역으로 이어진다. 동남아인들은 이를 메콩강이라 부른다. 완벽하게 보전된 삼림, 풍부한 식물, 진귀한 동물, 동남아의 젖줄…. 면적이 중국 전체의 0.2%에 불과하지만, 시솽반나는 다양한 생태계를 보존하고 있어 '식물자원의 보고' '중국의 아마존'이라고 불린다. 국제적으로도 그 가치를 인정받아 1993년 유네스코는 시솽반나를 국제생물보호구로 지정했다.

열대우림은 시솽반나 전체 면적의 60%를 차지하는데, 열대식물원에서 그 진가를 확인할 수 있다. 징훙에서 동남쪽으로 1시간을

시솽반나는 한국에도 애호가가 많은 푸얼차의 산지다.

달리면 열대식물원에 도착한다. 열대식물원은 1959년 문을 연 중국에서 가장 큰 식물원이다. 본래 중국과학원 쿤밍식물연구소의 지부로 세워지면서 문을 열었다. 한때 윈난성 정부가 관할해 지위가 격하됐지만, 1996년 중국과학원 직속으로 승격되면서 규모가 지금처럼 커졌다. 현재는 전체 면적이 900㏊에 달한다.

규모만큼이나 다양한 식물이 서식하는데, 그중 열대식물이 5,000여 종이나 있어 시솽반나의 모든 열대식물이 다 몰려있다고 해도 과언이 아니다. 식물원으로 들어서면 상쾌하고 시원한 공기가 찾는 이를 반긴다. 내가 식물원을 방문했던 2015년 5월 3일은 건기의 끝자락으로 징훙 시내의 기온은 36℃에 달했다. 하지만 식물원 내 체감온도는 징훙보다 5~6℃쯤 낮았다. '열대우림은 지구의 허파'라는 격언을 실감할 수 있는 순간이었다.

술로 만나는 중국·중국인

열대식물원은 아주 커서 부지런히 돌아다녀야 한다. 란창강의 지류인 뤄숴강羅梭江 중간에 있는 섬과 그 일대를 식물원으로 꾸몄기 때문이다. 열대식물의 보고인 열대우림원, 국내외 유명 인사들이 선물했거나 심은 나무가 있는 명인명수원名人名樹園, 전 세계 80여 개국의 나라 꽃과 나무를 옮겨온 국수국화원國樹國花園, 대나무 250여 종이 있는 백죽원白竹園, 200종의 야생난으로 구성된 야생난원 등 10여 개의 전문 구역이 있다.

특히 기화이목원奇花異木園에는 오직 시솽반나에만 있거나 오지 밀림에 서식하고 멸종위기에 놓인 꽃과 나무 254종을 보존하고 있다. 인간이 먹을 수 있는 야생식물 400여 종을 모아놓은 남약원南藥園과 함께 꼭 둘러봐야 할 곳이다. 이렇듯 진귀한 식물이 많아 1986년 영국 여왕 엘리자베스 2세의 남편 필립공은 열대식물원을 방문했다. 그 인연을 뒤쫓아 왕위계승 서열 2위인 윌리엄 왕세손도 2015년 3월 찾아와 야생식물의 보존과 야생동물의 보호를 호소하는 연설을 했다.

그러나 지금 시솽반나의 생태계는 큰 변화를 맞고 있다. 열대우림이 조금씩 줄어들고 식물이 500여 종이나 멸종됐다. 이런 파괴의 주범은 뜻밖에도 고무나무다. 고무나무 재배지가 빠르게 확장됐기 때문이다. 징훙에서 열대식물원으로 가는 길에서 그 현장을 목격할 수 있다. 도로 주변 산에는 대규모 플랜테이션으로 운영되는 고무나무농장이 줄지어 들어서 있다. 영국 과학저널 〈네이처〉에 따르면, 지난 반세기만에 고무나무는 시솽반나 전체 산림의 20%

남국의 정취를 만끽할 수 있는 열대식물원.

시솽반나 어디를 가든 고무나무를 심기 위해 파헤쳐진 현장을 목격할 수 있다.

술로 만나는 중국·중국인

를 넘어섰다.

본래 고무나무가 열대우림에서 차지하는 비중은 아주 미미했다. 하지만 1947년 동남아 화교들이 묘목을 가져와 농장을 개설하면서 사정이 바뀌었다. 특히 개혁·개방 이후 플랜테이션 농장이 우후죽순격으로 들어서면서 고무나무는 시솽반나를 대표하는 식물로 등극했다. 고무나무는 200㎡마다 매년 9.1㎥의 지하수를 빨아들인다. 번식력이 강해 주변 식물을 멸절시키며 뻗어간다. 실제로 1988년 116만 무畝(1무=666.67㎡)였던 고무나무는 2006년 615만 무로 폭증했다.

고무나무 숲이 늘어난 데는 고무 가격이 급등했기 때문이다. 1990년대 말부터 10년간 고무 가격은 3배나 뛰었다. "고무나무가 야오첸수搖錢樹(중국 신화에서 흔들면 돈이 떨어지는 나무)로 변했다."는 소문이 시솽반나를 강타하면서 기업, 농민 할 것 없이 숲을 파헤쳐 고무나무를 심었다. 보통 900그루를 심으면 1년 10만 위안(약 1,700만 원)을, 300그루를 심으면 5만~6만 위안(약 850만~1,020만 원)의 소득을 냈다. 이 같은 고소득을 좇아 시솽반나 전체 농민 40만 중 13만 명이 고무 농사에 종사한다.

오늘날 시솽반나의 고무산업은 중국에서 규모 1위, 생산량 2위를 차지하고 있다. 이렇듯 고무나무가 시솽반나에 경제적 부를 가져다줬지만, 생태계는 급속히 파괴됐다. 2007년 중국과학원은 보고서를 통해 "고무나무 숲이 지금처럼 확장될 경우 조류는 70% 이상 줄어들고 포유류는 80% 이상 사라진다."고 경고했다. 중국 언론도 르포를 통해 잇따라 문제점을 지적하자, 뒤늦게야 시솽반나

주정부가 대책에 나섰다. 불법 농장을 철거하면서 면적이 줄어들 었지만, 2014년 현재 455만 무에 달한다.

경제성장과 산업발전으로 자연환경이 급변하는데 비해, 현지 소 수민족은 옛 전통과 문화를 간직한 채 살고 있다. 시솽반나는 다민 족 사회다. 2014년 호적인구는 98만 명인데, 이 중 소수민족은 76 만 명으로 77.6%에 달한다. 다이족이 29만 7,000명으로 가장 많 고 하니족(18만 6,000명), 이족(5만 6,000명), 라후족(5만 6,000 명), 부랑족(3만 6,000명) 등 순이다. 다이족은 시솽반나에서 한족 보다 많은 주류 민족으로 흥미로운 역사 변천을 겪었다.

본래 다이족은 기원전 6000년부터 윈난 서북부에서 구이저우 서부까지 넓게 분포해 살았다. 예부터 한족 왕조는 이들을 애뢰哀 牢, 백만白蠻, 백의白衣, 백이白夷 등으로 불렀다. 중국 사서에 따르 면, 다이족은 기원전 5세기경 윈난 서북부 누강怒江 일대에 달광達 光국을 처음 건국했다. 달광국은 기원전 2세기 말 한나라와 교역하 면서 세력이 급성장했다. 쿤밍에서 흥기했던 뎬滇국과 경쟁하면서 1세기 초까지 번성했다.

1세기 중엽 후한의 대군이 침입하면서 다이족 사회에 첫 변화가 불어 닥쳤다. 후한의 공격으로 달광국은 무너졌고 민족 성원의 일 부는 서쪽으로, 일부는 남쪽으로, 일부는 고향에 남았다. 서쪽으로 간 다이족은 이라와디강 중류에 진출해 샨撣(Shan)을 건국했다. 샨국은 민주적인 왕권 계승과 강력한 군사문화를 기반으로 6세기 까지 번성하면서 미얀마 동부와 윈난성 서남부를 지배했다. 오늘날 미얀마에 거주하는 다이족을 샨족이라 부르는 것은 이 같은 역사에서 비롯됐다.

남쪽으로 간 다이족은 달광국을 재건하고 후한에 조공을 바쳤다. 이 달광국은 400년간 독자성을 유지하며 발전했다. 고향에 남은 다이족은 한족 왕조의 간접통치를 받았는데, 6세기 버마족이 세운 퓨驃국이 샨국과 달광국을 멸망시켜 유민이 들어오자 이를 규합해 몽사조를 세웠다. 몽사조는 머지않아 윈난 서북부의 육조 중 하나로 발돋움했다. 7세기 후반부터는 당나라의 후원을 받아 육조를 통합하여 738년 다리에서 남조를 건국했다.

그로부터 남조는 250년간 윈난성을 통치했다. 세력범위는 쓰촨성 남부, 구이저우 서부, 미얀마 동부에 미쳤다. 이런 남조의 영향력으로 중국—미얀마—인도로 이어지는 남부 실크로드가 열렸다. 하지만 902년 정변이 일어나 남조가 멸망하고 937년 바이족이 주도한 대리국이 세워졌다. 이에 다이족의 주류는 12세기 징훙으로 내려와 과거부터 정착했던 동족들을 흡수해 맹륵勐泐국을 건국했다. 맹륵국은 빠르게 성장했으나, 13세기 몽골제국의 침략을 받아 붕괴했다.

이 몽골의 침입으로 다이족 사회는 또다시 큰 변화를 맞았다. 맹륵국이 무너지면서 일부 왕족과 주민은 지금의 라오스, 베트남, 캄보디아로 이주했고 다른 왕족과 주민은 태국까지 진출했다. 이들은 라오스의 라오(Lao)족, 베트남의 눙족(Nùng), 태국의 타이(Tai)족 등 각 나라에서 주류민족 또는 소수민족으로 정착한다. 이를 통해 태국과 라오스의 역사가 13세기 다이족의 이주로 시작됐음을 알 수 있다. 2010년 현재 아시아 전역의 다이족은 6,600만 명이고, 이 중 중국에 126만 명이 살고 있다.

오늘날 중국과 동남아 각지의 다이족 간에는 언어 소통이 불가능하다. 기본 문법은 같지만, 단어나 표현의 발음이 다르기 때문이다. 하지만 문화와 풍습은 동일하다. 전통 축제도 같은 날, 같은 방식으로 치러진다. 그 대표적인 축제가 물 뿌리기다. 물축제는 중국에서 '포수이제潑水節', 태국에서 '쏭크란'이라 불린다. 먼 옛날 다이족 주민들이 기후를 관장하며 횡포를 부리던 천신을 물리친 뒤, 몸에 묻힌 썩은 내를 물로 뿌려 씻어냈던 일을 기념하면서 시작됐다.

평소 먹는 주식과 즐겨 마시는 술도 동일하다. 다이족은 쌀과 찹쌀을 하루 두 번 먹는다. 쌀로 만든 쌀국수도 즐겨 먹는다. 보통 쌀과 찹쌀을 쪄서 바로 먹기에 하루라도 지난 밥은 거의 입에 대지 않는다. 현지 쌀은 자미紫米로 윤기가 흐르고 차지다. 또한 시솽반나의 토양은 수분이 높고 광물질이 풍부해 밥맛이 아주 좋다. 다이족은 오늘날 젓가락을 사용해 밥을 먹지만, 과거에는 손으로 밥을 뭉쳐 먹는 게 식사 예법이었다.

시솽반나에서는 이 자미로 미주를 빚는다. 다이족은 먼저 자미를 깨끗이 씻어 반나절 물에 담갔다가 건져 물기를 빼서 고두밥을 짓는다. 고두밥은 고루 펼쳐서 차게 식힌 뒤 곱게 빻은 누룩과 혼합해 술밑을 빚는다. 술밑은 술독에 담가 안치고 물과 넣어 젓고 밀봉한 뒤 천천히 끓인다. 술이 완전히 끓어오르면 술독 주둥이를

술로 만나는 중국·중국인

다이족 여성들은 옛 방식대로 손수 짠 전통의상을 즐겨 입는다.

전통 의상을 입은 다이족 여성

물 뿌리기는 대표적인 다이족의 전통 축제다.

열어 놓고 30시간 정도 놔둔다. 그 뒤 술독 뚜껑을 1~2일 열어두어 발효를 완성한다. 이러한 양조법은 우리의 동동주와 비슷하다.

그러나 다이족은 발효된 술을 20도 안팎의 온도를 유지하는 저장고에 넣어 한 달간 숙성시킨다. 제대로 숙성된 술이어야 다이족 미주라 할 수 있다. 이를 라오스에서는 '라오라오', 태국에서는 '사토'라 부른다. 단지 알코올 도수가 라오라오와 사토는 10~15도인데 반해 다이족 미주는 25~30도로 높다. 다이족이 한족과 다른 소수민족의 양조법을 받아들여 제조기술을 발전시켰기 때문이다. 이 때문에 다이족 미주는 과음한 뒤에도 뒤끝이 별로 없다.

과거 다이족은 집집마다 미주를 빚어 마셨다. 지금은 소규모 양조장과 전통 식당을 중심으로 제조한다. 흥미롭게도 다이족은 남

녀노소를 가리지 않고 술을 즐겨 마신다. 식사하면서 마시는 적정
량의 반주는 건강에 좋다는 믿음을 갖고 있기 때문이다. 그래서인
지 다이족은 누구나 음주에 일가견이 있다. 나는 시솽반나를 두 번
째 찾았던 2013년 1월에 다이족 미주를 처음 맛보았다. 현지에서
우연히 친분을 맺은 관얼다이官二代(고위 관리의 자녀)들이 초대한
저녁식사 자리에서였다.

그들은 다이족·이족·한족 등 민족 성분이 다양했는데, 회합 장
소가 마침 다이족 전통식당이었다. 그날 차려진 진미성찬에 고급
미주를 들이키며 분위기를 주도한 이들은 갓 대학을 졸업한 다
이족과 이족 여성이었다. 시솽반나는 고대 다이족어로 '멍바라나
시勐巴拉娜西', 즉 '이상적인 낙원'이라는 뜻이다. 태국인들은 달리
'천개의 논이 있는 (풍족한) 땅'이라 부른다. 이런 표현처럼 시솽
반나는 풍요로운 대지 위에 열정적이고 이방인에게 친절한 사람
들이 사는 땅이다.

중국공산당의 역사를 바꾼 쭌이의 '둥주'

1934년 10월 16일 중국 장시江西성
남부 위두于都현을 가로지르는 강변에 일단의 병사들이 집결했다.
사위가 어두워지자 이들은 작은 배 800척으로 부교를 설치한 뒤
강을 건넜다. 5일 동안 야간에만 8만 6,000여 명의 대군이 도강했
다. 공산당, 소비에트정부, 홍군紅軍 1·3·5·8·9군단 등 중국 공산
세력이 근거지를 버리고 기나긴 도망 행렬에 나선 것이다. 훗날 중
국 역사는 이를 장정長征의 서막이라 미화했다.

강을 건넌 것은 사람만이 아니었다. 휴대 가능한 모든 화기와 탄
약, 말과 소가 끄는 수레에 실린 식량과 생활용품, 거액의 군자금과
문서상자 등 막대한 물자를 가져갔다. 비록 함께 나서지 못했지만,
매일 밤 수많은 주민들이 나와 떠나는 가족과 친척을 배웅했다. 장

장정 직전의 홍군 1군단(아래)과 공산당 지도자들.
왼쪽부터 보구, 저우언라이, 장원톈, 마오쩌둥, 주더, 왕자샹, 오토 브라운.

정에 참가한 병사 중 소비에트정부의 수도였던 루이진瑞金 출신은
3만 5,000명, 위두는 1만 6,000명이었다. 당시 루이진(23만 명)과
위두(22만 명)의 인구를 비춰볼 때 엄청난 이산가족이 생겨났다.

국민당군의 저지선을 돌파한 홍군은 11월 27일 광시자치구 동
북부 상강湘江에 도착했다. 다음날 새벽부터 5일간 국민당군과 치
열한 전투를 벌이며 상강을 건넜지만, 참혹한 대가를 치러야만 했
다. 〈중국인민해방군전사〉를 살펴보면, 2만 명이 죽거나 다쳤고
6,000명이 포로가 됐으며 2만여 명이 실종(실제로는 도주)했다.
남은 병력이 3만여 명에 불과했을 정도로 엄청난 전력 손실을 입
었다. 치욕스런 패배에 당 총수였던 보구博古가 자살하려던 것을 저

우언라이周恩來가 겨우 말렸다.

상강을 건넌 뒤에도 홍군의 시련은 끝나지 않았다. 국민당군의
추격을 피해 먀오얼산苗儿山을 넘어야 했다. 먀오얼산은 광시에서
가장 높은 해발 2,141m로 산세가 아주 험준하다. 홍군은 한 명이
겨우 걸을 수 있는 좁은 절벽 길을 꼬박 사흘을 굶은 채 걸었다. 적
지 않은 말과 병사가 발을 헛디뎌 절벽 아래로 사라졌다. 어렵게 구
이저우성에 들어서 소수민족 거주지를 통과한 뒤, 1935년 1월 7일
국민당군으로 위장해 쭌이遵義를 무혈점령했다.

이 쭌이에서 중국공산당의 역사가 바뀌었다. 중앙정치국 확대회
의가 열려 마오쩌둥이 당권과 군권을 장악했기 때문이다. 그 뒤로
마오는 죽을 때까지 권력을 내려놓지 않았다. 중국공산당은 1921
년 상하이에서 창당한 뒤 코민테른의 지시로 국공합작에 들어갔
다. 국민당은 1925년 쑨원孫文이 죽자, 장제스蔣介石가 군사령관을
맡았다. 1926년 7월 국민혁명군은 당시 군웅할거하던 군벌을 토
벌하기 위해 북벌에 들어가, 반년 만에 중국 중부와 상하이를 점
령했다.

그러나 장제스는 노동자를 학살하고 공산당원과 국민당 좌파를
숙청한 4·12사건을 일으켰다. 이에 공산당은 지하로 숨어 무장투
쟁을 벌였다. 그 첫 행보가 1927년 8월 1일 주더가 주동해 일으킨
난창南昌 봉기다. 이 봉기는 실패했지만, 훗날 공산당은 이날을 기
념해 인민해방군 건군일로 삼았다. 9월에는 후난성 농촌에서 마오
쩌둥이 추수폭동을 벌였다. 몇몇 소도시를 점령하는 성과를 거뒀

으나, 국민당군의 공격을 받아 진압됐다. 마오는 600명의 잔존 병사를 이끌고 징강산井岡山에 들어가 유격전에 돌입했다.

징강산은 장시성 서부에 넓게 퍼져 있다. 최고 해발이 1,779m, 평균 해발이 1,000m에 불과하지만, 산림이 울창하고 동굴이 많아 유격전을 펼치기 안성맞춤이었다. 마오는 먼저 암약하던 화적떼를 수하로 거두고 지주의 땅을 빼앗아 농민에게 나눠 줬다. 어느 정도 세력을 키우자, 국민당군이 장악하지 못했던 장시 남부 전역을 점령했다. 1931년 공산당은 루이진을 수도로 소비에트공화국을 세웠다. 이때 공이 큰 마오가 국가주석이 됐다.

당시 소비에트는 인구수가 1,000만 명에 달할 정도로 컸다. 이는 소련이 코민테른을 통해 막대한 자금을 제공했기 때문이다. 코민테른의 영향력이 커지자, 마오는 권력에서 밀려났다. 모스크바 유학을 다녀온 보구, 당서기인 저우언라이, 코민테른이 파견한 군사고문 오토 브라운 등 3인단이 실권을 잡았다. 한편 북벌을 완수하고 국민당 내분을 종식한 장제스는 공산당 토벌에 나섰다. 홍군은 국민당군의 4차례 공격을 물리쳤지만, 5차 공격에서는 대패했다. 이에 3인단은 소비에트를 포기하고 다른 지역의 홍군과 합류하는 장정을 결정했다.

처음 장정에 나설 때 마오쩌둥은 계륵 같은 존재였다. 3인단은 말라리아에 걸렸던 마오를 남겨두자니 찜찜해 어쩔 수 없이 데려갔다. 마오는 들것에 줄곧 실려 지내다가 힘겹게 쭌이에 도착했다. 쭌이 입성 후 1주일간 휴식을 취한 당·정·군 지도자들은 1월 15일에 확대회의를 개최했다. 모두 20인이 참석한 회의석상에서 보구가 먼저 입을 열었다. 보구는 5차 진지전의 전술과 상강전투의 결과에 대한 긴 변명을 늘어놓았다.

뒤이어 나선 저우언라이는 그간의 패배가 3인단의 잘못된 판단에 따라 벌어졌다며 자아비판을 했다. 곧바로 장원톈張聞天이 일어나 2시간에 걸쳐 보구의 발언을 조목조목 비판하고 오토 브라운의 무능을 질타했다. 장원톈은 본래 모스크바 유학파였지만, 의회격인 인민위원회 주석을 맡은 뒤 마오와 접촉이 잦았다. 장정 후에는 병을 앓아 마오와 들것 동지로 친밀해졌다. 군사위원회 부주석인 왕자샹王稼祥도 3인단을 비난하고 마오를 지지하는 발언을 쏟아냈다.

다음날 회의에서는 마오가 발언에 나섰다. 마오는 중국 역사와 고사를 인용하며 "보구와 브라운은 중국 현실을 제대로 모른다."고 신랄하게 비판했다. 본래 마오는 국민당군의 토벌전을 유격전으로 맞서야 한다고 주장했었다. 홍군은 군사력이 월등한 국민당군의 4차례 공격을 기민한 유격전술로 대응해 승리했다. 하지만 5차 공격에서 국민당군은 진지를 구축하며 천천히 진격하는 전술을 펼쳤다. 3인단도 같은 진지전으로 맞대응하는 결정을 내렸다가 엄청난 피해를 초래했다.

마오는 이런 전술 실패와 상강 패배를 지적하며 "중국에는 중국에 걸맞은 전략과 전술이 있어야 한다."며 끝을 맺었다. 이에 참석자 대부분이 공감했다. 결국 회의 3일째 되는 날 다음과 같은 결정이 내려졌다. 먼저 마오의 주장이 정확했음을 인정했다. 마오를 중

술로 만나는 중국·중국인

앙정치국 상임위원으로 선출하고 3인단을 해체했다. 마지막으로 저우언라이가 군사지휘권을 행사토록 하되, 마오가 보조를 취하도록 했다. 이는 마오의 완벽한 승리이자 화려한 부활이었다.

사실 쭌이회의 전까지 마오쩌둥은 당권을 단 한 번도 장악한 적이 없었다. 이전까지 공산당 내에서는 저우언라이의 위상이 훨씬 높았고, 3인단 성립 후에는 보구가 총수였다. 그러나 쭌이회의 이후 마오는 1976년 숨을 거둘 때까지 당권을 움켜줬다. 1938년에는 '당이 총을 지휘한다. 군이 당을 넘보는 것은 결코 허용하지 않는다黨指揮槍, 而決不容許槍指揮党.'는 원칙을 수립해 군사위원회 주석 자리도 꿰어 찼다. '권력은 총구에서 나오는槍杆子裏面出政權'는 현실을 잘 이해했기 때문이다.

마오가 거둔 또 다른 성과는 코민테른의 영향력에서 벗어난 것이다. 소비에트 시기 코민테른의 간섭은 아주 극심했다. 코민테른의 지시에 따라 25세의 보구가 당 총수가 되고 오토 브라운이 군권을 행사한 것만 봐도 알 수 있다. 마오는 브라운에게 책임을 물어 코민테른의 권력을 무력화시켰다. 보구, 왕밍王明 등 모스크바 유학파를 권력 핵심에서 제거했다. 그 뒤 마오는 소련의 지시를 듣는 둥 마는 둥 하며 독자노선을 걸었다.

쭌이회의 결정에 따라 홍군은 쓰촨으로 가기로 했다. 쭌이를 떠나 투청土城을 거쳐 쓰촨에 진입하려 했으나, 츠수이허赤水河에서 국민당군과 마주쳤다. 츠수이허는 윈난에서 발원해 쓰촨과 구이저우를 가로지른다. 양군은 1월 28일부터 10여 일간 강을 사이에 두고 공방전을 펼쳤다. 홍군은 사상자가 너무 많아 쭌이로 되돌아왔다. 그 후로 한 달여 간 부상자를 치료하고 병력을 보충했다. 3월 21일 홍군은 재출발해 마오타이진에서 도강전에 성공해 윈난으로 향했다.

홍군이 쭌이를 두 차례 체류하는 동안 아주 요긴하게 썼던 술이 있다. 바로 쭌이의 명주 둥주董酒다. 평소 공산당 지도자들은 군대 내 음주를 엄격히 금지해 군기를 잡았으나, 쭌이에 갓 입성했을 때는 병사들의 사기를 올려줄 필요가 있었다. 이에 쭌이에서 가장 인기 있던 청씨程氏 양조장의 둥주를 사들여 잔치를 벌였다. 술맛이 좋고 피로회복에 도움이 되자, 병사들은 지휘관 몰래 사서 마셨다. 츠쉐이허에서 되돌아왔을 때는 부상자를 치료하는 데 소독약이 부족하자 둥주를 대용해 썼다.

둥주라는 명칭은 둥궁쓰董公寺라는 마을 이름에서 따왔다. 둥궁쓰는 쭌이 도심에서 6㎞ 떨어져 있다. 본래 명대에 세워진 작은 암자를 17세기 지방관 둥셴충董顯忠이 돈을 내어 중건하자, 승려들이 고마운 마음에 사찰 이름을 둥궁쓰로 바꾸었다. 둥궁쓰 일대에서 1,000여 년 전부터 술을 빚었지만, 바이주 방식으로 제조한 것은 청대 초기부터다. 청대 말에 이르러서는 10여 개의 양조장이 성업했고, 그중 청씨 양조장이 가장 규모가 크고 기술이 뛰어났다.

1920년대 후계자 청밍쿤程明坤은 다른 지방을 돌아다니며 견문을 넓혔다. 귀향한 뒤 청씨 양조장의 전통에다 다른 지방의 제조기술을 더해 새로운 양조법을 개발했다. 청밍쿤은 무엇보다 누룩 제조에 혼신의 노력을 기울였다. 이에 쌀 누룩에는 100가지 약초를,

술로 만나는 중국·중국인

쭌이 홍군거리에는 홍군을 맞아 물과 술을 내놓은 주민 형상의 조각상이 있다.

밀 누룩에는 동물성 약재를 가미해 각기 다른 구덩이에 넣어 발효시켰다. 일정한 기간이 지난 뒤 두 누룩을 배합해 술을 제조했다. 총 130여 가지의 약초와 약재로 만든 약향형藥香型 바이주 둥주를 창조한 것이다.

둥주는 한때 명맥이 끊겼었다. 사회주의 정권이 들어서자 청씨 가문은 양조장을 문닫아 버렸다. 기존의 민간 양조장을 강제 통합해 국영 술공장으로 만든다는 소식을 들었기 때문이다. 본래 청씨 가문은 누룩 제조법을 절대 남에게 가르치지 않았다. 아들에게만 전수할 뿐 딸은 작업장 근처에 얼씬거리질 못하게 했다. 지방 명주가 사라진 것을 아쉽게 여긴 쭌이시 정부가 여러 차례 청씨 가문에 사람을 보내 도움을 요청했다. 1957년 청씨 가문은 이를 받아들여 둥주술공장이 문을 열었다. 다시 시장에 나온 둥주는 곧 옛 명성을 회복했다. 그뿐만 아니라 1963년에 열린 제2회 전국 술품평회에서 중국 8대 명주로 선정됐다. 그 뒤 열린 3회부터 5회까지 술품평회에서도 국가 명주의 반열에 올랐다. 1983년에는 새 칭호까지 획득했다. 중국정부는 "둥주의 양조기술과 배합방법은 과학기술 기밀보호항목에 속한다."며 "대외에 참관은 허용하되 소개하거나 사진 찍는 것은 철저히 금지하라."고 통보했다. 그 뒤 둥주는 '국민國酒'이라 불리며 지명도가 더욱 높아졌다.

나는 2011년 1월 마오타이주를 취재하기 위해 쭌이를 방문했을 때 둥주주식회사에도 취재를 요청했다. 하지만 회사 측은 "둥주의 생산기술과 배합과정은 중앙정부의 규정에 따라 누설할 수 없기에 외국 기자의 취재를 허락할 수 없다."며 정중히 거절했다. 2015년 3월 중순에도 방문 취재를 요청했지만 같은 대답이 돌아왔다. 어쩔 수 없이 4년 만에 다시 쭌이를 찾은 자리에서는 둥주 판매상만 만나야 했다.

쭌이는 홍군이 머물렀을 때처럼 지금도 구이저우성 제2의 도시 지위를 굳건히 지키고 있다. 2015년 상주인구는 619만 명에 달하고 GRDP는 2,168억 위안(약 36조 8,560억 원)을 기록했다. 둥주뿐만 아니라 마오타이주, 시주習酒, 전주珍酒 등 수많은 명주의 고향이기도 하다. 하지만 오늘날 외지 관광객이 쭌이를 찾는 목적은 쭌이회의장을 보기 위해서다. 그곳이 홍색관광(공산혁명 관련 유적지를 찾아보는 여행)의 대표적인 명소이기 때문이다.

쭌의회의장은 회색 기와와 벽돌로 지어진 아담한 2층 건물이다.

科学技术保密项目通知书

(83) 轻密字第3 号

贵州省遵义市 (县) 董酒厂
你单位关于 董酒生产工艺 配方 的项
目, 正式列为轻工系统第一批科学技术保密项目. 密级
为机密 其保密要点是:

生产工艺、配方

对外开放程度为:可参观、不介绍、不拍照 请认真
贯彻执行.

特此通知

一九八三年

중국정부가 둥주의 양조기술과 배합방법은 과학기술
기밀보호항목으로 지정한 통지문.

지금은 회의가 열렸던 2층으로 올라갈 수 없다. 너무 많은 관광객
이 올라가면서 계단이 붕괴될 우려가 있어 금지됐다. 필자가 찾아
간 날도 아침 이른 시간인데 불구하고 광둥에서 온 단체 관광객들
이 이미 와 있었다. 회의장 맞은편에는 2015년 1월 쭌이회의 80
주년을 기념해 재개관한 거대한 기념관이 자리잡고 있다. 새로 연
기념관은 면적이 1만 5,198㎡에 달해 이전보다 4배나 더 커졌다.

무엇보다 창당부터 장정이 끝날 때까지 중국공산당과 홍군의 역
사를 이해할 수 있도록 다양한 유물과 사진, 자료, 기록화 등을 일

목요연하게 전시했다. 예전과 달리 보구, 왕밍, 장궈타오張國燾 등 마오쩌둥과 경쟁했던 당내 인사들을 객관적으로 소개했다. 장정에 참여했던 중대장 이상 홍군 지휘관의 사진과 행적을 전시한 공간도 눈에 띄었다. 고난의 장정을 마치고 살아남은 이들이 뒷날 국공내전과 공산혁명을 승리로 이끌었다.

중국공산당이 사랑하는 국주 '마오타이'

구이저우성 구이양에서 서북쪽으로 216㎞나 떨어져 있는 한 오지마을. 이 마을은 평균 해발 423m로, 자동차로 험난한 산을 넘고 돌아 4시간여를 달려야 도착할 수 있다. 마을 입구에는 커다란 입간판이 찾는 이를 반긴다. '중국 제1의 술 고장에 오신 걸 환영합니다歡迎光臨中國酒都第一村.' 전체 주민이 4만 9,000명에 불과한 산골마을답지 않게 자부심이 넘치는 문구다. 이곳이 우리에게 유명한 중국 술 마오타이茅臺의 고향이다.

본래 구이저우성은 중국에서 가장 가난하다. 2015년 1인당 GDP는 1만 3,696위안(약 232만 원)으로 중국에서 가장 낮다. 가장 높은 상하이(4만 9,867위안)의 1/4에 불과하다. 특히 농촌마을은 가난과 빈곤으로 찌들어 있다. 하지만 마오타이진은 다르다.

마오타이진에서 술을 제조하던 장인들의 일하는 모습을 형상화한 석상.

2013년 주민 1인당 GDP는 2만 8,865위안(약 490만 원)으로, 구이저우 향진 마을 중에서 가장 높았다. GRDP도 308억 위안(약 5조 2,360억원)을 기록해서, 역시 구이저우에서 제일이었다.

이처럼 마오타이진이 부자 마을이 된 이유는 간단하다. 중국에서 '국주國酒'라 불리는 마오타이주를 생산하기 때문이다. 중국을 방문한 해외 정상들이 연회 자리에서 중국 지도자들과 건배하며 마시는 술이 바로 마오타이주다. 이런 마오타이주의 명성은 한국뿐만 아니라 서구 세계에서도 자자하다. 심지어 세계 주류업계는 마오타이주를 스코틀랜드 위스키, 코냑 브랜디와 더불어 세계 3대 증류주 중 하나로 손꼽는다.

오늘날 중국 주류시장에서는 수백 종의 술 브랜드가 경쟁하고

술로 만나는 중국·중국인

있다. 이들을 따돌리고 마오타이주가 중국을 대표하는 술로 등극한 데는 오랜 양조 역사 및 중국공산당과의 깊은 인연에서 비롯됐다. 마오타이진에서 술이 제조되기 시작한 것은 기원전 2세기경이다. 당시 한무제는 남방 정벌을 위해 당몽唐蒙 장군을 위시한 대군을 파견했다. 당몽 장군은 구이저우를 정벌한 뒤 우연히 츠수이허에서 술을 마셨는데, 그 맛과 향에 매료됐다. 이에 그 술을 장계와 함께 한무제에게 바쳤다.

당대에는 마오타이진의 술이 조정에 바치는 진상품으로 선정됐다. 그때부터 원대까지 술 생산은 관부가 독점했다. 명말·청초 한족 이주민이 마오타이진으로 대거 유입되면서 민간 술도가가 우후죽순 격으로 설립했다. 19세기 초 20여 개의 이름난 양조장이 성업했고, 1840년 한 해 생산량이 170여 톤에 달했다. 당시 마오타이주의 명성은 한 시구를 통해 잘 대변된다.

바람이 불면 그 향기 온 동네를 취하게 하고
風來隔壁千家醉
비가 그친 후 술병을 열면 십 리까지 퍼진다
雨過開瓶十里芳

1915년 마오타이주는 중국을 넘어 전 세계에 이름을 알렸다. 장소는 파나마 운하 개통을 기념해 미국 샌프란시스코에서 열린 만국박람회였다. 마오타이주가 중국 술을 대표해 출품되어 당당히 금상을 차지했던 것이다. 만국박람회가 개최되자, 관람객들은 단순한 병 모양과 볼품없는 포장 때문에 마오타이주를 외면했다. 이에 대표단 중 한 사람이 고의로 술병을 깨뜨렸다. 곧 술 향기가 박람회장 전체에 퍼졌고, 모든 관람객들이 주목하게 됐다.

1935년 홍군과의 만남은 마오타이주로 하여금 국주의 지위에 오르게 하는 계기를 만들어 줬다. 당시 홍군은 국민당군에 쫓겨 1만 리의 장정에 나섰던 상태였다. 군대는 마오타이진을 가로지르는 츠수이허에 도착해 네 차례에 걸친 도강작전을 벌였다. 이 과정에서 홍군은 부상당한 병사들을 마오타이주로 상처를 소독하고 치료했다. 결국 홍군은 도강을 성공적으로 마쳤고, 주민들이 건네준 마오타이주를 마시며 승리를 자축했다.

장정에 참여했던 저우언라이 총리는 당시 추억을 잊지 못했다. 1949년 10월 1일 사회주의 정권 수립 기념 연회에서 마실 술로 마오타이주를 지정했다. 1952년 중국 전역의 술이 서열을 겨루기 위해 1회 전국 술품평회가 베이징에서 열렸다. 여기서 마오타이주는 펀주汾酒, 시펑주西鳳酒, 루저우다취와 함께 4대 명주로 등극했다. 그 뒤 술품평회는 네 차례 더 열렸고 4대 명주도 8대 명주로 늘어났지만, 마오타이주는 언제나 1위 자리를 놓치지 않았다.

마오타이주가 세계인의 이목을 다시 이끈 것은 리처드 닉슨 미국 대통령의 방중을 통해서다. 1972년 2월 닉슨 대통령은 죽의 장막을 열어 제치고 베이징에 도착해 마오쩌둥과 회견했다. 당시 마오는 건강이 좋지 않았다. 그렇기에 저우 총리가 줄곧 닉슨 대통령

술로 만나는 중국·중국인

저우언라이 총리와 마오타이주로 건배하는 닉슨 대통령(우),
마오타이주를 받고 기뻐하는 김일성 주석(좌).

을 상대했다. 본래 저우 총리는 1950년대부터 국제무대에서 명성
을 떨친 정치가였다. 닉슨을 만나서도 노련한 외교수완을 발휘했
다. 이들이 함께한 만찬 자리는 TV 시대가 연출한 외교 이벤트였
다. 당시 중국정부는 만찬석상의 음식과 술 준비에 심혈을 기울였
다. 중국인이 자주 먹지 않는 햄, 베이컨, 새우 등 미국인들이 즐겨
먹는 요리를 알아내 대접했다. 닉슨 대통령도 사전에 준비했는지
젓가락을 능숙하게 사용했다. 만찬 자리를 빛낸 주역은 단연 마오
타이주였다. 저우 총리와 닉슨 대통령이 화기애애하게 마오타이주
로 건배하는 모습은 TV를 통해 전 세계에 방영됐다.

그 뒤 마오타이주는 중국에서 외국 지도자들에게 대접하는 연회
주로 자리매김했다. 덕분에 마오타이주는 전 세계적으로 명성을

얻어갔고, 중국에서 '국주'라는 칭호를 부여받았다. 이런 마오타이주를 수십 년간 심취한 외국 정상이 있었다. 바로 김일성 북한 주석이었다. 김 주석은 평소 마오타이주를 집무실에 두고 즐겨 마셨다. 1986년 평양을 방문한 리셴녠李先念 당시 국가주석이 마오타이주 한 상자를 선물하자, 크게 기뻐하며 진심어린 감사 인사를 건넸다.

현재 중국에서 바이주는 향내와 숙성 방식 및 기간에 따라 장향, 농향, 청향, 미향 등으로 나뉜다. 우리에게 잘 알려진 우량예, 수이징팡, 공부가주孔府家酒 등은 농향형이다. 농향형은 바이주 생산량의 절대다수인 80%를 차지하는데, 맛이 강하고 풍부하다. 마오타이주는 소수인 장향형이다. 장향형은 깊은 간장 향기가 코끝을 자극하는 부드러운 술이다. 마오타이주가 바로 대표적인 장향형 바이주다. 장향형의 깊은 향기와 술맛은 차별화된 양조기법에서 비롯됐다.

마오타이주는 수수를 주원료로 해서 밀로 만든 누룩을 발효제로 사용해 만든다. 1년의 시간을 들여 9번 찌고 8번 발효하며 7번 증류하는 절차를 거친다. 누룩을 수수보다 더 많이 사용하는데, 증류할 때 여러 번 사용한다. 증류해서 배합된 술은 밀봉한 항아리에 담아 3년 숙성시킨다. 항아리 저장소는 위치, 고도, 습도, 채광 등 엄격하게 고려해 마련한다. 항아리로 숙성된 술은 오크 나무통의 위스키나 브랜디와는 달리 투명한 색깔을 유지한다.

마오타이주는 구이저우성 정부가 운영하는 마오타이술공장그룹이 생산한다. 공장 정문 위에는 '국주 마오타이'라는 문구가 새겨져 있다. 그 아래에는 역대 최고지도자들의 모습이 부감되어 있다.

술로 만나는 중국·중국인

마오타이진은 마을 전체가 양조장이다. 골목 구석구석에서 술을 빚고 판다.

공장 안은 무려 3㎢에 달하고 2만 명의 노동자들이 근무한다. 마오타이진에서 술 제조업종에 종사하는 사람들은 6만 명에 달한다. 상주 주민을 제외하고 유동 인구 2만 명을 더할 때 약 85%의 주민이 술로 밥벌이를 하는 셈이다.

2012년 마오타이그룹은 역사상 최고 호황을 누렸다. 총판매액은 352억 위안(약 5조 9,840억 원), 총생산량은 3억 3,000톤을 기록했다. 중앙 및 지방정부에 낸 세금 115억 위안(약 1조 9,550억 원)을 뺀 영업이익은 130억 위안(약 2조 2,100억 원)에 달했다. 수출액도 1억 5,000만 달러로 역대 최고치를 찍었다. 본래 장향형 술은 전체 생산량의 2.5%에 불과하다. 하지만 마오타이의 눈부신 활약 덕분에 총판매액은 15%, 영업이익은 무려 30%를 차지하고 있다.

마오타이진에는 마오타이그룹만 있는 것이 아니다. 2015년 현재 300여 개의 크고 작은 양조장과 술도가가 성업 중이다. 지난 2000년 문을 연 훙량훈紅粱魂도 그중 하나다. 양광융 사장은 "마오타이진은 수백 년 전부터 한 집 건너 술을 담글 정도로 양조 기술이 축적됐다."며 "나도 18년간 마오타이그룹에서 일하면서 배운 대량생산기술과 현대적 관리방식을 바탕으로 지금의 회사를 운영하는 데 큰 도움이 되고 있다."고 말했다.

2008년 250개이던 술 관련 기업이 2012년에는 두 배까지 늘어나면서, 마오타이진은 큰 몸살을 앓았다. 도심 4.2㎢에 마오타이 술 공장을 비롯해 100여 개의 양조장이 몰려 있어 과밀화가 웬만한 대도시를 능가했다. 양조장과 민가에서 무분별하게 버려지는 오폐수는 중국 최고의 수질을 자랑했던 츠수이허를 오염시켰다. 츠수이허는 윈구이雲貴고원의 홍색 사암砂巖에서 흘러내려온 냇물이 모여져 이룬 강이다. 여러 광물질을 함유하고 있어 비온 뒤에는 홍색을 띠어 츠수이赤水라 불리게 됐다.

마오타이진의 지질 성분은 7,000만 년 전에 형성된 주사朱砂로 이뤄져 미생물의 번식에 유리하다. 여기에 지형은 산으로 사방이 둘러싸여 바람이 잘 통하지 않아 술이 발효하는 데 최적의 환경이다. 하지만 급속한 도시화로 술 제조에 필요한 수수, 밀 등 원료를 재배할 경작지가 사라지고 토질 오염이 심각하다. 마오타이주를 최고의 명주로 만든 '깨끗한 물, 양질의 토양, 적당한 기온'이라는 토대가 깨지고 있는 것이다.

사태의 심각성을 인식한 마오타이진 정부는 2010년 11월 1만여 명의 주민을 신도시로 강제 이주시키려 했다. 주민들이 강력히 반발하여 이주 계획이 철회됐지만, 지역사회에 큰 분쟁과 상처를 남겼다. 2011년 5월에는 '바이주의 거리'를 조성한다며 도심 환마오난루環矛南路 상가 100여 개를 철거하려 했다. 진정부가 경찰, 청관城管(도시단속요원) 등을 동원해 강제 철거 과정에서 부상자가 속출하는 등 물의를 빚었다. 더 큰 위기는 2012년 11월부터 들이닥쳤다. 시진핑 중국공산당 총서기는 취임 일성으로 강력한 반부패 전쟁을 외쳤다. 그 첫 조치가 당·정과 군부의 삼공경비 제재였다. 그동안 지방정부, 공안, 세관, 국유기업 등 모든 관공서는 마오타이주를 '특공주'라 하여 대량 구입해서 연회나 접대 자리에서 마셨다. 시장 가격이 900~1500위안(약 15만 7,000~26만 2,500원)에 달해 선물이나 뇌물 용도로도 인기 만점이었다.

중국 부자들은 마오타이주를 명품의 하나이자 신분 과시용으로 애용해 왔다. 특히 식사에서 가장 큰 비중은 마오타이주를 마셔서 쓰는 술값이었다. 하지만 매서운 사정 한파는 마오타이주에 큰 타격을 주고 있다. 이는 지표로 잘 나타난다. 2013년 마오타이그룹의 총판매액은 309.2억 위안(약 5조 2,564억 원)으로 전년대비 16.8%나 하락했다. 마오타이그룹이 마이너스 성장을 기록한 것은 개혁·개방 이래 처음이었다. 2015년에도 326.6억 위안(약 5조 5,522억 원)을 거둬들여 전년대비 3.4% 성장하는 데 그쳤다.

주가는 2012년 7월 최고가인 266위안을 찍어 시가총액이 2,700억 위안(약 45조 9,000억 원)에 달했으나, 2014년 1월에는

119위안까지 급락했다가 차츰 반등했다. 그동안 마오타이주는 중국공산당과 더불어 고속성장을 거듭해 왔다. 이에 마오타이진 주민들은 "중국이 무너지지 않는 한, 국주도 무너지지 않는다中國不倒, 國酒不倒."고 입버릇처럼 말해왔다. 전례 없는 반부패운동 속에서 마오타이주가 그 명성을 유지할 수 있을지 지켜볼 일이다.

술로 만나는 중국·중국인

고난의 역사 달래주는 먀오족의 술 '미주'

구이저우에서는 햇빛을 보기 힘들다. 성도인 구이양은 이름조차 '태양이 귀한貴陽' 도시다. 한 해 평균 흐린 날이 235.1일, 일조시간은 1,148.3시간에 불과하다. 구이저우는 중국에서 유일하게 평야가 없다. 전체 면적에서 산이나 구릉이 무려 92.5%나 된다. 그렇기에 구이저우 주민들은 스스로 '산이 여덟이고 물이 하나며 전답은 하나뿐인八山─水─分田' 땅이라 불렀다. 윈구이고원을 끼고 있어 평균 해발은 1,100m에 달한다.

구이저우는 중국에서 가장 가난하다. 2015년 GRDP는 1억 502억 위안(약 178조 5,340억 원)으로 1위인 광둥(7억 2,812억 위안)의 1/6에 불과하다. 2015년 1인당 GDP도 1만 3,696(약 232만 원)으로 가장 잘 사는 상하이(4만 9,867위안)의 1/4이다. 이 때문

먀오녠에 먀오족 주민들이 마을 입구에서
미주를 내놓고 친척이나 외지인을 맞고 있다.

민가들 바로 앞에서 루성을 불며 손님을 맞는 먀오족 중년 남성들.

술로 만나는 중국·중국인

에 예부터 중국인들은 구이저우를 '하늘은 3일 이상 맑지 않고, 땅은 10리 이상 평탄하지 않으며, 사람은 돈 세 푼이 없는天無三日晴 地無十尺平 人無三分銀' 땅이라고 묘사했다.

살기 힘들고 가난하지만, 구이저우에는 독자적인 문화와 원형 그대로의 풍습을 지닌 소수민족들이 있다. 2014년 상주인구 3,508만 명 중 1,255만 명이 소수민족으로 36.1%를 점하고 있다. 먀오족苗族, 부이족布依族, 둥족侗族, 이족彝族 등 무려 열일곱 민족이 있다. 이들은 풍부하고 다채로운 문화와 생활상을 이방객에게 보여 준다. '5리마다 습관이 다르고 10리마다 풍속이 다르다五里不同俗 十里不同風.'고 할 정도다.

이 대지 위에 사는 먀오족은 구이저우를 대표하는 소수민족이다. 2010년 현재 중국 내 먀오족은 942만 명으로, 인구가 55개 소수민족 중 네 번째로 많다. 주로 중국 서남부에 거주하는데, 396만 명이 구이저우에 집거한다. 이는 구이저우 전체 소수민족 중 1/4에 해당한다. 현재 구이저우 내에는 먀오족 자치주와 자치현이 20개가 넘는다. 그중 쳰둥난黔東南자치주에 가장 많은 먀오족이 산다. 여기서 '쳰黔'은 구이저우성을 가리키는 약칭이다.

먀오족은 갑골문자에 등장할 정도로 오랜 역사를 지닌 민족이다. 쳰둥난 일대에 사는 먀오족은 흥미로운 기원설과 이주설을 갖고 있다. 본래 이들은 살기 좋은 황허 하류와 양쯔강 이북에 살았다. 선조는 구려족九黎族으로 한족의 선조인 화하족華夏族과 패권을 다툴 정도로 세력이 강대했다. 당시 구려족과 화하족의 인구 비율은 1대2에 불과할 정도로 주민 수도 많았다.

기원전 3,000여 년쯤 구려족의 운명이 바뀌었다. 허베이河北성 장자커우張家口시 일대에서 벌어진 탁록涿鹿대전이 그 계기였다. 당시 구려족의 영수인 치우蚩尤는 전쟁의 신이라 불릴 만큼 용맹스러웠다. 하지만 탁록대전에서 화하족의 황제에게 대패해 살해당했다. 전쟁에서 패퇴한 구려족의 일부는 만주로 이동해 동이족에 흡수됐고, 다른 일부는 남으로 이주해 먀오족이 됐다. 그 뒤로도 먀오족은 민족 정체성을 지키기 위해 끊임없는 탈출을 감행했다.

처음 양쯔강 중부 이남에 정착했지만, 파도처럼 밀려드는 한족의 물결로 다시 남으로 내려갔다. 끊임없이 이어지는 한족의 핍박 속에 먀오족은 산속 깊숙이까지 숨어 들어갔다. 이 같은 고난의 역사는 여인네들의 은 투구와 장식에서 잘 드러난다. 먀오족은 거주지를 계속 이동해야 했기에 집안에 값비싼 재산을 모아두지 않고 여인의 장식품으로 지니고 다녔다. 이는 먀오족이 모계사회였기에 가능했다.

논란의 여지가 있지만, 현재 중국 주류학계에게는 이런 이주설을 정설처럼 받아들이고 있다. 이는 내가 2007년 11월 구이저우에서 만난 장융파張永發 전 중국민족박물관 관장에게서 직접 들은 이야기다. 먀오족은 우리 한국인과도 유전적으로 가깝다. 2003년 김욱 단국대 생물과학과 교수는 동아시아인 집단에서 추출한 염색체 표본을 분석했다. 한국인은 DNA상 중국 동북부의 만주족과 가장 유사했고 먀오족과 비슷했다. 전체적으로 한국인의 60%는 북방계로, 40%는 남방계로 분류됐다. 중국인 주류와는 전혀 달랐다.

유랑을 계속하다 보니, 먀오족 일부는 동남아시아까지 내려갔다. 그 숫자는 110만 명을 넘었다. 이들은 현지에서 '몽족(Hmong people)'이라 불리며 오랫동안 핍박을 받았다. 몽족이 세계사에 등장한 것은 베트남 전쟁과 라오스 내전 때다. 미군은 험한 산세에 익숙한 몽족을 적극 이용했다. 몽족은 북베트남군의 보급로를 차단하는 데 앞장섰다. 산속 깊숙한 수용소에 갇혀 있던 미군 포로를 구출하거나 실종된 비행기 조종사를 찾는 일도 이들의 몫이었다.

라오스 내전에서 몽족의 위상은 더욱 컸다. 몽족은 당시 라오스 인구 300만 명의 1/6을 차지했다. CIA는 이들을 라오스 친미정권을 지키는 용병으로 고용했다. 이 비밀전쟁(Secret War)에 참여한 몽족은 전체 몽족 남성 인구의 80%나 됐다. 그러나 인도차이나반도가 공산화되면서 몽족은 풍전등화의 위기로 내몰렸다. 베트남과 라오스 공산정권은 몽족에 대한 대규모 토벌작전을 벌였다. 사로잡은 몽족 병사는 나이를 불문하고 잔혹하게 처형했다.

일반 주민은 미군에 협력한 반역자라며 오지로 강제 이주시켰다. 특히 라오스는 몽족에 대한 인종 청소까지 벌였다. 당시 광풍에서 살아난 라오스 몽족은 지금까지도 밀림이나 산골에 살면서 2등 국민 취급을 받고 있다. 국외로 탈출한 몽족은 전쟁에서의 공로를 인정받아 미국과 프랑스로 각각 27만 명, 2만 명이 이주했다. 하지만 태국에 남겨진 10만여 명은 갈 곳 없는 난민 신세로 전락했다.

먀오족이 고구려 유민이라는 주장도 있다. 전북대 김인희 연구원은 2011년 출판한 〈1300년 디아스포라, 고구려 유민〉에서 고구려가 멸망한 668년을 시작으로 역사의 미스터리를 추적했다. 당

전통의복을 곱게 입은 먀오족 소녀들.
은 투구와 장식에는 먀오족의 역사가 담겨 있다.

시 보장왕을 비롯한 20만 명의 고구려인이 당나라로 끌려왔다. 그중 10만 명은 다시 중국 남부지방으로 강제 이주 당했다. 김 연구원은 10여 년간 고문서를 뒤지고 먀오족 주거지를 답사하면서 먀오족과 고구려의 관계를 연구했다. 역사학, 고고학, 인류학, 신화학, 복식학 등 다양한 방법으로 19가지 증거를 내세워 먀오족이 고구려 유민의 후예라고 단정 지었다.

김 연구원은 "구려족 기원설은 1950년대 이후 중국 학자들에 의해 조작된 역사"라고 주장한다. 먀오족이 송대 기록에 처음 등장하기에 동이족과도 관련성이 없다는 것이다. 오히려 먀오족 여성의 전통의상에 그려진 2개의 강(황허·양쯔강)과 장례식 때 부르는 노래는 고구려 유민의 고달픈 이주 역사를 함축한다는 설명이다. 사실 먀오족이 우리 민족과 관련 있다는 주장은 이전부터 있었다. 특히 몽족을 연구한 학자들이 고구려와의 연계성을 주장했다. 하지만 이를 증명할 문헌이 없고, 먀오족이나 몽족 스스로 인정하지 않아 더 광범위하고 심도 있는 연구가 필요하다.

어쨌든 먀오족은 고난의 역사를 살아온 민족으로 술을 무척 좋아한다. 집집마다 크고 작은 옹기에 술을 담가 마신다. 먀오족의 술은 한족의 술과 비교할 때 원료와 빛깔이 다르다. 한족은 수수를 주원료로 해서 바이주를 만든다. 이에 반해 먀오족은 갓 수확한 찹쌀을 발효시켜 미주를 빚어낸다. 한족도 쌀로 제조한 황주가 있긴 하나 황주는 술 빛깔이 노랗다. 하지만 먀오족의 미주는 투명하고 하얗다. 또한 밥알이 둥둥 떠다녀 우리의 식혜를 연상케 한다.

먀오족이 미주를 빚어 마시게 된 데는 쌀과 연관이 깊다. 수천 년 전 먀오족은 양쯔강 북부에 살면서 한족보다 먼저 벼농사를 시작했다. 넓은 평야와 풍부한 물을 이용해 고도의 농경문화를 꽃피웠다. 전설에 따르면 먀오족은 규칙적인 벼농사를 위해 과학적인 역법을 발명했다. 1년을 12개월, 365.25일로 나눈 음양력陰陽曆이다. 이 음양력은 기원전 8000년부터 사용했는데, 고대 이집트의 태양력보다 3,800년이 앞서고 더 정확하다.

먀오족은 2,000여 년 전부터 구이저우에 정착했다. 첸둥난은 산세가 험했지만, 한족을 피해서 살기에는 안성맞춤이었다. 먼저 먀오족은 나무와 숲이 우거진 산지를 개간해 다랑논을 조성했다. 이를 통해 양쯔강 일대의 농경문화를 성공적으로 이식했다. 그다음

먀오족은 자급자족했는데, 복식과 자수는 중국에서 명성이 자자하다.

으로 산을 깎아 계단식으로 집을 짓고 계곡물을 식수로 이용했다. 척박한 산지에서 뱀과 해충을 다스리고 약초를 따다보니, 한족에 버금가는 의약기술을 발전시켰다.

음양력을 따르다 보니, 먀오족의 새해는 한족과 달리 음력 10월 이다. 먀오족어로 '니효'라 불리는 먀오녠苗年이 그것이다. 먀오녠 은 전년에 수확한 농작물을 조상에게 바치고 새해의 안녕을 기원 하던 종교의식에서 비롯됐다. 먀오녠 첫날 아침 먀오족은 집안에 서 제사를 지낸 뒤 온 가족이 마을 광장에 나와 축제를 준비한다. 일부 주민은 마을 입구에서 타지에서 오는 친척이나 타지 사람들 을 맞이한다. 이때 등장하는 것이 집에서 정성들여 담근 미주다.

방문객은 주민들이 물소 뿔이나 술잔에 따라놓은 미주를 마셔야

술로 만나는 중국·중국인

마을로 들어갈 수 있다. 입구에서 한두 잔, 민가 진입로에서 다시 한 잔, 광장에서 또 한 잔…. 최소한 3잔을 들이켜야 한다. 술을 마실 때는 절대 건네는 술잔에 손을 대서는 안 되고 단번에 들이켜야 한다. 만약 마시길 거부하면 축객령이 떨어질 수 있다. 손님을 맞이하면서 먀오족 남자들은 루성芦笙을 불며 춤을 춘다.

루성은 대나무 피리의 일종으로, 본래 먀오족이 전장에서 군사들의 사기를 올리는 데 쓰였다. 지금은 명절, 축제, 관혼상제 때 분위기를 띄워주는 데 애용된다. 손님들이 다 입장을 하면 광장에서 축제가 벌어진다. 주민들은 현란한 춤과 주옥같은 노래로 보는 이의 혼을 홀딱 빼놓는다. 남성은 기나긴 루성을 들어 장엄한 연주를 하고, 여성은 울긋불긋한 전통의상을 입고 화려한 춤사위를 펼친다. 이들의 공연은 전문 예술인 못지않게 정교하고 우아하다.

먀오족은 먀오녠뿐만 아니라 춘제, 제메이제姐妹節, 중추제仲秋節 등 한 해 10여 차례 마을 주민이 모두 참여하는 축제를 벌인다. 이런 축제는 먀오족에게 특별난 의미가 있다. 먀오족은 문자가 없다. 이 때문에 선조들의 역사를 축제에서 부르는 노래를 통해 후손에게 전달해 왔다. 축제 때 젊은이들에게는 자유연애가 허용된다. 특히 다른 마을 주민과의 만남을 적극 장려한다. 이는 고립된 산골에서 사는 주민들 간의 근친혼을 방지하기 위해서다.

식사 시간에 펼쳐지는 장탁연長卓宴은 또 다른 볼거리다. 장탁연은 집마다 잘하는 음식 하나를 마을 주민과 방문객이 모두 먹을 수 있을 만큼 만들어 내놓는 밥상이다. 그 길이가 100m에서 300m에

먀오족 축제는 마을 주민이 손님들과 함께 광장을 돌며 춤을 추는 한마당이 하이라이트다.

이른다. 이 장탁연에서 빼놓을 수 없는 것도 미주다. 특히 젊은이들
은 장탁연에서 술과 노래를 주고받는 대창對唱으로 분위기를 띄운
다. 이처럼 먀오족의 축제는 주민 간의 단결을 도모하고 후손에게
민족문화를 전승하며 선남선녀의 짝짓기를 유도하는 한마당이다.

　최근 첸둥난자치주의 주류업체들이 먀오족 미주를 상품화했지
만, 진정한 미주는 역시 집에서 빚은 술이다. 첸둥난 최대의 먀오
족 거주지인 레이산雷山현에서 이 같은 미주와 먀오족의 문화풍습
을 만끽할 수 있다. 레이산현은 1855년 청 조정의 학정에 반대해
봉기한 양다류楊大六와 장슈메이張秀眉의 고향으로도 유명하다. 양
다류가 주동해 레이산 주민들이 일으킨 반란은 무려 18년이나 지
속되어 먀오족 최장의 민중봉기로 기록됐다.

　금세기 초부터 전통마을인 시장西江과 랑더朗德에서는 수백 년 된

　　　　　　　　　　　　　　　술로 만나는 중국·중국인

민가를 개조해 관광객을 맞이하고 있다. 집 주인에게 20~30위안 (약 3,400~5,100원)을 주면 풍성한 먀오족식 밥상을 차려 준다. 요리와 더불어 내놓은 미주를 맛보는 것은 필수 코스다. 도수가 20도 내외에 불과해 다른 한족의 술보다 마시기 편하다. 맛도 달짝지근해 과음하기 쉽다.

먀오족의 정서와 문화풍습은 우리 겨레와 통하는 점이 많다. 먀오족은 고단한 세월을 살아온 민족답지 않게 밝고 긍정적인 품성을 지녔다. 척박한 자연조건을 이겨내고 이를 응용하는 지혜와 기술이 뛰어나다. 고추, 마늘, 생강 등을 넣은 매운 요리를 좋아하고 중국에서 드물게 개고기를 즐겨 먹는다. 노도와 같은 한족화의 물결 속에서 뛰어나고 독자적인 문화풍습을 유지한 먀오족. 그들이 한족 술과 전혀 다른 미주처럼 앞으로도 자신들의 정체성을 지켜가길 바랄 뿐이다.

'산수천하제일' 구이린의 보물 술 '싼화주'

'구이린의 산수는 천하제일이다.' 이것은 중국 최고의 자연풍광을 자랑한다는 구이린을 소개할 때마다 등장하는 문장이다. 이 글귀는 13세기 남송의 저명한 문장가 이증백李曾伯이 '상남루湘南樓 중건기'에서 쓴 "구이린의 산천은 천하제일이라, 3년간 변고의 조짐이 없었다桂林山川甲天下 三年間無兵革之警."에서 비롯됐다. 상남루는 7세기 처음 지어진 구이린의 누각이다. 여러 차례 불타고 중축되길 반복했다가 청대에 완전히 소실됐다. 하지만 이증백이 남긴 글귀는 그 뒤에 수많은 시인과 문객이 변용하여 구이린을 묘사할 때 애송했다.

이 문장처럼 구이린의 산과 물은 천하절색이다. 무엇보다 다른 지방에서 보기 힘든 특별난 자연조건을 세 가지나 갖추고 있다.

솟아난 산봉우리와 아름다운 강의 리장은 한 폭의 산수화와 같다.

첫째, 쾌적한 날씨를 들 수 있다. 구이린의 연평균 기온은 19.8℃로 사계절 내내 따뜻하다. 전형적인 아열대 기후대에 속해 7~8월 여름철에 간혹 35℃까지 치솟긴 하지만, 평균 28~32℃를 유지한다. 연간 강수량은 1,926㎜로 많지도 적지도 않게 딱 알맞다. 이 때문에 서리가 끼지 않는 날이 한 해 309일에 달한다.

하지만 매년 한두 차례씩 눈이 내린다. 이는 같은 위도대의 다른 지방에서 볼 수 없는 특징이다. 이 때문인지 현지인들은 루이린을 "겨울에 소설을 볼 수 있고 사계절 내내 꽃피는三冬少雪 四季常花"고 장이라 소개한다. 실제 겨울철에도 구이린의 산은 녹음으로 우거져 있다. 같은 산에서 낙엽이 지고 새싹이 돋아나는 모습을 동시에 볼 수 있다. 여기에 눈발까지 날리는 풍경까지 볼 수 있으니, 붓을 들어 수묵화 한 폭을 그리고픈 욕망이 저절로 치솟는다.

둘째, 기묘한 카스트 지형이다. 구이린의 산은 중국 내 다른 지방처럼 거대하거나 웅장하지 않다. 평균 해발이 150m에 불과할 정도로 아담하고 소박하다. 그러나 3억 년 전 바다였던 이곳이 지각 운동으로 바닥에 쌓여 있던 석회암을 수면 위로 상승시키면서 수많은 산봉우리를 만들어냈다. 그 뒤로 오랜 세월 풍화와 침식 작용을 거치면서 오늘날과 같이 뾰족하게 솟아올라 있는 기묘한 형상을 갖추게 됐다. 이러한 지형을 갖춘 곳은 중국에서 구이린과 구이저우의 완펑린萬峰林뿐이다.

셋째, 맑고 깨끗한 물이다. 잘 알려졌다시피 구이린을 끼고 흐르는 강은 리장漓江이다. 리장은 싱안興安에서 발원해서 구이린, 양쉬陽朔을 거쳐 핑러平樂로 흘러가 총길이가 437㎞에 달한다. 이 중 구이린부터 양쉬에 이르는 83㎞ 구간이 천하절경으로 손꼽힌다. 강 양옆으로 카스트 지형이 연출해 낸 산봉우리들을 끼고 굽이굽이 돌고 있노라면, 마치 신선이 살고 있는 무릉도원에 와 있는 듯한 착각을 들게 한다.

이미 수백 년 전부터 중국인들은 이 현세 속의 선경을 배 타고 감상해 왔다. 오늘날 여행객은 구이린 도심에서 선착장까지 버스로 이동한 뒤, 유람선에 갈아타고 본격적인 리장 구경에 나선다. 갑판 위에 서서 맑은 물과 아름다운 봉우리가 연출하는 절경에 푹 빠져 있다 보면, 뺨을 세차게 가르는 강바람조차 잊게 된다. 리장 변의 산봉우리는 언뜻 보면 비슷해 보이지만 각기 다른 모습과 형태를 갖추고 있다. 여기에다 형형색색의 기암괴석이 많아서 마치 산수화를 그려놓은 듯하다.

보통 유람선 관광은 3~4시간이 소요된다. 유람선 안에는 식당이 있어 밥을 먹으며 즐길 수 있다. 금강산도 식후경이라지만, 리장의 수려한 풍광에 빠지다 보면 식사하는 것을 잊게 된다. 강변에는 산봉우리만 있는 게 아니다. 녹음으로 우거진 들과 옹기종기 모여 있는 전통 민가도 수시로 눈에 띈다. 사시사철 푸름이 덧칠된 산과 들에서 뿜어져 나오는 싱그럽고 맑은 공기에 심호흡을 하고 나면, 대도시 속에서 일과 생활에 찌든 스트레스를 덜어내는 듯한 느낌이 든다.

겨울철에는 강변의 모래톱이나 갯바위에서 덩치가 큰 새를 볼 수 있다. 이 새는 주둥이가 길지만, 날개는 작은 검은 빛깔의 형상을 갖췄다. 바로 '검은 오리'를 뜻하는 가마우지다. 가마우지는 까맣다는 가마와 오디에서 우지로 변한 말이 합쳐졌다. 다른 새와 달리 물에 잘 젖는 깃이 있어 물질을 아주 잘한다. 구이린에서는 이 가마우지를 이용한 독특한 낚시법이 있다. 가마우지의 목 아래를 끈으로 묶은 뒤 리장에 풀어서 물고기를 사냥케 하는 것이다. 작은 물고기는 가마우지가 삼키지만, 큰 물고기는 목에 걸려 어부의 몫이 된다.

이런 풍광에 취하다보면 유람선은 어느덧 종착점인 양쒀에 도착한다. '양쒀의 산수는 구이린 제일이다陽朔山水甲桂林.'라는 말이 있을 정도로, 양쒀의 자연풍광은 아주 빼어나다. 특히 시제西街에는 고풍스런 전통가옥이 줄지어 서 있다. 지금은 건물을 개조해 다

아홉 개의 말을 절벽에 그린 듯하다고 붙여진 구마화산(九馬畵山).

양한 상품과 각기 다른 먹거리를 파는 가게로 바뀌었다. 양쉬에는 저렴한 가격대의 호텔이나 게스트하우스가 많다. 이 때문에 이곳에서 장기간 머물면서 휴식을 취하는 서양인 여행객을 쉽게 만날 수 있다.

구이린의 역사는 기원전 214년으로 거슬러 올라간다. 천하를 통일한 진시황은 지금의 구이핑桂平시 서남부에 구이린군을 설치했다. 본래 구이린은 '계수나무가 많다.'고 하여 붙여진 이름이다. 계수나무에서 피는 계화桂花는 봄과 가을에 안개꽃처럼 만개한다. 꽃 향기는 자극적이지 않고 은은하다. 지금의 위치로 옮겨와 도시가 형성된 것은 265년 삼국시대의 오나라 때였다. 5세기에는 이름이

술로 만나는 중국 · 중국인

구이저우桂州로 바뀌었다. 그 이름을 800여 년 동안 쓰다가 명대 들어서서 원래 명칭을 되찾았다.

오랫동안 구이린은 광시의 행정중심지였다. 역대왕조는 1,000년 가까이 구이린에 부府를 두어 광시를 관할했다. 이런 연유 때문에 지금도 광시의 약자는 '구이桂'다. 1913년 중화민국정부는 행정부를 난닝南寧으로 옮겼고, 1936년 중일전쟁이 발발하면서 다시 구이린으로 되돌려놓았다. 그러나 1950년 사회주의 정권이 광시 좡족壯族자치구를 설치하면서 구도를 난닝으로 삼았다. 이 때문에 현재 구이린은 난닝 다음가는 광시의 2대 도시로 격하됐다.

구이린은 6개 구, 9개 현, 2개 소수민족 자치현이 있는 광역시다. 2015년 상주인구는 493만 명을 넘어섰고, GRDP는 1,837억 위안(약 31조 2,290억 원)에 달했다. 구이린의 주요 산업은 기계전기, 의약품, 천연고무, 식품음료, 관광 등이다. 구이린의 아름다움은 오래전부터 명성이 자자했다. 무려 4,470만 명의 외지 관광객이 구이린을 찾았고, 이 중 외국인만 203만 명에 달했다. 이들이 뿌린 돈은 전년보다 23%가 늘어나 517.3억 위안(약 8조 7,941억 원)을 기록했다. 외국 관광객이 구이린에 머무는 날은 2.15일로 다른 지방보다 하루 가까이 더 길다.

구이린 주민의 절대 다수는 한족이지만, 2010년 현재 소수민족도 73.4만 명에 달한다. 본래 광시에는 좡족이 1,444만 명(31.4%)이나 있을 만큼 소수민족이 많다. 좡족은 중국 전역에서 1,700만 명을 넘어 한족 다음으로 많은 민족이다. 본래 이들은 광둥과 광시

샹비산의 쌘화주 저장고는 수백 년간 쌘화주를 숙성시킨 장소다.

의 원주민이었던 백월白越의 후손이다. 첫 통일왕조 진나라가 들어
선 이래 서서히 유입된 한족에게 주도권을 내줬다. 이로 인해 백월
의 일부는 베트남으로 넘어갔다. 베트남의 소수민족으로 변해 따
이족(Tày), 눙족(Nùng), 자이족(Giáy) 등 갈래가 다양하다. 2013
년 현재 따이족만 270만 명에 달할 정도로 인구도 많다.

쫭족은 체구가 작고 코가 납작하지만, 습도가 높은 기후 덕에 피
부는 좋다. 아름다운 자연 속에서 살아서인지 품성이 낙천적이고
순박하다. 실제 쫭족의 농촌 거주 비율은 77%에 달해 소수민족 평
균(76%)보다 높다. 중국에선 쫭족의 거주지를 '8할이 산이고 1할
이 물이며 1할이 농경지다八山一水一分田.'라고 표현할 정도다. 이 때
문에 쫭족 내에는 계층과 빈부의 격차가 크다. 도시민은 토지 임
대나 관광업으로 부자가 된 사람이 생겨났지만, 농촌 주민은 여전

술로 만나는 중국 · 중국인

히 가난하다.

구이린 도심에도 볼거리가 많은데, 그중 꼭 찾아야 할 곳은 샹비산象鼻山이다. 샹비산은 리장과 타오화강桃花江이 회류하는 지점에 있다. 코끼리가 코를 길게 내밀어 강물을 들이마시고 있는 형상을 갖추고 있어 붙어진 이름이다. 실제 석회암으로 이뤄진 산의 앞부분은 강바닥에 절묘하게 박혀 있다. 산의 크기는 아담한 편이라 해발 200m, 면적 11만 8,000㎡에 달한다. 코와 몸통 부분만 바위덩어리고 뒤는 수풀이 우거졌다.

이 샹비산에 구이린을 대표하는 보물창고가 하나 있다. 바로 미향형 소곡주를 대표하는 싼화주三花酒의 저장고다. 미향형은 바이주의 4대 향형 중 하나로, 맛이 부드럽고 향이 단아하다. 구이린에서 수수가 아닌 쌀로 바이주를 생산하게 된 것은 좡족이 도작稻作문화의 선수였기 때문이다. 좡족은 산꼭대기까지 벼농사를 지을 정도로 기술이 뛰어나다. 경사가 심한 산지에 다랑논을 일구고 물길을 대어 쌀을 경작했다.

이런 토대 위에 싼화주는 송대에 '상서로운 이슬瑞露'이라 불릴 만큼 역사가 오래됐다. 청대부터 원료를 찌고 끓이길 3번 하고, 그 과정에서 요동치는 주액 거품은 마치 '계화 모양 같은 술三熬堆花酒'이라 해서 싼화주라고 이름 지어졌다. 싼화주의 부드럽고 깨끗한 맛은 샹비산 앞 지하에서 치솟는 샘물을 쓰기 때문이다. 이 샘물은 광물질을 함유하고 있어 순하고 단맛이 난다. 게다가 좡족이 생산한 쌀은 입자가 크고 전분 함량이 72%에 달할 만큼 질이 좋다. 여

가마우지를 태우고 리장으로 나가는 어부.

기에 구이린 교외에서 나는 약초 여뀌를 누룩을 만들 때 넣어 짙은 향을 배게 한다.

샹비산의 저장고는 싼화주를 만드는 데 있어 화룡점정 역할을 한다. 저장고는 전체 크기가 3,000㎥에 달하는 천연동물이다. 1년 내내 19도를 유지해, 겨울에는 따뜻하고 여름에는 서늘하다. 동굴 안은 습도가 90%에 달할 만큼 아주 높다. 증류된 술은 항아리에 담겨져 저장고에서 짧게는 1년에서 길게는 30년 이상 숙성된다. 송대부터 사용되어 수백 년 동안 동굴 곳곳에 축적된 미생물은 항아리 속에 담겨진 술을 깊고 진하게 한다.

고유의 원료에다 긴 숙성과정을 거친 술답게 싼화주는 시원하면서 짙은 꿀맛이 배어 있다. 현지인들은 싼화주가 정신을 맑게 하고 혈액 순환을 좋게 해서 건강에 이롭다고 믿는다. 이 때문에 광시자

술로 만나는 중국·중국인

치구에선 싼화주를 약용으로 쓰고 요리를 만들 때 사용한다. 또한 두부장아찌腐乳, 고추장辣椒醬과 더불어 '구이린의 세 보물'이라고 부르며 자랑한다. 싼화주는 과거 전통 있는 여러 양조장에서 우후 죽순처럼 생산됐는데, 1952년 모든 양조장을 국영 구이린술공장으로 통합시켰다. 그 후 이름을 구이린음료공장으로 바꿨다가 지금은 싼화주식회사로 해서 증시에 상장했다.

1979년 전국 술품평회에서 싼화주가 우수 품질주로 선정되어 중국 전역에 이름을 떨치면서 미향형 바이주을 대표하게 됐다. 1999년 구이린에선 유일하게 중국정부로부터 중화라오쯔하오를 수여받았다. 중화라오쯔하오는 100년 이상 된 상점이나 브랜드다. 비록 중국 10대 명주에는 들지 못했지만, '광시의 마오타이'라 불리며 해외에서 각광받고 있다. 구이린을 찾는 우리 관광객들에게도 큰 사랑을 받고 있다.

구이린에는 이 싼화주와 가마우지를 엮은 전설이 내려온다. 수백 년 전 한 어부가 이른 새벽 가마우지를 배에 태우고 리장에 나갔다. 가마우지는 능숙한 솜씨로 물고기를 낚아채어 금세 바구니를 가득 채웠다. 이에 흥겨운 어부는 노래를 부르며 배를 저어 집으로 돌아오곤 했다. 세월이 흘러 늙어버린 가마우지는 더 이상 사냥하기 힘에 부쳤다. 어부는 가마우지가 얼마 살지 못할 것을 예감하고, 어느 날 상을 준비해 강변 언덕바지에 올랐다.

리장이 잘 내려다보이는 곳에 돗자리를 펴고 싼화주 한 병을 올려놓은 뒤 가마우지와 마주앉았다. 어부는 정성스레 싼화주를 따라 가마우지 주둥이에 부어줬다. 늙고 힘없는 가마우지는 술맛에 깊이 취해 긴 목을 돗자리에 누이고 깊은 잠에 빠졌다. 자신과 동고동락했던 가마우지의 몸을 쓰다듬으며 어부는 하염없는 눈물을 쏟았다. 지금도 구이린의 어부들은 가마우지를 자신의 가족처럼 아끼고 챙긴다. 이런 애틋한 이야기를 떠올리며 싼화주를 들이키다 보면 눈앞에 펼쳐진 구이린의 절경은 더욱 아름답다.

3 술로 만나는 실크로드 무대

두강주는 권하기 바쁘고,
장씨네 배나무는 밖에서 바라지 않네.
앞마을 산길은 험준하나,
취해서 돌아오니 근심이 없어지네.

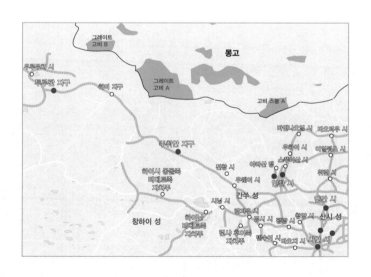

중국 술의 신 두강의 고향술 '바이수이두강'

산시성 시안에서 동북쪽으로 자동차로 세 시간을 가면 바이수이白水현에 도착한다. 바이수이에는 중국에서 소송전으로 명성을 날린 바이주생산기업이 있다. 이 회사는 과거 20여 년 동안 허난河南의 주류업체들과 중국에서 술을 처음 빚었다는 두강杜康을 두고 치열한 상표권 전쟁을 벌였다. 전설에 따르면 두강은 황제黃帝가 통치하던 시절 양식을 관리하던 책임자였다. 농경기술이 발전하면서 수년간 풍년이 들자, 두강은 남아도는 곡식을 이용해 술을 빚기 시작했다. 또한 양조기술을 체계화해서 민간에 보급했다.

술맛을 알게 된 백성들은 그를 '술의 신酒神'이라 불렀다. 한대에 두강이 태어나고 죽은 바이수이에 두강묘廟가 세워졌다. 두강이 찾

아 샘물로 술을 빚었다는 허난성 루양汝陽현에는 두강사祠가 조성
됐다. 민간 설화에 따르면 두 곳은 전국시대에 이미 두강의 양조법
을 이용해 술을 빚었다고 한다. 따라서 '두강주'는 중국 술 브랜드
의 시초 격이 된다. 이 때문에 조조의 '단가행短歌行'을 비롯해 역대
시문에 숱하게 등장했다. 두보가 지은 '은거한 장씨를 찾아題張氏隱
居' 둘째 수에도 두강주가 나온다.

자시에 가서 서로 만나니,

之子時相見

사람을 맞이해 늦게까지 머무네.

邀人晚興留

갠 못에 물고기가 이리저리 다니고,

霽潭鱣發發

봄풀에는 사슴들이 울어댄다.

春草鹿呦呦

두강주는 권하기 바쁘고,

杜酒偏勞勸

장씨네 배나무는 밖에서 바라지 않네.

張梨不外求

앞마을 산길은 험준하나,

前邨山路險

취해서 돌아오니 근심이 없어지네.

歸醉每無愁

술의 신 두강이 서 있는 산시두강주업의 공장 입구.

이런 두강주를 그냥 놔둘 중국인들이 아니었다. 1971년 허난성 이촨伊川 바이주공장이 명맥이 끊겼던 두강주 양조법을 복원했다고 선수를 쳤다. 이에 질세라 이듬해 루양에서 두강주를 개발해 시장에 내놓았다. 1973년 바이수이에서도 두강술공장이 문을 열었다. 세 회사가 두강과의 연고를 내세우며 난타전을 벌이자, 중국정부가 중재에 나섰다. 1983년 협상 결과 이촨이 먼저 등록한 '두강' 상표를 루양과 바이수이에서도 사용할 수 있도록 했다.

두강 앞에 자신의 지역 명을 붙여 사용했던 세 회사는 2009년 이촨두강과 루양두강이 뤄양洛陽두강주식회사로 합병하면서 다시 전쟁에 들어갔다. 뤄양두강이 국가와 바이수이두강을 고소했던 것이다. 뤄양두강은 "두강 상표는 허난 것이지 바이수이 것이 아니다."

며 1년여 간 법정 다툼을 벌였다. 하지만 2010년 베이징北京 고급 인민법원은 중국정부와 바이수이의 손을 들어줬다. 이로써 20여 년에 걸친 상표권 분쟁은 '뤄양두강'과 '바이수이두강'이 양립하는 것으로 종지부를 찍었다.

아이러니하게도 상표권 분쟁은 바이수이두강의 브랜드 가치를 높여 주는 계기가 됐다. 본래 바이수이두강은 판매망이 산시성으로 한정됐었다. 2002년 장훙쥔張洪君 회장은 국영 두강술공장을 인수한 뒤 회사 이름을 산시두강주업으로 고치고 영업망을 전국으로 확대했다. 장 회장은 "철밥통鐵飯碗에 길들여져 나태했던 직원들의 근무 태도를 고치고 진취적인 기업문화를 정착하는 데 오랜 시간이 걸렸다."고 말했다. 그 덕분에 산시두강주업은 바이주시장이 침체된 상황에서도 2014년 3억 6,000만 위안(약 612억 원)의 판매고를 올려 전년대비 67%나 급증했다.

두강주를 들지 않더라도 중국의 양조 역사는 4,000여 년이나 됐다. 중국 각지의 신석기 유적에서는 술과 관련된 유물이 출토됐다. 공자가 주대 초기부터 춘추시대 초까지 300여 편의 시를 모은 〈시경〉에는 술에 관한 이런 기록이 있다. '여기 봄에 빚은 술로 장수를 축하하다爲此春酒 以介眉壽.' '겨울에 술을 빚고 봄을 지나 숙성하니, 이것이 춘주다冬天釀酒 經春始成 名爲春酒.' 하지만 송대까지 제조된 중국 술은 황주나 미주였다. 바이주는 원대부터 제조됐다.

따라서 지금의 두강주는 옛날의 두강주와 전혀 다르다. 즉, 술을 양조한 전통은 수천 년간 이어왔을지 모르지만, 오늘날의 양조 기술은 수백 년간 지속됐을 뿐이다. 이는 중국 내 다른 바이주도 마

술로 만나는 중국 · 중국인

찬가지다. 왜냐하면 바이주는 증류주이기 때문이다. 증류주는 고량高粱, 즉 수수를 주원료로 보리, 밀, 옥수수, 쌀 등을 더해 빚는다. 이 때문에 일부 지방에서는 바이주를 '고량주'라 부른다. 구이린의 산화주처럼 쌀을 주원료로 제조한 바이주도 있다.

증류법은 기원전 2000년쯤 메소포타미아에서 처음 개발됐다. 바빌로니아인들은 증류 원리를 탐구했고 증류 장치까지 만들어 사용했다. 이 장치로 바다에 나간 선원들은 바닷물로 식수를 얻었고, 연금술사들은 향수를 만들어 팔았다. 중국에서는 한대에 원시적인 증류기술이 개발됐다. 당대에는 소주燒酒를 제조해 마신 기록이 여러 사서에서 발견된다. 젠난춘의 전신인 젠난소춘이 대표적이다. 하지만 중국 학자들조차 "당대 소주는 오늘날 증류주와는 큰 차이가 있다."고 말한다.

제대로 된 증류법을 개발한 이는 8세기 아라비아의 연금술사 자비르 이븐 하이얀(Jābir ibn Hayyān)이다. 자비르는 예멘의 아즈드 부족 출신으로 이라크에서 활동하다가 죽었다. 아랍과 유럽에서는 근대 화학과 약학의 아버지로 추앙한다. 평소 자비르는 여과, 증류, 용해, 승화 등의 기술을 수없이 실험했다. 이를 통해 포도를 증류하여 얻어진 물질을 '알코올'이라 명명했다. 아랍어 관사인 알(al)에 속눈썹을 길고 윤기 있게 했던 숯(kuhul)을 합성한 것이다.

이 증류법이 언제 중국으로 전파됐는지는 학설이 엇갈린다. 과거에는 몽골제국이 동유럽과 서아시아를 정복하면서 자연스럽게 중국에 전해졌다는 설이 우세했다. 칭기즈칸의 아들 오고타이 칸은 남송을 제외하고 동아시아와 중앙아시아 정복을 끝낸 뒤 아라비아와 유럽으로 눈을 돌렸다. 이에 바투를 파견해 러시아의 키예프공국을 무너뜨렸다. 바투는 독일과 폴란드 제후의 연합군까지 무찔렀다. 유럽 원정대의 장수였던 몽케는 오고타이가 죽자 카간大汗에 올랐다.

몽케 칸은 훌라구를 보내서 서아시아를 정복토록 했다. 훌라구는 공포의 암살단 이스마일파를 격파하고 아라비아반도의 아바스 왕조를 멸망시켰다. 시리아까지 진격해 전투를 벌이던 중 몽케 칸의 부고를 전달받았다. 이때 훌라구는 카간 승계 다툼을 단념하고 아라비아에 남아 일한국—汗國을 건국했다. 일한국은 몽골제국의 종주권을 존중했고 카간의 권위에 충성했다. 또한 아라비아 현지인들의 종교, 문화, 풍습, 선진기술 등을 수용했다.

이런 배경 위에 몽골리안 루트를 타고 짧은 기간 내 증류법이 퍼져 나갔다. 원래 몽골인의 술인 마유주馬乳酒는 큰 통에 담아야 했기에 장거리 운송과 보관에 문제가 있었다. 이에 반해 증류해서 제조한 술은 나무통이나 자기병에 담을 수 있어 운송이 간편했다. 이런 장점 때문에 증류기술은 러시아로 전파되어 보드카를 낳았다. 중국에 도입되면서 바이주가 생산되기 시작했다. 한반도까지 전해져서 안동소주와 같은 증류식 술이 등장했다.

그러나 최근에는 11세기 때 증류법이 이미 전파됐다는 설이 제기되고 있다. 이는 지린吉林성 다안大安시의 양조장 유적 때문이다. 2006년 6월 다안술공장은 양조시설을 개조하는 과정으로 술

술로 만나는 중국 · 중국인

산시두강주업 공장 안에 마련된 원주 숙성고. 지하에서는 나무통으로,
지상에서는 항아리에 담겨져 숙성된다.

을 끓일 때 쓰는 기반석과 솥을 발견했다. 지린대의 고고학 전문가
들은 방사성탄소 연대측정법을 통해 이 양조시설의 연대가 1035
년경 요나라의 것으로 밝혀냈다. 이전에 발굴됐던 원대 바이주 유
적지는 술 저장고였다. 이에 반해 이것은 증류시설이 남아있어 역
사적 의의가 컸다.

고고학팀은 한 발짝 더 나아가 2014년 유적지에서 각종 사서
에 기록된 전통방식대로 바이주 생산을 시도했다. 먼저 유적의 돌
로 부뚜막을 쌓고 술 원료를 발효하는 목재저장고를 지었다. 원료
300㎏을 옛 문헌에 기재된 양조법에 따라 배합해서 28일씩 2차례
발효시켰다. 그 뒤 출토문물로 조립한 부뚜막과 목재증류장치로
증류해서 알코올 도수 54.5도의 바이주 50㎏을 양조해내는 데 성

바이주의 숙성 정도를 살펴보는 리잉쥔 산시두강주업 공장장.

공했다. 이 실험을 통해 바이주가 13세기부터 제조되기 시작했다는 기존 학설을 뒤엎었다. 이처럼 바이주는 다른 술과 달리 고태固態 발효법을 이용한다. 고태 발효법은 중국이 개발한 기술로, 누룩을 고체로 만들어 구덩이에 넣은 뒤 발효시킨다. 이 누룩에서 얼마나 특색 있고 다양한 미생물이 생성되느냐에 따라 술의 맛과 향이 달라진다. 또한 주류업체마다 수수와 보리, 밀, 옥수수 등을 배합해 찌는 과정에서 혼합 비율, 찌는 방법과 시간 등이 다르다. 누룩균을 배양시키는 구덩이의 환경과 조건도 지방마다 다르기 때문에 제조된 술의 맛과 향이 천차만별일 수밖에 없다.

이는 우리의 막걸리와 비교해 보면 잘 알 수 있다. 오늘날 우리가 마시는 막걸리는 하나의 누룩곰팡이로 발효가 이뤄진다. '아스퍼

　　　　　　　　　　　　　　　　　술로 만나는 중국 · 중국인

질러스 가와치'라는 백국균白麴菌으로 일제 침략기 때 도입된 것이다. 이것을 주류업체들이 같은 방식으로 배양해 사용하고 있다. 백국균은 발효를 안정적으로 일으켜 당화를 촉진한다. 관리하기 편하고 제조할 수 있는 양이 많아 우리 업체들이 선호하고 있다. 하지만 완성된 막걸리의 맛은 브랜드마다 차별성이 없고 산성이 높아 신맛이 난다.

이와 달리 전통 막걸리의 누룩은 다양한 균주를 생성했었다. 따라서 맛이 집집마다 달랐고 풍부했으며 감칠맛이 났다. 분명 일제는 집에서 담그는 가양주家釀酒 제조를 금지하는 만행을 저질렀다. 그러나 우리도 해방 이후 전통 누룩의 부흥을 등한시해 왔다. 이 때문에 70년이 지난 지금까지 일본의 그늘에서 벗어나지 못하고 있다. 사실 한국식품연구원이 2010년부터 전통 누룩을 연구해 이미 개발해 놓은 상태다. 그러나 주류업체들이 입국粒麴 방식을 바꾸길 꺼려해 보급되지 않고 있다.

이에 반해 중국은 전래해 온 증류기술에 전통 누룩발효법을 탑재한 뒤 수백 년 동안 지방마다, 업체마다 각기 다른 술을 제조해 왔다. 심지어 홍위병들이 "사구四舊 타파"를 외치며 구습성·구사상·구관습·구문화와 관련된 모든 것을 파괴했던 문화대혁명 때도 옛 양조법과 누룩구덩이는 온전했다. 술과 음주문화가 인민생활의 일부분이라 여겼기 때문이다. 우리는 정반대의 길을 걸어왔다. 1965년 먹을 쌀이 부족하다는 이유로 증류주 제조를 금지했고, 이에 희석식 소주가 탄생했다.

희석식 소주는 곡식, 타피오카, 고구마 등 값싼 원료를 발화시켜

정제한 주정酒精에 물, 감미료 등을 섞어 생산한 알코올이다. 짧은 제조공정을 거치기에 음주 후 몸속에서 아세트알데하이드를 많이 발생시켜 심한 숙취를 유발한다. 감미료는 오랫동안 사카린을 사용했다가 1989년 발암물질이 함유됐다는 언론 보도가 나온 뒤로 아스파탐으로 대체됐다. 아스파탐도 용해력이 낮고 온도 변화에 민감하며 인체에 좋지 않다. 결국 1993년부터 천연 감미료인 스테비오사이드라를 사용해 오고 있다.

바이주에도 제조과정이 짧고 숙성이 덜된 저가주가 즐비하다. 우리가 중국요리점에서 즐겨 마시는 이과두주二鍋頭酒가 대표적이다. 이과두주는 베이징의 서민들이 마시는 술이다. 그러나 이런 싸구려 술과 달리 중고가의 바이주는 제조과정에서 많은 노동력이 투입되고 품주사라는 양조 장인이 활약한다. 2013년 현재 중국 내에는 1만 5,600개의 각종 주류업체가 있다. 여기에 종사하는 생산노동자는 800만 명이고, 품주사는 30만 명에 달한다.

품주사는 제조방식을 결정하고 증류된 원주를 점검하며 숙성과정을 관리한다. 바이주의 맛과 향을 가늠 짓고 품질을 유지하는 양조 전문가인 셈이다. 산시두강주업에도 10여 명의 품주사가 일하고 있는데, 리잉쥔李英俊 공장장이 이들을 이끈다. 리 공장장은 바이수이에서 태어나 전문학교를 졸업한 뒤 1981년 두강술공장에 입사했다. 처음에는 양조 노동자로 일했으나 근면성실하고 미각이 뛰어나 회사에서 장난江南대학으로 연수를 보내 발효학을 전공토록 했다.

리 공장장은 "1987년 회사로 돌아온 뒤 20여 년간 품주사로 일하면서 담배를 피우거나 자극적인 음식을 먹지 않았다."며 "그동안 마신 바이주만도 수영장 여러 곳을 담을 수 있는 양이다."고 말했다. 현재 산시두강주업은 청향형과 농향형을 함께 제조하고 있다. 둘 다 마셔보니, 농향형의 맛과 향은 원산지인 쓰촨의 바이주에 견줄 바 못됐지만, 청향향은 바이주 특유의 향이 적으면서 맛은 깨끗하고 부드러웠다.

장훙쥔 회장은 "우리는 전설 속 두강주의 전통 위에 현대식 양조 기술을 접미해서 독창적인 술을 새로이 개발해냈다."며 "짙은 바이주 향을 싫어하는 외국인도 즐겨 마실 수 있을 것"이라고 장담했다. 장 회장은 "중국에서 주류업체는 지역경제에 미치는 영향이 아주 크다."며 "우리 회사는 400명의 바이쉐이 주민을 고용하고 매년 3,000만 위안(약 51억 원)을 각종 세금으로 현 정부에 납부한다."고 말했다. 중국 술 하면 '싸구려' '가짜' '고량주 향' 등을 연상하는 우리에게 '온고지신' '일신우일신日新又日新'하는 바이주기업의 현실은 여러 시사점을 안겨 준다.

중화민족주의를 등에 업은 황제의 술 '헌원주'

　　　　　　　　해마다 4월 5일은 중국 전통 명절인 청명절淸明節이다. 중국인들은 청명절에 조상의 묘를 찾아 성묘하고 제사를 지낸다. 보통 종이 돈이나 옷을 태워 조상이 저승에서 사용하길 기원한다. 그 뜻과 의미에서 우리의 한식寒食과 같지만, 중국은 당대부터 한식과 청명을 합쳐 지내왔다. 청명절의 풍습은 수천 년간 이어져 왔으나, 1949년 사회주의 정권이 들어선 뒤 한동안 잊혀졌었다. 중국정부가 조상숭배 의식을 미신이라 규정해 탄압했고 성묘를 금지했기 때문이다.

　청명절이 화려하게 부활한 것은 지난 2008년이다. 중국은 청명절, 단오, 중추절을 법정 공휴일로 지정했다. 여기에는 전통 명절 및 풍습의 의의를 되살리려는 의도뿐만 아니라 깊은 정치적 목적

황제묘 앞에서 참배객을 위해 나팔 부는 주민.

이 있었다. 그동안 전통 명절을 줄곧 지켜왔던 대만·홍콩·마카오 주민과 해외 화교를 포용하기 위해서였다. 그 뒤 매년 청명절이 되면 3억 명 이상의 중국인들이 조상의 묘소나 납골당을 찾는다. 중국 각지에서는 다양한 제사의식과 전통행사도 거행된다.

이 중 산시성 황링黃陵현 황제릉에서 거행되는 공제公祭가 가장 규모가 크고 의식이 성대하다. 공제는 중국인들이 '민족 시조'로 받드는 황제를 기리는 제사의례다. 해마다 중국정부의 주관 아래 거국적인 제사의식으로 치러진다. 청명절 아침이 밝아오면 황제릉 입구에는 구름 같은 인파가 몰린다. 이들은 공제를 참관하고 황제에게 참배를 드리기 위해 대륙 곳곳에서 온 중국인들이다.

보통 공제의 의식은 도우미들이 56개의 누런 깃발을 들고 입장하면서 시작된다. 황색은 중국을, 깃발 수는 한족과 55개 소수민족을 상징한다. 그다음으로 북을 34번 치는데, 황제의 혼령을 부르는 초혼招魂이다. 북치는 수는 중국 31개 성·시·자치구와 대만·홍콩·마카오를 의미한다. 즉, 황제의 이름 아래 중국과 중화민족中華民族 전체를 하나로 단결시키겠다는 의도도. 공제 석상에는 중국 전역과 대만·홍콩·마카오·화교 대표가 참석한다. 2015년에는 대만에서 장징궈蔣經國 전 대만 총통의 아들인 장샤오옌蔣孝嚴 국민당 명예 부주석이 비행기를 타고 날아왔다.

중국에서 황제는 중화문명의 최고最古로 상징된다. 전설에 나오는 삼황오제三皇五帝 중에서 으뜸으로 손꼽힌다. 전설의 황제를 역사적 인물로 바꾼 이는 사마천이었다. 사마천이 쓴 〈사기〉에 따르면, 황제는 기원전 2600년쯤 소전少典의 아들로 태어났다. 성은 공손公孫, 이름은 헌원軒轅이다. 헌원은 먼저 창과 방패를 개발해 중원의 여러 부락을 정벌했다. 판천阪泉에서 남방 부족의 수장인 염제炎帝를 굴복시켰고, 탁록에서 동방 부족의 영수인 치우와 싸워 이겼다.

무엇보다 문자, 산수, 악율樂律, 율력律曆 등을 창제해 문명시대를 열었다. 또한 방직기술을 개발해 의복과 신발을 만들었고 수레, 배 등을 발명했다. 여러 모로 우리의 단군신화와 흡사하지만, 중국에서는 황제를 '인류문화의 시조人文初祖'로까지 추앙하며 실존 인물처럼 받들어 왔다. 심지어 한족이 황허에서 양쯔강 이남까지 영역을 넓힌 것도 황제의 공으로 돌리고 있다.

황제가 죽은 뒤 조성된 묘소에는 여러 가지 전설이 전해 내려져

술로 만나는 중국·중국인

오고 있다. 먼저 〈사기〉에는 "황제가 죽어 차오산橋山에 묻혔다."고 적혀 있다. 이와 달리 민간설화에는 황제가 118세까지 산 뒤 백룡을 타고 하늘로 올라갔다고 구전되어 왔다. 이 설화에 따르면 황제는 하늘로 올라가기 전 입었던 겉옷을 기념으로 남겼다. 이를 백성들이 차오산 사당에 모셔두고 제사를 지내기 시작했다. 이것이 청명절마다 공제를 지내게 된 유래다.

전설 속의 황제를 정치적으로 이용하게 시작한 이는 진시황이다. 진왕 영정은 춘추전국시대의 분열을 끝내고 통일제국을 세운 뒤, 각 제후국이 사용했던 대왕보다 더 권위 있는 칭호로 만인에게 불리고 싶었다. 이때 영정은 황제가 천제의 아들로 하늘을 대신해 천하를 다스리는 천명天命사상의 근원임을 주목했다. 이에 통일제국의 권위를 드높이고자 스스로를 첫 번째 최고 군주라는 시황제始皇帝로 등극했다.

황제묘는 기원전 2세기 한무제에 의해 국가적인 성지로 꾸며졌다. 한무제는 흉노와의 전쟁에 나가기 전 차오산에 들러 황제를 추모하는 제사를 지냈다. 이를 기념해 산 중턱에 봉분만 있던 황제묘를 대대적으로 단장했다. 먼저 묘 앞에 비석을 세웠는데, 전설에 따라 '차오산에서 용을 타고 올라갔다橋山龍馭.'고 새겼다. 군대를 동원해 수천 그루의 측백나무를 황제묘 주변에 심었다. 이 측백나무는 지금도 묘를 둘러싸며 자라고 있다.

황제묘 바로 아래에는 높이 20m의 한무선대漢武仙臺를 쌓았다. 이 제단은 한무제가 제사를 지낸 뒤 자신의 장생불로를 기원하며 쌓은 것이다. 한무선대에서 100여 m 내려오면 성심정誠心亭이 있다. 성심정은 한무제가 제사를 지내기 전 의관을 갖추기 위해 지었던 정자다. 한무제 이후 수많은 역대 제왕들이 황제릉을 찾았다. 그들은 한무제의 전례와 예법에 따라 성심정에서 말을 내려 복장을 단정히 하고 황제묘로 올라갔다.

국가 지도자가 황제묘를 찾는 전통은 20세기 들어서도 변치 않았다. 1912년 중화민국 임시 대총통이 된 쑨원은 대표단을 보내 제사를 지냈다. 1937년 장제스 국민당 총통은 시안사변으로 국·공합작을 이룬 뒤 황제묘를 찾았다. 친필로 쓴 제문에서 "황제께서 천명을 받아 나라를 세우고 추악한 치우를 주살해 화華와 이夷를 구분 지었다."고 남겼다. 장제스는 중·일전쟁이 격화된 1942년에도 다시 직접 제자題字한 비석을 황제묘에 보냈다.

이러한 전통은 공산당 지도자들도 이어 받았다. 1937년 마오쩌둥은 황제묘를 찾아 "황제가 위대한 창업을 하셨으나 후손들은 용맹스럽지 못해 나라를 망쳤다."고 반성했다. 1988년 덩샤오핑은 친필로 '염황자손炎黃子孫'이라고 새긴 비석을 보냈다. 장쩌민도 황제묘를 찾아 '중화문명은 근원이 유구하고 멀리 흐른다中華文明 源遠 流長.'는 비문을 쓴 비석을 남겼다. 이들이 남긴 비석은 황제릉 입구 옆 정자에 모셔져 있다.

그러나 문화대혁명 시기 황제묘는 홍위병의 난동으로 폐허가 됐다. 이를 1992년부터 중국정부가 3억 4,000만 위안(약 578억 원)을 들여 재건했다. 이 사업에 해외에 거주하는 화교도 발 벗고 나

　　　　　　　　　　　　　　　　술로 만나는 중국·중국인

거대하게 성역화되어 조성된 황제릉 광장.

섰다. 화교는 황제릉기금회를 통해 2억 위안(약 340억 원)이 넘는
성금을 기부했다. 2004년 12년의 대역사 끝에 황제릉이 문을 열
었다. 새로이 성역화한 황제릉은 면적이 56만 7,000㎡에 달한다.
1949년 이래 55년 만에 공제도 부활했는데, 홍콩 영화배우 청룽成
龍이 사회를 자청하며 전용기를 타고 날아왔다.

　황제릉이 제 모습을 찾으면서 참배객은 줄을 잇고 있다. 1999년
20만 명에서 2014년 200만 명으로 급증했다. 1992년 이래 황제
릉을 찾은 대만·홍콩·마카오 주민과 해외 화교도 160만 명을 돌파
했다. 오늘날 황제릉은 이전의 황제묘 외에 산문山門, 과청過廳, 헌
원묘廟, 헌원전殿 등이 새로 지어졌다. 위치는 시안에서 북쪽으로 1
시간 50분이나 떨어져 있다. 입장료도 비싸서 관광지로는 그리 매
력적이지 못하다.

그럼에도 황제릉을 찾는 중국인의 발길은 끊이지 않는다. 황제가 국가통일의 상징이자 한족 정체성의 중심이기 때문이다. 역대 중국 왕조는 각기 다른 통치 이념과 목표를 내걸었으나, 권력의 정통성을 확보하기 위해 황제의 권위를 빌려 왔다. 이는 중국공산당도 다를 바 없다. 특히 1990년대부터 사회주의가 퇴장하고 새로운 통치이념이 요구되자, 황제를 앞세워 중화민족주의를 고조시키고 있다. 전 세계에 흩어진 화교를 흡인하고 양안兩岸 통일을 촉진할 수 있는 매개체로도 이용하고 있다.

그뿐만 아니라 '하상주단대공정夏商周斷代工程'과 '중화문명탐원공정'을 추진해 뿌리찾기 프로젝트도 벌이고 있다. 하상주단대공정은 1996년부터 2000년까지 고고학, 역사학, 천문학 등 각 분야 전문가 200여 명이 투입되어 진행됐다. 이를 통해 사마천조차 연대를 모르겠다며 포기했던 전설 속의 하·상·주를 역사시대로 편입시켰다. 중화문명탐원공정은 2003년부터 수천 명의 학자들을 동원되어 중국문명의 기원으로 찾고, 그 형성과정과 발전단계를 탐구해 오고 있다.

수십 개의 조사연구 과제가 진행되고 있는데 그 실체는 분명치는 않다. 하지만 핵심은 '요하遼河문명론'과 '황제후손론'으로 모아진다. ▲오늘날 내몽골內蒙古 동부와 만주 지역인 요하가 황제의 영역이었고 ▲그곳에서 발견되는 홍산紅山문화를 일으킨 집단이 황제의 손자인 전욱顓頊과 제곡帝嚳이며 ▲그 일대에서 발원한 동이족은 황제의 후손이라는 논리다. 이는 중국정부가 주창하는 '통일적

다민족국가론'에 역사적 의의를 부여하기 위해서다.

이런 황제를 술로 브랜드화한 기업이 황링현의 헌원성지軒轅聖地
주업이다. 헌원성지주업은 1942년에 문을 연 이순허義順合양조장
을 모태로 한다. 1950년 뎬터우店頭 술공장으로 국영화된 뒤 산시
성 북부의 술시장을 장악해 왔다. 특히 1991년 시장에 내놓은 '헌
원주'는 황제 숭배 열기와 맞물리면서 인지도를 높였다. 2007년 민
영화를 단행하면서 지금의 회사 이름으로 바꿨다. 헌원주는 2008
년부터 청명절 공제를 비롯해 황제릉에서 열리는 각종 제사의식의
술로 쓰이고 있다.

2014년 2월에는 중국 유명상표의 명예를 획득했다. 2013년 헌
원성지주업은 총판매액이 3억 3,800만 위안(약 574억 원)을 달성
했다. 이는 5년 전에 비해 3배나 급증한 수치다. 황제를 전면에 내
건 네이밍 마케팅의 효과를 톡톡히 본 것이다. 오늘날 중국에서 역
사적 인물의 이름을 따온 술은 적지 않다. 하지만 헌원주는 중국인
이 가장 숭상하는 시조를 내세워 역사적 의미가 지닌다. 또한 중국
에서 흔치 않은 청·농·장향형을 혼합한 바이주다.

이는 헌원주가 청향과 농향의 술을 함께 빚었던 이순허양조장의
전통에다, 1980년대 말 개발된 장향의 양조법까지 더해졌기 때문
이다. 2010년부터 헌원성지주업은 '전 세계 화교에게 바치는 민
족 브랜드'라는 광고 문구를 전면에 내세우면서 헌원주를 선전하
고 있다. 영업망도 중국 전역뿐만 아니라 화교가 많이 사는 외국까
지 구축하고 있다. 중화민족주의의 거센 바람을 등에 업고 헌원주
가 중국을 대표하는 술이 될지 흥미롭게 지켜볼 일이다.

주하이에서 익혀진 진시황의 어주 '시펑주'

1974년 3월 어느 날 산시성 린퉁臨潼현에 있는 시양西楊촌. 양페이옌, 양원슈에 등 7명의 농민이 땅을 파 내려갔다. 오랜 가뭄으로 땅이 메말라가자, 마을회의에서 관개용 우물을 파기로 결정했기 때문이다. 감나무 숲에서 땅을 파던 중 곡괭이 끝에 사람 몸통 모양의 도용陶俑이 걸려 나왔다. 옛날부터 마을 곳곳에서 도용 조각이 발견됐었다. 하지만 완벽한 사람 몸통 것은 이때가 처음이었다. 잠시 뒤 사람 얼굴과 똑같은 도용도 출토됐다.

오늘날 세계 8대 불가사의로 불리는 진시황秦始皇 병마용兵馬俑이 세상 밖으로 모습을 드러낸 순간이었다. 2,200여 년 동안 존재가 전혀 알려지지 않았던 지하보물의 출현이었다. 병마용의 발견은

병마용은 얼굴 모습과 표정이 생생하다. 외모와 체격이 실제 사람과 흡사하다.

곧 대륙 전역을 흥분시켰다. 당시 중국은 문화대혁명 말기였다. 홍위병의 광란 속에 이미 헤아릴 수 없이 많은 역사 유적과 유물이 파괴됐었다. 1971년 후난성 창사長沙에서 발견되어 발굴 중인 마왕퇴馬王堆에 뒤이은 쾌거였다. 중국정부는 1년여의 기초 조사를 벌였다. 지하에 막대한 유물이 잠들어 있음을 확인하여 1976년 전시관을 시공했다. 길이 230m, 너비 62m, 총면적 1만 4,260㎡에 달하는 병마용 1호갱이었다. 1호갱 주변에서 2호갱부터 4호갱이 잇따라 발견됐다. 2~3호갱의 규모는 1호갱보다 작았다. 하지만 군대 편제상 중요한 위치를 차지했다. 고대 군대의 좌·중·우 3군에서 1호갱은 좌군, 2호갱은 우군, 3호갱은 지휘부에 해당한다. 이 3군을 보급·지원하는 4호갱은 미완성인 채로 남아 있다.

진시황은 중국 역사에 한 획을 그은 인물이다. 본명은 영정嬴政으로, 기원전 259년 진 장양왕의 아들로 태어나 13세에 왕위에 올랐다. 당시 중국은 전국시대 말기로 일곱 제후국이 전쟁과 협력을 되풀이했다. 먼저 진시황은 엄격한 법치주의와 능력 위주의 관료제를 갖춰 힘을 키웠다. 국력은 점차 강대해졌고 다른 나라들은 진을 멸시하면서 경계했다. 이 같은 견제를 이겨내기 위해 진시황은 군대를 더욱 탄탄하게 조련하고 정비했다.

기원전 230년 진시황은 막강한 군사력을 앞세워 제후국들을 제압해 나갔다. 기원전 221년 제나라를 멸망시켜 춘추전국시대의 오랜 분열을 종식했다. 진시황은 중국 최초의 통일제국이 만세萬歲토록 영원할 것이라 확신했다. 진은 군현제를 앞세워 강력한 중앙집권체제를 갖췄고 문자·화폐·도량 등을 통일하는 등 여러 성과도 냈다. 그러나 현실은 달랐다. 진시황이 죽은 지 불과 4년 만에 멸망했다. 민심의 지지를 얻어내는 데 실패했기 때문이다.

대형 토목사업과 화려한 궁전·능원 건설에 백성들을 쥐어짰고 국력을 낭비했다. 흉노족을 막기 위한 만리장성, 거대하고 호화로운 아방궁, 세계 최대 규모의 황제묘 진시황릉 등이 대표적이다. 백성들은 가혹한 세금을 짊어졌고 고된 노역에 동원됐다. 민심은 통일제국 아래 태평성대가 올 것이라고 기대했지만 진 조정은 수탈과 착취에만 몰두했다. 이로 인해 수많은 정치적 업적에도 불구하고 진시황은 오늘날까지 폭군의 대명사로 남아 있다.

진시황은 죽은 뒤에도 대륙을 호령코자 했다. 사후에 잠들 능묘를 무려 70만 명을 동원해 기원전 246년부터 208년까지 37년 동

진시황릉에서 출토된 청동거마. 진시황이 생전 타던 마차를 절반으로 축소해 제작했다.

안 건설했다. 능원 옆에는 죽은 진시황을 모시기 위해 함께 순장된
사람들의 묘군을 조성했고 평소에 타던 청동거마를 묻었다. 병마
용은 이 진시황릉의 부속시설 중 하나로, 통일사업을 완수한 진시
황 군대를 재현했다. 이 덕분에 병마용은 중국의 유구한 역사와 찬
란한 문화를 대표하는 걸작으로 남았다.

1987년 유네스코는 병마용과 진시황릉을 만리장성, 자금성,
막고굴莫高窟과 더불어 중국 최초의 세계문화유산으로 등재했다.
2008년 베이징올림픽에 참가한 중국 선수단의 운동복은 병마용에
서 영감을 얻어 디자인됐다. 같은 해 개봉된 영화 〈미이라3: 황제
의 무덤〉은 미이라 대신 병마용을 주인공으로 등장시켰다. 오늘날
병마용의 가치는 황금에 버금갈 정도다. 병마용은 머리, 몸통, 팔,
다리 등을 따로 빚은 뒤 구워 조합해 완성했다. 키 175~195㎝의

늠름한 체격으로 실제 사람과 흡사하다.

　외모는 놀랍게도 단 하나도 같지 않다. 얼굴 표정은 각양각색으로 전장에 나가는 인간 심리를 담아냈다. 동작과 포즈도 각기 달라 전투를 앞둔 병사들의 모습을 그대로 묘사했다. 이런 가치와 중요성 때문에 중국은 병마용 발굴에 신중을 기하고 있다. 발굴이 종료된 3호갱 외에 1호갱의 절반과 2호갱 전체는 실체만 확인했을 뿐 본격적인 발굴을 미루고 있다. 여론도 후세에게 그대로 물려주자는 의견이 우세하다. 하지만 2009년부터 1호갱에 대한 재발굴이 시작되어 유물을 복원하고 있다.

　병마용에서 1.5㎞ 떨어진 지점에 진시황릉이 있다. 진시황릉은 지난 2,000여 년 동안 도굴꾼의 로망이었다. 완공 당시 전체 부지가 50㎢, 봉분 높이는 120m에 달했던 세계 최대의 황제 능원이다. 그 지하에는 수를 헤아리기 힘든 금은보화와 부장품이 묻혀 있다. 그동안 수많은 도굴꾼들이 진시황릉의 보물을 노렸다. 하지만 지하궁전으로 이르는 길은 미로와 같고, 화살이 자동 발사되는 부비트랩이 있어 약탈을 면했다.

　시안에는 진시황릉과 더불어 아직까지 도굴되지 않고 남아있는 황제릉으로 첸링乾陵이 있다. 첸링은 시안에서 서북쪽으로 85㎞ 떨어진 첸현乾縣에 있다. 이 일대는 드넓은 관중關中평야인데, 해발 1,047.4m에 달하는 산이 홀로 우뚝 서 있다. 여기에 684년 당고종이 죽은 뒤 봉분이 세워졌고, 706년 측천무후의 영구가 묻히면서 중국에서 유일하게 두 황제가 묻힌 합장묘가 건설됐다. 본래 당

다옌타 남쪽 광장에 있는 현장상.
쯔언쓰는 당나라 황실이 창건한 사찰이다.

대 장안의 황성을 모방해 화려한 지상 건축물을 지었지만, 지금은
일부 유적만 남아 있다.

1970년대 쳰링 지하에 거대한 궁전이 세워져 있다는 사실이 밝
혀졌다. 지하궁전에 매장된 보물들은 대략 500톤에 달한다. 진시
황릉 지하궁전은 진시황이 생전 살았던 아방궁을 모방해 지었다.
내부는 천상과 지상 세계를 축소해 만들었다. 사마천은 〈사기〉에
서 지하궁전이 "수은이 흐르는 수백 개의 강이 큰 바다를 이루고
있다."고 묘사했다. 진시황의 바람과 달리 진은 기원전 206년 허
무하게 멸망했다. 그러나 진시황은 중국(China)이라는 명칭과 병

마용, 진시황릉, 만리장성 등 위대한 유적과 유물을 통해 오늘날까지 불로장생하고 있다.

진시황의 도시 시안은 우리에게 장안長安으로 잘 알려졌다. 중국에서 농경이 먼저 시작된 황허 중류에 위치해 신석기 유적이 많다. 도시 동쪽에 있는 반포半坡유적이 대표적이다. 여기에는 앙소문화의 전모를 보여 주는 유적과 진귀한 유물이 보존되어 있다. 시안은 중국 역사상 가장 많은 왕조가 도읍으로 삼았다. 기원전 1046~771년의 서주西周를 시작으로 기원전 350~206년의 진, 기원전 200년~기원후 9년의 전한前漢, 581~618년의 수隋, 618~904년의 당唐 등 무려 13개 왕조가 1,077년 동안 수도로 정했다.

이 때문에 시안은 그리스의 아테네, 이탈리아의 로마, 터키의 이스탄불과 함께 세계 4대의 고도로 손꼽힌다. 오랫동안 중국의 중심지였던 만큼 유구하고 찬란한 중국 고대문명의 보고이자 천연의 역사박물관이다. 중국에서는 "시안에 가면 5,000년 중국 역사를 한눈에 볼 수 있다." "중국의 과거를 보려면 시안으로, 현재를 느끼려면 베이징으로, 미래를 감지하려면 상하이로 가라."는 격언이 있을 정도다.

시내 남단에는 다옌타大雁塔가 있다. 다옌타는 사찰 쯔언쓰慈恩寺 내의 석탑으로, 오늘날 시안의 상징물이다. 쯔언쓰는 648년 당 고종이 창건했다. 일찍 사망한 어머니 문덕황후의 명복을 빌고 은혜에 보답하기慈母恩德 위해서였다. 고종은 날마다 아침저녁으로 황궁

시펑주가 숙성되는 특별난 항아리 '주하이'. 싸리나무 가지를 촘촘히 엮어 만들었다.

에서 두 번씩 쯔언쓰를 향해 예불을 드렸다. 당시 쯔언쓰의 면적은 지금의 34.5배에 달했고, 1,897칸의 승방이 있었다. 당 말기 전란에 의해 사찰은 불타 없어지고 다옌타만 남았다.

다옌타는 652년 우리에게 〈서유기〉로 친숙한 승려 현장玄奘이 세웠다. 탑 이름은 기러기 설화에서 유래됐다. 현장이 인도로 가던 어느 날 사막 한가운데서 길을 잃어 버렸다. 그때 어디선가 기러기 한 마리가 날아와 길을 알려주었다. 현장은 인도에서 가져온 불경과 경전 번역본을 보관하기 위해 탑을 세웠다. 처음에는 5층으로 연와, 석회, 흙 등으로 쌓았다. 701년 탑층을 7층으로 높이고 당 대종 때 10층까지 높였다. 그 뒤 전란으로 상층이 파괴되어 지금은 높이 65m, 둘레 25m의 7층 규모로 남았다.

시안의 또 다른 상징물로 시펑주西鳳酒가 손꼽힌다. 시펑주는 엄밀히 말하면 시안과 무관하다. 생산지는 시안에서 1시간 반 떨어진 펑샹鳳翔현 류린柳林진이다. 하지만 중국인들은 시펑주 하면 으레 시안을 떠올린다. 그 이유는 시펑주가 진의 어주였기 때문이다. 그 역사는 기원전 600여 년으로 거슬러 올라간다. 당시 시안과 펑샹현은 춘추오패 중 진목공秦穆公이 다스렸다. 어느 날 한 옹성에서 야인野人 300여 명이 말 여러 필을 잡아먹은 사건이 일어났다.

그 말은 진목공이 아끼던 것이었기에, 군사들이 야인들을 붙잡아 도성으로 압송했다. 하지만 진목공은 야인들을 죽이지 않고 사면했다. 게다가 "말고기를 먹은 뒤 술을 마시지 않으면 몸이 상할 수 있다."며 진주秦酒를 하사했다. 몇 년 뒤 진은 이웃 진晉과 한원韓原에서 전쟁을 벌였다. 진목공은 전투 중 진혜공晉惠公이 이끄는 군사들에게 포위당하는 위기에 내몰렸다. 이때 일단의 병사들이 몰려와 진혜공의 군대를 물리치고 진목공을 구해냈다. 바로 진목공이 풀어주고 진주까지 하사했던 야인들이었다.

진주가 사서에 다시 등장하는 것은 기원전 221년 5월이었다. 진시황은 연燕과 조趙를 잇따라 멸망시킨 뒤 승전을 기념해 성대한 술잔치를 벌였다. 문무백관뿐만 아니라 백성들에게도 진주를 하사해 축하했다. 두 달 뒤 천하통일을 이루자 더 큰 잔치를 벌였고 진주를 마셨다. 그 자리에서 진시황은 진주를 정식 어주로 삼았다. 진시황이 황위로 오를 때 의식용 술로 사용된 것도 진주였다. 진주는 진이 멸망한 뒤 '류린주'로 불렸다가, 명대 지금의 시펑주로 바뀌었다.

시펑주는 농향형 바이주로, 사용되는 원료나 양조기술은 여타

술과 다를 바 없다. 그러나 증류해서 얻은 술을 주하이酒海라는 독특한 용기에 넣어 숙성시킨다. 주하이는 싸리나무 가지로 짠 거대한 바구니다. 높이는 사람 키보다 높고 크기는 장정 서넛이 팔을 뻗어 둘러싸야 할 정도다. 오늘날에는 5~8톤의 술을 한 번에 저장할 수 있을 정도로 커졌다. 만들기도 쉽지 않아 아주 복잡한 과정을 거치고 섬세한 기술이 요구된다.

먼저 싸리나무 가지를 친링秦嶺산맥에서 베어 온다. 이것을 촘촘히 엮어 바구니처럼 만든 뒤, 그 안쪽을 마지로 발라 틈새를 없앤다. 마지 위에 돼지 피를 바르고, 계란흰자·밀랍·유채기름 등을 일정한 비율로 섞어 바른다. 이것이 건조되면 술 항아리인 주하이가 탄생된다. 주하이 안쪽에 바른 도료는 시펑주 특유의 독특한 맛과 향을 생성시킨다. 술이 저장되어 숙성하는 과정에서 도료의 일부가 용해되어 섞이기 때문이다. 보통 3년을 익혀 판매되는데, 일부는 10~30년까지 숙성된다.

당대부터 시펑주는 "맑고 차며 향기롭다清冽醇馥."는 명성을 얻었다. 북송 시인 소동파는 "둥후의 버드나무와 류린의 술은 아낙네의 손처럼 깨끗하다東湖柳 柳林酒 婦女手."고 격찬했다. 1952년 1회 전국 술품평회에서 시펑주는 마오타이, 펀주, 루저우다취와 함께 4대 명주로 등극했다. 그 뒤 4차례의 술품평회에서도 국가 명주의 반열에 올랐다. 1956년 류린진의 술도가들을 통합해 시펑주 술공장이 성립되어 규모의 경제를 갖췄다. 2012년 시펑주의 브랜드 가치는 213억 위안(약 3조 6,210억 원)으로 중국 술 가운데 3위를 차지했다.

대륙을 뒤엎은 공산혁명 성지의 '십삼춘추'

홍군은 원정의 고난을 두려워하지 않고,

紅軍不怕遠征難

숱한 물과 산을 대수롭지 않게 여겼네.

萬水千山隻等閑

솟은 다섯 봉우리는 파도가 물결치는 듯하고,

五嶺逶迤騰細浪

우명산에서 떨어지는 돌은 진흙 탄환을 쏘는 듯하네.

烏蒙磅礴走泥丸

진샤강 물은 구름이 낀 절벽을 어루만지고,

金沙水拍雲崖暖

다두차오에 가로놓인 철줄 다리가 차구나.

2만 5,000리 장정을 완수한 홍군 지도자들을 형상화한 동상.

大渡橋橫鐵索寒

민산 천리길에 내리는 눈에 더욱 기뻐서,

更喜岷山千裡雪

삼군이 행군한 뒤 모두 희색이 만연하네.

三軍過後尽開顏

　1935년 말 마오쩌둥은 험난했던 대장정의 여정을 회고하며 '장정'을 지었다. 이 시에서 등장하는 우멍산은 구이저우성에서 가장 높은 해발 2,900m의 산이다. 진샤강은 양쯔강의 상류 구간이다. 평균 해발 3,000m 이상인 칭짱靑藏고원에서 발원해 칭하이·쓰촨·윈난의 고산지대를 거쳐 다시 쓰촨으로 흘러가 양쯔강이 된다.

　다두차오는 홍군이 쓰촨의 다두허大渡河에서 도강작전을 벌였던

루딩차오瀘定橋을 가리킨다. 민산은 쓰촨 서북부 아바阿壩티베트자
치주에 있는 산맥이다. 마오는 이 시를 통해 홍군이 중국 극지를
두루 지나 장정을 완수했음을 만방에 알리고 싶었다. 이런 연유 때
문에 '장정'은 훗날 사회주의 정권이 성립한 뒤 중등과정 교과서에
실렸다. 그뿐만 아니라 장정과 관련된 모든 기록물·문예작품에서
반드시 인용됐고, 동명의 노래까지 지어졌다.

공산당과 홍군 주력부대는 1934년 10월 16일 밤 장시성 위두현
을 떠났다. 총연장 2만 5,000리를 행군해 1935년 10월 19일 산
시성 우치吳起현에 도착했다. 장정 기간에 홍군은 11개의 성에 진
주했고 700여 개의 시·현을 거쳤다. 18개의 고산을 넘었으며 24
개의 강을 건넜다. 고산 중 5개는 해발 4,000m에 달하는 설산이
었다. 또한 인적 없는 고지대 초원도 가로질렀다. 장정 중 235일
은 주간 행군이었고 18일은 야간 행군만 했다. 나머지 115일은 싸
웠거나 쉬었다.

휴식 기간 중 56일은 쓰촨성 쑹판松潘에 머물렀다. 마오쩌둥이
이끄는 중앙군과 장궈타오張國燾가 이끄는 제4방면군 사이 노선다
툼이 벌어졌기 때문이다. 즉, 예기치 않은 정치투쟁에 발이 묶였을
뿐이었다. 장정 기간 중 국민당군과 380여 차례의 전투를 벌였다.
이 중 15일은 행군이나 휴식 없이 하루 종일 전투만 했다. 따라서
행군만 한 날짜를 계산하면 홍군은 하루 평균 무려 40㎞를 걸었다.
하루에 한 번꼴로 크고 작은 전투를 벌였던 점을 감안하면, 정말이
지 초인적인 강행군이었다.

술로 만나는 중국·중국인

공산혁명의 성지 옌안을 상징하는 바오타산(寶塔山)과 옌허.

이런 여정 때문에 장시를 출발했던 공산당과 홍군 8만 6,000명 중 3,000명이 산시에 도착했다. 서른 명 중 한 명만 살아남아 최종 목적지에 다다른 것이다. 여기에 장정 도중 보충한 병력 중 5,000명까지 모두 8,000명이 산시 땅을 밟았다. 도중에 얼마나 많은 병사가 탈주했고 보충됐는지는 기록이 남아 있지 않다. 장정 중 사망한 당·군 간부는 430명에 달했다. 그들의 평균 연령은 30세가 조금 못됐다. 368일의 장정은 그야말로 살아남은 것이 행운이었던 고난의 행군이었다.

장정은 공산당과 홍군이 우치현에 도착함으로써 끝났다고 평가된다. 하지만 우치에 머물었던 기간은 길지 않았다. 얼마 되지 않아 바오안保安으로 거처를 옮겼다. 1936년 7월 시안에서 바오안으로 뜻밖의 손님이 찾아왔다. 미국의 진보적인 저널리스트 에드가 스노였다. 이 푸른 눈의 젊은이는 국민당군의 포위를 뚫고 홍군의 심장에 숨어 들어갔다. 3개월여 동안 바오안에 머물면서 마오쩌둥을 위시한 공산당 및 홍군 지도자들을 만나서 인터뷰했다.

스노는 그들의 이야기를 담아 이듬해 영국에서 책을 출판했다. 바로 〈중국의 붉은 별〉이다. 〈중국의 붉은 별〉은 세계 3대 르포문학으로 꼽힌다. 다른 두 개는 1917년 10월 러시아 볼셰비키혁명의 긴박했던 순간들을 기록한 존 리드의 〈세계를 뒤흔든 10일〉, '1984년' '동물농장'의 작가인 조지 오웰이 스페인 사회주의 의용군에 들어가 프랑코의 파시즘에 맞서 싸웠던 경험을 정리한 〈카탈로니아 찬가〉다. 다만 스노의 바오안행은 철저히 공산당이 기획한 취재였다는 점에서 차이가 있다.

어쨌든 〈중국의 붉은 별〉이 끼친 영향은 지대했다. 당장 중국과 전 세계에서 수많은 공산당 추종자가 생겨났다. 책에서 묘사한 홍군 지도자들의 영웅담과 장정의 숨 막히는 스토리가 너무나 감동적이었기 때문이다. 스노가 바오안을 떠난 두 달 뒤인 12월에는 시안사변이 일어났다. 공산당 토벌을 독려코자 난징에서 온 장제스를 동북군 사령관 장쉐량張學良과 서북군 사령관 양후청楊虎城이 감금해 버린 것이다. 이 사건으로 내전은 중지됐고 2차 국공國共합작이 시작됐다. 본래 공산당이 산시에 도착했을 때 앞날은 불투명했다. 그러나 바오안에서 운명이 완전히 뒤바꿨다. 1937년 1월에는 혁명 근거지를 옌안延安으로 옮겼다. 이때부터 옌안은 2차 세계대전이 끝나고 국공내전이 격화되는 1947년까지 홍색 수도로 명성을 떨쳤다. 공산당은 옌안에서도 거처를 여러 차례 옮겼다. 그중 양자링楊家嶺에

공산당 7차 전국대표대회가 열렸던 양자링 중앙대례당.

서 1938년 11월부터 9년간 가장 오랫동안 머물렀다. 현재 양자링
에는 마오쩌둥, 저우언라이, 주더 등이 묵었던 야오둥窯洞이 옛 모습
그대로 남아 있다.

야오둥은 중국 황토고원黃土高原에만 있는 독특한 주거시설이
다. 황토고원은 산시, 허난, 산시, 간쑤, 닝샤 등지에 분포된 해발
1,000~2,000m의 진흙지대다. 수십만 년 전에는 수풀이 우거졌
지만, 시간이 흘러 메마른 땅으로 변해 버렸다. 여기에 사막지대
에서 불어온 모래가 황허와 빗물에 뒤섞여 단단한 진흙층을 형성
했다. 고대 시가를 모은 〈시경〉에는 야오둥에 관한 기록이 있다.
이를 통해 기원전 수천 년부터 주민들이 굴을 파서 집을 지었음을
알 수 있다.

처음에는 계곡이나 산 밑에 구멍을 내어 모래를 퍼낸 뒤 물에 적

신 황토를 발라지었다. 이때 천장 격인 야오딩窯頂을 아치형으로 만들어 위에서 내리 눌리는 압력을 분산시켰다. 시간이 흘러 기술이 발전했고 야오둥도 변화했다. 외벽을 황토로 구운 벽돌로 쌓는 구야오箍窯, 돌로 쌓는 스야오石窯 등이 개발됐다. 야오둥을 원용해 평지에 집을 짓고 지붕에 흙을 덮는 양식도 등장했다. 야오둥이 여름에는 시원하고 겨울에는 따뜻했기 때문이다.

이 야오둥 덕분에 공산당은 막대한 주거비를 아낄 수 있었다. 그뿐만 아니라 자력갱생에 전력을 다해 당과 군을 정비했다. 마오쩌둥은 수시로 집회를 열어 당원 및 민중을 가르치고 의식화시키는 일에 온힘을 쏟아 부었다. 이렇게 쌓아간 마오의 군중 선동술은 1966년 문화대혁명에서 엄청난 위력을 발휘한다. 1938년에는 '당이 총을 지휘한다. 군이 당을 넘보는 것은 결코 허용하지 않는다黨指揮槍, 而決不容許槍指揮党.'며 군사위원회 주석에 올라 당권과 군권을 모두 장악했다.

예부터 옌안은 산시 북부의 중심지였지만, 살기 좋은 환경은 아니었다. 평균 해발은 1,200m에 달하고 주변은 온통 황토고원이다. 비는 여름에만 집중해 내려서 봄에는 가뭄이 극심하다. 이런 자연조건 때문에 농사짓기가 어려웠다. 만약 옌안을 가로지르는 황허의 지류 옌허延河가 없었다면, 수만 명을 헤아렸던 공산당 대식구는 목숨을 부지하기 어려웠을 것이다. 실제 1953년 1차 인구센서스에서 옌안 주민은 9만 3,000명에 불과했다. 이때는 대다수 공산당원들이 옌안을 떠난 뒤였다.

양자링에 있는 중앙대례당은 자력갱생을 상징하는 건물이다. 1942년 완공되어 1945년 4월 공산당 7차 전국대표대회가 열린 유서 깊은 장소다. 이 대회는 1928년 모스크바에서 열렸던 6차 대회 이후 무려 17년 만에 개최됐다. 당시 공산당원은 121만 명에 달했고 회의 참석대표는 755명이었다. 마오쩌둥은 개막연설에서 "중국 앞에는 광명의 길과 어둠의 길 두 가지에 놓여 있다. 우리는 군중을 선동해 인민의 힘을 기르고 전국의 역량을 단결시켜 광명의 신중국을 건설해야 한다."고 강조했다.

대회 결과 공산당은 당헌에 마오쩌둥 사상을 삽입했고 당조직 제도를 도입했다. 마오쩌둥 사상이란 마르크스·레닌주의를 계승하되 중국 현실에 맞게 재창조하여 발전시킨 혁명사상을 말한다. 특히 농촌을 혁명근거지로 삼아 유격전을 전개하고 광범위한 통일전선을 구축해 도시를 공략하는 전술이 정식 채택됐다. 또한 모든 국가기관, 경제단체, 사회단체, 문화단체 등에 당조직을 설치토록 했다. 이를 통해 마오쩌둥 우상화와 '당이 곧 국가'인 중국 사회주의 체제의 기초가 다져졌다.

옌안에는 적지 않은 조선인들이 살았다. 도심에서 북쪽으로 10여 km 떨어진 뤄자핑羅家坪에 조선혁명군정학교가 개교됐기 때문이다. 군정학교는 조선독립동맹의 무장조직인 조선항일의용군이 세운 독립투사 양성 터전이었다. 조선독립동맹은 1941년 허베이河北성 타이항산太行山에서 처음 성립했다. 1944년 4월 조선의용군은 옌안으로 옮겨왔고, 8월 학교 부지를 마련해 12월 개교했

朝鮮軍政学校全体学員（中間抱小孩者为郑律成）回国前在延安罗家坪的合影（1945.9）

1945년 9월 조선군정학교의 전체 구성원이 옌안에서 찍은 기념사진.

다. 오늘날 교사校舍는 도로가 건설되고 철로가 놓이면서 흔적 없
이 사라졌다.

교사 터에는 기념석이 주변 무허가 건물들 사이에 덩그러니 세
워져 있다. 하지만 대원들이 살았던 야오둥은 지금도 원형 그대로
남아있다. 1930년대 초 홍군 내에는 수십 명의 조선인들이 가담했
었다. 30여 명은 장정까지 참가했다. 대부분 도중에서 죽고 단 2명
만이 완주했다. 그중 무정武亭은 북방군관학교를 졸업한 엘리트 군
인이었다. 1905년 함경북도에서 태어나 14세 때 3.1운동에 참여
했다. 1923년 중국으로 건너간 후 국민당군 포병장교로 근무했다.

공산당에 입당한 뒤에는 펑더화이의 심복으로 활약했다. 홍군에
포병전술을 보급하고 포병부대를 키운 이가 무정이었다. 장정 이
후 무정은 군정학교장과 조선의용군 사령관을 겸임하면서 조국해

　　　　　　　　　　　　　　술로 만나는 중국·중국인

방을 준비했다. 1945년 2차 세계대전이 끝나자 혼자 북한으로 돌아갔다. 그러나 김일성의 견제로 민족보위성 부상과 제2군단장만 역임했다. 1950년 12월 김일성은 압록강 전투와 평양 사수의 실패 책임을 무정에게 뒤집어씌워 숙청했다. 심적 고통을 받아서인지 무정은 얼마 못가 병사했다. 정율성鄭律成도 주목할 만한 인물이다. 정율성은 1933년부터 항일투쟁에 투신해 1937년 옌안에 도착했다. 1938년 '옌안송' '팔로군행진곡 훗날 인민해방군가가 됨'을 창작해 이름을 떨쳤다. 1942년 타이항산으로 가서 일본군과 전투에 벌였고, 1944년 옌안으로 돌아와 해방을 맞이했다. 비록 1947년 북한에 가서 조선인민군가를 짓기도 했지만, 1950년 중국으로 되돌아가 1976년 베이징에서 숨을 거뒀다. 이들을 위시한 옌안파는 1958년 북한에서 완전히 숙청당했다. 또한 지금까지 남·북이 모두 외면하는 존재로 남아 있다.

2차 세계대전 종식 후 공산당과 국민당은 1년간 담판을 벌였지만, 협상은 결국 결렬됐다. 1946년 6월 국공내전이 재발했고, 1947년 3월에 후중난胡宗南 장군이 이끄는 국민당군이 옌안을 점령했다. 그러나 이는 공산당이 전략적 목표에 따라 이미 옌안을 떠났기에 가능했다. 수많은 공산당원들이 "옌안 수호" "결사항전"을 외쳤지만, 마오쩌둥은 홍색 수도에서 작전상 물러나기로 결정했다. 이런 결단 덕분에 공산당은 중국 화북·동북지방을 재빨리 장악하여 내전에서 승리하는 발판을 마련했다.

공산당은 우치현에 도착해 옌안을 떠나기까지 13년의 세월을 보냈다. 오늘날 중국에서는 이 기간을 '옌안시기'라고 부른다. 옌안시 한복판에는 대장정과 옌안시기의 관련 유물, 자료, 사진 등을 모아놓은 기념관이 있다. 옌안혁명기념관은 규모가 웬만한 박물관에 필적한다. 또한 중국 최고의 공산혁명 교육센터로, 공산당원과 군인은 꼭 방문해야 하는 필수코스다. 내가 기념관을 찾았던 2015년 6월에는 인민해방군 총참모부가 진행하는 연수 프로그램에 참가한 전군 영관급 장교들이 찾아왔다.

현지의 한 주류업체는 옌안시기를 모티브로 술 브랜드를 론칭했다. 2009년 메이수이美水술회사가 내놓은 '십삼춘추十三春秋'가 그것이다. 여기서 '춘추'는 한 해, 나이 등을 의미한다. 메이수이는 1970년대 문을 연 국영 양조장이었다. 산시성에는 시펑주라는 전통 명주가 있어, 오랫동안 메이수이의 바이주는 옌안 주민들만 마시는 저가 술로 고착됐었다. 이런 상황을 타개하고자 2005년 수당어액隨唐御液이라는 중고가 브랜드를 내놓았고, 다시 십삼춘추를 시장에 선보였다.

나는 1996년 옌안을 처음 방문했고 그 뒤로 네 번 더 찾았다. 2011년 옌안을 찾았을 때 여러 식당에서 수당어액을 팔고 있어 마셔봤는데, 2015년 6월에는 십삼춘추 계열의 술이 훨씬 더 많았다. 실제 로컬TV의 방송이나 거리의 입간판에는 십삼춘추의 광고가 압도적으로 많았다. 2015년 옌안을 찾은 관광객은 3,500만 명. 이들은 공산당 관련 유적지를 둘러보는 홍색紅色관광 차원에서 옌안을 찾는다. 메이수이가 광고 전략을 잘 짜 브랜드 홍보에만 성공한다면 앞으로의 전망은 밝아 보였다.

흉노를 정벌한 곽거병의 혼이 담긴 술 '한무어'

기원전(BC) 141년 한무제漢武帝 유철
劉徹이 16세의 어린 나이로 즉위했다. 당시 한나라는 대외적으로 편
치 못했다. 북방의 유목국가가 번영을 구가하며 핍박해왔기 때문이
다. 이 나라는 BC 209년 묵돌 선우가 제위에 오르면서, 영토를 동
으로는 만주滿洲에서 서로는 서역西域까지 확장했다. BC 200년 한
고조 유방劉邦이 이끌고 온 32만 명의 대군도 물리쳤다. BC 3세기
부터 600여 년 동안 유라시아를 지배했던 초원의 제국 흉노匈奴가
그 주인공이다.

유방은 친정에 나서기 전 아주 자신만만했다. 초한전쟁에서 항
우項羽를 물리치고 BC 202년 통일제국을 세웠기에 거칠 것이 없었
다. 그러나 백등산白登山에서 7일간 포위되어 죽음의 문턱까지 가

란저우에 조성된 곽거병테마공원. 란저우는 한대 서역으로 가는 최전선이었다.

술로 만나는 중국·중국인

본 뒤로, 항상 흉노에 대한 공포에 떨었다. 유방은 묵돌 선우와 화친을 맺었는데, ▲한이 흉노를 형으로 모시고 ▲매년 곡식·비단·술 등 공물을 바치며 ▲한의 공주를 선우에게 출가시키는 굴욕적인 맹약이었다. 숨을 거둘 때는 "절대 흉노와 싸우지 말라."는 유언도 남겼다.

묵돌·노상·군신 선우로 이어지는 3대 81년 동안 흉노는 최전성기를 맞이했다. 이에 한무제도 즉위 초기에는 화친정책을 이어갔다. 하지만 BC 135년 섭정으로 실권을 장악했던 두竇태후가 죽자, 개혁정책을 거침없이 추진했다. 먼저 국정을 농간하던 두태후 일족과 추종 대신들을 숙청했다. 동중서董仲舒의 건의를 받아들여 유교를 통치 이데올로기로 삼았고, 명당과 태학을 설립했다. 효렴孝廉제를 실시해 효행이 뛰어나거나 청렴한 인재를 등용했다.

BC 133년 내정을 다진 한무제는 흉노와의 일전에 나섰다. 흉노와 교역하던 상인 섭일을 위장 투항시켜 군신 선우를 유인했다. 군신 선우는 기병 10만을 이끌고 내려왔는데, 마읍馬邑에 도착하기 전 한군 30만 명이 매복하고 있는 것을 눈치 챘다. 이에 선우는 철군을 단행해 아무런 피해를 입지 않았다. 한군은 아직 기병이 취약해 추격전을 감행할 처지가 못 됐다. 결국 한무제는 대군을 동원한 데 따른 인적·물적 손해만 감수했다.

그로부터 4년 뒤 한무제는 위청衛靑, 공손오公孫敖, 공손하公孫賀, 이광李廣 등 네 장군에게 각각 1만의 기병을 주어 흉노를 공격케 했다. 본래 화친맹약에 따라 한과 흉노는 진나라 때 쌓은 만리장성

한대에는 왕실과 귀족 사이에 기마청동용을 무덤에 부장하는 것이 유행이었다.

을 국경선으로 정했다. 이때 한군은 처음으로 장성을 넘어 북진했다. 네 방향에서 흉노 땅에 진입했지만, 그 결과는 처참했다. 공손오는 흉노군에 패해 부하 7,000명이 죽었고, 이광도 대패해 포로까지 됐다가 간신히 탈출했다. 공손하는 길을 잘못 들어가 빈손으로 돌아왔다. 위청만 작은 전투에서 승리했을 뿐이었다. 장성을 넘어 흉노 땅을 휘저은 것을 위안으로 삼아야 했다. 이듬해에도 위청은 3만의 기병을 이끌고 가서 수천 명의 흉노군을 참수하는 전과를 올렸다. 원래 위청은 첩의 아들로 태어나 어린 시절을 종처럼 불우하게 보냈다. 하지만 노래하는 기녀였던 누나 위자부衛子夫가 한무제의 애첩이 되면서 신분이 수직상승했다. BC 127년에는 군대를 이끌고 지금의 내몽골 오르도스鄂爾多斯까지 차지하여 대장군으로 승진했다.

　　　　　　　　　　　　　　　　술로 만나는 중국·중국인

해가 바뀌면서 흉노에 큰 변화가 일어났다. 군신 선우가 죽자, 동생인 이치사가 어린 태자를 쫓아내고 즉위했다. 묵돌부터 군신까지 흉노가 번성한 데에는 선우의 뛰어난 용인술이 한몫 했다. 한나라는 패전한 장수를 사형에 처한 데 반해, 흉노는 적장을 포로로 잡아서 장군으로 삼아 중용했다. 하지만 이치사 선우는 한 황제와 똑같은 실수를 범했다. 훗날 전투에서 패한 혼야왕이 부족을 이끌고 한군에 투항한 것은 이치사 선우가 내릴 벌을 두려워했기 때문이다.

BC 123년 위청은 전군을 이끌고 흉노 정벌에 나섰다. 처음에는 내몽골 전역을 휩쓸며 적군 1만 명을 죽이거나 포로로 잡았다. 그러나 이치사 선우의 주력 부대와 조우하면서 대패했다. 우장군 소건은 휘하 병사를 모두 잃고 혼자 도망쳐왔다. 전장군 조신은 전투에서 져서 기병 800명을 이끌고 투항해 버렸다. 단지 한 장수가 치고 빠지는 기습 공격을 능란하게 펼치면서 흉노군을 혼란에 빠뜨렸다. 위청의 생질이자, 18세였던 소년 장수 곽거병霍去病이었다.

곽거병은 평양공주의 시녀였던 위소아衛少兒의 아들로 태어났으나 2세 때 일가족이 모두 귀족이 됐다. 어릴 적 집안이 풍족하진 못했지만, 이모가 황후에 오르면서 궁을 자주 드나들며 한무제의 눈에 들었다. 학문에 정진하고 무예를 익혀 16세부터 군대에 몸을 담았다. 18세에는 표요교위로 참전해 위기에 빠졌던 한군을 구출했고, 수하 800명을 이끌고 진격해 흉노군 2,800명을 죽이거나 포로로 잡았다. 한무제는 그 공로를 인정해 곽거병에게 작위를 내렸다. BC 121년에는 표기장군으로 승진시키고 최정예 기병 1만을 줬다. 그에 부응하듯 곽거병은 지금의 간쑤성에 세 차례 출격해서 큰 전공을 세웠다. 흉노의 번왕 절란왕과 노호왕을 죽였고, 혼야왕을 항복시켜 기롄산祁連山까지 평정했다. 훗날 "흉노의 오른쪽 어깨를 잘랐다."는 평가를 받을 정도였다. 같은 시기 출정한 이광은 흉노군과 일진일퇴만 거듭했고, 공손오는 행군이 늦어 전장에 늦게 도착했다.

한무제는 BC 119년 위청과 곽거병을 양 날개로 삼아 각각 5만의 기병을 줘서 흉노 토벌전에 나섰다. 위청은 본진을 이끌고 고비사막을 건너 이치사 선우가 이끄는 정예병과 조우했다. 양군이 격전을 치르던 중 모래폭풍이 불어왔다. 그 와중에도 한군이 포위망을 좁혀오자, 선우는 호위대를 이끌고 도망쳤다. 위청이 추격에 나섰지만 종적을 찾질 못했다. 이 전투에서 위청은 흉노군 1만 9,000명을 죽이거나 포로로 잡았다. 이에 반해 예하 장군들은 길을 헤매다 싸움에 참여하지 못했다.

막료 없이 전장에 나선 곽거병은 젊은 장수들을 과감히 발탁했다. 곽거병은 지금의 허베이성인 우북평군右北平郡에서 출병해 1,000리까지 북진하며 흉노의 왼쪽 어깨를 잘랐다. 번왕 3명을 주살했고 장군과 신하 83명을 붙잡았다. 병사 7만 443명을 죽이거나 포로로 잡아왔다. 진군 속도가 너무 빨라서 보급을 제대로 받지 못하자, 적의 것을 빼앗아 군량미와 말먹이로 충당했다. 위청이 한 전투에서 1만 명의 기병을 잃은 데 반해, 10배나 더 많은 전투를 치른 곽거병은 수하 1만 5,000명이 죽었다.

이렇듯 곽거병은 한무제의 날카로운 비수로 흉노를 난도질했다.

흉노는 제국의 좌우견이 잘려나갔기에 내몽골 남부와 간쑤성을 완전히 포기했다. 한군의 예봉을 피해 수도를 고비사막 이북으로 옮겼고, 한동안 한을 넘보지 못했다. 그러나 곽거병은 불과 23세에 요절했다. 사막과 초원을 전전하면서 풍토병에 감염됐던 것으로 추측된다. 〈사기〉의 '위청·곽거병전'에 따르면, 곽거병은 생전에 6차례 출정했다. 그중 네 번은 장군으로 나서서 흉노군 11만 명을 죽이거나 포로로 잡았다.

한무제는 이런 곽거병의 공로를 인정해 네 차례에 걸쳐 식읍食邑 1만 5,100호를 하사했다. 곽거병을 따라 출정했던 교위와 군리 중 6명에게도 작위를 수여했고, 2명을 장군으로 승진시켰다. 오늘날 우리가 주목할 점은 곽거병의 리더십이다.

첫째, 곽거병은 뛰어난 인재를 뽑아 적재적소에 공정히 배치했다. 그가 발탁한 조파노趙破奴는 유목민 출신으로 흉노에서 살다가 한으로 귀순했었다. 조파노는 곽거병이 올린 장계에 따라 작위를 받았고, 훗날 장군까지 되어 크게 활약했다.

둘째, 곽거병은 전쟁터의 상황에 맞춰 전술을 펼치는 '언제나 이기는 장군常勝將軍'이었다. 〈사기〉에는 이를 보여 주는 일화가 있다. 어느 날 한무제가 곽거병에게 손오병법孫吳兵法을 가르치려 했다. 곽거병은 "어떤 작전을 쓸 것인가 생각하면 됩니다. 굳이 옛 병법을 익힐 필요는 없습니다."고 말했다. 실제 곽거병은 임기응변의 달인으로 전장을 고려해 수시로 전술을 바꿔 가며 전투를 벌였다. 병사들은 곽거병의 지휘를 믿고 따르면 항상 승리할 수 있다는 믿음으로 충만했다.

주취안공원에 보존되어 있는 샘터.
곽거병은 이 샘터에 술을 부어 병사들과 나눠 마셨다.

셋째, 곽거병은 논공행상을 투명하고 공평하게 했다. 위로는 장수부터 아래로는 말단 군졸까지의 전공을 꼼꼼히 기록해서 한무제에게 보고했다. 이런 공평무사한 일처리 덕분에 휘하 장수들과 병사들 대부분은 승진하거나 포상을 받았다. 상승장군 밑에서 전투에 이기고 전공도 챙길 수 있었기에 누구나 곽거병 휘하로 들어가길 갈망했다. 이에 반해 BC 119년 토벌전에서 승리했지만, 위청의 막료들과 병졸들에게는 별다른 은상이 없었다.

물론 곽거병에게도 허물은 있었다. 황후의 일족으로 성장했기에 언제나 자신만만했고 거침이 없었다. 사마천은 〈사기〉에 그런 성품을 보여 주는 사례를 기록하며 비판했다. '표기 장군은 어렸

술로 만나는 중국·중국인

을 때부터 귀한 신분이라 병사를 돌볼 줄 몰랐다. 황제는 그가 출정하면 음식을 가득 실은 수레 수십 대를 보내줬는데, 되돌아오는 길에 굶주린 병사가 있음에도 남은 고기와 양식을 버렸다. 요새 밖에서 주둔할 때는 병사들이 굶주림에 시달려도 표기 장군은 공차기를 하며 놀았다.'

반면 위청에 대해서는 '성품이 인자하고 겸허하며 온화했기에 황제의 총애를 받았지만, 세상은 그를 칭송하지 않았다.'고 적었다. 위청은 분명 실력과 인품을 갖췄고 수많은 전공을 올렸던 장군이다. 그런데 어찌하여 한무제와 병사들은 곽거병을 더 사랑하고 높이 평가했을까? 한무제는 어릴 적 종살이를 해서 겸손함이 몸에 배었던 위청보다, 위풍당당한 곽거병이 훨씬 더 사내답다고 여겼다. 곽거병을 너무나 아꼈기에 언제나 최고의 말·무기·장비 등을 배정해 주었다.

곽거병의 대장부 기질이 드러나는 고사가 있다. 표기 장군으로 승진한 곽거병이 간쑤성에 출정해 큰 공을 세우자, 한무제는 어주 한 병을 보내주어 승전을 축하했다. 당시 병사들은 전투에서 이겼으나 몸은 지칠 대로 지친 상태였다. 머나먼 전쟁터에서 고향을 대한 향수도 깊었다. 이에 곽거병은 진영 앞 샘터로 병사들을 불러 모았다. 술병을 높이 들고 "이 술은 황제께서 너희들의 노고를 위로하기 위해 하사하셨으니 우리 모두 함께 마시자."고 외쳤다. 그리곤 술을 샘물에 쏟아 부었다. 곽거병이 먼저 바가지에 떠서 마셨고 병사들이 돌아가며 샘물을 마셨다. 곧 군영의 사기가 하늘을 찌를 듯 했고 뒤이은 전투에서 연전연승했다. 고작 한 병의 술로 타이밍

나는 제비의 등을 밟고 뛰는 말의 청동상 '마답비연'.

을 잘 잡아 군심을 움직인 곽거병의 리더십을 잘 보여 준다. 곽거
병은 과묵하고 오만했지만, 이처럼 병사들의 마음을 얻을 줄 알았
기에 서역 진출의 전진기지인 한서사군漢西四郡을 개척했다. 한서사
군은 우웨이武威·장예張掖·주취안酒泉·둔황敦煌인데, 곽거병이 샘터
에 술을 부었던 곳은 주취안이다.

　오늘날 간쑤성 곳곳에는 곽거병과 관련된 유적지가 개발됐다.
란저우蘭州는 시 중심가에 곽거병테마공원을 조성했다. 우웨이에
서는 한대 레이타이묘雷臺墓에서 출토된 청동기마병용을 '곽거병
군단'이라도 부른다. 이 청동용은 1969년에 99개가 발견됐는데,
이 중 마답비연馬踏飛燕이란 말용이 있다. 마답비연은 '나는 제비의
등을 밟고 뛰는 말'이라는 뜻으로, 예술성이 뛰어난 천고의 보물이
다. 현재는 중국 국가여유국의 상징 로고로 쓰이고 란저우의 간쑤

성박물관에 소장되어 있다. 그러나 곽거병이 술을 샘물에 부어 병사들과 나눠 마셨던 주취안에 비할 바는 못 된다. 주취안이란 지명은 BC 106년 한무제가 곽거병을 기리며 지었다. 비록 송·원·명·청대 1,000년 동안은 숙주肅州라 불리기도 했지만, 1949년에 다시 복원됐다. 술을 부었던 샘물은 현재 공원으로 꾸며져 있다. 주취안에는 한무제와 곽거병의 스토리를 이용해 론칭된 술 브랜드도 있다. 주취안 최대의 주류업체 한무주업이 내놓은 한무어漢武御다. 한무어는 '한무제가 내린 어주'라는 뜻이다.

한무주업은 1970년대 초 설립된 국영 주취안시술공장에서 시작됐다. 1980년대에는 값싼 주취안주을 양조해 팔면서 현지 주민들의 사랑을 받았다. 하지만 1990년대 중반부터 중국인의 소득수준이 급상승하면서 고급 바이주의 소비가 폭발적으로 증가했다. 이에 따라 새로운 양조기술을 개발해 1997년 한무어를 내놓았다. 주취안시술공장도 2002년 곡물유통기업인 쥐룽巨龍그룹에 인수되어 지금의 이름으로 바뀌었다.

한무어는 농·장·청·미 등 향기와 숙성방식에 따라 나뉘는 분류법을 거부하고, '중국 유일의 사조형沙窖型 바이주'라는 명칭을 고집스레 내세우고 있다. 내가 2015년 5월 만난 왕잉훙王英鴻 한무주업 부사장은 "한무어를 양조할 때 쓰이는 누룩은 교외의 모래산에 마련된 저장고에서 발효된다."며 "다른 바이주와 달리 원료로 수수보다 밀의 비율이 높은 점도 특징이다."고 말했다. 나는 저장고에 가보고 싶었지만 공개가 불가능하다고 해서 너무 아쉬웠다.

사라진 탕구트 제국을 부활하려는 술 '서하왕'

지금으로부터 1,900년 전 칭하이성
에서 한 유목민족이 출현했다. 그들은 혈통이 티베트·창족 계열
이었으나 알타이어계 언어를 썼다. 칭하이 전역과 간쑤성 서부까
지의 암도安都에서 살았는데, 6세기까지 원시 씨족사회를 유지했
다. 하늘신을 숭배했고 백색을 숭상했다. 주로 야크, 양 등을 유
목하면서 사냥을 즐겼다. 죽은 이는 한족처럼 매장하거나 티베트
인처럼 조장鳥葬하지 않고 화장했다. 바로 신비의 민족 탕구트党項
(Tangut)다.

7세기 탕구트족에게 엄청난 외풍이 밀려왔다. 암도 아래 티베트
고원에서 송첸감포라는 걸출한 영웅이 등장했기 때문이다. 633년
송첸감포는 분열된 부족들을 통합한 뒤 라싸拉薩에서 티베트의 첫

'동방의 피라미드'로 불리는 서하왕릉의 능탑.

통일왕국인 토번吐蕃을 세웠다. 뒤이어 대군을 이끌고 암도로 쳐들어갔다. 당시 암도에는 선비족鮮卑族이 세운 토욕혼吐谷渾이 있었다. 4세기 중엽부터 탕구트족은 토욕혼의 피지배민으로 선비족과 공존했었다. 그러나 토번의 잇단 침략으로 탕구트족은 정든 고향을 떠나야만 했다.

663년 토번은 토욕혼을 멸망시켰고, 암도는 680년에 이르러서 티베트인의 땅으로 완전히 바뀌었다. 그로부터 탕구트족은 당나라에 귀부해서 300여 년간 지금의 간쑤성 동부, 닝샤寧夏자치구 전역, 산시성 북부 등지에 흩어져 살았다. 9세기 들어 탕구르족은 내부 역량을 키워 나갔다. 때때로 당 지방관의 혹정과 한족 상인의 수탈에 대항해 민중 봉기를 일으켰다. 봉기는 모두 실패로 끝났지만, 민족의식을 강렬히 키워 가는 계기가 됐다. 875년 황소黃巢의 난이 일어나자, 탕구트의 한 부족장인 탁발사공拓跋思恭은 반란군을 진압하는 데 큰 공을 세웠다. 이에 당 조정은 탁발사공에게 황실의 이씨 성을 하사했다. 또한 절도사로 삼아 산시성 북부와 내몽골 서남부를 다스리게 했고, 자손 대대로 직책을 세습토록 했다. 탕구트족은 당 말기와 오대십국의 혼란기를 틈타 독립세력으로 변해갔다. 960년 대륙에 새로운 통일제국 송나라가 들어섰으나, 탁발사공의 9대손 이계천李繼遷은 이를 인정치 않았다.

이덕명李德明은 아버지 이계천과 달리 겉으로는 송에 복종하면서 속으로는 부족 통합에 힘썼다. 어느 정도 기틀이 다져지자, 그의 아들 이원호李元昊는 독립왕국 건설에 더욱 매진했다. 1033년 독자적인 연호를 채택했고 궁궐을 지었으며 관료제를 정비했다. 1036년에는 고유문자를 창제해 국서에 담아 반포했다. 1038년 이원호는 드디어 대하大夏를 개국하고 황제의 자리에 오른다. 도읍은 지금의 인촨銀川으로 정했다. 송은 대하가 영토 서쪽에 있다 하여 '서하'라 불렀다.

송 인종仁宗은 서하의 건국을 인정치 않았다. 대군을 출병시켜 서하 토벌에 나섰다. 서하군은 1040년 삼천구三川口, 1041년 호수천好水川, 1042년 정천채定川寨 등지에서 송군과 네 차례 맞붙어 모

인두신조는 서하가 티베트 밀교까지 받아들인
다원적인 문화였음을 보여 준다.

두 이겼다. 이원호는 그 여세를 몰아 요遼나라로 출격했다. 요 흥
종興宗도 친히 10만 대군을 이끌고 나왔다. 양군은 지금의 내몽골
중부인 하곡河曲에서 전투를 벌였다. 10만의 사상자가 난 격전 끝
에 서하의 승리로 끝났다. 이로써 대륙은 송—요—서하가 삼분하
게 됐다.

1044년 서하와 송은 평화조약을 맺었다. 서하는 송에 신하의
예를 취하기로 했으나 매년 송에서 은 7만 2,000냥, 비단 15만

3,000필, 차 5만 근 등을 받기로 했다. 또한 국경에 시장을 개설해 무역거래를 하게 됐다. 이처럼 송은 허울뿐인 위신은 지켰다. 하지만 막대한 실익은 서하가 얻었기에 결국 승자는 서하였다. 서하는 한반도의 5배가 넘는 거대한 제국이었다. 영토는 동으로 내몽골 바이터우包頭, 서로는 간쑤성 위먼관玉門關, 남으로 란저우, 북으로 중국과 몽골 국경선에 달했다.

건국 초 서하는 송의 관제를 모방했으나 차츰 독자체제를 정비했다. 관직은 크게 문·무관에 상사, 중사, 하사 3계급으로 나눴다. 지방행정조직은 4부, 11주, 7군, 6현, 8진을 설치해서 제국 통치를 원활히 했다. 경제는 탕구트족의 유목문화를 기반으로 한족의 농경문화를 적극 흡수했다. 무엇보다 송과 서역의 중간에 자리 잡은 지리적 이점을 십분 활용했다. 실크로드 중계무역로를 독점해 상업이 발달했고 국력이 부강해졌다. 이를 통해 서하는 200년 동안 전성기를 누렸다.

경제적 풍요를 토대로 서하는 독창적인 문화를 발전시켰다. 이는 서하문자와 불교예술을 통해 엿볼 수 있다. 초창기 탕구트족은 알타이어계 말을 썼으나 점차 티베트어를 구사했다. 암도를 떠나서는 한족 문화에도 동화됐다. 이런 다원적인 문화는 서하문자에 고스란히 담겨져 있다. 서하문자는 이원호의 명을 받아 개국공신이자 학자인 야리인영野利仁榮이 주도해 3년 만에 창제했다. 야리인영은 유학에 조예가 깊었는데, 한자의 형식을 참조해 표의문자 5900여 개를 새로 만들었다.

서하문자는 언뜻 보면 한자 같지만 내용에서 큰 차이가 있다. 회

술로 만나는 중국·중국인

이 제단 터에서 매년 죽은 황제를 위한 제사를 지냈다.

의자會意字과 형성자形聲字에 편偏, 방傍 등을 결합시켰다. 획수가 많아 어떤 자는 40획이 넘는다. 이는 한자를 단순히 원용하는 데 그쳤던 거란문자나 여진문자와 다른 점이다. 서하는 문자 보급을 위해 각자사를 두어 음운과 단어를 정리한 〈문해文海〉를 출판했다. 1149년에는 서하의 모든 분야를 아우른 법전 〈천성개구신정율령〉을 서하문자로 반포했다. 서하문자는 서하 멸망 후 한동안 쓰일 정도로 생명력이 끈질겼다.

불교는 서하의 국교였다. 황제는 고승을 국사로 모셨고 국정을 자문했다. 승려를 교육해 배출하는 승인공덕사와 출가공덕사를 설치했다. 또한 각지에 사찰을 건립했다. 이 중 1050년 인촨에 세운 승천사承天寺가 가장 컸다. 승천사의 탑은 높이 64.5m, 11층으로 지금도 닝샤에서 가장 높은 불탑이다. 18세기 지진으로 일부가 파괴되어 1820년에 중건했지만, 서하의 뛰어난 건축술은 그대로 남아있다. 인촨에서 25㎞ 떨어진 서하왕릉에서는 진귀한 불교 유물이 출토됐다.

특히 이원호의 묘로 추정되는 3호 능원에서는 사람 얼굴에 새의 몸을 한 인두신조人頭神鳥상이 발견됐다. 인두신조는 불경에서 히말라야산맥에 살며 묘한 울음을 낸다고 묘사한 '자릴핀가'다. 옛날 중국에서는 극락세계를 오가는 전설의 신조 '묘음새妙音鳥'로 추앙했다. 하지만 오늘날 둔황敦煌 벽화와 일부 사찰 유물에 그 흔적이 남아있을 뿐이다. 이와 달리 서하는 모든 건축물에 인두신조를 장식할 정도로 숭상했다. 서하불교가 티베트 밀교와 밀접한 관계를 맺었기 때문이다.

서하의 찬란한 불교예술은 카라호토黑水城에서 그 전모가 처음 드러났다. 카라호토는 지금의 내몽골 어지나기額濟納旗에 있어 간쑤성의 주취안과 가깝다. 서하의 서역 전진기지이자 변방요새로 상업이 융성했다. 서하가 멸망한 뒤 카라호토 일대는 사막화가 진행되면서 모래 속으로 사라졌고 전설로만 구전됐다. 전설이 사실이었음을 증명한 이는 러시아의 군인이자 탐험가 코즐로프다. 1909년 코즐로프탐험대는 모래 속에 묻혀있던 카라호토를 발굴했다.

코즐로프는 지인에게 보낸 편지에서 "보존이 완벽한 고대 도서관을 발견했다."고 썼다. 실제 탐험대는 두 차례에 걸쳐 수십 점의 불상, 500여 점의 불화, 8,000여 점의 고문서, 금화와 귀금속 등 엄청난 유물을 약탈해갔다. 발굴을 위해 30여 개의 불탑 중 80%를 파괴했다. 1926년 카라호토를 다시 찾아 남아있던 유물도 싹

서하와 전쟁 중 칭기즈칸이 죽자, 몽골군은 서하에 대한 무자비한 파괴와 학살을 감행했다.

쓸이해갔다. 이 카라호토의 발굴 및 유물 탈취 덕분에 한낱 퇴역 군인에 불과했던 코즐로프는 세계 고고학사의 한 획을 그은 인물로 남게 됐다.

1972년부터 발굴되는 서하왕릉은 서하의 또 다른 보고다. 서하왕릉은 허란산賀蘭山 동쪽 기슭에 황제능원 9곳과 귀족 무덤 200여 개로 조성됐다. 황제능원은 각기 독립된 건축형태다. 네모꼴에 능탑, 제단, 내성, 외성으로 이뤄졌고 북쪽에 앉아 남쪽을 향했다. 능탑은 거대한 흙덩이가 봉분처럼 솟은 팔각추 모양으로, 가장 큰 것은 직경이 34m에 달한다. 본래 능탑은 5층이나 7층의 목조건물로 둘러싸았다. 그 밑으로 계단식 통로를 뚫어서 황제 시신과 부장물을 매장했다. 3호 능원에서는 인두신조와 유목문화의 일면을 보여 주는 도깨비 형상을 한 남녀 조각의 주춧돌이 발견됐다. 6호 능원에서는 금수 조각의 암막새와 와당, 치미, 망새 등이 쏟아져 나왔다. 최근까지 전체 능원에서 14만 점의 기와, 200여 점의 건축 장식 그리고 진귀한 유물이 출토됐다. 서하왕릉은 유목민의 문화 전통 위에 한족 능원의 장점을 흡수하고 불교예술을 더해 재창조했다. 특히 '동방의 피라미드'라 불리는 능탑은 서하황실의 웅대한 기질을 잘 보여 준다.

이렇듯 서하는 창조적인 문명 위에 개국황제 이원호부터 마지막 황제 이현李睍까지 10대에 걸쳐 번영을 누렸다. 그러나 13세기 들어 몽골이 발흥하면서 그 영화에 종말을 고했다. 1206년 칭기즈칸은 몽골의 모든 부족을 통합했고 이듬해 서하의 변방을 쳐들어왔다. 서하군은 용감히 저항했지만, 수차례에 걸친 몽골 기마병의 맹공에 무릎을 꿇어야만 했다. 어쩔 수 없이 칭기즈칸에게 충성을 맹세하고 공주를 칭기즈칸의 신부로 바쳤다. 또한 몽골과 함께 금나라를 공격했다.

10여 년에 걸친 금과의 전쟁은 서하를 피폐케 했다. 이에 1216년 칭기즈칸이 함께 호레즘왕국 공략에 나설 것을 요구하자 단호히 거절했다. 분노한 칭기즈칸은 이듬해 대군을 이끌고 서하를 침공했다. 천만다행으로 몽골과의 담판이 이뤄져 서하는 패망을 면할 수 있었다. 위태롭게 정권을 유지하던 서하의 숨통을 끊으려 1226년 칭기즈칸이 다시 친정에 나섰다. 서하는 몽골 대군을 맞아 분연히 맞서 싸웠고, 이 때문에 칭기즈칸은 전투 중 죽었다.

칭기즈칸은 숨을 거두며 "서하를 섬멸하고 하나도 남기지 말라. 멸망시키고 죽여 버려라."는 유언을 남겼다. 이듬해 이현은 몽골에 투항했지만 참혹하게 살해당했다. 항복한 적국의 국왕을 살려주던 전례를 깨뜨린 것이다. 몽골군은 서하 백성들도 철저히 도륙했다. 훗날 사서는 "성은 불태워졌고 주민들은 닥치는 대로 살해되어 백골이 사방에 널렸으며 수천 리가 황폐해졌다."고 적었다. 이 같은 파괴와 학살로 인해 서하는 오랫동안 역사 기록으로만 존재했다.

근세기 들어 카라호토 유적과 서하왕릉이 발굴되면서 서하 문명은 다시 세상 밖으로 나왔다. 서하는 동서 문화를 골고루 받아들여 고도의 문명을 이룩했다. 그러나 정주민으로 변모해 경제적 안정을 누리면서 유목민의 강건하고 용맹한 품성을 잃어버렸다. 한때 송의 대군을 무찔렀고 요와 금도 감히 넘보지 못했던 서하가 몽골에 무릎을 꿇은 것은 이런 내적 변화에서 비롯됐다. 오늘날 탕구트족은 흔적 없이 사라졌지만, 그들이 남긴 유산은 중국 곳곳과 여러 분야에 남아있다.

허란산의 동남 기슭에는 서하를 브랜드로 삼아 와인을 생산하는 서하왕포도주업이 있다. 서하왕은 1984년 닝샤에서 처음 문을 연 와이너리(포도주를 만드는 양조장)다. 현재 포도밭과 양조장의 면적이 30만 무畝(1무=667㎡)에 달할 만큼 거대하다. 한 해 생산하는 포도주는 6만 톤에 달한다. 서하왕이 허란산에 와이너리를 조성한 이유는 수자원이 넉넉하고 일조량이 많은 자연조건 때문이다. 최근에는 서하왕 외에도 장위張裕, 창청長城 등 중국 와인기업의 와이너리가 들어섰다.

중국은 2014년 와인용 포도 재배면적에서 프랑스를 제치고 세계 2위에 올라섰다. 포도 경작지는 79만 2,000㏊로 스페인(102만

㏊) 다음으로 많다. 2000년 전 세계의 4%에서 14년 만에 10.6%로 급증했다. 세계 와인산업의 새로운 강자로 부상한 것이다. 내가 2015년 5월 만난 궈샤오화 서하왕 문화선전부장은 "허란산 일대는 이미 중국 3대 포도주 생산지 중 하나로 성장했다."며 "서하왕은 2013년에 외교사절 접대용 와인으로 지정됐을 만큼 대내외적으로 인정받고 있다."고 말했다.

중국 내 대다수 와인업체들이 민영회사인데 반해, 서하왕은 닝샤자치구 농업청이 운영하는 국영기업이다. 이런 이점을 십분 활용해 단시일 내에 닝샤를 대표하는 주류업체로 성장했다. 2012년 중앙정부가 지정하는 '중국유명상표'를 획득했고, 2015년까지 중국 30여 개 대도시에 판매망을 구축했다. 다만 국영기업이기에 외국 언론에 대해서는 반드시 정식 절차를 밟아 취재할 것을 요구하고 있다.

인촨에서 사마신 서하왕의 중저가 와인은 향이 향긋하고 맛이 부드러웠다. 단지 메이저 와인에 비해 떫은맛이 좀 강한 게 흠이었다. 결정적으로 와인이 함께 먹을 현지 음식이 없다는 게 큰 약점이었다. 와인은 음식과 함께 마시는 술이다. 현재 중국 내 와인 판매량 1위는 장위다. 장위가 소재한 산둥성은 한동안 서구 열강의 지배를 받아서인지, 와인과 어울리는 요리가 상당수 존재한다. 와인과 궁합이 맞는 음식을 개발해야 서하왕이 닝샤를 발판삼아 더 성장할 수 있을 듯 보였다.

무슬림 회족의 특산물 구기자로 빚은 '닝샤홍'

닝샤의 정식 명칭은 닝샤회족回族자치구다. 닝샤는 '서하여, 평안하라'는 뜻으로 참으로 운치 있는 이름이다. 처음부터 이런 멋진 지명을 가진 것은 아니었다. 기원전에는 서융西戎과 흉노의 땅이었고, 한대부터 수대까지는 간쑤성에 속했다. 당조는 변경 6주를 두어 다스렸다. 이를 탕구트족의 부족장인 이계천이 점령해 서하의 터전으로 삼았다. 서하 멸망 후 이름이 수차례 바뀐 뒤, 1928년 당시 중화민국정부가 닝샤성으로 명명하면서 지금에 이르렀다.

닝샤는 동으로 산시성, 서와 남으로 간쑤성, 북으로 내몽골자치구와 접한 서북부 오지에 자리잡고 있다. 면적은 중국 성·시 중 아주 작은 편에 속한다. 6.6만 ㎢으로 한국(9.9만 ㎢)보다 작고 4

인촨시 정부가 조성한 중화회향문화원의 아랍양식 건축물이다.

대 직할시 중 하나인 충칭(8.2만 ㎢)보다 협소하다. 인구도 적어 2015년 상주인구는 667만 명에 불과하다. 이런 사정 때문에 경제력은 볼품없다. GRDP는 2,911억 위안(약 49조 4,870억 원)으로, 티베트자치구(1,026억 위안)와 칭하이성(2,417억 위안) 다음으로 적었다.

지하자원도 서북부의 다른 성에 비해 풍부하지 않다. 석탄이 곳곳에 매장되어 있지만, 석유와 천연가스의 보고 신장위구르자치구나 적지 않은 지하자원을 간직한 산시성에 견줄 바 못 된다. 계획경제의 잔재가 남아 있어, 하부 행정단위인 촌 아래가 두이隊로 짜여 있다. 두이는 과거 마오쩌둥 시절 인민공사人民公社와 생산 집단화를 집약했던 행정집단이다. 또한 다른 성·시와 비해 국유기업의 비중이 상당히 높다.

술로 만나는 중국·중국인

그러나 닝샤는 생활의 여유가 넘치는 땅이다. 황허가 자치구 전체 300여 ㎞를 흐르면서 수자원을 제공해 주기 때문이다. 강물은 닝샤의 대지를 촉촉이 적셔 주어 밀, 벼, 수수, 옥수수 등을 넉넉히 생산케 했다. 또한 텅거리騰格里사막에서 퍼지는 사막화 현상을 일정 부분 해소하고 있다. 텅거리는 면적이 4만 2,700㎢로 중국에서 8번째로 큰 사막이다. 이 사막에서 일어난 모래먼지는 멀리 베이징, 톈진天津까지 불어간다. 이 때문에 텅거리는 황사 발원지 중 하나로 손꼽힌다.

예부터 중국에서는 '천하의 황허가 오직 닝샤에만 부를 줬다天下黃河唯富寧夏.'는 속담이 있었다. 그만큼 닝샤는 사막과 황무지 가운데 오아시스 같은 존재다. 닝샤의 구도인 인촨이 그 대표적인 도시다. 인촨은 주변에 사막과 강, 호수를 모두 아우르고 있다. 또한 서쪽으로 허란산맥이 있어 텅거리에서 몰아치는 강풍과 모래먼지를 막아 준다. 이 때문에 닝샤 인구의 1/3인 216만 명이 이 도시에 몰려 살고 있다. 이런 자연의 혜택을 시샘 받아 '변방의 보배塞上明珠'라 불려 왔다.

닝샤는 중국에서 달리 '회족의 고향'이라 불린다. 닝샤 인구 중 35%인 236만 명은 회족이다. 비록 10년 전에 비해 6%나 떨어졌지만, 여전히 많은 비율을 차지하고 있다. 회족은 중국의 55개 소수민족 중 독특한 이주 및 정착 역사를 지녔다. 이들은 실크로드가 열리면서 아라비아와 중앙아시아에서 온 상인들의 후예들이다. 특히 당대에 자신만의 주거지를 두고 본격적으로 정착했다. 수도 장

안을 위시해 광저우, 항저우, 취안저우泉州 등 큰 항구에는 아랍 상
인商民만의 마을이 생겨났다.

당시 아랍 상인의 위세는 엄청났다. 무역항을 중심으로 세계제
국 당의 상권을 쥐락펴락 했다. 중앙아시아 주민들도 대거 유입됐
다. 7세기 지금의 신장자치구를 장악한 당은 포용정책을 펼쳐 중
앙아 각지의 인재를 받아들였다. 750년에는 고구려 유민의 후예
고선지高仙芝 장군이 이끄는 당군은 지금의 우즈베키스탄 타슈켄트
까지 쳐들어갈 정도로 국력을 떨쳤다. 비록 751년 탈라스 전투에
서 아랍과 투르크 연합군에 패해 더 전진하진 못했지만, 중앙아시
아인들을 부단히 흡수했다.

8세기에는 아리비아뿐만 아니라 중앙아시아에서 급속한 이슬
람화가 진행되고 있었다. 이 때문에 중국인들은 아리비아와 중앙
아시아에서 온 상인과 주민을 이슬람교를 믿는 사람들이란 뜻에
서 '회회回回'라 불렀다. 회회의 중국 정착이 마냥 순조로웠던 것
은 아니었다. 879년 반란을 일으킨 황소黃巢는 이슬람교도를 대량
학살했다. 당 조정도 이슬람교를 믿고 단결력이 강한 회회를 경계
했다. 그 때문에 회회가 지은 모스크 청진사淸眞寺는 한족에게 줄
곧 파괴당해야 했다.

13세기 쿠빌라이 칸元世祖은 중국마저 집어삼켜서 몽골제국은
유라시아 대륙 전체를 지배했다. 원대 회회는 몽골인 다음으로 지
위가 격상됐다. 원조는 서역과 중앙아에서 온 사람들을 색목인色
目人이라 불렀는데 대다수가 무슬림이었다. 색목인은 과거 회회와

전통의상을 입고 아랍어로 쓴 기도문이 붙은 집을 나서는 젊은 회족 여성들.

달리 관리, 학자, 군인, 수공업자 등 다양한 직업을 선택해 생활했다. 또한 한족, 몽골인, 티베트인, 위구르족 등 여러 민족과 섞여 살면서 토착화됐다. 이에 따라 거주지도 중국 전역으로 확대됐다.

명대에는 〈대명률〉에 '색목인은 곧 회회다.'고 명기될 만큼 원대의 유풍을 유지했다. 다만 원말·명초에는 조정이 회회를 끊임없이 닝샤로 이주시켜 둔전을 개척케 했다. 이는 서역과 산시 사이 하서주랑河西走廊에 주로 살았던 기존의 회회와 다른 배경의 사람들이 닝샤에 정착했음을 보여 준다. 이들은 닝샤 곳곳에 집단 촌락을 형성해 살았다. 18세기에 이르러서는 '회회가 7할, 한족이 3할回七漢三'일 정도로 인구가 늘어났다.

청조는 종교적 색채가 깊은 회회 대신 '회민回民'이라 불렸다. 또한 반이슬람정책과 회민에 대한 탄압을 수시로 펼쳤다. 19세기에는 이런 폭정에 항거해 중국 곳곳에서 회민봉기가 일어났다. 이 때부터 회민을 한데 묶어 회족이란 민족 집단으로 분류했다. 이런 긴 정착 역사를 거친 만큼 오늘날 회족의 생김새는 한족과 구분하기 힘들다. 언어는 한족과 똑같이 한어를 사용하고 문자도 한문을 쓴다. 단지 종교생활을 하면서 아랍과 페르시아의 어휘를 사용할 뿐이다.

복식에선 뚜렷한 특색이 있다. 회족 남성은 보통 희고 둥근 모자를 쓰고 다닌다. 가을부터 봄까지는 검은색 조끼를 걸치길 좋아한다. 여성은 머리에 흰색, 녹색, 검은색 등의 천을 두른다. 일종의 머리 가리개로 회족식의 히잡이다. 머리카락, 귀, 목덜미 등만 덮을 뿐 얼굴은 노출한다. 이는 전형적인 히잡 스타일이기도 하다. 연해지방의 회족은 한화가 심각해 평소에 이런 복장을 잘 안 걸치지만, 닝샤의 회족에겐 필수 옷차림이다.

회족은 쌀과 면을 주로 먹는다. 요리사가 손으로 쳐서 뽑은 면발은 쫄깃쫄깃 해서 아주 맛있다. 회족의 면요리점은 중국 어딜 가나 다 있어, 면값을 통해 각지의 물가 현황을 비교해 볼 수 있다. 또한 회족은 이슬람 교리에서 인정한 할랄 고기만 먹는다. 보통 명절 때나 경조사, 손님 접대, 가족 회식 등을 위해 소나 양을 잡아먹는다. 잘 알려졌다시피 무슬림은 돼지, 말, 나귀, 개 등의 고기와 동물의 피는 먹기는커녕 손에 대지도 않는다.

다른 지역의 무슬림보다 회족은 위생과 청결을 더욱 중시한다. 물론 이슬람 교리는 예배의식 전 반드시 몸과 마음을 정결히 하도록 규정하고 있다. 닝샤의 회족은 그 수준을 뛰어넘어 날마다 소정小淨과 대정大淨을 반복한다. 소정은 손과 발을 씻고 대정은 몸 전체를 씻는 의식이다. 또한 집안 곳곳을 씻고 닦길 좋아한다. 이는 황허의 혜택으로 물이 넉넉한 자연환경 덕분이다. 차를 마시길 좋아해서 어느 집이든 물을 끓이는 화로와 멋들어진 주전자가 비치되어 있다.

보통 집 밖에는 아랍어로 쓴 기도문을 붙이고, 방안에는 코란 경문을 걸어 놓는다. 회족은 이 집안에서 결혼식을 간단하고 검소하게 치른다. 성직자인 이맘의 주례 아래 신랑 신부가 코란과 결혼에 관한 경문을 함께 읽는다. 이때 음악을 연주하거나 춤을 추는 행위는 금지된다. 아랍과 달리 회족 여성은 남성과 동일하게 이혼과 상속의 권리를 행사하고 있다. 과거에는 이슬람 교리에 따라 회족 이외 남성과 결혼하지 못했지만, 최근 들어 이교도와 혼인하는 여성도 생겨나고 있다.

오늘날 회족은 중국 소수민족 중 두 번째로 많다. 2010년 전국 인구센서스 결과 좡족 1,692만 명, 회족 1,058만 명, 만주족 1,038만 명, 위구르족 1,006만 명으로 조사됐다. 좡족이 광시자치구, 만주족이 화북지방과 동북3성, 위구르족이 신장자치구에 집거하는 데 반해 회족은 중국 각지에 흩어져 살고 있다. 이 때문에 중국정부 입장에선 체제 안정을 위하여 회족의 지지를 얻어야 한다. 다행히 회족은 신앙생활이 침해받지 않으면 정부에 협조하고 다른 민족과 적극 공존한다.

회족을 들지 않더라도 닝샤는 오래전에 이미 우리에게 모습을 드러냈다. 1987년 공개된 영화 〈붉은 수수밭紅高粱〉이 닝샤에서 촬영됐기 때문이다. 〈붉은 수수밭〉은 모옌莫言의 소설을 원작으로, 신출내기 장이머우張藝謀 감독이 궁리鞏俐와 장옌姜文을 발탁해 찍은 데뷔작이다. 원작 배경은 모옌의 고향인 산둥성 가오미高密현이었다. 하지만 장이머우가 시안영화제작소에서 일했기에 닝샤에서 제작됐다. 그 세트장이 인촨에서 서북쪽으로 38㎞ 떨어진 전베이바오鎭北堡였다.

전베이바오의 정식 명칭은 서부영화세트장西部影視城이다. 원래 명·청대 국경요새를 2014년 9월 사망한 장셴량張賢亮이 개조해 영화·드라마세트장으로 만들었다. 장셴량은 20세기 가장 영향력 있는 중국서적 100권 중 하나로 선정됐고 20여 개의 언어로 번역됐던 〈남자의 반은 여자男人的一半是女人〉의 작가다. 자신이 쓴 소설이 잇달아 영화나 드라마로 각색되자, 영상산업에 눈을 떴다. 1993년 인세와 은행 대출금 78만 위안(약 1억 3,260만 원)을 들여 전베이바오를 건설했다.

본래 전베이바오는 황량한 사막 위의 성터였다. 16세기 세워진 명대 성과 1740년 중축된 청대 성은 허란산 이북에 살던 유목민족의 침입을 막는 것이 목적이었다. 20세기 들어 성을 지켰던 병사는 떠났고 세월의 풍파 속에 잔해만 남았다. 장셴량은 옛 성벽과 마을의 원시적인 신비를 간직한 전베이바오의 매력에 주목했다. 1980년대 말 장셴량의 소개로 장이머우뿐만 아니라 중국 4세대 감독 셰진謝晉도 〈말몰이꾼〉〈노인과 개〉를 전베이바오에서 제작했다.

술로 만나는 중국·중국인

〈붉은 수수밭〉에서 시집온 궁리가 마차에서 내려 신혼집으로 들어가던 언덕과 대문.

〈붉은 수수밭〉에서는 그 매력이 극대화되어 나타났다. 궁리가 수수밭에서 가마꾼인 장원에게 겁탈당하고, 황무지를 거쳐 언덕 위 신혼집에 들어가는 장면은 인촨 주변과 전베이바오에서 촬영 됐다. 그 뒤 이곳은 독특한 자연경관과 역사적 전통을 간직한 제 작공간으로 주목받았다. 이에 따라 수많은 중국과 홍콩 영화인들 이 전베이바오를 찾았다. 쉬커徐克 감독의 〈신용문객잔〉, 저우싱츠 周星馳 주연의 〈대화서유大話西游〉 등 우리에게 익숙한 영화가 이곳 에서 만들어졌다.

중국인들은 닝샤를 연상할 때 회족과 더불어 구기자를 떠올린 다. 구기자는 '닝샤의 오색보물' 중 하나다. 여기서 오색보물이란 붉은 구기자紅枸杞, 노란 감초甘草, 파란 허란석賀蘭石, 흰 양털, 검은

흑채黑菜를 가리킨다. 구기자는 중국뿐만 아니라 우리나라, 일본, 유럽 등지에서 자란다. 중국 내에서는 닝샤의 구기자가 생산량이 가장 많고 품질이 뛰어나다. 일조량이 많은 닝샤의 강렬한 태양을 받아 말려지기 때문이다.

구기자는 몸의 기운을 회복시켜 주고 열을 내려준다. 또한 간염, 시력감퇴 등을 질병과 노화를 막아 준다. 닝샤의 회족은 차를 마실 때 꼭 구기자를 넣어 마신다. 닝샤의 한족은 한걸음 더 나아가 구기자를 넣어 술을 빚는다. 그 대표적인 술 브랜드가 닝샤홍寧夏紅이다. 닝샤홍은 증류된 바이주의 원주에 구기자를 넣어 수개월에서 3년까지 숙성시켜 제조한다. 이 때문에 닝샤홍의 술 빛깔은 짙은 붉은 색을 띠고 있다. 병 라벨과 뚜껑도 홍색이라 구기자로 담근 술이미지가 더욱 강렬하다.

원료인 구기자는 닝샤 최대의 생산지인 중닝中寧에서 조달된다. 중닝의 구기자는 인체 내 필요한 20가지 아미노산을 활성화시키는 효능을 지녔다. 이 때문에 닝샤홍은 중국에서 보건주로 분류된다. 닝샤홍을 생산하는 홍구기산업그룹은 1996년에 설립된 국영 홍샹산紅香山주업이 전신이다. 2004년 싱가포르 자본의 투자를 받으면서 지금의 이름으로 고쳤다. 회사 연혁은 길지 않지만, 2005년에 중국에서 가장 영향력 있는 20대 주류 브랜드 중 하나로 선정될 만큼 급성장하고 있다.

현재 홍구기산업그룹은 30종이 넘는 닝샤홍 시리즈를 시장에 내놓았다. 다양한 구기자 제품도 중국 전역과 해외에 판매하고 있다. 최근에는 젊은 소비자들의 취향을 고려해 구기자의 원액으로 술을

닝샤의 붉은 보물로 손꼽히는 구기자.

담근 과실주까지 개발했다. 이는 2011년 프랑스 보르도의 한 유서 깊은 와이너리를 인수한 뒤 양조기술을 축적한 결과다. 기존의 닝샤훙과 달리 술병도 와인병처럼 세련됐다. 이처럼 닝샤훙은 닝샤를 방문하는 이방인이 잊지 말고 맛보아야 할 특산물이다.

카레즈로 익은 포도로 담근 '투루판 와인'

여름의 사막은 황량하고 뜨겁다. 강렬하게 쏟아지는 뙤약볕 아래에서 사막 위를 걷다 보면 발아래 짓밟는 모래가 천근 쇳덩어리마냥 육중하다. 신장新疆자치구 중앙을 차지한 타클라마칸塔克拉瑪干 사막을 걷는 느낌이 딱 그렇다. 타클라마칸은 위구르維吾爾어로 '들어가면 살아나올 수 없는 땅'이다. 그 이름에 걸맞을 만큼 전체 면적이 33만 ㎢으로, 한반도(22만 ㎢)보다 더 넓은 모래바다다.

타클라마칸 최북단에는 오아시스 도시 투루판吐魯番이 있다. 투루판은 위구르어로 '팬 땅'이란 뜻이다. 총면적 5만 ㎢ 중 80%의 고도가 해면보다 낮기 때문이다. 투루판 남부 아이딩후艾丁湖의 수면은 해발 -154m로, 전 세계에서 사해(-392m)에 이어 두 번째로

타클라마칸의 일부인 쿰탁 사막. 멀리 보이는 마을이 루커친이다.

낮다. 여름 기온이 40~50℃를 오르내리고 지표면은 최고 83℃까지 올라가는 불의 땅이다. 연평균 강수량은 18.2㎜에 불과하고 증발량은 강수량의 180배인 3,000㎜에 달하는 건조한 땅이다. 멀리 톈산天山산맥에서 찬 공기가 몰아쳐 내려와 열차 탈선사고가 빈발하는 바람의 땅이기도 하다.

　이처럼 투루판은 중국에서 가장 낮고, 가장 덥고, 가장 건조하다. 혹독한 환경을 갖췄지만, 위구르족은 투루판을 '풍요로운 땅'이라고도 부른다. 그 이유는 척박한 자연을 극복하기 위해 고대 투루판인들이 건설한 인공 지하수로 카레즈坎兒井에서 비롯됐다. 카레즈는 페르시아어 지하수(Kārēz)에서 유래됐다. 이 카레즈를 통해 만년설로 뒤덮여 있는 톈산산맥에서 흘러내린 물은 투루판까지 이어져 온다.

카레즈는 2,000여 년 전부터 건설되기 시작했다. 땅 위에서 물 증발을 막기 위해 카레즈가 고안된 것이다. 고대 투루판인들은 삽과 곡괭이로 한 삽 한 삽 지하땅굴을 팠다. 한 사람이 모래를 파면 다른 사람이 바구니로 흙을 옮겼다. 지상에 있는 사람은 지하로 뚫린 구멍으로 바구니를 두레박에 담아 퍼 올렸다. 이렇게 만들어진 지하수로는 총연장이 5,000㎞에 달하는 대역사다. 베이징에서 항저우에 이르는 대운하(3,200㎞)보다 더 길다. 오늘날 확인된 카레즈는 1,000여 갈래에 달한다.

카레즈 덕분에 투루판은 톈산산맥의 물을 받아 뜨겁고 건조한 기후를 이겨냈다. 질 좋은 물 덕분에 투루판의 대지는 모래와 강풍의 위협을 극복하고 옥토로 변했다. 카레즈의 축복으로 투루판은 과일의 여왕인 포도의 재배가 가능해졌다. 투루판은 1년 중 300일 이상이 맑은 날이고 강렬한 햇볕이 하루 종일 작열한다. 서리가 내리지 않는 날도 200~240일에 달해, 포도의 성장과 발육에 알맞은 기후조건을 갖췄다.

포도는 아시아 서부의 흑해 연안에서 출현했다. 기원전 2세기 한무제에 의해 서역으로 파견됐던 장건張騫을 통해 중국으로 전래됐다. 현재 투루판 일대에서 재배되는 포도 품종은 550여 종에 이른다. 포도나무의 평균 수명도 150년에 달한다. 재배 총면적은 2014년 45만 무에 달했다. 총생산량은 83만 톤으로 중국 포도 생산량의 10%를 차지한다. 투루판 포도는 껍질이 얇고 육질이 풍성해 당도가 23% 이상이다. 달콤한 맛과 우수한 품질로 중국 최고의 포도라는 명성을 얻고 있다.

　중국인들은 투루판 포도를 떠올리면 도심에서 6㎞ 떨어진 포도계곡을 연상한다. 포도계곡은 길이 8㎞, 폭 2㎞에 달하는 오랜 역사를 지닌 포도농원이다. 하지만 금세기 들어서는 관광객을 위한 한낱 테마파크로 변질됐다. 이에 반해 시내에서 동쪽으로 50여 ㎞ 떨어진 루커친魯克沁진은 전형적인 포도 재배마을이다. 루커친 주민 3만여 명 중 공무원과 공안으로 일하는 한족을 제외하고 90% 이상이 위구르족이다.

　루커친은 남으로 쿰탁庫姆塔格사막과 접해 있다. 쿰탁사막은 타클라마칸의 일부로, 위구르어로는 '모래산'이라는 뜻이다. 북으로는 화염산이 있다. 화염산은 〈서유기〉에 등장하는데, 손오공이 불타는 투루판에 파초선을 부치면서 만들어졌다는 재미있는 전설이 있다. 루커친에서는 1세기부터 포도를 재배했지만 오랫동안 생산량은 많지 않았다. 루커친까지 연결된 카레즈의 수량이 적었기 때문이다. 20세기 초반 카레즈를 대대적으로 수리하면서 투루판 일대를 대표하는 포도 재배촌으로 성장했다.

　오늘날 루커친 주민들에게 포도는 생명줄이나 다름없다. 포도를 재배해 판매하여 벌어들이는 수입은 전체 가구 수입의 70%를 차지한다. 2012년 현재 루커친 주민의 평균 소득은 7,650위안(약 130만 원)으로 신장 농민의 평균소득보다 10% 더 높았다. 특히 중계상인으로 활동하는 32명 주민의 평균소득은 4만 8,000위안(약 816만 원)에 달한다. 이는 투루판의 도시민 평균 소득인 1만 7,587위안(약 298만 원)보다 3배 가까이 높은 수준이다.

루커친을 풍성하게 하는 것은 포도뿐만이 아니다. 루커친은 투루판 무캄木卡姆의 본고장이다. 투루판 무캄은 위구르 8대 무캄 중 하나이자, 쿠처庫車의 다오랑刀郞 무캄과 쌍벽을 겨룬다. 무캄은 노래, 음악, 춤 등이 함께 어우러진 위구르족의 종합예술이다. 불러지는 노래는 위구르어를 중심으로 페르시아어, 아랍어, 고대 소그드어가 섞여 있다. 소그드(Sogd)는 5~9세기 중앙아시아를 중심으로 활동했던 이란계 유목인이다.

악기 종류는 중국부터 중앙아시아, 인도, 이란 등 넓게 퍼져 있다. 대부분 위구르족 가정에 비치된 두타르는 중앙아시아 초원지대에서 널리 쓰였다. 반주악기인 탄부르는 인도에서 출현해 중국으로 전해진 발현악기다. 아이젝은 이란에 기원을 둔 궁현악기다. 춤은 경쾌하고 우아하며 변화무쌍하다. 역동적인 동작과 빠른 회전은 투르크 민족 춤의 특징을 보여 준다. 이처럼 무캄이 여러 문화권의 특색을 고루 갖췄다. 이는 신장의 굴곡 깊은 역사에서 유래됐다. 신장에 처음 정착한 사람은 유럽어족의 유목민이 주로 살았다. 신장 서남부 로프노르羅布泊의 샤오허小河 묘지군에서 이들의 모습이 드러났다. 샤오허 묘지에서는 큰 키, 금빛 머리카락, 오뚝 선 코, 깊은 광대뼈 등을 갖춘 미이라가 다수 발견됐다. 샤오허 유목민은 인류 역사상 처음으로 동서 문명교류를 촉발한 메신저였다. 중앙아시아 문화를 중국으로, 중국 문명을 서쪽으로 전파하였다. 그들의 후예가 건국한 누란樓蘭왕국과 호탄왕국은 페르시아와 인도 문화까지 받아들였다.

루커친 무캄을 연주하는 위구르 예술인들.
왼쪽부터 사용되는 악기는 러와프, 두타르, 세타르, 다프, 아이젝이다.

신장의 유목민족이 중국에 거대한 충격을 줬던 것은 흉노의 등
장부터다. 흉노는 기원전 8세기에 중국 사서에 처음 등장했고, 몽
골고원과 중국 서북부를 지배했다. 기원전 4세기부터는 전국시대
의 제후국들을 수시로 공격했다. 기원전 2세기 한무제는 중앙아시
아 왕국들과 화친을 맺어 흉노에 대항코자 장건을 파견했다. 장건
은 사신으로서의 목적을 달성하진 못했지만, 13년간 서역에 머물
면서 가져온 정보를 통해 실크로드가 열리게 됐다.

　1세기부터 흉노는 내부 분열과 한나라의 잇따른 공격으로 세력
이 약해졌다. 5세기 이후 흉노에 관한 기록은 완전히 사라졌다. 하
지만 투르크 계열의 돌궐이 등장해 흉노의 후예를 자처했다. 돌궐
은 중앙아시아와 몽골고원을 지배했는데, 문화와 풍습이 여러 면에
서 흉노와 흡사했다. 그러나 돌궐제국도 7세기 들어 부족 간의 항

쟁과 중국의 이간책으로 붕괴됐다. 그중 한 부족이었던 위구르족이 신장에 들어와 정착했다. 744년 쿠틀루그 빌게 카간骨力裴羅은 위구르 제국을 건국하고 신장 전역을 장악했다.

위구르제국은 당나라와 대응한 외교관계를 맺었다. 당이 안사의 난으로 위기를 겪자 대군을 파견해 평정하기도 했다. 100년간 번성했지만 840년 키르기스민족에게 일격을 받아 멸망했다. 이에 위구르족은 신장 곳곳에 크고 작은 왕국을 세웠다. 13세기 신장에 새로운 변화의 바람이 불어왔다. 몽골제국이 신장을 지배하면서 이슬람화가 진행됐던 것이다. 차카타이 칸국 황실이 이슬람에 귀의하면서, 피지배민이던 위구르족도 마니교와 불교에서 이슬람교로 개종했다.

16세기에 이르러 신장의 모든 투르크 계열 민족은 무슬림이 됐고 다른 종교는 자취를 감췄다. 1755년 신장을 간접적으로 지배하던 몽골제국을 몰아내고 청나라가 패권을 잡았다. 청은 러시아와의 세력 다툼에서도 승리한 뒤 1884년 신장성을 설치했다. 여기서 신장은 '새로운 영토'라는 뜻이다. 이때부터 신장은 중국의 직접 지배 아래 놓이게 됐다. 1911년 청이 멸망한 뒤 군벌의 통치를 거쳐, 1949년 공산당 정권이 점령해 지금까지 이어오고 있다.

무캄은 이런 역사를 고스란히 담고 있다. 내가 2009년 6월 만난 슐레만 아부티 루쿠친 무캄전승센터 부주임은 "7세기경 유목하던 위구르족이 신장에 정주하면서 종교의식과 일상노동 과정에서 불리고 춤추어진 것이 무캄의 시초"라고 밝혔다. 위구르족이 톈산산

바자르에서 양을 고르는 위구르족 노인. 양은 위구르족의 주식이다.

맥을 넘어 신장 서부에 처음 정착한 곳이 바로 루커친이었다. 이 때문에 무캄에서 불리는 노래는 위구르족의 신화, 역사, 문화, 감정, 애환 등이 담겨져 있다.

루커친의 대표적인 예술인 투얼슨 쓰마이는 "무캄은 다양한 역사적 전통 위에서 꽃핀 위구르족의 민족 문화와 정서를 표현한 서사시가敘事詩歌다."고 말했다. 무캄 예술인은 악보나 문서 없이 오직 구전으로 내려져 온 내용을 암기해서 공연한다. 여러 문화권의 장점을 받아들인 만큼 인류 보편성을 지니고 있다. 이로 인해 중국뿐만 아니라 전 세계 애호가들의 사랑을 받고 있다. 2005년 유네스코는 이런 무캄의 가치를 높이 평가해 인류 구전 및 무형유산으로 지정했다.

그러나 불행하게도 지금의 신장은 중국의 화약고다. 달마다 곳곳에서 2~3차례 크고 작은 유혈사건이 일어난다. 신장에 도착하면 중무장한 채 시내를 순찰하는 무장경찰을 쉽게 볼 수 있다. 신장에서 이런 참극이 끊이지 않는 이유는 뿌리 깊은 민족 갈등에서 비롯됐다. 1949년 6.7%에 불과했던 한족 비율은 2014년 40%로 급증했다. 끊임없이 몰려오는 한족에 대한 위구르족의 적개심은 상당히 깊다. 위구르족은 한족과 인종·언어·문자가 다르고, 이슬람교를 믿으며, 문화풍습에서 큰 차이가 있다.

신장은 지하자원이 풍부하다. 석유 매장량이 중국 전체의 1/6, 천연가스 매장량은 30%로 중국 1위다. 또한 주변 중앙아시아 국가들과의 무역 거래도 활발하다. 그러나 이런 경제적 결실은 모두 한족이 차지하여 원주민인 위구르족의 원성을 사고 있다. 위구르족은 중국어를 잘 구사하지 못해 일자리를 구하기 힘들지만, 한족은 손쉽게 직장을 찾는다. 중국정부는 이런 물과 기름 같은 두 민족의 깊은 갈등을 제대로 풀어주지 못하고 있다.

최근 투루판은 무캄에 뒤이어 또 다른 명품을 전 세계에 내놓으려고 준비하고 있다. 바로 맛 좋은 포도로 담근 포도주다. 투루판 와인은 이미 당대에 장안으로 보내져 판매됐다는 기록이 있을 정도로 유명했다. 시인 왕한王翰은 '량주사涼州詞'에서 읊기도 했다.

맛난 포도주를 야광 잔에 가득 따라 놓으니,

葡萄美酒夜光杯

말 위에서 비파를 뜯으며 잔 비우길 재촉하네.

欲飲琵琶馬上催

술로 만나는 중국 · 중국인

술에 취해 사막에 쓰러져도 그대 비웃질 마소.

醉臥沙場君莫笑

그러나 신장 전체가 이슬람화되면서 오랫동안 명맥이 끊겼었다. 1976년 투루판포도주공장이 문을 열면서 부흥의 전기를 마련했다. 2002년 홍콩 증시에 성공적으로 상장했고 2003년에는 이름을 누란포도주업으로 바꾸었다. 누란포도주업은 2007년 민영화 작업을 마무리한 뒤 중국 전역에 판매망을 구축했다. 지금은 중국을 대표하는 6대 와인기업 중 하나로 성장했다. 유럽의 선진 양조시설과 기술을 도입해 한 해 5,000톤 이상의 포도주를 생산하고 있다.

위구르족을 위시해 신장 내 대다수 소수민족은 술을 마시지 않는 무슬림이다. 이 때문에 누란포도주업은 신장 내 판매 실적이 지지부진하다. 하지만 뛰어난 품질의 포도와 최적의 저장조건을 바탕으로 맛좋은 와인을 생산하면서 판매량이 급증하고 있다. 중국의 와인 애호가들은 "누란포도주의 맛이 중국 포도주 중 가장 빼어나다."고 평가할 정도다.

중국은 세계 5위의 와인 소비국이다. 특히 레드 와인은 2014년 19억 4,000만 병을 마셔서 프랑스와 이탈리아를 제쳤다. 이는 전년대비 5.6% 증가한 것으로 1인당 1.4병의 와인을 마신 셈이다. 중국 내 와인 열풍에 힘입어 투루판에서 포도주를 생산하는 기업은 2015년 15개로 늘어났다. 카레즈의 맑은 물과 맛 좋고 당도 높은 포도로 생산되는 투루판 와인. 중국을 넘어 세계인의 식탁 위에 오를 날을 꿈꾸고 있다.

알타이산맥 카자흐 유목민의 술 '마유주'

신장위구르자치구 북부의 한 고산초원
에는 유목민의 생활상을 엿볼 수 있는 곳이 있다. 푸른 옥과 같은
물빛, 녹음을 한껏 뽐내는 산림, 호수 주변을 품고 있는 설산…. 사
시사철 이 모든 것을 간직해 '중국 속의 스위스'라 불리는 부얼진
布爾津현의 카나스喀納斯진이 바로 그 현장이다. 본래 카나스는 '협
곡 중의 호수'라는 몽골어에서 유래됐다. 해발 1,374m, 남북 24
㎞, 수심 188.5m에 달하는 중국 최대의 고산 호수다.

카나스진은 이 호수를 중심으로 형성된 자연 촌락으로, 신장에
서도 최북단에 자리잡고 있다. 카나스가 속한 알타이阿勒泰지구는
하나의 시와 6개의 현으로 구성된 알타이산맥의 중국 영토다. 전
체 면적이 11.8만 ㎢으로 한국9.9만 ㎢보다 크지만, 2010년 현재

용이 잠들어 있는 형상이라 해서 이름 지어진 워룽완(臥龍灣).

인구는 60만 3,000명에 불과해 인구밀도가 아주 낮다. 알타이지
구는 중국에서 유일하게 남시베리아계의 자연생태계를 품고 있다.
798종의 식물, 39종의 동물, 117종의 새, 7종의 어류, 300여 종
의 곤충류가 서식하는 생명의 보고다.

1년 중 절반이 겨울로 사나운 바람이 밤마다 몰아친다. 그러나
오래전부터 이 땅에는 카자흐哈薩克인과 투와圖瓦인이 터를 잡고 살
아왔다. 투와인은 몽골인의 방계로 투르크계의 언어, 몽골의 종교
와 문화, 카자흐의 생활습관을 갖춘 원시부족이다. 민족 분포는 한
족이 38.5%(23만 3,000명)이고 카자흐인(32만 8,000명), 회족(2
만 3,000명), 위구르족(8,703명), 몽골인(5,376명) 등 소수민족이
61.5%를 차지하고 있다.

현재 신장자치구 전역에는 12개의 민족이 어울려 살고 있다. 인구가 가장 많은 위구르족은 정주민으로 완전히 변해 버렸다. 이와 달리 카자흐인과 몽골인은 유목민의 전통과 생활을 유지하고 있다. 그동안 중국정부는 이들을 도시로 이주시키려 노력해 왔다. 하지만 지금도 유목민들은 수천 년간 이어져온 생활방식을 버리지 않고 있다. 카나스의 아름다움이 1990년대 말부터 세상 밖으로 알려지면서 관광개발이 가속화됐다. 이제는 유목생활이 하나의 문화상품으로 각광받고 있다.

알타이산맥은 중국, 몽골, 러시아, 카자흐스탄 등 4개 국가에 걸쳐 있을 만큼 거대하다. 평균 해발이 1,000~3,000m이고, 가장 높은 벨루하산은 무려 4,506m에 달한다. 지질은 혈암頁岩, 녹니편암綠泥片岩, 사암砂岩 등으로 이뤄졌고 곳곳에 화강암 지대가 형성되어 있다. 이 때문에 납, 아연, 주석, 금, 백금 등 다양한 광물이 매장되어 있다. 러시아와 카자흐스탄에서는 이런 알타이를 '루드니(광석이 많은) 알타이'라 부른다.

겉으로 드러난 알타이는 더욱 풍요롭다. 알타이는 전형적인 대륙성 한대기후의 고산지대다. 낙엽송과 활엽수가 무성한 숲, 드넓은 고산 초원, 수백 개의 크고 작은 호수, 만년설에 뒤덮인 빙하 등이 산맥 전체를 덮고 있다. 특히 산맥 허리인 1,500~2,500m 지대는 다양한 나무로 울창하게 뒤덮여 있다. 이런 산림은 총면적의 2/3를 차지한다. 연평균 강수량이 1,000~2,000㎜로 적당한 데다 만년설에서 흘러내린 물이 산림을 적셔 주기 때문이다.

천연의 자연환경 덕분에 기원전 수천 년 전부터 알타이산맥에는 다양한 유목민이 발원해 살아왔다. 흉노와 투르크 계열 민족의 일부가 여기서 시작했다. 칭기즈칸도 몽골고원을 통합한 뒤 알타이를 무대로 세력을 확장하여 유라시아대륙을 장악했다. 이 때문에 중국에서는 알타이를 '유목민의 요람'이라 부른다. 이런 아름다운 자연과 유목민의 생활을 체험하려는 투어는 중국의 카나스뿐만 아니라 러시아의 바르나울, 카자흐스탄의 알마티에서도 진행하고 있다.

현재 중국의 알타이지구는 카자흐인(54.4%)이 가장 많다. 카자흐인은 생김새가 작은 눈에 광대뼈가 튀어나오고 키가 작아 몽골인과 유사하다. 그러나 오래전부터 중앙아시아 스텝지역에서 살았던 투르크 계열 민족으로, 알타이어계의 카자흐어를 쓴다. 지난 1,000여 년 동안 카자흐인은 실크로드에서 무역 거래를 했던 상인들에게 두려운 존재였다. 바람을 가로지르는 뛰어난 기마술과 죽음을 두려워하지 않는 용맹을 뽐내며 상인들을 노략질했기 때문이다.

근대 들어 카자흐인은 겨울에는 고도가 낮은 도시에 정착해 살고, 봄부터 가을까지는 알타이산맥 곳곳을 누비며 유목생활을 해왔다. 이런 생활방식은 현재도 지속되고 있다. 우리는 보통 카자흐인과 카자크(Kazak)를 동일시한다. 하지만 카자크는 슬라브족으로 러시아어를 쓰는 군사집단이다. 이들은 제정 러시아를 지탱하던 기병부대의 핵심으로서 볼셰비키 혁명에 반대했다. 백군에 가담해 5년간 피비린내 나는 내전을 치렀으나, 전쟁은 1922년 적군의 승리로 끝났다.

내전과 무관했던 카자흐인은 자치공화국을 세워 소련 연방의 한 일원이 됐다. 소련이 붕괴되자 1991년 12월 독립을 선언해 지금의 카자흐스탄을 건국했다. 오늘날 카자흐인은 카자흐스탄과 중국 외에도 러시아, 몽골 등지에 흩어져 살고 있다. 이런 와중에도 자신만의 언어·문화·풍습 등을 유지하면서 민족 정체성을 굳건히 지키고 있다. 또한 16세기경부터 받아들인 이슬람교는 카자흐인이 전통 가치를 이어오는 데 큰 몫을 담당하고 있다. 유목민은 목축을 생업으로 풀과 물을 따라 옮겨 다니며 사는 종족 집단을 가리킨다. 옛날부터 이들은 몽골, 중앙아시아, 아라비아 등지의 초원과 건조·사막지대에 넓게 분포해 살아왔다. 한때 스키타이, 흉노, 돌궐, 몽골 등과 같은 대제국을 건국했다. 그러나 오늘날 유목민으로서 정체성과 생활습관을 모두 간직한 민족은 그리 많지 않다. 이런 현실은 중국도 마찬가지다. 55개 소수민족 중 몽골, 티베트, 카자흐, 키르기스柯爾克孜 등 극소수만 유목생활을 하고 있다.

대표적인 유목민이었던 몽골인은 금세기 들어 초원에서 쫓겨나고 있다. 중국 내 주요 거주지인 내몽골자치구가 빠르게 사막화되면서 황사가 빈번하게 일어나 황폐해졌기 때문이다. 중국정부는 내몽골 대부분 지역에서 유목을 금지했고, 몽골인 대다수는 유목생활에서 탈피해 도시의 정주민으로 변신하고 있다. 이에 반해 카자흐인은 알타이산맥과 톈산산맥의 울창한 산림과 드넓은 고산초원을 무대로 유목민의 전통을 지키고 있다.

2007년 9월 내가 찾았던 카나스진 북부 카잔츔쿠르 초원은 알타이지구의 유목지 중 하나다. 카잔춈쿠르는 평균 해발 1,600m로, 카자흐스탄에서 불과 1시간도 안 되는 거리에 위치해 있다. 카자흐인은 5월 초 중국정부의 허가 아래 유목에 나선다. 먼저 부얼진현 내 겨울 주거지에서 살림살이를 꾸려서 낙타에 짐을 싣는다. 보통 모든 가족이 친척, 이웃과 함께 무리를 짓는다. 키우던 양, 소, 말 등이 충분히 먹일 수 있는 목초지를 찾는 게 중요하다.

짧게는 이틀에서 길게는 4~5일까지 길을 나서서 묵을 곳을 정한다. 그 뒤 온 가족이 생활하고 잘 수 있는 집을 짓는다. 바로 펠트 천으로 만든 둥근 천막 유르트(Yurt)다. 유르트는 몽골의 게르(Ger)와 아주 유사하다. 겉보기에는 허름한 천막 같지만 안은 따뜻해서 고산의 추위를 막아 준다. 유르트 안은 놀랍게도 문명의 이기가 두루 갖춰져 있다. TV, 전기장판, 전화 등을 완비했고 이동식 발전기를 이용해 전기까지 돌린다.

카잔춈쿠르 초원에서 바인무랏 일가족을 만났다. 바인무랏은 부인, 두 아들과 며느리, 손자 셋 등 3대가 함께 유목생활을 하고 있었다. 키우던 동물은 낙타 6마리, 말 15마리, 소 30마리, 양 200마리 등 넉넉했다. 그 정도면 부얼진에서 중산층에 속한다. 바인무랏은 "옛날에는 유목생활이 쉽지 않았지만 지금은 겨울 주거지에서 일상에 필요한 생활용품을 그대로 가져와 쓸 수 있기에 불편을 못 느낀다."고 말했다.

고산 초원에서 몇몇 가정만 어울려 살아야 하는 유목민에게 다른 문화권에서 온 이방객은 반갑고 흥미로운 존재다. 천성이 유쾌한 유목민답게 카자흐인은 어느 민족보다 융숭하고 극진하게 손님

말을 타며 낙타를 모는 바인무랏.
낙타는 사막에만 있는 것이 아니라 고산초원에도 서식한다.

을 맞이한다. 이들은 보통 손님 대접을 위해 양 한 마리를 통째로 잡는다. 카자흐인은 평소 양고기를 삶거나 구워서 먹는다. 3~4시간 동안 푹 삶는데, 양파와 파를 듬뿍 넣어서 양고기 특유의 냄새를 없앤다. 여기에 소금과 카자흐 전통 향료를 넣어 요리를 완성한다.

유목민의 일상은 해가 저물어야 끝난다. 이 때문에 밤 8시가 가까워서야 밥상이 차려진다. 먼저 준비한 양고기를 중앙아시아 전통 빵인 난, 채소 등과 함께 밥상 위에 올린다. 식사 전 빼먹지 않고 행하는 의식이 있는데, 알라께 올리는 예배다. 카자흐인은 무슬림이라 끼니마다 코란을 암송하면서 메카를 향해 기도를 올린다. 의식이 끝나면 양고기를 상석에 앉은 손님께 바친다. 만약 손님이

술로 만나는 중국 · 중국인

여럿이면, 가장 나이가 많거나 존경할 만한 이에게 정성 들여 삶은 양머리를 드린다.

손님은 코나 입술 부위를 조금 베어 먹은 뒤 가장에게 주거나, 다른 부위를 조금씩 잘라 다른 이들에게 나눠 주고 주인에게 넘겨준다. 보통 가장은 손님에게 눈을 베어 바치는데, 이것을 먹지 않으면 주인을 무시하는 행위나 다름없기에 반드시 먹어야 한다. 목젖은 자라서 노래를 잘 하는 의미로 아이들에게 준다. 귀는 집안에서 가장 어린 꼬마에게 잘라 준다. 어른들의 가르침을 주의 깊게 듣고 멀리서 들려오는 소식을 귀담아 들으라는 뜻이다.

양머리로 어느 정도 배를 채우면 본격적으로 음주를 즐긴다. 카자흐인의 술 크므스(Qimiz)를 마시는 것이다. 크므스는 말젖, 소젖, 양젖 등을 발효시켜 만든 마유주馬乳酒다. 알코올 도수가 낮아 술이라기보다 영양음료에 가깝다. 간단하게 양조할 수 있어 신석기시대부터 마유주를 만들었을 것으로 추측된다. 유교 경전인 〈예기〉에는 예락醴酪이라는 덜 익은 감주甘酒에 대한 기록이 나온다. 이 예락이 마유주의 기원일 가능성이 높다. 소는 유순해서 여자가 젖을 짜지만 말은 예민해 남녀가 함께 일한다. 여자가 말젖을 짜면 남자가 망아지를 붙잡아 옆에 두어 그 젖을 먹게 하는 것처럼 위장한다. 소젖으로도 마유주를 만들 수 있지만 말젖보다는 질이 떨어진다. 보통 소젖은 한 마리에서 3ℓ를 채취할 수 있으나 말젖은 1ℓ도 안 나온다. 소젖은 한 번 끓인 뒤에야 발효할 수 있고, 소가 바닥에 엎드려 생활해 젖병이 날 수 있다. 이에 반해 말젖은 짜서 바로 발효해 신선도가 높고, 말이 서서 지내기에 젖병이 전혀 없다.

어릴 때부터 동물과 함께 살아온 카자흐인에게
양 잡기는 의식을 치르는 듯 경건하다.

마유주를 만들기 위해 소젖을 짜는 바인무랏의 큰며느리.

술로 만나는 중국·중국인

이런 마유주를 유라시아 전역으로 전파한 민족은 몽골인이었다. 마유주라는 명칭은 몽골어인 아이락(Aikag)에서 유래됐다. 마유주는 한 차례 발효시킨 뒤 젖을 여러 차례 부어 다시 발효시켜야 맛이 좋아진다. 이때 마유주통에 긴 막대를 꽂아두고 넓은 막대로 쉴 새 없이 저어야 한다. 보통 온 가족이 돌아가며 막대를 젓는다. 젖 속에 있는 지방과 단백질 조직을 깨뜨려 발효를 돕기 위해서다. 숙성이 끝난 마유주는 막걸리처럼 걸쭉한 색감과 3~4도의 알코올을 생성한다.

처음 마실 때는 비린내에 비위가 상하지만, 철 성분에 많이 함유되어 있어 쉽게 적응할 수 있다. 약간 새콤한 맛이 나서 마실수록 알코올이 섞인 요구르트를 마시는 기분이 든다. 무슬림인 카자흐인이 알코올이 함유된 마유주를 마시는 이유는 술이 아닌 음료라 여기기 때문이다. 유목민은 마유주를 마시면 몸을 따뜻하게 해서 감기를 이겨내고 식욕을 돋운다고 해서, 아이들에게도 마시도록 한다. 그야말로 초원에서 살아가는 유목민에게 딱 알맞은 술인 셈이다.

유목민은 식사하면서 흥이 나면 노래를 부르고 춤을 춘다. 힘에 부치면 다시 음식을 먹고 영양을 보충한다. 이는 손님을 접대할 때도 마찬가지다. 방문했던 첫날 나는 바인무랏 아들·조카와 이야기꽃을 피우며 밤늦게까지 술판을 이어갔다. 담가놓은 마유주가 동나자, 무슬림답지 않게 술꾼인 조카가 주변 마을에서 술을 사오겠다며 지프를 몰고 나갔다. 그런데 금방 온다던 사람이 1시간 반이 지나서야 보드카 2병을 들고 돌아왔다. 놀랍게도 카자흐스탄이 코

앞인 국경마을까지 다녀왔다는 것이었다.

우리는 술판을 다시 벌였고 새벽 2시경에 끝났다. 이튿날 오전 나는 잠에서 깨어나 대경실색했다. 입었던 상의는 누군가 벗겨서 빨아놓았고 덮고 있던 담요도 세탁되어 있었다. 바인무랏은 걱정스런 눈빛으로 내게 "괜찮느냐?"고 물어봤다. 머리가 너무 아프고 속이 쓰렸지만 "견딜 만하다."고 대답했다. 중국 전역을 누비며 다양한 중국인들과 술을 마셨지만, 죽다 살아난 기분이 든 것은 이때가 처음이었다. 카자흐인은 정말이지 손님이 부담스러울 정도로 대접을 잘하는 민족이었다.

술로 만나는 중국·중국인

4 술로 만나는 중원 문명

산이 높지 않더라도 신선이 살면 이름을 얻고,
물이 깊지 않더라도 용이 살면 영험하다.
이 누추한 방에는 오직 내 덕의 향기만 있도다.

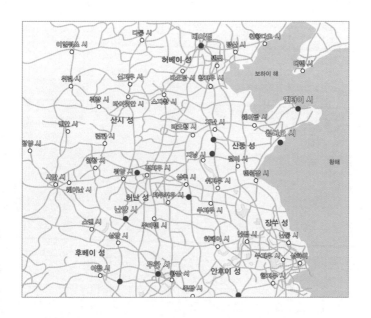

벽촌에서 꽃핀 무술 태극권의 '태극세가주'

예부터 중국에는 '중원을 얻는 자가 천하를 얻는다得中原者得天下.'는 속담이 있었다. 여기서 중원은 중국 문명을 잉태한 황허 중류의 허난河南성은 가리킨다. 허난은 지리적으로 중요한 위치를 차지할 뿐만 아니라 중국 문명의 정수인 한자를 잉태해냈다. 한자의 선조격인 갑골문은 허난 북부에 있는 안양安陽에서 발견됐다. 안양은 중국 최초의 왕조였던 은의 수도다. 갑골문은 은 왕실의 무덤인 은허殷墟에서 쏟아져 나왔다.

허난은 중국 역사의 한 획을 그은 인물을 잇달아 배출했다. 도가의 노자老子와 장자莊子, 묵가의 묵자墨子, 법가의 한비韓非와 이사李斯 등 춘추전국시대 최고의 사상가와 정치가가 허난 출신이다. 두보, 한유韓愈, 이상은李商隱 등 내로라하는 시인과 문인도 허난에서

천씨 태극권의 20대 장문인 천빙(陳炳)이 운영하는 국제태극권학원의 수련생들.

태어났다. 인구는 중국 전체 성·시·자치구 중 가장 많다. 2015년 허난의 호적인구는 1억 722만 명이다. 중국에서 처음으로 1억 명을 돌파했는데, 세계에서 허난보다 인구가 많은 나라는 10개국에 불과하다.

유구한 역사와 거대한 인구를 지녔지만, 오늘날 허난은 중국에서 낙후된 성 중 하나일 뿐이다. 황허를 기반으로 성장해 온 농업은 허난을 중국 북부 제일의 곡창지대로 키웠다. 그러나 중공업의 발전에는 독이 됐다. 농업의 비중이 높다 보니 제조업은 성장이 더딜 수밖에 없었다. 농촌 유휴인력이 많아 연해지방으로 나가 일하는 농민공이 중국에서 쓰촨四川과 더불어 가장 많았다. 2015년 허난의 농촌 주민의 소득은 1만 853위안(약 184만 원)으로, 중국 전체 농민의 평균 수입 1만 1,422위안보다 낮았다.

이처럼 허난은 눈부신 발전을 구가했던 동부와 인접했으나 성장에선 소외됐었다. 1980~1990년대에는 에이즈 발병률이 중국에서 가장 높기까지 했다. 빈곤을 벗어나기 위해 허난 농민들은 매혈을 선택했는데, 한 주사기를 계속 사용하면서 예기치 않은 비극이 벌어졌던 것이다. 외지로 나간 일부 주민은 좋은 머리를 이용해 사기를 쳤다. 실제 가짜 상품을 제조하는 상인 중 허난 출신의 비율이 높았다. 이 때문에 중국에서는 "허난인은 더럽다." "허난인은 사기꾼이 많다."는 오해와 편견이 생겨났다.

그러나 허난 어디를 가나 중국 문화의 기원을 찾아 볼 수 있다. 정저우鄭州에서 서쪽으로 86㎞ 떨어진 원溫현에서도 마찬가지다. 원현은 한족의 가장 오래된 주거지 중 하나로, 곳곳에 앙소문화 유적이 많다. 변변한 공장이 없어 지역경제가 침체되고 가난하지만, 현재는 어느 현 못지않게 유명세를 타고 있다. 그 이유는 중국을 대표하는 무술 태극권太極拳의 발상지인 천자거우陳家溝를 경내에 품고 있기 때문이다. 원현에 들어서면 커다란 선전판이 찾는 이를 반긴다. 선전판 중앙에는 중국인들이 하얀 도복을 입은 채 태극권을 수련하는 모습이 그려져 있다. 그 아래에 '태극권의 고향 원현에 오신 걸 환영합니다.'라고 쓰여 있어 무술성지에 왔음을 실감케 한다. 천자거우는 현청에서 6㎞ 떨어져 있다. 허난에서 흔히 볼 수 있는 농촌마을로, 천씨 주민이 주로 사는 집성촌이다. 마을 주민은 다 해봐야 200여 가구에 불과하다. 하지만 최근에는 원주민보다 더 많은 외지인이 몰려와 생활하고 있다. 오직 태극권을 배우

천자거우 조사전 앞에 있는 태극권의 창시자이자 1대 장문인인 천왕팅.

기 위해 시골까지 찾아온 수련생들이다.

마을 중앙에 조성된 조사전은 천자거우와 태극권의 역사를 자세히 보여 준다. 조사전 앞마당에는 태극권의 창시자 천왕팅陳王廷(1600~1680)의 석상이 우뚝 서 있다. 본래 천씨 가문은 산시山西성 훙둥洪桐현에서 살았다. 명대 초기 관부의 압력에 의해 허난으로 이주한 천푸陳卜가 천자거우 천씨의 시조다. 천푸는 문무를 겸비한 호걸이었다. 원현에 정착한 뒤 고향을 지키고 심신을 단련하기 위해 무술을 익혔다. 그로부터 9대손인 천왕팅이 본격적으로 태극권을 창시했다.

천왕팅은 가전무술을 바탕으로 척계광戚繼光이 편찬한 〈기효신서紀效新書〉, 기공의 모태인 도인토납술導引吐納術, 도교의 음양사상, 전통의학 등을 종합했다. 이는 천왕팅의 신위를 모신 조사당의 좌

술로 만나는 중국·중국인

상 양쪽에 쓰인 경구에 잘 드러난다. '대도일원 제가대성大道一元 諸家大成, 태극양의 조권술진제太極兩依 造拳術眞諦.' 큰 뜻을 품어 모든 무술의 정수를 하나로 모으고, 여기에 도교사상을 더해 창제한 무술이 곧 태극권이라는 의미다.

흥미롭게도 또 다른 무술성지 소림사가 원현에서 남쪽으로 두 시간 거리에 있다. 소림사는 덩펑登封시 쑹산嵩山 끝자락에서 창건했다. 493년 북위 황제 효문제孝文帝가 인도에서 온 고승 발타跋陀를 위해 세웠다. 사찰 이름은 샤오스산少室山 숲속에 지은 절이라는 뜻으로 명명했다. 수십 년 뒤 인도에서 온 고승 달마達摩가 소림사의 운명을 뒤바꾸었다. 달마는 남인도에 위치한 한 왕국의 왕자로 태어났다. 그 뒤 출가해 인도 선불교의 28대 조사에까지 올랐다.

520년 중국에 넘어온 뒤 중국인을 대상으로 선종을 포교하기 시작했다. 독특한 불교이론과 좌선수행법으로 큰 명성을 얻었다. 남조 황제 양무제와 만나 선문답을 했다. 527년 달마는 북위로 온 뒤 쑹산의 한 동굴을 거처로 정했다. 무려 9년간 벽을 향해 가부좌를 틀고 앉아 참선 수행을 했다. 이 과정에서 맹수와 화적의 위협에 대처하기 위해 호신술을 익혔다. 이 달마의 참선법과 호신술은 제자 도육道育과 혜가慧可에게 전해져 중국 선종과 소림무술로 꽃피웠다. 달마가 면벽참선한 달마동은 불교도와 무술인의 영원한 성지로, 오늘날 찾는 이가 끊이지 않는다.

소림사가 무술로 이름을 떨친 것은 당대부터다. 618년 왕세충이 반란을 일으켰다. 이에 소림사 승려들이 나서서 왕자 이세민李世

民을 구해내고 난을 진압했다. 훗날 이세민은 당 태종이 됐고, 황위에 오르자 소림사에 친필 비석과 많은 전답을 하사했다. 소림사 승려들은 원대 말기 홍건적의 난이 일어났을 때도 창을 들고 나가 반란군에 맞섰다. 명대에는 일본 왜구가 중국 동남지방을 수시로 침입해 약탈하자, 소림사 무승武僧들이 출동해 왜구를 물리쳤다. 20세기에는 소림사 주지를 위시한 수많은 승려들이 승병을 조직해 일본군과 맞서는 등 호국 사찰로 명성을 떨쳤다.

이렇듯 1500여 년간 소림사는 중국 역사와 무술에 큰 영향을 미쳤다. 하지만 지금까지 원형 그대로 남아있는 불교 유적은 그리 많지 않다. 긴 세월의 억겁 속에 네 차례의 큰 화재로 옛 사찰은 모두 파괴됐다. 현재는 달마동과 탑림塔林, 비석 등 일부 유적만 옛 모습을 갖추고 있을 뿐이다. 1974년 중국정부는 대웅전을 보수한 뒤 1979년 대외에 개방했다. 소림사는 사회주의 정권 수립 후 일반인에게 개방된 최초의 종교시설이었다.

태극권의 여러 명칭은 소림사의 무술과 동일하다. 천씨의 가전무술이 소림무술의 영향을 받은 데다, 태극권의 기본 권법이 〈기효신서〉에 뿌리를 두고 있기 때문이다. 척계광 장군은 왜구를 물리치기 위해 각종 병법서와 전투 시 응용됐던 무술을 바탕으로 〈기효신서〉를 편찬했다. 같은 시기 토벌에 나섰던 소림사 무승들은 왜구의 칼에 대항하여 긴 창을 사용해 큰 전공을 세웠다. 천왕팅은 〈기효신서〉에 소개된 권경拳經 32개 중 29개를 따와 태극권 속에 응용했다.

그러나 태극권은 실전무술일 뿐만 아니라 심신을 단련하는 수련술

술로 만나는 중국·중국인

이다. 소림무술이 파괴력을 중시하는 외가권外家拳이라면 태극권은 내가권內家拳이다. 태극권도 노가일로老架一路와 노가이로老架二路로 대표되는 연마 틀이 있긴 하다. 하지만 마음의 다스림을 통해 내기의 배양과 음양의 조화를 중시한다. 사실 태극권의 기초 동작이나 품새를 익히는 데는 긴 시간이 필요하지 않는다. 그러나 몸속의 음양을 조화시켜 내재된 기를 내뿜는 경지, 즉 발경發勁에 다다르기는 무척 어렵다. 발경을 하려면 적어도 5년 이상 혹독히 수련해야 한다. 이를 위해 먼저 방송放鬆의 자세가 필요하다. 몸 안의 단전에서 나오는 복식호흡으로, 근육과 관절의 긴장 및 수축을 유연히 풀어주고 마음을 다스리는 것이다. 태극권은 신법身法이 수법手法을 이끄는 무술이다. 움직임과 동시에 동작이 나눠지고 끝날 때는 동작이 합쳐진다. 동작의 속도가 느리면서도 유연해 수련 패턴을 조절할 수 있다. 손과 발, 척추와 허리, 상체와 하체를 끊임없이 움직여 운동량이 상당히 많다.

이런 태극권의 특징으로 인해 젊고 건강한 사람은 낮은 자세로 체력을 증강시킬 수 있다. 고령자나 신체가 허약한 사람은 높은 자세로 양생의 효과를 얻는다. 하나의 동작은 전체와 조화를 이뤄야 하기에 정신력을 고도로 집중시켜야 한다. 이렇게 내재된 기를 발경하기에 그 세기는 강력하다. 또한 태극권은 기와 마음을 다스리기에 스트레스로 고통 받는 현대인에게 잘 어울린다. 내가 2010년 6월 천자거우에서 만난 독일인 수련자 도리스 뮐러(여)는 "현재 독일에서는 소림무술보다 정신수련을 강조하는 태극권이 더 각광받고 있다."고 말했다. 실제 태극권이 줄기세포를 증진시키고 정신적인 피로 치료에 효과가 있다는 연구 결과가 나왔다. 2011년부터 3

년간 대만의 중국의학대학 동서의학팀은 학생 60명을 대상으로 태극권을 수련하는 그룹, 달리기만 하는 그룹, 전혀 운동하지 않는 그룹으로 나눠 실험했다. 이 결과 태극권 수련 그룹은 줄기세포 수량이 3~5배나 증가했다. 또한 심장 기능이 증진됐고 대뇌 신경세포 기능도 촉진됐다. 이런 영향으로 태극권 수련자들은 술을 즐겨 마신다. 적당한 음주는 마음을 즐겁게 해 주기 때문이다.

천자거우에도 흥미로운 주류기업이 하나 있다. 바로 태극권을 테마로 바이주를 생산하는 천씨태극주업이다. 천씨태극주업은 예부터 천자거우에 있던 양조장을 원현의 대표하는 주류업체인 자오쬒焦作 술 공장이 인수해 확장한 회사다. 예부터 천자거우에서는 원현 특산의 한약재인 회산약懷山藥을 더해서 약주를 빚었다. 이 전통주에다 자오쬒술공장의 바이주 양조방식을 더해 론칭한 술이 천씨태극주업의 대표 브랜드인 '태극세가주太極世家酒'다.

회산약은 마麻 중 최고 품질을 지닌 한약재다. 크고 곧으며 흰 겉모양이 특징이다. 약효는 전신의 기를 원활하게 소통시키고 비음脾陰을 보충해 준다. 권태감과 무력감을 다스려 주고 식욕 감소와 설사를 고쳐 주는 효과도 지녔다. 태극세가주는 회산약과 고량, 소맥 등을 두 차례 발효시킨 뒤 심층 암반수를 더해 증류하여 술을 제조한다. 약주의 효능을 지니고 있어 태극권 수련에 피곤한 신체를 편안하게 해 준다.

자오쬒술공장은 2010년 태극세가주를 처음 시장에 내놓았다. 이듬해 3월 천씨태극권의 19대 장문인인 천샤오왕陳小旺과 정식 계약을 맺은 뒤 천자거우양조장의 명칭을 천씨태극주업으로 바꿨다.

강중뤼가 기획해 매일 밤 쑹산의 한 계곡에서 열리는
야외 대형 버라이티 쇼 '선종소림 음악대전'.

2013년부터는 천샤오왕과 그의 동생이자 천자거우태극권학교의
교장인 천샤오싱陳小星을 모델로 내세워 대대적인 광고를 전개하고
있다. 이 덕분에 출시한 지 얼마 되지 않았지만 태극세가주의 판매
량은 해마다 가파르게 늘어나고 있다. 오늘날 소림사가 있는 덩펑
시는 '무술마을' '무술도시'이라 불려도 손색이 없을 만큼 무술산
업이 번성 중이다. 특히 80여 개나 되는 무술학교가 문을 열어 학
생들을 불러 모으고 있다. 도시 전체가 무술학교로 뒤덮여 있을 만
큼 거대한 산업 트러스트를 형성하고 있다. 이는 온전히 소림사의
명성에 기대어 얻은 경제적 효과다. 한 해 소림사를 찾는 관광객은
500만 명을 넘는다. 관광객이 내는 입장료와 관련 부가수입이 덩
펑시의 전체 재정수입의 20% 가까이 차지할 정도다.

덩펑시 정부는 홍콩의 중뤼中旅그룹과 각각 1억 위안(약 170억

원)을 출자해 쑹산소림문화관광회사를 설립했다. 강중뤼는 소림사를 발판으로 각종 수익사업과 공연, 이벤트, 숙박체인사업까지 벌이고 있다. 2013년 말 덩펑 곳곳의 무술학교에서 수련하는 학생 수는 9만여 명에 달했다. 이 중 1978년 소림탑구무술학교는 중국 정부로부터 최초로 인가를 받아 개교했다. 덩펑시 정부와 소림무술의 대가인 류바오산劉寶山이 공동으로 세웠다.

류하이커劉海科 소림탑구교육그룹 회장은 내게 "1970년대 말 10여 명의 학생을 모아 수련시키면서 출발했던 소림탑구의 역사는 현재 유아부부터 전문대 과정까지 2만 8,000여 명의 학생들이 공부하는 교육그룹으로 발전했다."고 말했다. 무술학교의 학비는 한 해 1만 5,000위안(약 255만 원)으로 일반 학교보다 훨씬 비싸다. 하지만 중국 각지에서 몰린 학생들로 성황을 이루고 있다. 덩펑에는 세계 각지에서 온 외국인 수련생도 수백 명에 달한다.

이런 상황은 천자거우도 마찬가지다. 천자거우에는 10여 개 무술학교가 성업 중이다. 천샤오싱 교장은 "천자거우에 대한 특별난 홍보가 없었는데도 태극권을 배우려는 수련자가 전국 각지와 해외에서 끊임없이 몰려온다."며 "정부의 체계적인 지원이 이뤄진다면 소림무술 못지않은 명성을 얻을 수 있을 것"이라고 말했다. 오늘날 중국을 가면 광장이나 공원에서 태극권을 수련하는 사람들을 쉽게 볼 수 있다. 태극권은 시골 천자거우에서 시작되어 중국 전역으로 퍼져 나갔다. 태극권에 기댄 태극세가주도 중국 주당들의 식탁 위에 오를 날을 위해 담금질하고 있다.

삼고초려를 낳은 난양 제갈량의 '와룡주'

허난성 정저우에서 남쪽으로 다섯 시간쯤 내려오면 동아시아인들에게 사랑받는 한 인물의 사당이 있다. 바로 중국인이 고금을 통틀어 가장 존경하는 재상 제갈량을 모신 무후사武候祠다. 여기서 '무후'는 제갈량에게 내려진 시호를 가리킨다. 제갈량은 생전에 무향후武鄕候라는 작위를 받았고, 사후에는 충무후로 봉해졌다. 잘 알려졌다시피, 제갈량은 위나라를 치기 위한 북벌 과정에서 234년 지금의 산시陝西성 치산岐山현에 있는 오장원五丈原에서 유명을 달리했다.

촉군은 제갈량의 시신을 몐勉현의 딩쥔산定軍山에 급히 묻은 뒤 철수했다. 제갈량이 죽자 삼국 중 가장 국력이 약했던 촉은 263년 쳐들어온 위의 대군에 항복했다. 위는 촉을 멸망시키자마자 방치

난양 무후사의 산문. 청대 지어진 무후사의 옛 입구이다.

제갈량을 모시는 전각인 대배전.
예부터 제갈량을 추모하면서 방문객들이 남긴 각종 현판이 눈길을 끈다.

술로 만나는 중국·중국인

됐던 제갈량의 봉분을 정리하고 사당을 세웠다. 이것이 중국 최초로 세워진 몐현의 무후사다. 뒤이어 삼국을 통일한 진晉은 유비가 제갈량을 찾아 삼고초려했던 허난성 난양南陽과 촉의 수도였던 쓰촨성 청두에 무후사를 더 세웠다.

훗날 중국 각지에서 무후사가 우후죽순처럼 건립됐지만, 중국인들은 역사적 의의를 되새겨서 몐현·난양·청두의 무후사를 으뜸으로 친다. 그런데 흥미롭게도 제갈량이 주군으로 모셨던 유비의 사당은 단 한 곳밖에 없다. 심지어 그 이름조차 제갈량에게 내주었다. 청두의 무후사는 본래 223년 조성된 한소열묘漢昭烈廟였다. 한소열제는 유비가 죽은 뒤 추존된 시호다. 제갈량이 사망하자 유비의 아들인 유선은 청두 외곽에 무후사를 세웠다.

이를 5세기 지방정권인 성한이 시내로 옮겨왔고, 명대 초기에 한소열묘와 합쳐서 중국 역사상 유례없는 군신합묘가 만들어졌다. 그 뒤 유비보다 제갈량을 더 높게 평가하는 후대인들의 시각이 담겨져 한소열묘보다 무후사로 불리게 됐다. 오늘날 중국인들은 청두의 무후사가 제갈량 사당인 것은 알아도 유비의 묘가 함께 있다는 사실은 잘 모른다. 유비의 사당인 유비전으로 들어가는 문의 현판조차 '명량천고明良千古'라 쓰여 있다. 이는 '명군양신, 유전천고明君良臣 流传千古'의 줄임말로, 현명한 임금과 어진 신하가 만나 오래도록 모범이 됐다는 뜻이다.

이와 달리 난양의 무후사는 제갈량에게만 초점을 맞추고 있다. 또한 중국 내 무후사 중 규모가 가장 크다. 무엇보다 제갈량이 농

제갈량의 팔괘진을 본떠 지붕을 8각으로 복원한 초려.

사를 지으며 학문에 정진했던 초려草廬에 세워졌다. 제갈량은 181
년 지금의 산둥성 린난沂南현인 낭야琅琊군에서 태어났다. 아버지
는 하급관리였는데 제갈량이 어릴 때 병사했다. 그로 인해 제갈량
은 작은 아버지인 제갈현을 따라 허베이성 징저우荊州로 가서 유소
년기를 보냈다.

제갈량은 청소년기에 거처를 허베이성 샹양襄陽로 옮겨 수경水鏡
선생이라 불렸던 사마휘 밑으로 들어가 학업을 닦았다. 이때 같은
문하에는 서서, 석광원 등 쟁쟁한 학우들이 있었다. 그러나 제갈량
의 지식과 인물 됨됨이는 그들 중 으뜸이었다. 스승의 곁을 떠난 뒤
제갈량의 행적에 대해서는 이견이 분분하다. 한쪽에선 샹양에 남아
융중隆中에서 10년간 지냈다고 말하고, 다른 한쪽에선 융중에서 1
년여 간 지낸 뒤 난양으로 이사해 초려를 짓고 살았다고 반박한다.

전자는 샹양 주민들이, 후자는 난양 사람들이 주장하며 수백 년 동안 불꽃 튀는 입씨름을 벌여왔다. 그 근거로 샹양은 제갈량이 속세로 나오면서 유비에게 바친 융중대책을 손꼽는다. 융중대책은 흔히 천하삼분지계天下三分之計로 요약된다. 진의 학자 진수陳壽가 편찬한 〈삼국지〉는 소설인 〈삼국지연의演義〉와 달리 조조의 위나라를 정통으로 삼아 사실을 근거해 편찬했다. 여기에는 제갈량이 오나라의 손권을 찾아가 다음과 같이 설득한 기록이 있다.

"만약 위군을 (유비와 힘 합쳐) 격파하면 조조는 반드시 북쪽으로 돌아가고, 그러면 징저우와 오의 세력이 강대해져서 삼국이 솥발처럼 정립하는 형태가 됩니다." 실제 샹양에서 서남쪽으로 20여 ㎞ 떨어진 곳에는 융중이라는 마을이 있다. 명대부터 샹양인들은 이곳을 정돈해서 고융중이라는 제갈량 성지를 조성했다. 이에 반발해 난양인들이 내세운 근거는 무후사와 내로라하는 시인 및 정치가가 와룡강臥龍崗을 무대로 쓴 명문이다.

와룡강은 난양시 중심가에서 멀지 않은 언덕배기다. 오늘날 무후사는 대문, 석패방, 산문, 대배전大拜殿, 제갈초려, 영원루寧遠樓 등의 순서로 배치되어 있다. 그 주변에 제갈량이 직접 농사를 지었던 곳에 세워진 고백정古柏亭, 제갈량 가족이 식수를 해결했던 제갈정諸葛井, 제갈량이 책을 읽으며 학문에 몰입했던 독서대讀書臺 등이 조성됐다. 특히 당대 이래 무후사를 방문했던 유명 인사들이 글을 지어 남겨 놓은 비석을 모은 비랑碑廊은 고융중이 따라올 수 없는 역사적 장소다.

그들 중 당대 시인 유우석劉禹錫이 지은 '누실명陋室銘'은 무후사를 배경으로 쓰인 시 중 두보의 '촉상蜀相'과 더불어 최고의 절창으로 손꼽힌다.

산이 높지 않더라도 신선이 살면 이름을 얻고,

山不在高, 有仙則名

물이 깊지 않더라도 용이 살면 영험하다.

水不在深, 有龍則靈

이 누추한 방에는 오직 내 덕의 향기만 있도다.

斯是陋室, 惟吾德馨

… 중략 …

번잡한 소리에 귀를 어지럽히지 않고

공문서에 몸을 힘들게 하지 않으니,

無絲竹之亂耳,

無案牘之勞形

난양 제갈량의 초려요, 서촉 자운의 정자로구나.

南陽諸葛盧, 西蜀子雲亭

공자도 말씀하시길, 군자에게 무슨 누추함이 있으리오.

孔子云, 何陋之有

이 시는 초려에서 지식을 배양하고 힘을 키웠던 제갈량처럼 세인들도 공명심을 멀리하고 더욱 학문에 정진할 것을 노래했다. 눈에 보이는 초려가 초라해 보이지만 여기서 춘추에 길이 남을 명재

술로 만나는 중국·중국인

상이 나왔기 때문이다. 시 구절에 제갈량의 초려가 난양에 있었음을 명시했기에 후대인들은 난양을 찾아 제갈량을 추모했다. 이와 달리 '촉상'은 760년 일어난 안사의 난을 배경으로 한다. 당시 청두로 피난 왔던 두보는 무후사를 자주 찾으면서 시상을 떠올렸다. 그는 제갈량의 일생을 시 한 편에 고스란히 담아 지금까지 중국인의 격찬을 받고 있다.

송대에는 중국 역사상 비극적인 인물 중 한 명인 악비岳飛가 와룡강을 방문했다. 본래 악비는 가난한 농민의 아들로 태어났지만, 북송이 멸망한 무렵 의용군에 투신해 혁혁한 전공을 세워 장군이 됐다. 특히 후베이성을 다스리는 군벌로 성장해 금金의 침공을 성공적으로 막아냈다. 악비는 이에 만족하지 않고 악가군을 이끌고 금나라로 여러 차례 출병하여 금군을 무찔렀다. 1138년 악비는 난양을 지나는 길에 잠시 무후사에 들렀다. 여기서 북벌에 나섰던 제갈량을 떠올리며 깊은 동병상련을 느꼈다.

이에 붓과 종이를 꺼내 제갈량이 북벌에 나서기 전 유선에게 바친 출사표出師表를 썼다. 반드시 금을 정벌해 제갈량이 못다 이룬 북벌을 완수하겠다는 다짐의 표출이었다. 그가 쓴 출사표는 처음에는 해서楷書로 단정하게 써나가다가 뒤로 가면 행서行書로 바뀐다. 국력이 미약한 남송의 현실을 안타까워하며 비분강개한 마음으로 써 내려갔기 때문이다. 하지만 이런 악비의 우국충정은 이뤄지지 못했다.

당시 남송 조정은 금과 화평을 주장하는 주화파가 주도권을 잡고 있었다. 그 우두머리였던 재상 진회秦檜는 연일 승전보를 울리는 악비가 못마땅했다. 결국 1141년 진회는 악비의 지휘권을 박탈했고 악가군을 중앙군으로 흡수했다. 악비가 이에 반발하자, 무고한 누명을 덮어 씌어 살해했다. 그때 악비는 39세에 불과했다. 생전에 악비는 서예가로도 이름을 떨쳤다. 악비는 붓으로 쓴 출사표를 석재에 새겨서 무후사에 남겼다. 이를 19세기 청 조정이 2개로 복각해서 하나는 난양에 보관했고, 다른 하나는 청두의 무후사로 보냈다.

이처럼 난양의 무후사는 숨겨진 스토리와 볼거리가 많다. 전체 면적도 15만 3,000㎡에 달한다. 13세기 원대에 처음 성역화한 뒤 규모를 끊임없이 늘려왔기 때문이다. 1996년 중국정부는 무후사를 전국중점문물보호단위로 지정했고, 지난해에는 허난성정부가 10대 관광지로 선정했다. 특히 재정비된 정원은 무후사와 절묘한 조화를 이루며 아름다운 풍경을 연출한다. 난양 주민들은 저렴한 월표月票를 구입해 무후사를 자주 찾아 휴식을 취한다.

21세기를 사는 우리는 삼고초려의 역사 현장에서 제갈량에 대한 객관적이고 냉정한 평가를 시도해 봐야 한다. 오늘날까지 전해지는 제갈량과 관련된 고사 대부분이 정사에 의존했기보다, 14세기 나관중羅貫中이 창작한 〈삼국지연의〉에 뿌리를 두고 있기 때문이다. 제갈량은 27세에 출사한 뒤 긴 세월 유비의 책사이자 외교관으로 눈부신 활약을 펼쳤다. 이는 '제갈량 신화'를 처음 탄생시킨 적벽대전赤壁大戰에서 잘 드러난다.

술로 만나는 중국·중국인

청두의 무후사에 있는 악비가 쓴 출사표. 처음과 끝의 서체가 다르다.

그러나 여기서 제갈량은 손권을 설득해 개전시켜 조조와 싸움을 붙인 이간계를 벌였을 뿐이다. 양쯔강 변에 제단을 쌓아 하늘에 축원을 올려 동남풍을 일으켰고, 허수아비를 태운 배를 앞세워 위군에게서 10만 개의 화살을 얻어냈다는 호풍환우呼風喚雨의 책략은 나관중의 상상력에서 나온 픽션에 불과하다. 사실 조조의 위군은 수전에 익숙하지 못했고, 적지 않은 병사들이 강남의 역병에 걸려 전력이 약해지면서 대패했다.

물론 적벽대전에 승리하여 주군에게 징저우를 품에 안겨준 제갈량의 공로는 칭송받을 만하다. 유비는 징저우를 발판삼아 뒷날 지금의 쓰촨인 익주를 점령했고 촉을 건국했다. 또한 유비를 도와서 선정을 펼쳐 촉의 기반을 빠르게 다져갔다. 이처럼 제갈량은 재상으로서는 뛰어난 지략과 역량을 발휘했다. 하지만 군사 지휘관으로서는 그리 성공하지 못했다. 실제로 유비가 죽은 뒤 제갈량이 군대를 직접 지휘했지만, 내세울 만한 전공은 거두지 못했고 북벌은 잇달아 실패했다.

제갈량 신화의 또 다른 사례인 남만南蠻 정벌은 역사적 사실과는 거리가 멀다. 칠종칠금七縱七擒 고사에 등장하는 맹획孟獲은 훗날 지어진 가공의 인물일 뿐이다. 제갈량이 9개월간 남정하여 정복했다는 장소는 오늘날 쓰촨과 윈난의 접경지역에 불과하다. 이 지역은 지금도 오가기 힘든 험준한 산악지대다. 〈삼국지연의〉에서는 제갈량의 군대가 이 지역을 가뿐히 넘어 윈난 남부까지 평정한 것으로 묘사했다. 최근 윈난성 정부는 이를 근거로 제갈량이 소수민족들에게 차 재배를 보급해준 은인으로 역사를 왜곡하고 있다.

제갈량의 업적에 논란이 있다고 하더라도, 그가 남긴 문장은 현대를 사는 우리가 눈여겨볼 만하다. 2차 북벌에 나서기 전 쓴 '후출사표'에 나오는 "몸이 부서지도록 최선을 다하고 죽은 뒤에야 일을 그만둔다鞠躬盡瘁 死而後已."는 글귀는 공직자라면 가슴에 깊이 되새겨야 한다. 제갈량이 죽기 전 어린 아들에게 쓴 편지 '계자서誡子書'도 정독할 만하다. 86자에 불과한 짧은 내용이지만, 배움과 수신에 대한 명구가 가득하다. 특히 '담백하고 밝은 뜻이 편안하고 고요하여 원대함을 이룬다澹泊明志寧靜致遠.'는 여덟 자는 예부터 선비들과 지식인들에게 경종을 울려왔다.

제갈량의 가르침대로 아들 제갈첨은 바르게 성장해 촉의 장군이 되어 활약했다. 263년 위의 대군이 쳐들어오자 출병해 위의 장군 등애와 맞붙었다. 등애는 사신을 보내 "투항하면 낭야왕이 되

술로 만나는 중국·중국인

도록 주청하겠다."고 제의했지만, 제갈첨은 사신의 목을 단칼에 베면서 거절했다. 중과부적으로 위군에 포위당했으나, 항복하지 않고 돌파를 시도하다 전사했다. 제갈량의 손자인 제갈상도 이 전투에서 끝까지 싸우다 죽었다. 3대가 촉에 대한 충성을 최후까지 다했던 것이다.

이런 제갈량을 그냥 놔둘 난양 사람들이 아니다. 와룡강이 위치한 행정구역은 와룡구이고, 그곳의 상점 대다수는 와룡 자를 붙여 가게 이름을 지었다. 한 주류업체도 와룡술공장이라 명명해 바이주를 제조하고 있다. 이 업체는 1939년 즈후이智慧주업이라는 국유기업으로 시작했지만, 금세기 초 제갈량과 무후사의 명성에 기대어 회사 이름을 지금처럼 바꾸었다. 개명 후 얼마 지나지 않아 고급 술인 초려대草廬對와 중저가인 와룡옥액玉液을 시장에 내놓았다.

나는 2015년 8월 난양을 찾아 와룡옥액을 마셨다. 농향형 바이주답지 않게 맛이 부드러웠다. 평소 청빈하게 살았던 제갈량처럼 술맛은 담백하고 향기는 은은했다. 술병도 여느 바이주와 달리 엷은 녹색에 투명한 유리병이었다. 와룡술공장은 2006년까지 허난의 일개 주류업체에 불과했지만, 2008년부터 와룡옥액을 중심으로 판매량이 급증하여 현재는 수출까지 하고 있다. 〈삼국지연의〉마니아가 적지 않은 우리나라에서도 수년 내 와룡옥액을 마실 날이 올지 모른다.

천하제일누각 황학루가 낳은 '절창과 명주'

우한武漢은 지리적으로 중국의 배꼽에 해당한다. 소수민족이 절대다수인 티베트와 신장을 제외하면 중국의 한복판에 자리잡고 있다. 후베이성의 수도로, 양쯔강이 도시 중간을 가로지른다. 호수도 많아서 전체 면적의 1/5이 물이다. 예부터 우한은 물이 풍부하고 토지가 비옥해 '어미지향魚米之鄕'이라 불렸다. 또한 사통팔달의 교통 요지다. 수운은 양쯔강의 중앙에 자리잡아 서로 충칭, 동으로 상하이를 잇는다. 철로는 산시, 허난, 안후이, 장시, 후난 등 9개 성·시를 연결한다.

본래 우한은 3개의 각기 다른 도시에서 출발했다. 첫째는 한수이漢水 남쪽에 있는 공업도시 한양漢陽이다. 둘째는 우리에게 신해혁명이 봉기한 장소로 잘 알려진 우창武昌이다. 마지막으로 1858

년 톈진조약에 의해 개항되어 영국·독일·프랑스 등 5개국의 조계가 있었던 한커우漢口다. 1949년 들어선 사회주의 정권은 이 도시들을 합쳐 우한을 성립했다. 세 도시가 삼족정립三足鼎立의 형세를 이루며 2015년 상주인구 1,060만 명, 면적 8,494㎢의 우한을 만들었다. 1950년대 하나의 도시로 합쳐졌지만, 각 지역은 생활권역이 전혀 달랐다. 이 때문에 한동안 우한은 '한 지붕 세 살림'을 해야만 했다. 1957년 러시아의 기술 지원을 받아 창장대교가 착공 3년 만에 개통되면서 비로소 도시 통합이 이뤄졌다. 그 한 해 전 창장대교 밑에서는 중국인들이 잊지 못할 이벤트가 벌어졌다. 환갑을 한참 넘은 마오쩌둥이 양쯔강을 가뿐히 헤엄쳐 건넜던 것이다. 창장대교의 길이는 1,670m. 양쯔강의 폭을 감안할 때 마오는 엄청난 노익장을 과시했다.

마오가 이런 이벤트를 벌인 데는 깊은 정치적 목적이 숨어 있었다. 당시 마오는 류샤오치, 덩샤오핑 등 실무파가 행정권을 잡고 있던 정국을 타파코자 했다. 이를 위해 영국과 미국을 단시일 내에 따라잡겠다는 대약진운동과 농촌의 집단화를 위한 인민공사를 구상했다. 마오는 우한에서 자신의 계획을 정리했고, 양쯔강을 헤엄치며 결의를 다졌다. 마오의 바람과 달리 대약진운동은 중국에 엄청난 재앙만 안겨준 채 실패했다. 그에 따라 마오는 일선에서 물러났지만, 1966년 우한을 다시 찾아 문화대혁명을 구상하며 실무파 축출을 노렸다.

이렇듯 마오가 각별히 아꼈던 우한을 대표하는 랜드마크는 황

황학루는 강남 3대 누각 중 하나로 중국에서 가장 크다.

학루黃鶴樓다. 황학루는 서산蛇山 서쪽 기슭에서 양쯔강을 굽어보고 있다. 악양루岳陽樓, 등왕각騰王閣과 더불어 중국 강남의 3대 누각으로 손꼽힌다. 높이가 51.4m로 중국 누각 중 가장 크고 웅장하다. 본래 황학루는 223년 오의 손권이 유비와의 전쟁을 대비해 세운 망루를 기원으로 한다. 손권은 요충지인 이곳에 도시를 건설하며 '무로 나라를 다스려 번창시키려以武治國而昌' 했다. 우창의 이름이 여기서 유래됐다.

황학루는 1,700여 년의 긴 세월 동안 파괴되고 중건되길 반복했다. 그 과정에서 규모는 점점 커졌고 건축양식은 화려해졌다. 목조로 만들었던 누각이 1884년 화재로 소실됐다. 이를 1985년 석조 건축물에다 유리기와를 얹어서 복원됐다. 창장대교의 일부가 본래 터를 차지하는 바람에 1㎞ 떨어진 지금의 자리로 옮겨 세워졌다.

술로 만나는 중국 · 중국인

밖에서 보면 5층이나 실제로 황학루는 9층이다. 누각 내부는 72개의 원형 기둥이 받치고 있어 튼튼하고 견고하다.

황학루라는 이름은 중국 도교 전진파全眞派의 조사인 여동빈呂洞賓과의 인연에서 비롯됐다. 당대 술집을 운영했던 신辛씨의 가게에 여동빈이 날마다 찾아왔다. 무려 1년 동안 값도 안 치르며 술을 마셔댔지만, 신씨는 싫은 내색 없이 그를 환대했다. 어느 날 여동빈은 먼 길을 떠나야 한다며 밀린 술값을 대신해 가게 벽에다 황학 한 마리를 그려 줬다. "손님이 올 때마다 손뼉을 치면 황학이 나와 춤을 출 것"이라는 말도 남겼다.

여동빈이 떠난 뒤 신씨는 긴가민가하며 믿지 않아 손뼉을 쳐보았다. 그러자 정말로 황학이 뛰어나와 춤을 추었다. 그 뒤로 술집은 유명세를 타서 손님들이 몰려들었다. 큰돈을 번 신씨는 여동빈을 기리기 위해 가게를 허물어 누각을 세웠고, 이름을 황학루라고 지었다. 중국의 도교서에는 여동빈이 황학루에서 승천했다는 기록이 내려져오고 있다. 이 때문에 오늘날까지 황학루는 중국 도교의 성지이자 순례지로 사시사철 신자들이 끊임없이 몰려든다.

뛰어난 절경과 흥미로운 전설을 간직한 명소답게 긴 세월 동안 수많은 시인과 명인이 황학루를 찾았다. 그들은 헤아릴 수 없이 많은 시와 문장을 남겼다. 현재까지 기록으로 전해지는 것만 400여 편에 달한다. 이 중 8세기 당대 관료 최호崔顥가 쓴 '황학루'는 중국 시문학의 한 획을 그은 절창으로 손꼽힌다. 이 시는 중국 칠언율시七言律詩의 대표작으로, 지금도 중국인들 사이에서 회자되고 있다.

황학루 내에는 여동빈과 황학의 전설을 보여 주는
모자이크 벽화가 조각되어 있다.

술로 만나는 중국·중국인

옛사람은 이미 황학을 타고 날아가 버렸고

昔人已乘黃鶴去

이곳에는 황학루만 홀로 남았구나.

此地空餘黃鶴樓

황학은 한 번 가면 돌아오지 않고

黃鶴一去不復返

흰 구름만 천년을 유유히 떠도네.

白雲千載空悠悠

맑은 날 강에서 한양의 나무들이 빛나고

晴川歷歷漢陽樹

향기로운 풀은 무성히 앵무새 섬을 덮었네.

芳草萋萋鸚鵡洲

날은 저무는데 내 고향은 어드메요

日暮鄉關何處是

안개 낀 강 위에 수심만 깊어지네.

煙波江上使人愁

　　최호는 40여 편의 시를 남겼지만, 독자적인 시세계를 구축한 시인이라 평가할 수 없다. 10대에 진사시에 합격할 만큼 총명했으나 술을 즐겨 마셨고 도박을 좋아했다. 젊었을 때는 민간에서 떠도는 가사를 시구에다 차용하길 즐겼다. 이 때문에 초창기 시는 문장만 번지르하고 내용은 부실했다. 그러나 관직에 들어선 지 얼마 안 돼, 홀연 자리를 박차고 나와 천하를 20년간 주유했다. 이 경험을 바탕

이백이 최호의 시를 보고 붓을 내려놓은 일을 기념해 지은 각필정.

으로 중년에는 웅장하고 거침없는 풍격으로 시를 써내려갔다. '황학루'는 그 절정기에 쓰인 시였다. 칠언율시는 7자로 해서 8구로 된 한시 형식이다. 3~6세기 중국 강남의 육조부터 격률이 엄격하고 규칙이 엄정한 율시가 유행하기 시작했다. 당대 초기에는 오언율시가 먼저 성행했으나, 칠언율시가 곧 대세를 이뤘다. 보통 3~4구와 5~6구가 대구對句되는데, '황학루'는 그 구조를 완벽히 보여 준다. 훗날 남송의 시인이자 비평가인 엄우嚴羽는 "당대 칠언율시 가운데 최호가 지은 '황학루'가 제일이다."라고 평가할 정도였다.

최호와 같은 시대를 살았던 이백도 뒤늦게 황학루를 찾았다. 황학루 주변에 펼쳐지는 수려한 풍광에 매료되어 시상이 자유롭게 떠올랐다. 하지만 누대에서 최호가 남긴 시를 발견했다. 시를 읽은 이

술로 만나는 중국·중국인

백은 "참으로 절묘하구나."라고 탄식하며 붓을 내려놓았다. 이 이
야기에 감복한 후세인들은 황학루 동쪽에 정자 각필정擱筆亭을 세
웠다. 각필은 붓을 놓았다는 뜻이다. 훗날 이백은 '황학루에서 광
릉으로 가는 맹호연을 떠나보내다黃鶴樓送孟浩然之廣陵.'를 남겨 아쉬
움을 달랬다.

오랜 벗이 서쪽의 황학루를 떠나
故人西辭黃鶴樓
봄 안개 지는 춘삼월 광릉으로 내려가네.
煙花三月下揚州
외로운 돛단배 멀리 푸른 하늘로 사라지고
孤帆遠影碧空盡
오직 하늘 끝으로 양쯔강만 흐르는구나.
惟見長江天際流

여기서 등장하는 맹호연은 후베이성 샹양襄陽 출신의 시인이다.
맹호연은 몇 차례 과거에 도전했으나 관계에 관시關係가 없어 줄곧
낙방했다. 40세가 넘어 문인들의 추천으로 현종玄宗을 배알할 기
회를 얻었다. 그러나 읊었던 시에서 "재주가 없어 영명한 군주에
게 버림받았다不才明主棄."는 글귀가 문제되어 쫓겨나고 말았다. 그
뒤 남은 생을 고향에서 살며 은둔했다. 훗날 왕유王維와 더불어 중
국 전원시의 쌍벽으로 손꼽혔다. 이백이 다시 붓을 들어 황학루에
관한 시를 남긴 것은 불우한 삶을 살았던 맹호연을 위한 헌사였다.

세계에서 가장 크고 오래된 목조 건축물인 잉현목탑.

중국 최고의 누각 시가 '황학루'라면, 중국 최고의 누각 산문은 '악양루기'다. '악양루기'는 11세기 북송의 걸출한 문인이자 재상 범중엄范仲淹이 썼다. 460자의 명문으로, 후난성 웨양岳陽시에 있는 악양루를 중건한 기념으로 남겼다. 문장 중 "세상 사람들보다 먼저 근심하고 세상 사람들보다 나중에 즐거워한다先天下之憂而憂, 後天下之樂而樂."는 오늘날까지 세인의 입에 오르내리는 명구다. 동서고 금을 막론하고 우국우민의 마음가짐은 공직자와 지식인이라면 반드시 갖춰야 한다.

술로 만나는 중국·중국인

현재 황학루가 목조에서 석조로 변한 데 반해, 산시성 잉應현에 있는 석가탑은 현존하는 중국 최고의 목탑이다. 일명 '잉현목탑'이라 불리는데 엄청난 신기록과 역사적 가치를 지니고 있다. 먼저 높이가 67.31m, 바닥 직경이 30.27m에 달해 목조 건축물로는 세계에서 가장 높고 크다. 겉으로 보면 8각 6층탑이지만, 내부는 3층으로 된 8각탑이다. 놀랍게도 탑을 지으면서 그 흔한 못을 하나도 사용하지 않았다. 오직 나무를 꿰맞추어 지은 것이다. 그 시기가 1,000년 전인 1056년이었다.

잉현목탑은 거란契丹이 세운 요나라의 황제 흥종興宗이 죽은 황후를 기리기 위해 건축했다. 탑을 지탱하는 돌계단을 제외하고, 오직 순수한 목탑이 지금까지 남아있는 것이 신기할 정도다. 이 때문에 이탈리아의 피사 사탑, 프랑스의 에펠탑과 더불어 세계 3대 탑 건축물로 평가된다. 1974년 잉현목탑을 보수하던 중 〈거란경〉 12권이 발견됐다. 〈거란경〉은 실체를 알 수 없었던 요대 대장경의 조판 역사를 채워주는 귀중한 인쇄물이다. 같이 발견된 석가모니 진신 치아사리 2건도 돈으로 환산하기 힘든 천고의 보물이다.

한편, 황학루는 명시만 양산하지 않았다. 같은 이름의 명주도 탄생시켰다. 중국정부가 다섯 차례 개최한 전국 술품평회에서 국가 명주상을 두 번 수상한 '황학루주'가 그 주인공이다. 황학루주는 명·청대 우한의 특산 술인 한편주漢汾酒를 전신으로 한다. 한편주는 여러 술도가에서 주조됐는데, 1915년 베이징전람회에서 3등상, 1929년 중화전람회에서 1등상을 탔다. 1952년 우한의 술도가들이 합병되어 국영 우한술공장이 성립됐다.

우한술공장은 황학루를 회사 로고로 썼는데, 소비자들의 반응이 좋았다. 개혁·개방정책이 시작되어 시장경제체제로 전환되자, 1984년 술 명칭을 황학루주로 바꿨다. 1992년에는 회사 이름마저 황학루주업으로 변경했다. 새로운 브랜드로 1984년과 1989년 전국 술품평회에서 나가 국가명주상을 받는 쾌거를 성취했다. 2013년 황학루주업은 총판매액이 처음으로 10억 위안(약 1,700억 원)을 돌파했다. 이는 전년대비 29% 급증한 호성적이었다. 같은 해 다른 바이주회사들이 마이너스 성장을 한 점을 비춰볼 때 이례적이었다. 황학루주는 중국 3대 청향형 바이주 중 하나로 손꼽힌다. 술 빛깔이 맑고 투명하며, 맛은 진하나 뒤끝은 부드럽고 단맛이 난다. 이는 보리와 완두로 발효시킨 누룩에 주원료인 수수를 더해 다시 당화시켰기 때문이다. 황화루주업 노동자들은 누룩을 만들 때 발로 밟아 반죽한다. 원주를 숙성시킬 때는 석판으로 항아리 위를 봉하고 흙벽에서 떨어뜨려 보관한다. 이런 수백 년 전에 시작된 양조기술은 현재까지 굳건히 지켜지고 있다.

긴 세월 황학루주는 우한 술시장의 70~80% 이상 점유했지만, 다른 지방에서는 판매량이 많지 않았다. 오랫동안 중저가로 고착된 브랜드 이미지 때문에 지난 10여 년간 고급 술이 주도했던 중국 바이주시장에서 어필하지 못했다. 그러나 2012년 말부터 시진핑 국가주석이 부패와의 전쟁을 일으키면서 새로운 전기를 맞고 있다. 최근 중국 술시장은 관공서와 기업이 주도했던 고가주의 소비가 급격히 줄고, 중저가 술이 인기를 끌고 있다. 맛좋고 저렴한 황학루주의 앞날이 밝은 것은 이런 시대상에 기인한다.

형주의 수호신 관우가 잠든 당양의 '관공방'

후베이성 우한에서 자동차로 서쪽으로 세 시간을 달리면 우리에게 친숙한 이름의 도시에 도착한다. 소설 〈삼국지연의〉에서 제갈량과 함께 사랑받는 관우가 지켰던 형주荊州(징저우)다. 관우의 출생 연도는 명확치 않다. 그러나 산시성 윈청運城에서 태어나, 허베이성 줘셴涿縣에서 유비를 만난 것은 확실하다. 나관중은 관우의 외모를 다음과 같이 묘사했다. "키가 9척이고, 수염은 2척이다. 얼굴은 무르익은 대추 같고, 입술은 연지를 칠한 듯 붉다. 봉황의 눈에 누에 모양의 눈썹을 가졌다. 모습이 늠름하고 위풍당당하다."

그 뒤 관우는 도원에서 유비, 장비와 의형제를 맺은 뒤 대륙 곳곳을 누볐다. 그가 일생 중 가장 오랫동안 머물었던 곳이 바로 형

관우가 성을 쌓아올린 뒤 명대 말기 증축한 징저우 고성.

주다. 여기서 형주는 오늘날 징저우와 전혀 다르다. 후한은 지방행정조직으로 13개의 주와 서역도호부를 뒀다. 당시 형주는 오늘날 후베이와 후난의 전부, 산시와 허난의 남부, 구이저우와 광시자치구의 북부에 해당하는 7개 군을 관할했다. 지금의 징저우는 당시 강릉江陵이라 불렸다.

208년 적벽대전에서 손권과 유비의 연합군은 위나라 대군을 물리쳤다. 조조는 적벽에서 패한 뒤 각 성에 심복들을 남겨 뒀다. 이에 유비는 관우, 장비, 조자룡 등을 이끌고 형주 남부의 4군을 함락했다. 주유는 강릉과 이릉夷陵을 쳐들어가 점령했다. 그러자 손권은 노숙의 권유에 따라 유비를 형주자사로 세웠다. 영토뿐만 아니라 여동생까지 유비에게 시집보내 휘하에 두고자 했다. 형주는 위군의 침입을 막는 전략적 요충지였다. 손권은 무력과 지략을 모두

술로 만나는 중국·중국인

갖춘 유비 집단이 이를 수행할 수 있으리라 믿었다.

그러나 손권 밑에서 만족할 유비가 아니었다. 213년 유장의 요청과 제갈량의 천하삼분지계에 따라 방통, 황충 등을 이끌고 지금의 쓰촨인 익주로 들어갔다. 출정에 나서기 전 유비는 관우에게 형주의 북부를 지키도록 했다. 이때 관우는 징저우 성곽을 쌓았는데, 현재까지 남아 있는 징저우 고성의 기초가 됐다. 214년 유장이 유비의 속셈을 알아채면서 양측 간에 전투가 벌어졌고, 방통이 낙성雒城에서 죽었다. 유비는 제갈량, 장비, 조자룡 등을 호출해서 익주를 차지했다.

215년 유비가 익주를 취한 사실을 알게 된 손권은 형주를 되찾으려 했다. 손권의 요구에 유비가 응하지 않자, 양측은 일촉즉발의 전쟁 위기에 빠졌다. 이때 위군이 지금의 산시성 한중漢中을 점령하고 친링秦嶺산맥을 장악하면서 쓰촨의 코앞까지 내려왔다. 유비는 위의 침략에 전력을 다하기 위해 어쩔 수 없이 형주 남부의 3군을 손권에게 내주었다. 이 일을 계기로 관우는 징저우에 관저를 두고 형주를 지켰다. 관우 혼자서 촉 동부 방어의 대임을 맡게 된 것이다.

218년 조조는 눈엣가시 같은 관우를 치기 위해 조인을 파견했다. 조인은 남양南陽에 주둔하면서 혹독하게 군졸을 모으고 군량미를 수탈했다. 이로 인해 지방관과 백성들의 불만이 팽배해져, 완성宛城태수 후음과 위개가 반란을 일으켰다. 이듬해 초 조인은 대군을 앞세워 반란을 진압했다. 그런데 이런 혼란상을 기회라 여긴 관우는 군사를 일으켜 위를 공격했다. 조조는 우금과 방덕을 보냈고 번성樊城 주변에서 양군은 격전을 벌였다. 처음에는 병력 수가 많은 위군이 압도했지만, 마침 닥친 장마를 이용해 관우는 방덕을 죽이고 우금을 사로잡는 대승을 거뒀다.

관우는 기세를 올려 번성에서 농성 중인 조인마저 압박했다. 위기감을 느낀 조조는 서황을 대장으로 증원군 20만 명을 내려 보냈다. 처음에는 관우가 징저우의 수비군까지 차출해 위군에 대응하게 맞섰다. 그러나 점차 위군의 공세에 밀려 대패했다. 엎친 데 덮친 격으로 여몽이 이끈 오군이 상인과 상선으로 위장해 징저우를 함락했다. 위군과 오군의 협공에다 가솔들이 오군에게 사로잡힌 관우의 군사들은 진영을 이탈했다. 219년 말 관우는 지금의 허베이성 당양當陽인 맥성麥城에서 탈출을 시도했지만, 임저臨沮에서 오군에 사로잡혀 관평과 함께 참수 당했다.

관우가 죽자, 징저우 주민들은 관우의 관저였던 관공관에서 제사를 지내기 시작했다. 오군은 주민들의 이런 행동을 눈감아 줬다. 그 뒤 세월의 풍파 속에 관공관은 불타 없어졌다. 이를 1396년 명조가 관우의 사당인 관제묘로 복원했고, 16~18세기 세 차례에 걸쳐 확장했다. 특히 청 옹정제雍正帝가 관우뿐만 아니라 그의 증조부, 조부, 아버지와 아들 관평, 부장이었던 주창까지 모시도록 하면서 규모가 커졌다. 하지만 아쉽게도 중일전쟁 시기 일본군의 포격으로 관제묘는 다시 잿더미로 변했다.

현재의 관제묘는 1987년 옛 유적지 위에 청대 그려 놓은 건축 도면을 기초로 복원한 것이다. 관제묘로 들어가면 정전의 문 위에 내걸린 편액이 눈에 들어온다. '위세가 천하를 뒤흔든다威震華夏.' 이 글귀는 19세기 동치제가 죽기 1년 전 친필로 써서 하사했다. 동치제는 18세에 요절했기에 그가 남긴 편액은 손가락으로 꼽을 정도다. 정전 안은 진한 향불 냄새와 더불어 사시사철 관우상을 향해 소원을 비는 중국인들로 들끓는다. 정전 중앙에는 관우가 〈춘추〉를 든 채 앉아 있다. 뒤에는 주창이 관우의 무기인 청룡언월도를 잡고, 관평은 관우의 투구를 들고 서 있다.

정전 뒤에는 청룡언월도를 든 관우상이 늠름하게 서 있다. 그 밑에는 '신위원진'이라 써져 있다. 이는 명대 말기 만력제萬曆帝가 관우를 '삼계복마대제신위원진천존관성제군三界伏魔大帝神威遠震天尊關聖帝君'에 봉한 데서 유래됐다. 관우는 역대 황제로부터 수많은 작위를 하사 받았다. 청대 말기에 이르러서는 작호가 26자에 이를 정도로 칭송은 깊어졌다. 역대 봉건왕조의 관우 숭배 열기를 더욱 적나라하게 보여 주는 곳이 징저우에서 자동차로 한 시간 떨어져 있는 당양이다.

진수가 편찬한 〈삼국지〉에 따르면, 손권은 관우의 수급을 잘라 조조에게 바쳤다. 그리고 머리 없는 시신은 제후의 예를 갖춰 당양 서북쪽에 묻었다. 〈삼국지연의〉는 손권이 유비의 보복이 두려워 관우의 죽음을 조조에게 뒤집어씌우고자 수급을 보냈던 것으로 묘사했다. 그러나 조조는 손권의 음모를 간파해 관우를 형왕荊王으로 봉했고, 향나무로 몸을 깎아 만들어 머리를 붙인 뒤 허난성 뤄양시 남쪽에 안장했다. 이 때문에 중국인들은 "머리는 뤄양을 베개 삼았고, 몸은 당양에 누워 있다."고 노래해 왔다.

관우의 시신이 묻힌 곳이 당양의 관릉關陵이다. 처음 조성될 때
는 '한의용무안왕사漢義勇武安王祠'라고 불렸는데, 15세기 중건하면
서 명 가정제가 지금의 이름을 하사했다. 관우의 수급을 묻은 뤄양
의 묘는 18세기 청 강희제가 관림關林이라는 한층 높은 칭호를 부
여했다. 본래 중국에서 '릉'은 황제의 능원에만 붙인다. 또한 '림'
은 성인의 무덤에만 바친다. 그 대표적인 사례가 공자의 묘인 공
림孔林이다. 후대에 황제로 추존된 관우가 청대에 성인의 경지까
지 오른 것이다.

관릉은 입구 격인 삼원문三元門 앞에 석패방이 늠름히 서 있고, 금
색 지붕에 붉은 벽으로 에워싸여 있다. 중국에서 금색 지붕은 황궁
이나 황제의 능원에만 얹힌다. 규모도 커서 전체 면적이 4만 5,000
㎡에 달하고 4개의 전각, 5개의 정원이 직선으로 겹쳐져 있다. 본
래 관릉은 관우의 시신만 묻은 작은 봉분이었다. 이를 송대에 더 높
게 쌓아올린 뒤 그 앞에서 사당을 세웠다. 명대에 현재와 같은 구조
로 갖춰 증축해서 오늘날까지 이르게 됐다.

삼원문을 지나 안으로 들어서면 마전馬殿이 나온다. 마전에는 관
우와 전장을 누볐던 적토마가 서 있다. 적토마는 서역에서 중국으
로 도입된 한혈마汗血馬로, 붉은 털에 토끼처럼 빠른 말을 뜻한다.
본래 〈삼국지〉에는 여포가 탔던 명마로 기록되어 있다. 이를 나관
중이 '하루에 천리를 달릴 수 있는' 관우의 말로 둔갑시켰다. 즉, 조
조가 관우를 회유하기 위해 선물했고, 관우가 죽은 뒤에는 오의 장

수 마충에서 넘어갔다고 적었다. 〈삼국지연의〉에는 "적토마가 관우를 그리워하며 아무 것도 먹지 않다가 굶어죽었다."며 주군에 대한 충심이 관우 못지않은 말로 포장했다.

199년 유비는 조조에 반기를 들어 차주를 죽이고 서주徐州를 차지했다. 이에 관우에게 하비下邳를 방어토록 했다. 이듬해 조조가 대군을 이끌고 쳐들어오자, 전투에서 진 유비는 도주해 원소에게 의탁했다. 관우는 유비의 가족을 지키다 사로잡혀 항복했다. 조조는 관우를 극진히 환대했는데, 이때 적토마를 하사했던 것이다. 관우는 원소의 대군이 침공해오자, 선봉에 나서서 원소의 부장인 안량을 죽였다. 하지만 유비로부터 편지를 받은 뒤, 선물 일체와 서신 한 통을 남겨놓은 채 조조 진영을 떠났다. 나관중은 이 편지에 다음과 같은 시가 적혀 있었다고 기술했다.

동군조조의 호의에 감사하지 않고,

不謝東君意

붉고 푸르게 홀로 이름을 세우리라.

丹靑獨立名

외로이 남은 나뭇잎 관우을 미워하지 말며,

莫嫌孤葉淡

끝내 시들어 떨어지지 않으리라.

終久不凋凌

조조는 수하들이 관우를 추적하자고 진언했지만, "사람에겐 각

소박한 느낌마저 나는 관우의 묘. 정자에 '한수정후묘'라 새겨진 비가 있다.

자 주인이 있으니 뒤쫓지 말라."며 조용히 보내줬다. 훗날 중국인들은 비바람에 흔들리면서도 꼿꼿이 서 있는 대나무 아래 관우의 시를 적어 넣는 풍우죽風雨竹이나 관제시죽關帝詩竹을 즐겨 그렸다. 주군을 위해 충절을 지킨 관우를 칭송한 것이었다.

마전을 지나면 배전拜殿이 자리잡고 있다. 배전은 역대 지방관들이 참배했던 곳이었으나 지금은 기념품 가게로 바뀌었다. 배전 뒤에 있는 정전正殿에는 청동으로 제작된 관우상이 있다. 청대 만들어진 것으로 예술적 가치는 떨어진다. 그러나 육중한 체구에 부릅뜬 눈과 바짝 치켜세운 눈썹을 갖춰 마치 전신과 같다. 징저우의 관제묘처럼 관우의 좌우로는 주창이 청룡언월도를 비껴들고, 관평은 투구를 두 손으로 바치고 서 있다. 제단 위와 청동상 양 옆에는 다양한 포즈를 취한 관우의 작은 목상과 청동상이 줄지어 놓여 있다.

정전 뒤 침전寢殿에는 높이 3.6m, 무게 800㎏에 달하는 관우상이 서 있다. 이것은 1990년대 관릉을 방문했던 한 대만인이 기부했다. 관우를 향한 존경과 흠모가 시대와 국적을 뛰어넘고 있음을 알 수 있다. 침전을 지나면 관우의 시신이 묻혀 있는 봉분에 다다른다. 관우 묘는 높이 7m, 둘레 70m로 규모가 그리 크지 않다. 흥미롭게도 묘 앞 정자의 비에는 '한수정후묘漢壽亭侯墓'라 새겨졌다. 한수정후는 관우가 안량을 죽인 뒤 조조가 조정에 표문을 올려 내린 작호다. 관우는 조조가 준 다른 선물들은 마다했지만, 적토마와 후한 황제가 내린 관작은 기꺼이 받았다.

징저우와 당양 외에도 현재 중국과 전 세계 수십 곳에는 관제묘가 남아 있다. 일본, 한국, 베트남, 말레이시아, 싱가포르, 태국 등 아시아뿐만 아니라 미국, 호주, 유럽 등 화교가 사는 곳이면 으레 공자의 사당인 문묘文廟와 더불어 관제묘가 건립됐다. 공자는 지난 2,000여 년간 아시아를 지배했던 유학 사상의 창시자다. 또한 춘추시대의 혼란을 종식하고자 노력했던 정치가이자, 수많은 제자를 배출한 교육자다. 이에 반해 관우는 무공이 뛰어났고 유비에게 충성을 다했던 의리의 상징일 뿐이다.

〈삼국지〉를 보면 "많은 병사들 사이를 돌파해 안량을 찌르고 그의 머리를 베었다."고 적혀 있다. 이를 볼 때 관우의 무예가 상당히 높았음을 알 수 있다. 하지만 원소의 또 다른 부장인 문추는 관우에게 참수당한 것이 아니라 조조군과의 전투에서 전사했다. 관우가 조조 곁을 떠나 유비에게 가면서 다섯 관문을 지나고 여섯 장수를 벤 오관참장五關斬將은 나관중의 머릿속에서 나온 허구다. 정사를 꼼꼼히 읽어본 독자라면, 〈삼국지연의〉에서 묘사된 관우의 무공 중 입증된 사례가 많지 않다는 걸 발견할 수 있다.

그렇다면 무슨 연유로 관우는 '무예의 신' '충의의 아이콘'으로 숭배됐을까?

첫째, 관우는 임금이 백성들에게 맹목적인 충성을 강요하는데 아주 유용한 인물이었다. 유비와의 의리만 지켰고 의형에게 절대적으로 복종했다. 〈삼국지연의〉를 살펴봐도, 관우에게 나라를 걱정하고 백성을 사랑하는 우국애민 정신은 찾아볼 수 없다. 군주 입장에서 민족과 국가의 안위보다 임금과 왕조만 지켜주는 충신이 더욱 반갑고 소중하다. 그 때문에 역대 봉건왕조는 적극적으로 관제묘를 세웠고 관우 우상화에 매진했다.

둘째, 관우는 백성들의 심금을 울릴 수 있는 매력적인 요소를 갖췄다. 관우는 온갖 시련과 유혹에도 유비를 위해 싸웠고 충절을 지켰다. 또한 지덕과 문무를 고루 겸비했다. 즉, 봉건왕조가 요구하는 대장부의 품격과 기상을 갖춘 인물이었다. 그러나 금세기까지 관제묘를 복원하고 관우를 숭배하는 것은 과유불급이다. 관우는 뛰어난 장수였지만, 전략가로서의 실력은 낙제점이었다. 219년 천연의 요새인 징저우를 내팽개치고 위를 공격한 행동은 너무나도 큰 실수였다. 그로 인해 관우는 죽음을 맞이했고 종국에는 유비와 장비마저 사지로 몰고 가게 했다.

그런데 관우에게 성인이나 황제보다는 한참 격이 낮으나, 현지

관제묘 내전에 있는 유비, 관우, 장비 삼형제상.
이들은 오늘날 신처럼 받들어지고 있다.

주민들에게 친숙한 작위 '공'을 붙여 술을 제조하는 회사가 있다. 당양 바로 옆 이창宜昌시 룽취안龍泉진에 있는 관공방關公坊주업이 그 주인공이다. 관공방은 2002년 후베이성에서 가장 큰 바이주업체인 다오화샹稻花香그룹이 당양관공술공장을 합병해 설립했다. 본래 당양에 있던 관공술공장이 M&A 당하면서 다오화샹의 생산기지인 룽취안으로 이전된 것이다. 비록 양조 장소는 바뀌었지만, 관공술의 특징인 짙으면서 상쾌하고 담백하면서 우아한 맛은 그대로 유지했다.

실제 필자가 당양에서 마셔본 관공방의 중저가 바이주는 입안에 닿는 느낌은 맑고 시원했고, 목으로 넘어가서도 부드러웠다. 관공방은 저가에서 고가까지 다양한 가격대의 술을 제조하고 있다. 다오화샹의 전국적인 판매망을 통해 2003년 3,000만 위안(약 51억 원)에 불과했던 총판매액은 2012년 1억 8,000만 위안(약 306억 원)을 달할 정도로 급증했다. 현재 중국에는 산시성 윈청에 관제주 업이, 장쑤성 난징에 관운장주업이 있다. 그러나 두 업체는 워낙 작은 술회사라서 존재감이 미미하다. 관우를 앞세운 관공방의 승승 장구가 언제 이어질지 주목된다.

효웅 조조와 명의 화타의 고향술 '구징공주'

3세기 초 후한後漢 말기 때 이야기다. 조조曹操는 위왕魏王까지 올랐으나 두통이 갈수록 심해졌다. 좋다는 약을 모두 먹었지만 백약이 무효했다. 신하 중 한 명이 민간에서 활약하던 명의를 추천했다. 바로 '중국 외과의 비조'로 불리는 화타華陀였다. 조조는 즉시 화타를 조정으로 불러들였다. 화타는 조조를 진찰한 뒤 "왕의 머릿속에 바람이 이는 풍질風疾이 있어 머리가 아픈 것"이라고 말했다. 이에 "완쾌를 위해 마비산麻沸散을 뿌려 왕이 잠드시면 머리를 쪼개 바람기를 걷어내겠다."고 진언했다.

조조는 화타가 자신을 해하려 한다고 의심했다. 수술을 바로 하는 대신 화타를 어의로 임명해 곁에 두려 했다. 하지만 화타는 자신의 의술을 한 사람 아닌 만백성을 위해 사용하고 싶었다. 그래서

보저우의 조조공원 내에 세워져 있는 조조상.

부인이 위독해 고향에 돌아가 돌봐야 한다며 거짓을 고했다. 조조는 화타의 청을 받아들였고, 화타는 조정을 벗어날 수 있었다. 그러나 조조는 화타의 말을 믿지 않았다. 군사를 화타의 고향으로 보내 확인케 했다. 거짓말은 곧 탄로가 났고 화타는 조정으로 압송됐다.

옥에 갇힌 화타는 머지않아 처형되리라 여겼다. 이에 몸에 지니고 있던 의서를 옥리에게 건넸다. "내가 죽어도 이 책은 세상 사람들을 구할 수 있을 수 있다."며 후세인들에게 전해 줄 것을 신신당부했다. 그러나 옥리는 자신에게 화가 미칠까 두려워 의서를 모두 불태웠다. 며칠 뒤 화타는 고된 옥살이를 견뎌내지 못하고 절명했다. 조조는 병세가 더욱 깊어지는 데다 아들까지 요절하자, 뒤늦게야 화타를 죽인 것을 후회했다.

사실 화타가 조조에게 사용하려 했던 마비산은 인도산 대마로

술로 만나는 중국·중국인

만든 마취제였다. 화타는 이 마비산으로 환자를 전신 혹은 부분 마취한 뒤 다양한 수술을 시행했다. 시술 속도가 워낙 빨라서 환자가 마취에서 깨어나면 아무런 통증을 못 느낄 정도였다. 위장이 절제된 환자가 4~5일 만에 완치된 일화도 전해진다. 화타는 외과뿐만 아니라 내과, 산부인과, 소아과, 침구술 등 의료 전반에 도통했다. 또한 양생술의 일종인 오금희五禽戲로 건강을 다져서, 60세가 넘어서도 혈색이 돌고 40대 중년보다 젊어 보였다.

화타의 고향은 안후이安徽성 서북부에 있는 보저우亳州다. 예부터 보저우는 안후이와 허난을 이어 주는 상업도시였다. 그렇기에 조조는 조정이 있던 뤄양에서 군사를 보저우로 보낼 수 있었다. 보저우 한복판에는 허난에서 발원해 안후이와 장쑤를 거쳐 황허로 흘러 들어가는 화이허淮河의 지류가 흐른다. 이 때문에 수량이 풍부하고 토지가 비옥하다. 3,600년 전 상商의 개국군주 성탕成湯은 이런 보저우를 도읍지로 정했다. 오늘날에도 교통의 요지이자 안후이 2대 도시로, 2015년 호적인구가 635만 명에 달한다.

화타가 태어나 활약했던 곳답게 보저우에는 중국에서 가장 큰 약재시장이 있다. 보저우 중약재교역시장이 그것이다. 보저우 중약재시장은 1995년 문을 열었다. 전체 면적이 3.2만 ㎡에 달하고, 2013년 말까지 5,600여 개의 가게가 입주해 있다. 날마다 2600여 종, 6,000톤의 약재가 거래된다.

이에 한 해 총거래액은 100억 위안(약 1조 7,000억 원)에 달한다. 시장이 지금의 규모로 성장한 데는 보저우 일대에서 생산되는 다양한 약재가 밑거름이 됐다.

보저우에는 중약재를 재배하는 마을이 800여 곳이나 된다. 재배 면적은 중국 전체의 1/10, 생산량은 1/3을 차지한다. 작은 향진기 업에서 성장해 일정한 규모를 갖춘 기업만도 117개에 달한다. 이들 기업이 2013년에 낸 총생산액은 161.6억 위안(약 2조 7,472억 원)으로, 전년대비 20.6%나 증가했다. 중국 4대 중약재시장 중 재배, 가공, 전시, 판매, R&D 연구, 인력 배양 등 완벽한 산업시스템을 갖춘 곳은 보저우가 유일하다.

흥미롭게도 화타를 사지로 몰아넣은 조조도 보저우 출신이다. 조조의 할아버지 조등曹騰은 후한 황실을 쥐락펴락했던 십상시十常侍 중 한 명이었다. 조등은 환관이라 자식을 낳을 수 없었기에 양자로 조숭曹嵩을 받아들였다. 집안 내력 때문에 조조는 '환관의 손자'라는 꼬리표가 붙었고, 조정의 권문세가들로부터 멸시를 당했다. 이 때문에 평생 동안 조조로 하여금 콤플렉스에 시달리게 했다. 조조는 조등과 조숭이 죽자 고향에 묘를 조성했다. 오늘날 보저우에는 조조공원과 함께 '조조가문묘군'이 원형 그대로 보존되어 있다.

오랜 세월 조조는 소설 〈삼국지〉로 인해 난세의 간웅으로 각인됐었다. 화타와의 고사도 이런 조조의 흉악함을 보여 주는 일화다. 그러나 조조는 후한 혼란기에 비상한 능력으로 여러 영웅호걸을 제압하고 중국 북부를 통일한 초세지걸超世之傑이다. 탁월한 지략은 관도대전官渡之戰과 적벽대전赤壁之戰을 통해 알 수 있고, 신묘한 통솔력은 그의 밑에 구름처럼 모인 참모·장군을 통해 증명된다. 보저우에는 조조가 전투에 앞서 군사를 몰래 이동시키기 위해 건설했던 지하통로인 운병도運兵道가 남아 있다.

조조의 용인술은 아주 파격적이었다. 조조는 오직 능력만 보고 인재를 뽑았다. 어느 분야를 막론하고 뛰어난 재주가 하나 있으면 출신 성분이나 인격적 결함에 구애 없이 과감하게 기용했다. 심지어 아내를 고를 때에도 마찬가지였다. 정부인이 죽자 첩인 변씨를 정실로 앉혔다. 변씨는 기녀 출신이었으나 총명하고 현숙했다. 이런 냉철한 현실 인식을 바탕으로 무력을 앞세워 혼란을 종식시키려 했고, 법가사상으로 나라를 통치했다. 둔전제, 전매제 등을 실시해 백성들의 생활안정과 군비확충을 꾀했다. 전쟁 사상자와 그 유가족, 극빈가정을 위한 구호정책도 시행했다.

조조는 문예에도 조예가 깊었다. 〈손자병법〉의 뛰어난 해석가로 전문에 주석을 꼼꼼히 달아 남겼다. 감수성 어린 시인으로 소박한 민요였던 악부樂府를 문학의 한 장르로 정착시켰다. 아들인 조비曹조, 조식曹植과 더불어 건안칠자建安七子로 손꼽히며 문단을 이끌었다. 후대인들은 조조의 작품을 '후한 말의 진실한 서사시'로 평가한다. 전란으로 피폐한 백성의 생활, 전투에 지친 병사들의 심정 등이 시에 고스란히 담겨져 있기 때문이다. 그중 한 수가 '각동서문행却東西門行'이다.

기러기가 날아오는 북녘 변방,

鴻雁出塞北

이곳은 여전히 인적 없는 마을이네.

乃在無人鄉

날개 짓하여 만여 리를 날아,

舉翅萬餘里

가거나 멈추길 제 스스로 하네.

行止自成行

겨울에는 남녘 벼로 배를 채우고,

冬節食南稻

봄에는 다시 북녘으로 돌아오네.

春日復北翔

… 중략 …

세월이 흘러 늙은 장수가 됐는데,

冉冉老將至

어느 때라야 고향으로 돌아갈 수 있으리.

何時返故鄉

신령스런 용은 깊은 연못에 몸을 감추고,

神龍藏深泉

사나운 짐승은 높은 언덕을 거니는구나.

猛獸步高岡

여우도 죽을 때는 머리를 고향으로 향하는데,

狐死歸首丘

고향을 어찌 잊을 수 있으리오.

故鄉安可忘

송대 술을 빚은 우물. 강물의 범람으로 지하 4m 아래 파묻혔다가 1996년에 발견됐다.

조조가 죽은 뒤 그의 무덤은 종적이 묘연했다. 그런데 2009년 말 그 모습을 드러냈다. 허난성 문물국 조사팀이 안양현 시가오 쉐西高穴촌의 동한시대 무덤군을 발굴하는 과정에서 발견했다. 위무왕魏武王이 사용한 창, 위무왕이 사용한 돌베개 등의 명문이 출토됐다. 중국 국가문물국은 이듬해 1월 ▲무덤 형태가 동한 것이고 ▲무덤 규모가 황제가 사용했을 만큼 크며 ▲〈삼국지〉 '위서·무제기' 등 고대사서 기록과 일치하는 근거로 제시하며 조조의 묘인 고릉高陵이라고 발표했다.

특히 발견된 유골과 치아 등을 DNA 검사한 결과 조조의 무덤이 확실하다고 결론 냈다. 그러나 같은 해 8월 고고·역사학자 23

명이 "무덤이 조작됐을 가능성이 크다."며 의혹을 제기했다. 학자들은 ▲명문의 글씨가 현대의 것과 유사하고 ▲조조는 생전에 위왕 사후에 무왕이라 불렸을 뿐 위무왕이라 불리지 않았으며 ▲발굴된 석상에서 전기톱의 자국이 나타나는 등 발굴 과정이 조작됐다고 주장했다. 이에 적지 않은 언론매체가 동조하면서 현재까지 논란이 이어지고 있다.

보저우에는 조조와 관련된 술이 있다. 안후이 최고의 명주로 손꼽히는 구징공주古井貢酒가 그 주인공이다. 이 술과 관련된 고사는 6세기에 쓰인 농업기술서 〈제민요술〉에 기록되어 있다. 어느 날 조조는 후한의 마지막 황제인 헌제獻帝에게 고향에서 빚은 구온춘주九醞春酒를 바쳤다. 그러면서 다음과 같이 자랑했다. "이 술을 만들 때는 누룩 20근을 물 5섬에 씁니다. 섣달 2일에 누룩을 담그고 정월에 해동하지요. 좋은 쌀을 골라 쓰며 누룩찌꺼기를 잘 걸러냅니다. 사흘에 한 번씩 술밥을 넣고 아홉이 되어야 그칩니다. 이런 과정을 거치기에 술 맛이 달고 마시기 편하지요."

구온춘주를 마신 헌제는 술맛에 감탄했고 어주로 사용토록 명했다. 이는 중국에서 술 제조법을 기재한 가장 오래된 역사 기록이다. 그 뒤 구온춘주는 오래된 우물古井 물로 주조한다고 하여 '구징주'로 이름이 바뀌었다. 명·청대에 잇따라 황실에 진상하는 술로 지정되면서 '공'자가 더해져 구징공주가 됐다. 오늘날 구징공주를 생산하는 구징공주주식회사의 역사는 16세기로 거슬러 올라간다. 1515년 설립된 공흥조방公興槽坊이 그 시초다.

공흥조방은 오래된 우물 옆에서 작은 양조장을 세워 술을 빚기

명대 말기부터 누룩을 발효하는 구덩이. 송대 우물,
양조장 유적 등과 더불어 구징술문화박물관으로 꾸며졌다.

시작했다. 명 황실의 진상주로 지정되면서 수요가 많아졌다. 그에
따라 규모를 확장하고 생산량을 늘렸다. 명대 말기 누룩을 발효하
던 구덩이는 지금도 남아 있어, 당시 공흥조방의 모습을 짐작할 수
있다. 공흥조방은 사회주의 정권이 들어선 뒤 국영화됐고, 1959
년 이름을 구징술공장으로 바꿨다. 1996년에 상장하면서 주식회
사 형태로 전환했다. 현재는 10여 개의 자회사와 8,000여 명의 임
직원을 거느린 구징그룹으로 발돋움했다.

구징공주는 1952년 이래 다섯 차례 개최된 전국 술품평회에서
네 차례나 국가명주상을 받았다. 1988년 파리 국제식품박람회에
서도 금상을 탔다. 이 같은 눈부신 성과는 손꼽힐 만큼 독특한 맛과
향에서 비롯됐다. 구징공주는 농향형 바이주의 여러 양조기술 중
혼증속사混蒸續渣에 의해 제조된다. 먼저 여러 원료를 혼합한 뒤 큰

시루에 찌면서 술을 받아낸다. 시루 안에 남은 지게미는 꺼내 식힌 뒤 누룩에 섞어 구덩이에 넣어 발효한다.

이런 1차 발효를 끝낸 원료를 다른 구덩이에 옮겨 누룩을 더한 뒤 다시 발효한다. 그러면 원료는 죽처럼 되는데, 이것으로 술을 받아내는 방식이 혼증속사다. 과학적 분석에 의하면 구징공주에 는 무려 80여 종의 맛과 향을 내는 물질이 함유되어 있다. 여기서 15~30종은 다른 농향형 바이주보다 훨씬 많은 것이고, 그 함량도 2~3배나 풍부하다. 특히 적정량의 고급 지방산 에스테르를 지니 고 있어 술맛이 순하고 향기가 부드럽다. 맛과 향이 입안을 감싸고 여운이 도는 듯한 느낌마저 준다.

구징공주는 중국 주당들 사이에서 '술 중의 모란酒中牡丹'이라 불 린다. 술 향기가 모란처럼 풍성하다고 해서 붙여진 별명이다. 이런 명성에 걸맞게 2015년 구징공주의 총판매액은 52억 5,341만 위 안(약 8,930억 원)을 기록했다. 이는 전년대비 12.9% 증가한 수치 다. 영업이익도 7억 1,557만 위안(약 1,216억 원)으로 전년보다 19.8% 급증했다. 시진핑 국가주석의 반부패운동 이후 한동안 고 전했으나, 다시 성장세를 들어섰다.

구징공주가 어려운 시장 상황에도 불구하고 선방하는 것은 중국 인들이 술을 마실 때마다 조조를 떠올리기 때문이다. 20세기 말부 터 중국에서는 조조를 새롭게 조명하려는 움직임이 활발하게 일어 났다. 과거와 달리 조조를 주인공으로 한 소설과 드라마, 영화가 쏟 아져 나오고 있다. 오늘날 중국인들은 조조를 단순히 권력욕에 물 든 효웅이 아니라 탁월한 리더십의 21세기형 지도자로, 걸출한 문

술로 만나는 중국·중국인

구징술문화박물관 내에 있는 청대의 양조장 유적지.
윗부분은 명대의 양조장 유적이다.

인으로 평가하고 있다.

조조는 말년에 병이 깊어져 오래 살지 못함을 예감하며 고향의
술로 마음을 달랬다. 당시 지었던 '단가행短歌行'에는 그런 조조의
심정이 잘 나타나 있다. 흐르는 세월의 덧없음을 한탄하면서도 사
내대장부로서 끝끝내 뜻을 세우려는 포부가 엿보인다. 중국인들이
구징공주를 마시고 단가행을 읊을 때마다 조조를 새롭게 인식하는
데는 지금의 급변하는 중국 사회상을 반영한다.

술이 있으니 노래 부르세,
對酒當歌
인생이 얼마나 되겠는가.
人生幾何

견주니 아침이슬과 같지만,

譬如朝露

지난날은 고통스러움이 많았네.

去日苦多

그걸 생각하니 탄식 않을 수 없고,

慨當以慷

괴로움을 잊기 어렵네.

幽思難忘

어찌 근심을 풀 수 있나,

何以解憂

오직 두강주만 있을 뿐일세.

惟有杜康

… 중략 …

산은 높기를 마다 않고,

山不厭高

물은 깊기를 싫다하질 않네.

水不厭深

주공처럼 밥을 뱉어내면(인재를 얻으면)

周公吐哺

천하의 인심은 돌아오리라.

天下歸心

'유학자 상인' 후이상(徽商)의 고향술 '금황산'

안후이성 동남쪽 끝자락에는 남부지방을 대표하는 도시 후이저우徽州가 있다. 후이저우는 중국 10대 상방 중 최고로 손꼽히는 후이상徽商의 고향이다. 후이상은 흥미롭게 '유학자 상인儒商'이라고도 불린다. 그 연유를 알려면 먼저 안후이 전체를 이해해야 한다. 안후이는 중국 동부에 있지만 바다를 끼고 있지 않다. 대신 중국에서 가장 긴 양쯔강과 화이허가 전 지역을 굽이굽이 돌아 흐른다. 여기에 중국 5대 담수호 중 하나인 차오후巢湖도 품고 있다.

이처럼 안후이는 강과 호수가 많아 땅이 비옥하다. 예부터 중국인들을 먹여 살린 주요 경작지 중 하나였다. 물은 안후이의 생활영역과 문화풍습을 갈려놓는데 일조했다. 첫째는 화이허淮河를 끼고

성문과 성곽까지 보존된 서셴고성은 중국 4대 고성 중 하나로 손꼽힌다.

있는 안후이 북부의 화이허 문화다. 이 문화권은 고대부터 허베이 평원을 오가면서 허난과 호흡을 같이해 왔다. 허난과 산둥의 영향을 받아 주민들의 성격은 호방하고 솔직하다. 말은 느리나 또렷하게 구사한다. 거래를 할 때 신의를 중시하고 화끈하지만, 계약 관념은 약해서 분쟁을 쉽게 일으킨다.

둘째가 안후이 중부의 루저우盧州 문화다. 루저우는 안후이성의 성도인 허페이合肥의 옛 이름이다. 서주시대에 루저우국이라는 봉건 제후국이 세워질 만큼 오랜 세월 안후이의 정치 중심지였다. 주민들은 차오후를 끼고 있어 먹는 걱정 없이 살아왔다. 이런 영향 때문에 자부심이 강했고 무위자연의 도교사상이 유행했다. 셋째는 안후이 서남부, 양쯔강 아래의 완장皖江 문화다. 이 지방 주민들은 철학과 사상에 깊이 몰두해, 주자학을 다른 어느 곳보다 신봉했다.

술로 만나는 중국 · 중국인

문예에도 조예가 깊어 명·청대 유명한 예술인들을 다수 배출했다.

넷째가 후이상의 본거지인 안후이 동남부의 후이저우 문화다. 이 지방은 완장 문화처럼 주희朱熹를 최고의 사표師表로 삼았다. 주민들은 집안마다 〈주자가훈〉을 두어 인생의 교과서로 읽고 또 읽었다. 실제 후이저우는 주희와 인연이 깊다. 주희는 푸젠성 요시尤溪에서 태어났지만, 선조는 대대로 후이저우의 호족이었다. 아버지가 관직에서 물러나 요시에 은거했을 뿐이다. 평생 동안 주희는 스스로 '후이저우 사람'이라 부르면서 여러 차례 후이저우를 찾았다. 후이저우 주민들도 주희를 고향 사람으로 여겨 그의 말과 글을 가슴 깊이 새기면서 살았다.

안후이 주민들은 중국 각지로 나가 상업에 종사했다. 명대 말기부터 양쯔강과 그 지류에 접한 대부분 도시의 상권을 안후이 상인들이 장악할 정도로 강력했다. 그 대표적인 도시가 장쑤성 양저우揚州와 전장鎭江이었다. 이 중 양저우는 대운하를 기반으로 당대에는 중국의 남북을 이어주는 교역의 요충지였다. 하지만 송·원대에는 항저우와 쑤저우에 상업 기반을 내주면서 침체에 빠졌다. 이를 명대 후이저우의 염상鹽商이 들어가 중국 최대의 소금 집산지 및 교역시장으로 탈바꿈시켰다.

본래 후이저우 상인들이 다뤘던 품목은 고향의 특산품인 문방사우와 목재, 차 등이었다. 후이저우에는 벼루와 먹으로 쓸 수 있는 좋은 돌이 많다. 우리에게도 잘 알려진 황산黃山에는 질 좋은 나무가 많아 붓과 종이, 가구를 만들기 쉬웠다. 후이상은 솜씨 좋은 장인들이 만든 특산품을 가지고 팔다가 점차 종류를 늘렸다. 명대에 이르러 양쯔강 연안의 목재소, 차가게, 정미소 등과 전당포는 후이상이 손아귀에 넣었다. 특히 해안가의 대형 염전을 독자지한 것이 결정적이었다.

후이상이 양쯔강 일대를 집중 공략했던 것은 수로가 발달해 물자를 운반하기 편리했기 때문이다. 또한 같은 집안이나 고향 출신들을 불러들이기 쉬웠다. 객지에 나가 성공하기란 쉬운 일이 아니다. 후이상은 부족한 자본과 인맥을 동족이나 동향으로 메워 나갔다. 이렇게 세력을 키워 "후이상이 없으면 도시가 완성되지 않는다無徽不成鎭."라는 말이 나올 정도로 입지를 굳혔다. 이런 성장 배경 때문인지 후이상은 족보 편찬에 열성적이었다. 족보에 성공한 조상의 이야기를 담아 정체성과 자긍심을 키웠고, 동족 간의 상호 신뢰를 견고히 했다.

하지만 후이상은 다른 지역의 상인들과 달리 어느 정도 돈을 벌고 성공하면 고향으로 되돌아갔다. 한우물만 파서 해당 업종의 최고가 되려 했지, 투자를 늘려 문어발식으로 확장을 하려 하지는 않았다. 심지어 다른 업종에 눈을 돌리는 일은 상도에 어긋나는 행위라 생각할 정도였다. 대부분이 타지에서 성공한 사업 기반을 정리해 귀향했고, 극소수만이 객지에 그대로 눌러앉았다. 후이상은 장사할 때는 악착같이 절약하고 검소하게 살았지만, 고향에 돌아가서는 경쟁적으로 으리으리한 저택을 지었다. 그 유산이 잘 보존된 곳이 서셴歙縣고성이다.

서셴고성은 황산의 동북부, 첸탕강錢塘江의 지류인 신안강新安江

술로 만나는 중국·중국인

상류에 있는 도시다. 진대에 처음 현이 설치됐는데, 당대까진 섭주歙州라 불렸다. 후이저우부가 들어서면서 주변 여섯 개 현을 다스리는 후이저우문화권의 중심지가 됐다. 강을 끼고 있지만 깊이는 얕았다. 후이저우인들은 수심을 높여 수운을 활성화하기 위해 위량바漁梁壩라는 수리시설을 건설했다. 당대 처음 만들어졌는데, 명대 초기에 높이 4m, 길이 138m의 규모로 중건했다. 이 위량바는 주민들이 수로를 통해 양쯔강 연안 도시로 나가 장사하는 데 결정적인 공헌을 한다.

고성 안으로 들어서면 멋들어진 석패방이 방문객을 반긴다. 후이저우 곳곳에는 다양한 석패방이 세워져 있는데, 서셴고성의 허국許國 석방이 으뜸이다. 허국은 16세기 예부상서와 대학사까지 오른 관료였다. 말년에 사직하고 고향에 돌아와 세운 석패방은 중국에서 유일하게 사방으로 오갈 수 있는 걸작품이다. 서셴고성의 정수는 대로보다 좁다란 골목길에 있다. 특히 길이 300m의 더우산頭山 거리에는 외지에 나갔다가 되돌아온 후이상이 세운 저택들이 몰려 있다. 집집마다 개성적이고 멋들어진 건축양식을 담고 있어 '강남 제일의 건축박물관'이라 불린다.

후이상이 집을 짓고 꾸미는 데 집착한 것은 〈주자가훈〉에 따른 가르침 때문이었다. 후이저우는 다른 문화권과 달리 '만산에 둘러싸여 산다居萬山之中.'고 할 정도로 산이 많아 경작할 토지가 적었다. 산 속 돌과 나무를 이용해 벌이는 사업이 주업일 정도로, 후이저우 주민들은 딱히 생계를 유지할 수단이 없었다. 다행히 하천 덕분에 다른 지방으로 갈 수 있어 장사를 했다. 고향에 돌아와서는 좋은

후이상의 집 대청에는 공자를 모시는 제단이 모셔져 있었다.

환경을 마련해 자녀들의 학업 정진에 심혈을 기울였다. 관계에 몸을 담아야 돈을 벌 수 있는 현실이 자녀 교육에 힘쓴 원인이었다.

　실제 중국에서 후이상은 정경유착을 일삼는 관상官商으로 유명했다. 후이상은 기존 상권을 장악했던 상방에 도전하는 후발주자이자 이방인이었기에 든든한 보호막이 필요했다. 이를 관료들과의 관시關係로 해결했다. 관료와 친분을 쌓아 시장정보를 얻고 자금지원을 받았다. 누구보다 빨리 정보를 빼내어 특정 상품을 대량으로 사두었다가 막대한 시세차익을 내어 팔아넘겼다. 이런 매점매석은 관의 도움이 없으면 성공할 수 없는 모험이었다. 후이저우 출신 관상의 대표적인 인물이 중국 최고의 상인으로 추앙받는 호설암胡雪岩이다.

호설암은 1823년 후이저우의 지시績溪현 후리湖里촌에서 태어났다. 집안이 너무 가난해 서당을 다니질 못해 아버지로부터 글자를 읽고 쓰는 법만 겨우 배웠다. 12세 때 아버지가 돌아가시자, 저장성 항저우로 가서 친척이 운영하는 전장錢莊의 견습생으로 들어갔다. 전장은 개인이 운영하는 금융기관이었다. 호설암은 3년간 밥짓기, 청소, 빨래 등 갖은 허드렛일을 도맡아 해 신임을 얻어 사환으로 승격했다. 타고난 성실성과 악착같은 노력으로 전장의 모든 돈을 관리하는 책임자 자리에까지 올랐다.

어느 날 호설암은 돈이 없어 쩔쩔 매던 유학자 왕유령王有齡을 만났다. 마침 왕은 과거를 치르기 위해 마련했던 노잣돈을 구휼소에 몽땅 기부하는 바람에 낭패를 당하고 있었다. 호설암은 왕의 인품과 실력이 출중한 것을 보고 담보 없이 500냥을 선뜻 빌려줬다. 이는 주인의 허락 없이 횡령한 셈이어서 곧 전장에서 쫓겨났다. 하지만 천우신조의 기회가 호설암에게 다가왔다. 왕이 저장성의 군량미를 관리하는 책임자가 되어 금의환향했던 것이다. 왕유령은 빌렸던 돈을 두둑한 사례금을 더해서 갚았다.

호설암은 이를 기반으로 전장을 열었고, 왕의 관직이 높아가면서 사업은 번창했다. 왕은 군량미 운반과 병기 군납을 호에게 모두 맡겼다. 호는 차가게, 포목점, 약국 등 다양한 점포를 열어 저장성 최고의 부자가 됐다. 수년 뒤 새 기회가 찾아왔다. 태평천국의 난이 일어나 저장성 순무로 임명된 좌종당左宗棠을 1862년에 만난 것이다. 호는 좌의 군대를 위해 필요한 물자를 아낌없이 지원했다. 태평

후이저우인들이 수로를 통해 양쯔강 연안 도시로 나가도록 도왔던 수리시설 위량바.

천국의 난이 끝난 뒤에도 20여 년간 좌의 후원자로 열성을 다했다.

좌종당은 이런 호에게 감동해 호의 사업을 적극 도왔다. 이 덕분에 호는 조선소를 설립해 양무운동 이후 군함 제조를 장악했고, 외국과의 국제무역을 독점했다. 좌의 추천으로 고급 관리까지 됐다. 청대에서 유일하게 모자 상단에 붉은 산호를 다는 홍정紅頂상인에 오른 것이다. 그러나 외국인에게 넘어간 생사시장을 빼앗기 위해 전 재산을 쏟아 붓는 승부수를 던졌다가 실패했다. 유럽 상인들은 담합해 호의 생사를 외면했고, 정치적인 견제까지 받아 파산했다. 게다가 좌도 실각해 재기를 하지 못했다. 결국 남은 재산을 일가친척에게 나눠 주고 1885년 쓸쓸히 영면했다.

그렇게 호설암은 역사의 뒤안길로 사라졌지만, 그가 남긴 일화

술로 만나는 중국·중국인

는 후이상의 철학을 담고 있다. 호설암은 호경여당胡慶餘堂이라는 약국을 운영했는데, 최고의 약재를 구해 합리적인 가격으로 팔았다. 태평천국의 난과 재난재해 시에는 쌀과 약을 빈민들에게 무료로 나눠 주었다. 그 양이 호가 수년간 벌어들인 수익 전체에 달할 만큼 엄청났다. 그는 이런 선행에 대해 "큰 장사를 하려면 천하를 걱정하는 마음이 있어야 한다. 상인의 운명은 국운에 달려 있다."고 말했다. 이처럼 호설암은 이익을 탐닉한 상인이었지만, 원칙을 지켰고 의협심이 강했다. 비록 관상이 되었으나 부패한 관리와는 거리를 뒀다. 호가 후원했던 왕유령, 좌종당 등은 능력 있고 강직한 관료였다. 유능한 인재를 볼 줄 아는 혜안을 가졌기에 호는 관상으로 성공할 수 있었다. 이런 투자는 직원을 뽑고 교육하는데도 마찬가지였다. 그는 정으로 사람을 감동시켰고 의로서 사람에게 믿음을 심어 줬다. 뽑은 직원에게는 후한 임금을 줬고 투자에 참여시켜 이익을 배분했다. 그렇기에 루쉰魯迅은 호를 '봉건사회의 마지막 위대한 상인'이라고 칭송했다. 오늘날 중국인들도 '상성商聖'이라 부르며 존경한다.

호설암처럼 후이상 대부분은 주희의 가르침을 잊질 않았다. 타지에 나갔던 후이상이 성공해 귀향한 것도 부모를 봉양하고 관리가 되기 위해서였다. 척박한 자연환경 때문에 장사를 했지만, 후이저우인 가슴 깊숙한 곳에는 상인을 천시하는 선비의식이 있었다. 벼슬에 올라 입신양명하는 일은 후이저우인의 영원한 로망이었다. 이 때문에 후이상 가운데는 20~30대에 사업에 성공해, 불혹에 과거를 보는 이가 적지 않았다. 자신은 급제하지 못해도 자녀는 관료가 되도록 힘썼다.

이 덕분인지 후이저우 출신 거인擧人(향시 급제자)과 진사는 명대 1,100명과 444명, 청대 1,536명과 517명이었다. 이는 안후이 전체의 81%에 달한다. 서셴은 명·청대 623명의 진사를 배출해 전국 1위를 차지했다. 후이저우에서 과거를 포기한 유생이 상인이 되거나 상인이 유생이 되어 과거에 도전하는 일은 아주 흔했다. 후이상은 장사에서 성공해야 윤택한 경제조건 아래 과거에 도전할 수 있었기에 더욱더 악착같이 돈을 벌었다. 이렇듯 후이저우에선 유학자와 상인이 만수산 드렁칡 같았기에, 다른 지방 상인들은 후이상을 유상이라 부르게 된 것이다.

그러나 후이저우인의 주자학 신봉은 여러 문제점을 낳았다. 예법을 너무 강조하다 보니 극단적인 일탈행위가 횡행했다. 2013년부터 날마다 서셴고성 내 옛 후이저우아문에서 공연하는 연극 '삼계비三戒碑'의 일화가 대표적이다. 명대 말기 한 마을에서 어느 시어머니는 며느리가 부정을 저질렀다는 유언비어를 듣게 된다. 이에 며느리를 관아에 고발해 고문 받게 하고 자살을 강요한다. 며느리는 자결하지만, 얼마 뒤 며느리를 사모한 이웃남자가 벌인 음모였음이 밝혀진다.

후이저우에서는 과부가 되면 자살하는 일이 여성으로서 본분을 다하는 행위였다. 심지어 약혼한 처녀에게까지 암묵적인 자결을 강요했다. 지방관청에서는 이들 가문에 열녀문을 내려 이런 풍토를 조장했다. 또한 후이상은 사업의 전통과 노하우가 후대에 전

서센고성의 골목길에서는 돌이나 나무로 세워진 열녀문을 쉽게 볼 수 있다.

수되는 일이 극히 드물었다. 장사는 과거 급제를 위한 수단에 불과
했고, 대를 이어 장사하길 꺼려했기 때문이다. 그 때문인지 20세
기 이후 후이저우에서는 후스胡適, 후진타오 등 사상가와 정치가는
배출됐어도, 크게 성공한 사업가는 단 한 명도 나오지 않고 있다.

내가 2015년 10월 서센고성에서 후이상의 흥망사를 살펴보면
서 마신 술은 금황산金黃山이었다. 한 술집을 찾아 주인장에서 현
지산 최고 명주를 달랬더니, 천하제일명산 황산을 테마로 한 술을
내놓았다. 회사에 연락해 알아보니, 분명 위량바 옆에 있는 양조장
에서 제조한 바이주였다. 술회사인 황산주업은 1951년 서센고성
의 모든 양조장을 통합해 설립한 황산술공장이 전신이었다. 2010
년 주식회사 체제로 바꾸면서 이름은 개명했지만, 여전히 지방정

부에서 운영하고 있다.

당대 안후이 남부 최고의 술로 꼽혔던 사시沙溪촌 동빈춘주洞賓春酒를 기원으로 둔 술답게 맛이 깨끗하고 부드러웠다. 고량주 특유의 향이 적어 우리 주당에게도 어울릴 듯싶었다. 술맛이 쓰촨 농향형 명주와 비슷하다는 느낌을 받았는데, 알고 보니 황산주업의 품주사들이 모두 쓰촨 출신이었다. 2015년 안후이의 GRDP는 2조 2,005억 위안(약 374조 850억 원)으로 서부에 있는 쓰촨(3조 103억 위안)보다 훨씬 적었다. 만약 후이상의 사업수완이 그대로 전해져 왔다면, 오늘날처럼 안후이가 '동부의 가난뱅이 성'이 되지는 않았을 것이라 생각하며 금황산을 들이켰다.

황제의 도시에서 마시는 서민술 '얼궈터우주'

1272년 몽골제국의 5대 대칸 쿠빌라이世祖는 몽골족의 운명을 뒤흔든 결정을 내렸다. 거주지인 칸발리크汗八里를 대도大都로 옮겼던 것이다. 대도는 오늘날의 베이징이다. 쿠빌라이 칸이 몽골고원의 카라코룸에서 중국의 북방으로 천도한 데에는 여러 목적이 숨겨져 있었다. 첫째, 남송을 정벌하기 위한 교두보를 마련코자 했다. 몽골은 그때까지 수십 년간 저항한 남송을 무너뜨리지 못했다. 대도는 몽골고원과 가까워 후방 지원이 용이했고, 남송을 공략하기 좋은 지리적 이점을 지녔다.

둘째, 자신에게 도전하는 반대세력의 영향력에서 벗어나려 했다. 할아버지인 칭기즈 칸이나 아버지인 툴루이 칸은 몽골족의 문화와 풍습을 고수했다. 이에 반해 쿠빌라이 칸은 몽골이 거대한 정

황제의 거처 자금성으로 들어가는 입구 천안문.

이 오문을 지나야 황궁 내부로 들어갈 수 있다.

복제국으로 발전하기 위해서는 통치술에서 변화가 있어야 한다고 생각했다. 이전까지 몽골족은 유목민의 전통에 따라 한 도시를 함락하면 약탈과 방화, 학살을 일삼았다. 쿠빌라이 칸은 이런 악습을 타파코자 했다. 젊어서부터 금나라와 남송 학자를 받아들여 중국 왕조의 역사와 통치술을 깊이 있게 연구했다.

이를 통해 파괴를 일삼는 정복자가 아닌 세상을 다스리는 통치자가 되어야 한다고 결심했다. 한 발짝 더 나아가 중국의 황제처럼 천명天命사상을 받들어, 백성들을 아끼고 보살펴야 한다고 자각했다. 따라서 쿠빌라이 칸은 출정 전 군사들에게 필요 없는 약탈과 방화를 하지 말라고 지시했다. 또한 여성과 아이에게는 폭력을 행사하지 말도록 엄명했다. 1260년 대칸이 되어서는 직접 한자로 포고문을 써서 발표했다. 그러자 동생인 아리크 부케와 그의 후손들이 정통성에 시비를 걸며 도전했다. 또한 일부 부족장과 원로도 유목민의 전통을 버리고 중국문화를 수용했다며 반발했다.

대도는 이렇듯 남송 정벌과 정적 제거의 염원을 안고, 쿠빌라이 칸이 치밀하게 천도해 건설한 도시다. 이때부터 베이징은 원·명·청 세 제국과 중화인민공화국이 수도로 삼아 중국 대륙을 호령하고 있다. 물론 14세기 말 명과 20세기 전반 중화민국은 난징南京을 도읍지로 잠시 삼았다. 하지만 그 기간은 짧았고 존재감이 별로 없었다. 이와 달리 베이징은 700여 년간 황제의 도시皇都로 중국인들에게 각인됐고, 전 세계에 알려지고 있다.

베이징의 역사에 있어 쿠빌라이 칸과 더불어 빠뜨려선 안 될 제왕이 있다. 바로 명의 3대 황제 영락제永樂帝다. 1398년 태조 주원장朱元璋이 71세의 나이로 천명을 다했다. 큰아들인 주표朱標는 아버지보다 일찍 세상을 떠났다. 주표는 본부인 마馬황후의 소생이었다. 주원장은 주표의 큰아들이자 장손인 주윤문朱允炆에게 황위를 물려주고 싶었다. 이는 역대 중국왕조의 적장자嫡長子 후계전통을 계승하는 일이기도 했다. 마침 주윤문도 22세의 건장한 청년이었다. 이에 황위를 장손에게 물려줬고, 양위 받은 주윤문은 건문제建文帝가 됐다.

그러나 주원장의 선택은 명조에게 극심한 혼란과 피바람을 안겨다줬다. 주원장에게 너무나 뛰어난 아들들이 있었기 때문이다. 본래 명은 난징南京에서 건국했다. 주원장은 몽골고원으로 쫓겨난 원의 세력을 방어코자 아들 9명을 번왕藩王으로 삼아 북방을 지키도록 했다. 이들 중 넷째아들 연왕燕王 주체朱棣가 군계일학群鷄一鶴이었다. 주체는 능력이 뛰어났고 용맹스러웠다. 강력한 리더십을 발휘해 탄탄한 군사적 기반을 마련했다. 무엇보다 첩의 소생이라고하나, 위의 세 형이 모두 죽었기에 자신이 제왕지장諸王之長이라고 여겼다.

건문제는 이런 주체와 다른 번왕들의 존재에 큰 위협을 느꼈다. 따라서 즉위 후 번왕들의 지위를 박탈하고 중앙집권을 강화하는 삭번削藩을 추진했다. 이에 주체가 군사를 일으켜 대항했다. 3년간의 처절한 내전 끝에 주체가 승리했다. 1402년 행방불명된 건문제를 대신해 즉위하여 영락제가 됐다. 영락제는 난징에서 황위에 올랐다. 하지만 수도를 본인의 정치적 기반이 튼튼한 베이징으로 옮기

술로 만나는 중국·중국인

고 싶었다. 무엇보다 쿠데타로 정권을 잡은 자신을 인정하지 않는 개국공신과 남방의 사대부를 견제코자 천도를 추진했다.

영락제는 1403년 베이핑北平의 이름을 베이징으로 바꿨다. 그 뒤 10여 년간 대규모 토목사업을 벌여 자금성紫禁城을 완성했다. 1421년 베이징의 새 궁전으로 거처를 옮겨 과업을 완수했다. 이처럼 베이징 천도를 단행했던 두 황제 쿠빌라이 칸과 영락제는 여러 모로 닮은 점이 많다. 스스로의 힘으로 황위에 올랐고, 수도를 옮겨 정적을 약화시켰다. 또한 왕조의 기반을 군세게 다졌다. 쿠빌라이 칸은 1276년 남송을 정벌해 대륙을 통일했다. 중국문화에 심취했으나 한족을 줄곧 견제했다. 이를 위해 서역인, 위구르족 등 색목인色目人을 신흥관료로 발탁해 제국을 안정시켰다.

영락제는 친정親征을 5차례 나서서 원의 잔존세력을 쫓아냈다. 만주에서는 여진족을 복속시켰고 대군을 보내 베트남을 명의 지배 아래 뒀다. 1421년부터 6차례에 걸쳐 정화鄭和의 대규모 선단을 파견해서 동남아에서부터 아프리카까지 국력을 과시했다. 무엇보다 지금까지 보존된 베이징의 도시구조와 자금성의 영화는 영락제의 최대 치적이다. 자금성은 베이징의 한복판에 있다. 전체 규모가 무려 72만 ㎡이고 형태는 장방형이다. 영락제부터 청의 마지막 황제 푸이溥儀까지 24명의 황제가 거쳐 갔다.

사실 명이 들어서기 전 베이징에는 원의 궁전이 있었다. 영락제는 이 구시대의 유물을 뿌리째 뽑고 싶었다. 이에 원 황궁을 먼저 철저히 해체했다. 그 뒤 대륙 각지에서 최고의 기술과 재능을 지닌

중국인들은 이 계단으로 올라가 태화전에서 황제를 알현했다.

장인을 끌어 모았다. 그들은 영락제의 명령에 따라 가장 좋은 돌과 나무를 찾아내 운반해 왔다. 엄청난 양의 기와와 벽돌을 구워 사용했다. 천명을 받든 하늘의 아들天子이 사는 황궁이니만큼, 부족함이 없어야 한다는 영락제의 분부에 철저히 따랐다. 당시 명이 세계에서 가장 부강한 나라여서 재정적으로 큰 문제는 없었다.

영락제가 정치적인 목적만으로 베이징 천도를 진행했던 것은 아니었다. 베이징은 대륙 전체에서 목구멍에 해당한다. 여기에 북으로 옌산燕山, 남으로 융딩허永定河가 있고 동으로 차오바이허潮白河, 서로는 시산西山이 있다. 서북은 산, 동남은 강이 있는 풍수 명당이다. 또한 바다로 통할 수 있어 양쯔강이 흐르는 난징에 못지않은 장

술로 만나는 중국·중국인

점이 있다. 영락제는 이런 지리적 조건이 제국의 수도이자 황제의 도시로 딱 알맞다고 생각했다. 중국문화에 조예가 깊었던 쿠빌라이 칸도 이런 베이징의 풍수지리적 조건에 주목했다.

자금성은 베이징의 한복판에 자리잡았다. 〈주례〉의 '고공기考工記'에 따라 남북으로 긴 장방형을 이뤘고, 중추선상에 대전을 건축했다. 황궁의 정문은 우리에게도 잘 알려진 천안문天安門이다. 천안문은 명대에는 승천문承天門이라 불렸다. 1644년 이자성의 난 때 소실된 것을 청조가 복구하면서 지금의 이름으로 고쳤다. 성루는 수미좌須彌座, 성대城臺, 성루城樓로 이뤄졌는데 높이가 33.7m에 달한다. 성루 좌우에는 황실의 위엄을 상징하는 돌사자와 화표華表 한 쌍이 있다.

황궁 내부로 들어가는 남문은 오문午門이다. 긴 터널과 같은 오문을 지나면 거대하고 화려한 전각이 눈앞에 펼쳐진다. 자금성의 기본 구조는 전조후침前朝後寢이었다. 앞의 전각은 외조外朝로 황제가 정무를 집전했다. 태화전太和殿, 중화전中和殿, 보화전保和殿 등이 이에 해당한다. 이 중 태화전에서 주요 국가행사를 치렀고, 황제가 주요 정사를 결정했다. 태화전 앞뜰은 수천 명의 신하가 서서 머리를 조아리며 황제를 알현했을 만큼 거대하다. 황제는 용상에 앉아 이들을 맞이했다.

뒤와 좌우는 내정內廷으로 황실의 사적 공간이다. 건청궁乾淸宮, 교태전交泰殿, 어화원御花園 등 크고 작은 전각과 정원으로 이뤄졌다. 황제, 황후, 비빈, 왕자, 공주 등이 일상생활을 했던 곳이다. 남자는 환관을 제외하고 출입이 금지됐다. 현재 내정 건물의 내부는 청대 말기의 가구와 생활용품이 갖춰져 있어 과거의 생활상을 엿볼 수 있다. 어화원은 나무와 정자로 꾸며진 내정의 후원이었다. 여기에 인공으로 퇴수산堆秀山을 쌓아 기암절벽과 폭포를 재현했다. 퇴수산 위 어경정御景亭에 오르면 내정을 조망할 수 있다.

북문인 신무문神武門으로 자금성을 나오면, 눈앞으로 스차하이什刹海가 펼쳐진다. 스차하이는 본래 작은 하천이었다. 이를 쿠빌라이 칸이 지금의 규모로 확장해서 징항京杭 대운하와 연결했다. 이 운하를 이용해 원·명·청의 조정은 남방의 세금과 풍부한 물산을 베이징으로 가져왔다. 오늘날 스차하이는 남쪽의 전해前海, 중간의 후해後海, 북쪽의 서해西海 등 세 호수로 이뤄졌다. 호수 북부부터 자금성과 전혀 다른 베이징 서민들의 거주공간인 후통胡同이 있다.

원래 후통은 우물이라는 뜻인 몽골어 '후툭'에서 유래했다. 이는 오늘날 통용되는 '좁은 골목의 주거지'이라는 의미와 전혀 다르다. 여기에는 몽골족의 남다른 역사가 숨겨져 있다. 몽골족은 평소에 물이 귀한 초원에서 유목생활을 했다. 하지만 겨울철에는 한 곳에 우물을 파고 그 주위에 집을 지어 마을을 형성해 살곤 했다. 이런 전통이 베이징에서 재현됐다. 쿠빌라이 칸이 대도를 건설하자, 몽골족은 황궁 주위에 후통을 조성했다. 그때가 13세기 후반이었으니, 베이징의 후통은 벌써 700여 년의 역사를 간직하고 있다. 원 황궁이 흔적 없이 사라져 버린 것과는 전혀 다른 운명이었다.

19세기 초 후통은 성 안에 1,200여 개, 성 밖에 600여 개가 있

술로 만나는 중국·중국인

명·청대 황제들은 이 용좌에 앉아 정사를 집무했다.

었다. 1980년대에도 후퉁이란 이름을 가진 지역은 1,316개나 됐다. 오랜 세월 황실 측근과 고관대작은 자금성 좌우의 후퉁에서 살았고, 상인과 평민은 자금성 남북의 후퉁에서 생활했다. 그들이 거주한 주택은 'ㅁ'자형의 사합원四合院이었다. 사합원은 신분과 재력에 따라 크기가 달랐고 형태가 다양했다. 보통 담장은 벽돌을 쌓아올려서 흙을 발라 세웠다. 지붕은 잿빛 기와로 올려 덮었다. 이런 사합원의 건축양식 때문에 후퉁의 분위기는 무겁고 우중충했다.

사합원은 동서남북에 대칭되는 건물을 지어 균형을 갖췄다. 보통 가장은 햇볕이 잘 드는 북쪽의 본채正房에 기거한다. 자녀는 동서의 상방廂房이나 남쪽에서 생활한다. 문과 창은 안뜰中庭을 향해 있으나 외부로는 일절 내지 않는다. 이렇게 폐쇄적인 데는 현지의 고유 문화와 기후조건이 숨겨져 있다. 몽골족은 '가족은 통합해야 한다.'는 전통 관념이 강했다. 베이징 주민도 예부터 '울타리문화'를 형성해 살아왔다. 또한 베이징은 겨울에는 살을 에는 듯이 춥고, 여름에는 찌는 듯이 덥다. 몽골고원에서는 황사가 1년 내내 몰아친다.

그러나 사합원의 구조 때문에 후퉁은 더욱 어둡다. 실제 후퉁을 걷다보면, 잿빛 담장에 세로로 난 대문이 있으나 대부분 닫혀 있는 걸 볼 수 있다. 이렇듯 문까지 잠겨 있어 내부와 외부는 완전히 단절된 느낌을 준다. 지난 수백 년 동안 베이징은 황제의 도시로, 권위적이고 보수적인 분위기가 강하다. 여기에 후퉁과 사합원마저 범접하기 힘든 이미지를 더욱 고착시켰다. 하지만 사회주의 정권이 들어선 뒤 후퉁은 심한 홍역을 치렀다. 집단주거 원칙에 따라 직장과 주택이 통합된 단웨이單位가 조직됐기 때문이다.

단웨이는 높은 담벼락을 쌓고 거대한 대원大院을 건설했다. 모든 당·정·군 기관과 국유기업, 대학, 연구소 등은 고유의 대원을 형성했다. 대원 안에는 사무동, 아파트, 강당, 식당, 상점, 목욕탕, 우체국, 학교 등 없는 것이 없었다. 적게는 수천 명에서 많게는 수만 명이 이 단웨이의 구성원이었다. 대원을 짓기 위해 중국정부는 수많은 후퉁을 허물었다. 또한 1990년대부터 중국경제가 급성장하면

옛 건축을 리모델링해서 홈스테이로 바꾼 후퉁 안의 사합원.

서 후퉁의 남은 생명줄을 끊어놓았다. 재개발의 미명 아래 대다수 후퉁을 허물고 파괴했다.

본래 중국에서 모든 토지는 국가 소유다. 과거에는 주택의 소유권도 불확실해서 정부는 목적에 따라 주민을 쫓아내어 재개발했다. 특히 2008년 올림픽을 개최하기 전 베이징은 도시의 면모를 완전히 일신했다. 지금 원형 그대로 남아 있는 후퉁은 본래의 1/10 밖에 안 된다. 물론 최근에는 부자들이 자금성 주변의 사합원을 사재기하고 있다. 그 이유는 보존이 잘 된 사합원을 리모델링해서 별장으로 쓰거나 고급 식당, 술집, 사교클럽 등으로 사용하기 위해서다. 몇몇 젊은이들은 부모에게 물려받은 사합원을 개조해 관광객을 대상으로 한 홈스테이를 운영한다.

그러나 지금도 후퉁 속에 사는 주민 대다수는 토박이 서민이다. 그들은 아파트로 이주하기보다 여전히 후퉁에 살면서 이웃과 살기를 원한다. 그들이 저녁시간 이웃과 함께 어울려 마시는 술이 '얼궈터우주二鍋頭酒'다. 얼궈터우주는 우리에게 '이과두주'로 잘 알려졌다. 과거 이과두주는 중국요리집에서 탕수육이나 짬뽕에 곁들여 마실 수 있는 싸구려 술이었다. 이는 베이징에서도 마찬가지다. 얼궈터우주는 한 병에 5위안(약 850원)에서 12위안(약 2,040원)으로, 부담 없는 가격대다.

얼궈터우주의 원료는 밀, 수수, 옥수수 등이다. 이를 일정한 비율로 잘 분쇄한 뒤 솥에 넣고 물을 부어 찐다. 원료가 익혀지면 효모를 섞어 발효 구덩이에 넣는다. 보통 닷새 뒤 꺼내서 술을 받는데 이것이 이궈一鍋다. 솥에 남은 원료를 꺼내 서로 뭉치지 않게 가래로 흩어서 식힌다. 여기에 다시 새 원료와 효모를 넣어 섞은 뒤 발효시킨다. 닷새 후 꺼내 술을 받으며 얼궈二鍋가 된다. 오늘날에는 이런 전통적인 양조술을 변형해 여러 회사마다 약간의 차이를 두면서 생산하고 있다.

얼궈터우주는 12세기 금나라 때부터 빚었을 만큼 유서가 깊다. 원·명·청을 거치면서 제조기법이 발전시켜 술맛을 개선했다. 한때 중국인들 사이에서는 "베이징을 찾으면 만리장성에 오르고, 취안쥐더全聚德에서 카오야烤鴨를 먹으며, 얼궈터우주를 마신다."고 할 만큼 베이징을 대표했다. 현재 얼궈터우주는 브랜드 고급화를 위해 노력하고 있지만, 여전히 서민의 술로 베이징인들의 사랑을 받고 있다. 무엇보다 후퉁의 음식점이나 사합원에서 가족, 친구, 이웃 등과 편하게 마시기 좋은 술이 얼궈터우주다.

중국인의 영원한 스승 공자의 가양주 '공부가주'

우리가 새 연령대에 들어섰을 때 흔히 나이를 묘사하는 말이 있다. 스물은 약관, 서른은 이립, 마흔은 불혹, 쉰은 지천명, 예순은 이순, 일흔은 고희가 그것이다. 이 표현은 〈논어〉 '위정爲政'편에 처음 등장한다. 공자孔子는 말년에 자신의 생애를 회고하며 다음과 같이 술회했다. "나는 15세에 학문에 뜻을 뒀고, 30세에 자립했고, 40세에 미혹되지 않았고, 50세에 천명을 알았고, 60세에 만사가 이해됐고, 70세에 마음이 좇는 대로 행할지라도 법도를 넘지 않았다吾十有五而志于學, 三十而立, 四十而不惑, 五十而知天命, 六十而耳順, 七十而从心所欲, 不逾矩."

〈예기〉에서 스무 살에 어른으로 갓을 쓰는 성인이 된다는 표현으로 약관弱冠이 더해졌다. 훗날 두보의 '곡강시曲江詩' 첫 절에서 '

공묘를 들어가기 전 줄지어 서 있는 패방. 가장 앞 영성문의 글씨는 건륭제가 썼다.

예부터 사람이 70세를 살기란 어렵다人生七十古來稀.'로 고희가 완성됐다. 이 회고처럼 공자는 한평생 학문에 정진하면서 이상을 달성하려 애썼다. 공자는 기원전 551년 산둥山東성 취푸曲阜에서 태어났다. 당시는 춘추시대 말기로, 주周대의 봉건질서가 급속히 무너지고 있었다. 주 왕실은 이름뿐이었고 제후는 유명무실해졌다. 각국에선 권문세족이 가신을 거느리고 실권을 잡았다. 남쪽에서는 오吳와 월越이 새로이 흥기했다.

공자가 태어난 곳은 노魯나라였다. 노 조정도 세 권문세가三桓가 실권을 잡고 군주를 허수아비로 내세워 전횡했다. 본래 공자의 가문은 송宋의 귀족이었다. 그러나 공자의 6대조 때 궁정 반란을 피해 노로 피난을 왔다. 공자가 태어날 때 가문은 기울어 아버지는 하급 무사였다. 당시에는 신분과 관직이 세습됐다. 공자는 원칙대

공자가 제자들에게 강학을 펼쳤던 장소인 행단.

로라면 하급 관료밖에 되지 못했을 것이다. 보통 하급 관료 자제들
은 의식 집전禮, 악기 연주樂, 활쏘기射, 수레 몰기御, 글 읽기書, 숫
자 세기數 등 육예六藝를 익혀 관련 직종에서 일해야만 했다. 공자
도 청소년기에 육예를 열심히 익혔다.

그러나 육예 습득에 만족하지 않고 문학詩, 역사書, 외교禮, 예
술樂 등 고급학문을 부단히 공부했다. 서른이 되어서는 일정한 명
성도 얻었다. 그야말로 학문적 이립을 달성한 셈이다. 공자는 이런
성취를 바탕으로 현실 정치에 눈을 돌렸다. 평소 삼환의 전횡을 지
적하며 정치적 견해를 쏟아냈다. 제齊 경공景公이 노에 왔을 때 공
자를 방문하여 천하대사를 함께 논하기도 했다. 공자를 위시한 신
진세력의 지지 속에 노 소공昭公은 삼환을 제거하려 했으나 실패했
다. 소공이 제나라로 망명하자 공자도 뒤따라갔다.

술로 만나는 중국·중국인

제 경공은 공자를 환대하며 나라를 어떻게 이끌어야 할지 물었다. 공자는 "임금은 임금답게, 신하는 신하답게, 아버지는 아버지답게, 아들은 아들다워야 한다君君臣臣父父子子."고 말했다. 이런 정명正名론은 당시의 사회적 혼란을 바로잡기 위해서였다. 공자는 사회 구성원 각자가 자신의 본분에 맞게 행동해야 국가질서가 확립된다고 여겼다. 다만 사회 구성원들에게 일방적인 순종만 강요하지 않았다. 인과 예를 지켜야 하고, 각자의 본분을 못 지키면 그 책임을 감수한다고 지적했다. 훗날 맹자는 이를 '임금이 임금답지 못하면 임금도 내칠 수 있다.'는 혁명론으로 발전시켰다.

경공은 공자를 중용하려 했지만, 줄곧 권신들의 반대에 부딪쳤다. 마흔이 넘고 소공이 객사하고 정공定公이 즉위하자, 공자는 44세에 귀국했다. 제에서 머무는 동안 고민했던 치국평천하治國平天下를 위해 학당을 열었다. 공자는 나라를 다스리는 군자君子가 무엇인지 고민했다. 임금은 단순한 위정자가 아닌 예와 덕을 갖춘 현인賢人으로서의 군자라고 결론졌다. 공자는 이런 군자가 나오려면 그를 떠받치는 인재를 양성해야 한다고 판단했다. 따라서 신분 고하를 따지지 않고 제자로 받아들였다. 이는 당시 엄격한 신분제도 아래에서 아주 파격적인 조치였다.

공자의 학당은 중국 역사상 최초의 사설학교였다. 공자는 권문세족의 자제부터 천민의 아들까지 제자로 삼아 가르쳤다. 커리큘럼은 육예와 고급 학문, 군자학이었다. 당시 이처럼 종합학술교육을 진행하는 학교는 공자의 학당이 유일했다. 공자의 명성이 날로 높아지자, 정공은 공자에게 벼슬을 내렸다. 52세에야 출사하게 된 것이다. 공자는 공정하고 명료하게 업무를 처리했다. 이 덕분에 2년 만에 나라에서 벌어지는 각종 형사사건을 총괄하는 대사구大司寇를 맡았다. 공자는 조정에 나가 회의에 참석하면서 삼환의 국정 농단을 두 눈으로 확인했다. 무엇보다 정공도 소공과 같은 허수아비라는 현실에 분노했다. 이에 따라 공자는 삼환을 몰아내기로 마음먹었다. 먼저 대부大夫에 오르면서 만날 수 있었던 실권자 계季씨와 친분을 쌓았다. 이런 신뢰를 바탕으로 삼환의 근거지인 삼도三都를 허물 계략을 이행했다. 3년간의 노력 끝에 삼환 스스로 2개의 성을 무너뜨리도록 했다. 하지만 공자의 계략을 눈치 챈 삼환이 반격해왔다. 계씨도 공자에 대한 신임을 거뒀다. 정치적 입지가 좁아지고 암살 위험까지 대두되자, 공자는 어쩔 수 없이 제자들을 데리고 열국주유列國周遊에 나섰다. 이때 공자의 나이 55세였다.

출발은 순조로웠다. 처음 방문한 위衛에선 국빈 대접을 받았다. 위 영공靈公은 공자가 노에서 받았던 녹봉과 똑같은 식량을 내렸다. 그러나 공자는 정사에는 참여하지 못했다. 또한 권문세족의 견제와 시기를 당했다. 결국 영공마저 공자를 경원시하며 감시하자, 다른 나라에 갔다가 되돌아오길 반복했다. 59세부터는 조曹, 송宋, 정鄭, 진陳, 채蔡, 엽葉, 초楚 등 여러 나라를 돌아다니며 유세遊說를 펼쳤다. 열국의 군주들은 공자를 융숭히 접대했다. 그러나 그뿐이었다. 공자의 높은 학식에 관심을 보이고 개혁정치의 이상에 공감했을 뿐이었다. 문제는 대부분 나라의 실권은 군주가 아닌 권문세족들이 쥐고 있었다는 점이다. 세족들의 과두寡頭정치를 타도하고 군주권을 확립하자는 공자의 주장은 심한 반발을 샀고 견제를 받앉다. 공자는 군주도 높은 인과 예를 갖추기 위해 끊임없이 수양해야 한다고 강조했다. 이게 당사자인 군주에게 환영받지 못했다. 향락과 안일에 젖어있던 군주들에게 공자는 그저 고주알미주알 말 많은 노인네였다. 67세 때 아내가 병사하자, 이듬해 공자는 14년 동안의 열국주유를 끝냈다. 여기에는 성공한 제자들이 귀국해서 여생을 편히 지내시라고 권유한 것도 작용했다.

공자는 고향으로 돌아온 뒤 후학 양성과 고전 정리에 정력을 쏟았다. 비록 공자의 고언을 따랐던 군주는 없었지만, 천하주유를 통해 견문을 높이고 명성을 방방곡곡에 떨쳤기에 제자들이 구름같이 몰려들었다. 최대 3,000명에 달했는데, 이 중 72인의 재능이 뛰어났다. 공자와 그 제자들의 언행을 기록한 〈논어〉는 이 시기 받아들인 제자들이 훗날 주동이 되어 편찬했다. 공자는 제자를 가르치고 남은 시간은 고급 학문의 교육서를 정리하는 데 온힘을 기울였다. 먼저 〈시경〉〈서경〉〈예기〉〈악기〉를 편찬했고, 〈역경〉〈춘추〉의 기초를 닦아 〈육경六經〉을 완성했다.

공자의 제자들은 문예를 겸비한 데다 군자학까지 터득해 자부심이 강했다. 게다가 평소 공자는 신분이 높을지라도 군자로서의 예와 덕을 갖추지 못한 사람은 한낱 소인배에 불과하다고 갈파했다. 따라서 제대로 된 학식과 교양을 갖춰 관리가 됐던 사대부는 중국 역사상 공자의 제자들이 처음이었다. 기원전 479년 공자는 노환으로 73년의 생애를 마감했다. 제자들은 공자를 취푸 북쪽 쓰수이泗水 가에 묻었다. 수많은 제자들이 상복을 입고 3년 동안 시묘侍墓했다. 훗날 이 일대는 공자의 후손들까지 묻히면서 오늘

대성전 앞에서 공자를 향해 제를 올리는 젊은 여성.
최근 중국에서 공자에 대한 숭배 열기가 되살아나고 있다.

날처럼 공림孔林으로 규모가 커졌다.

이처럼 생전에 공자는 정치적으로는 실패자였다. 숱하게 만났던 군주들은 공자의 간언을 한 귀로 듣고 한 귀로 흘려보냈다. 그러나 스승으로서는 역사상 최고의 반열에 올랐다. 〈논어〉의 첫머리에는 이런 공자의 상념이 드러나는 명언이 있다. "배우고 때로 익히면 기쁘지 아니한가. 벗이 있어 먼 곳에서 찾아오니 즐겁지 아니한가. 남이 몰라주어도 성내지 않으니 어찌 군자가 아니겠는가學而時習之 不亦說乎, 有朋自遠方來 不亦樂乎, 人不知而不慍 不亦君子乎." 문하에서 가장 뛰어난 10명의 제자孔門十哲 중에서 안회顔回, 자로子路, 자공子貢과는 깊은 정을 나눴다.

안회는 공자보다 30세 어렸지만, 〈논어〉에 이름이 38번이나 등

술로 만나는 중국·중국인

장하는 애제자였다. 공자는 제자들에게 자주 "글을 널리 배우고 예로써 단속해야 도에 어긋나지 않다."고 강조했는데, 안회가 이를 가장 잘 따랐다. 그러나 요절해서 큰 학문적 업적을 남기진 못했다. 그래서 공자는 "불행히도 짧은 생을 마감했다."며 슬퍼했다. 안회와 달리 자로는 신분이 미천했고 무뢰한이었다. 이로 인해 공문에 들어와서 한동안 다른 문하생들에게 업신여김을 당했다. 그러나 자로는 헌신적으로 공자를 섬겼다. 공자도 9살 어린 자로를 동생처럼 대했다. 훗날 자로는 동생 같고 안회는 아들 같다고 하여 '제자弟子'라는 단어가 나왔다.

자공은 이재理財에 밝아 수천 금의 재산을 모았다. 공자가 열국 주유를 14년이나 했던 것은 자공의 후원 덕분이었다. 다른 문하생들은 상인이 된 자공을 백안시했지만 공자는 달랐다. "돈과 지위는 사람의 원초적 욕망이다." "사업을 크게 하는 것은 대업이요, 날마다 새롭게 배워나가는 것은 성덕이다."면서 자공을 격려했다. 다만 올바른 상인의 길商道을 부단히 제시했다. "의롭지 않게 부귀해지는 것은 뜬구름과 같다."고 정당한 방법으로 부를 축적하여 살아가도록 일깨웠다.

이는 자공과의 대화에서 더욱 명확해진다. 자공이 "가난해도 아첨하지 않고 부유해도 교만하지 않으려면 어찌 해야 합니까?"라고 물었다. 이에 공자는 "괜찮다. 가난하지만 즐겁게 살고, 부유하지만 예를 좋아하는 자여야 한다."고 답했다. 즉, 부자로 살아도 겸손하고 예의를 지켜야 한다는 뜻이다. 오늘날 자본주의 사회에서 부자가 준수해야 할 '노블레스 오블리주'의 한 덕목을 제시한 것이다.

대성전 안에 모셔진 공자상. 청대 공자의 모습을 상상으로 만들어졌다.

이런 뼈에 사무치는 가르침 때문인지 다른 문하생들은 3년을 시묘한 뒤 귀향했으나, 자공은 공자의 무덤을 3년 더 지켰다.

모든 제자들이 귀향한 뒤 공자의 제사는 후손이 맡아 지냈다. 공씨 가문孔府은 취푸에서 생산된 술을 제사상에 올렸다. 세월이 지나 공부를 찾는 고관대작들이 많아지자, 명대부터 가양주家釀酒를 빚어 대접했다. 청대에는 황제가 공부의 술을 맛보게 됐다. 건륭제는 공자를 몹시 존경해 취푸를 8차례나 찾았다. 1757년 네 번째에는 공부를 방문했다. 당시 공자의 67대손인 공육기孔毓圻는 이미 죽었지만, 부인인 황黃씨가 81세의 나이로 정정했다. 또한 한 해 전에는 72대손 공헌배孔憲培가 태어났다. 무려 6대가 한 집안에서 살고 있었던 것이다. 봉건시대에는 자손이 번성하면 가업이 번창한다고 믿었다. 건륭제는 여섯 세대가 함께 모여 사는 게 참으로

　　　　　　　　　　　　　　　　술로 만나는 중국·중국인

보기 좋은 경사라고 여겼다. 그래서 공자 집안과 사돈을 맺고 싶었다. 이에 대학사 우민중于敏中의 딸을 수양딸로 삼은 뒤 공헌배에게 시집보냈다. 1790년 고령의 건륭제는 마지막으로 취푸를 찾았다. 공자께 제사를 지낸 뒤 공부를 찾자, 사위인 공헌배가 정성스레 빚은 가양주를 내다바쳤다. 건륭제가 한잔을 들이켜 보니 술맛이 일품이었다. 곧바로 공헌배에게 "내 마차에 술 단지와 양고기를 실어 놓게."라고 부탁했다.

그때부터 공부가주는 황실로 진상되는 술이 됐다. 공부의 가양주 맛이 좋았던 이유는 품질이 뛰어난 수수를 원료로 하고, 보리로 만든 누룩을 당화발효제로 쓰기 때문이다. 여기에 취푸의 깨끗한 물로 빚어 향은 아주 짙고 술 색깔은 무색투명했다. 공부는 가양주 양조법을 이웃들에게도 전수했다. 이를 바탕으로 청대 말기에는 취푸에 여러 양조장이 하나둘씩 들어섰다. 1934년에는 그 수가 9개에 달했다. 사회주의 정권이 들어선 뒤 1958년 이를 통합해 취푸술공장으로 통폐합했다. 2004년 이를 민영화한 것이 지금의 공부가주주업이다. '공부가주' 브랜드로는 1986년에 출시됐다. 마침 중국이 개혁·개방의 길을 걷는 데다, 공자의 명성이 더해지면서 해외로 급속히 팔려나갔다. 일본, 싱가포르, 말레이시아, 홍콩 등지로 수출됐고, 한때 중국 바이주 중 가장 많은 수출량을 기록했다. 가격이 100위안(약 1만 7,000원) 이하인 데다, 공자의 고향에서 공자의 후손이 빚는 술이라는 이미지 덕분에 해외에서 크게 어필했다. 1990년대부터는 화교들을 통해 한국에도 수입됐다. 국내에 거주하는 화교 대부분이 산둥 출신이었기 때문이다. 해외에서의

활약과 달리 중국에서 공부가주는 지명도가 낮은 중저가 술이다.

이런 현실과 상관없이 공부가주는 오늘날 세계인에게 중국을 대표하는 술로 자리매김했다. 전 세계에 2,000여 곳의 공자 사당이 있다는 점을 감안할 때 어찌 보면 당연한 현상이다. 취푸의 공묘는 모든 공자 사당의 으뜸이다. 과거 공묘에선 황제조차 세 번 무릎을 꿇고 아홉 번 머리를 땅에 조아려 절하는 삼배구고두례三拜九叩頭禮를 행해야 했다. 이는 오랜 세월 중국인들이 공자를 성인의 반열에 올려놓고 절대 숭배해 왔음을 보여 준다. 중국은 문화대혁명 시기 공자를 격하시켰지만 1994년 공묘, 공림, 공부를 세계문화유산으로 등재해 성역화했다.

공묘에 들어서면 줄지어 서 있는 패방牌坊과 문이 눈길을 끈다. 특히 글씨는 호찬종胡纘宗, 옹정제, 건륭제 등 당대 최고의 서예가와 황제가 친히 썼다. 경내에는 비석도 많은데, 당대부터 청대까지 모두 1,371개가 있다. 대성전大成殿은 12세기 송 휘종 때 처음 지어져, 옹정제 때 중건했다. 공림에는 공자의 묘를 시작으로 70대 후손의 10만 개 무덤이 있다. 면적 200㏊의 광대한 숲 속에 묘지가 끝없이 펼쳐져 있다. 나는 2016년 5월 공림을 거닐며 문득 시 한 편을 떠올리며 상념에 잠겼다. 바로 이백의 '저승길 노래臨路歌'였다.

이 시는 이백이 죽음을 앞두고 공자를 떠올리며 자신의 삶을 한탄하며 지은 마지막 절창이다.

대붕이 세상 끝까지 떨쳐 날다가,

大鵬飛兮振八裔

중천에서 날개가 꺾여 힘이 없구나.

中天摧兮力不濟

남은 바람은 만세에 떨치련만,

餘風激兮出萬世

부상나무에서 노닐다 왼 소매가 걸어놓았네.

游扶桑兮掛左袂

후대 사람들이 이 소식을 들어 전하려 해도,

後人得之傳此

공자가 없으니 누가 나를 위해 눈물을 흘려주려나.

仲尼亡兮誰爲出涕

여기서 날개 꺾인 대붕은 정치적 이상을 실현하지 못한 이백 자신을 가리킨다. 특히 마지막에는 공자와 관련된 고사를 인용했다. 〈사기〉 '공자세가' 편을 보면, 노 애공哀公 14년에 상서로운 동물인 기린이 잡혔다는 소문이 퍼졌다. 공자는 천하가 어지러운 시기에 기린이 잡힌 것은 오히려 상서롭지 못한 괴사라고 여겼다. 이에 눈물을 흘리며 탄식했다孔子泣麟. 이백은 자신의 이상을 후세에 전하고픈 마음을 공자는 알겠지만, 현세에는 아는 이가 없다 하여 눈물을 흘렸던 것이다. 나도 취푸에서 이백의 시를 읊고 공부가주를 마시며 공자의 심정을 아련하게나마 느꼈다.

중국 큰 산의 우두머리 타이산의 '타이산주'

산둥성 지난濟南에서 북쪽으로 80여
㎞ 떨어진 곳에는 타이산泰山이 있다. 타이산은 우리에게 조선 중기
의 문신이자 서예가 양사언梁士彦이 지은 시조로 잘 알려져 있다.

태산이 높다하되 하늘 아래 뫼이로다.
오르고 또 오르면 못 오를 리 없건만
사람은 스스로 아니 오르고 산만 높다 하는구나.

이 시조의 표현은 우리가 일상생활에서 자주 쓴다. 언제부터인
지 모르지만 '할일이 태산' '걱정이 태산' '티끌 모아 태산' 등의 관
용구도 우리 입에 오르내렸다.

'하늘의 계단'이라는 천계(天階) 석방. 여기부터 타이산 등산이 시작된다.

중국에는 타이산과 관련된 격언이 훨씬 더 많다. 〈맹자〉 '진심盡心' 편에 나오는 '타이산에 오르니 천하가 작게 보인다登泰山而小天下.'는 공자孔子가 한 말이다. 고대 아동계몽서인 〈고금현문古今賢文〉에 나오는 '사람의 마음이 모이면 타이산도 옮길 수 있다人心齊 泰山移.'는 오늘날까지 사랑받는다. 역사가 사마천司馬遷은 "사람은 누구나 한 번 죽지만, 어떤 죽음은 태산처럼 무겁고, 어떤 죽음은 새털처럼 가볍다人固有一死 或重于泰山 或輕于鴻毛."고 갈파했다. '타이산을 울릴 듯 요란하게 일을 벌였으나 결과는 신통치 않다泰山鳴動鼠一匹.'는 속담도 있다.

이처럼 타이산은 중국인들에게 사랑받았다. 그뿐만 아니라 중국 각지의 산 중에서 가장 빼어난 오악五嶽으로 꼽혔다. 오악이란 동악인 타이산, 서악인 산시陝西성의 화산華山, 남악인 후난성의 형

술로 만나는 중국·중국인

산형山, 북악인 산시山西성의 형산恒山, 중악인 허난성의 쑹산嵩山을
가리킨다. 타이산은 이 오악 중에서 독보적이고 존귀하다 하여 '오
악독존五嶽獨尊'이라 불렸다. 하지만 명성과 지명도에 비해 타이산
은 해발이 높거나 산세가 화려하지 않다. 주봉인 옥황정玉皇頂은 해
발 1,545m에 불과하다. 황산黃山, 주화산九華山, 어메이산峨眉山 등
타이산보다 아름다운 명산은 대륙 곳곳에 널려 있다.

이런 약점에도 불구하고 타이산은 중국에서 '큰 산의 우두머
리岱宗'로 불린다. 즉, 화하華夏문화의 발상지 중 하나로 중국을
대표한다. 민간에선 벽하원군碧霞元君의 거처가 타이산에 있다고
믿고 있다. 벽하원군은 달리 타이산의 성모聖母라 불리는데, 화
북華北지방 최고의 산신山神이다. 이 때문에 역사학자 궈모뤄郭沫
若는 "타이산은 중화문명사의 축소판"이라며 그 의미를 강조했다.
1987년 중국정부도 타이산을 중국 산 중 가장 먼저 유네스코 세
계자연유산에 등재시켰다.

타이산이 중국사에서 차지하는 위치를 살펴보려면 먼저 진시황
과의 인연부터 짚어봐야 한다. 사마천이 쓴 〈사기〉에 그 첫 내용이
나와 있다. 본래 진나라는 중원中原보다 한참 서쪽으로 치우친 오
늘날 산시에 있었다. 이러한 연유로 전국시대 초기 진은 경제·문
화적으로 낙후했었다. 또한 다른 나라들로부터 '오랑캐의 나라'라
고 매도당했다. 진은 이런 약점을 극복하고자 구현령求賢令을 내렸
다. 전국의 인재를 끌어 모아 국력을 키우려 했던 것이다. 출신 성
분을 따지지 않는 진 조정의 포용정책에 입신양명을 꿈꾸는 인재

승선방에서 남천문까지는 1,633개의 가파른 계단을
오르는 타이산 등산의 하이라이트다.

가 구름처럼 몰려들었다.

그런데 진시황이 집권하면서 권력층 내부에서 알력과 갈등이 불
거졌다. 한정된 벼슬을 두고 수백 년 동안 진을 떠받쳐온 권문세
가들과 다른 나라에서 유입된 신진인재들 사이에 자리다툼이 벌어
졌던 것이다. 이런 와중에 정국鄭國의 사건이 터졌다. 진의 인접국
인 한나라는 수리기술자 정국을 보내 대규모 운하를 건설토록 해
서 진의 국력을 소모토록 꾀했다. 사업은 제대로 진척되지 못했고
정국은 정체가 발각되어 옥에 갇혔다. 이에 권문세가들이 들고 일
어섰다. 진시황은 어쩔 수 없이 외국에서 온 인재들에 대한 축객
령을 내렸다.

이때 이사李斯가 처벌을 무릅쓰고 진시황에게 간축객서諫逐客

술로 만나는 중국·중국인

書를 올렸다. 이사도 원래 초나라 말단관리였으나 구현령에 희망을 담아 진으로 왔었다. 간축객서에는 진을 부강시키기 위해 유능한 인재를 더욱 널리 구하고, 천하를 통일할 책략이 적혀 있었다. 특히 '타이산은 한 줌의 흙도 마다하지 않아 큰 산을 이루었고, 강과 바다는 작은 개울물도 가리지 않아 깊어질 수 있었다泰山不讓土壤 故能成其大, 河海不擇細流 故能就其深.'는 문장이 진시황의 마음을 움직였다. 진시황은 축객령을 즉시 거두고 이사를 중용했다.

그렇다면 정국은 어찌 됐을까? 정국은 진시황이 직접 주관한 추국推鞫에서 자신이 세작으로 파견됐음을 인정했다. 그러나 "신이 한을 위해서는 목숨 줄을 연장했지만, 진을 위해서는 만세의 공을 세울 겁니다臣爲韓延數歲之命 而爲秦建萬歲之功."라고 당당히 말했다. 이런 올곧은 신념에 감복해 진시황은 정국을 풀어 주고 수리사업을 재개토록 했다. 정국은 10년에 걸친 공사를 마무리하고 총연장 150㎞의 운하를 완공했다. 운하 덕분에 4만 경의 땅이 옥토로 변했고 곡식 수확량은 256만 두나 더 늘어났다.

이처럼 진시황은 적국의 간첩까지 인재로 등용했고 적재적소에 활용해서 천하를 통일할 수 있었다. 이사는 승상이 되어 진시황의 대업을 도왔다. 만약 진시황이 권문세가의 손을 들어줬더라면 '중국 최초의 황제'라는 타이틀을 따내지 못했을 것이다. 오늘날에도 정치든 사업이든 비전을 갖추고 뜻이 맞는 사람을 모아 일을 추진할 수 있다. 일정한 궤도에 올랐을 때는 자신과 생각이 다른 이들도 포용해서 힘을 합쳐야 한다. 이사는 "인재들이 적국으로 넘어간

타이산의 정상으로 들어가는 관문 격인 남천문.

다면 적에게 힘을 실어주고 도둑에 양식을 보내는 상황이 초래된
다."고 역설해 일깨웠다.

진시황은 통일 후 기원전 219년 타이산을 올라갔다. 정상에서
봉선封禪을 거행했다. 봉선이란 황제가 즉위 소식을 하늘에 고하
고, 하늘의 뜻을 받드는 의식이다. 그런데 산에 오르는 도중 비가
내리고 바람이 불었다. 이에 진시황은 한동안 큰 나무 아래에서 비
를 피해야만 했다. 이 소식을 들은 유생들은 "황제가 하늘의 분노
를 사서 폭풍우를 맞아 봉선을 행하지 못했다."는 헛소문을 퍼뜨렸
다. 사마천도 〈사기〉 '봉선서'편에 "하늘이 덕을 갖추지 못한 진시
황에게 봉선을 올릴 자격이 없음을 비바람으로 알려줬다."며 "봉선
을 거행한 뒤 12년 만에 진은 멸망했다."고 기록했다.

타이산과 진시황은 이처럼 상반된 인연을 교차해서 체험했다.

술로 만나는 중국·중국인

하지만 후대 황제들은 타이산을 찾아 진시황의 봉선의식을 그대로 흉내 냈다. 그 대표적인 황제가 후한 광무제光武帝와 당 고종高宗이었다. 광무제는 다시 일으켜 세운 한조의 정통성을 만방에 과시하고 싶었다. 서기 56년에 문무대신을 모두 거느리고 타이산으로 왔다. 그가 타이산에 찾기 전 이미 인부 1,500명, 말 3,000여 마리가 동원되어 정상까지 돌길을 깔아놓았다. 광무제가 주관한 봉선은 10일간 거행됐다. 하늘의 뜻을 제대로 받았는지, 광무제는 봉선 직후 연호를 건무建武로 고쳤다.

665년 타이산을 찾았던 고종의 행렬은 더욱 화려하고 장엄했다. 황실가솔과 문무백관뿐만 아니라 돌궐, 천축, 고구려, 신라, 일본 등에서 온 사신까지 거느리고 왔다. 그 행렬이 무려 100리에 달할 정도였다. 고종은 무려 3개월 동안 타이산에 머물렀다. 이런 지극 정성 덕분인지 고종은 3년 뒤 가장 큰 골칫덩어리였던 고구려를 멸망시켰다. 이전과 달리 고종은 타이산에 봉선을 거행하는 제단을 만들었다. 그 뒤 이 '봉선단'에서 의식을 지내게 됐다. 또한 태평성대를 축원하는 제사도 더해졌다. 오늘날까지 매년 3월에는 묘회廟會가 거행된다.

언제부턴가 한국에서도 타이산에 올라 천명天命을 받는 게 유행이 됐다. '타이산에 오를 때 비를 맞으면 큰 뜻을 이룬다雨中登泰山.'는 근거 없는 소문까지 나돌았다. 그런데 김대중 전 대통령이 그 효험을 톡톡히 봤다. 야당 총재 시절인 1996년 방중 시 타이산에 올랐다. 산행 전 구름이 잔뜩 꼈고 안개가 자욱했다. 정상에 다다를

대관봉에는 당 현종이 지은 '기태산명'을 비롯해 수많은 글귀가 새겨져 있다.

때는 이슬비마저 내렸다. 노구를 이끌고 정상에 올라 비를 맞은 김 전 대통령은 타이산의 정기를 제대로 받았는지 이듬해 대권을 손에 넣었다. 김 전 대통령처럼 뜻을 이루지 못했지만, 두보도 젊은 시절 타이산을 찾아 호기로운 기백을 발산했다.

대종타이산은 대체 어떠한가?
岱宗夫如何
제나라와 노나라에 걸쳐 끝없이 푸르구나.
齊魯靑未了
조물주는 신령스러운 기운을 모아두었고,
造化鍾神秀
산 앞뒤로 밤과 새벽을 가르네.

술로 만나는 중국·중국인

陰陽割昏曉

가슴을 트이게 층층 구름이 생겨나고,

盪胸生曾雲

눈을 부릅뜨니 둥지로 돌아가는 새가 보이네.

決眥入歸鳥

반드시 산꼭대기에 올라,

會當凌絶頂

주변 작은 산들을 굽어보리라.

一覽衆山小

이 '타이산을 바라보며望嶽'는 오랫동안 타이산을 찬미한 절창으로 사랑받았다. 그런데 이 시가 국제무대에서도 큰 주목을 받았다. 2006년 4월 후진타오胡錦濤 당시 국가주석이 미국을 방문한 자리에서 읊었기 때문이다. 본래 중국정부는 후 주석 방미 전 미국정부에 국빈자격의 방문을 요구했다. 그러나 미국정부는 이를 거절했고 공식방문으로 격을 낮췄다. 후 주석이 도착한 뒤에도 미국은 여러 차례 결례를 범했다. 백악관 환영행사에서 사회자는 후 주석을 대만 총통이라고 소개했다.

한술 더 떠서 조지 W 부시 미국 대통령은 환영연설에서 중국의 인권 상황을 대놓고 비난했다. 심지어 연단에서 잘못 움직이는 후 주석의 소매를 확 잡아끌기도 했다. 후 주석은 미국의 잇단 결례를 잊지 않았다. 부시 대통령이 주최한 오찬 답사에서 '반드시 산꼭대기에 올라 주변 작은 산들을 굽어보리라.'는 시구를 인용했다. 언젠가 중국이 미국을 뛰어넘어 발아래 두겠다는 의지를 은유적으로 표현한 것이었다. 귀국 후에는 '타이산을 바라보며'의 시화를 자신의 접견실에 걸어 놓았다. 그 시화는 2008년 5월 중국을 방문한 드미트리 메드베데프 러시아 대통령과의 회담 때 카메라에 포착됐다.

이렇듯 타이산은 민간신앙과 봉선의 역사를 담고 있어 중국인들에게 정신적인 기원처럼 여겨진다. 또한 하늘과 대화하는 최적의 장소로 타이산을 손꼽는다. 이 때문에 대다수 중국인들은 타이산을 걸어서 등산한다. 나도 2016년 5월 공자가 타이산을 올랐다는 공자등림처와 하늘의 계단인 천계天階에서 출발했다. 입구부터 남천문南天門까지는 수세기 동안 쌓아놓은 돌계단이 7,000여 개나 된다. 비록 타이산이 아주 높지 않지만, 계단만으로 된 가파른 산길을 오른다는 건 쉽지 않은 일이다.

실제 진시황이 탄 가마를 짊어진 병사들이 타이산의 가파른 산길에서 땀이 비 오듯 흘리며 가다 서기를 18번이나 반복했다 하여 '십팔반十八盤'이라 부를 정도다. 이를 현지 주민들은 천계에서 용문龍門까지 완만하고慢十八, 용문에서 승선방昇仙坊까지는 완만하지도 가파르지도 않으며不緊不慢又十八, 승선방에서 남천문까지는 가파른緊十八 구간으로 나눈다. 이 중 가파른 구간은 높이 400m에 1633개의 계단 길이다. 경사는 무려 70도가 넘어 자칫 잘못하면 실족사의 우려마저 일으킨다. 이런 고난의 등산길을 중국인들은 하늘과 대화하기 위해 묵묵히 걸어 올라간다.

남천문에 닿으면 성취감에 온몸이 상쾌하고 마음이 뿌듯해진다.

술로 만나는 중국·중국인

산길을 좀 더 오르면 벽하원군을 모신 벽하사碧霞祠가 눈에 들어온다. 벽하원군은 고대 모계 중심사회에서 어머니를 숭배하는 관념에서 비롯됐다. 이것이 중국의 토속종교인 도교와 결합되어 벽하원군을 탄생시켰다. 도교에선 남자 신선을 진인眞人, 여자 신선을 원군이라 부른다. 또한 신전을 청색으로 꾸몄는데, 고대 산둥에서 숭배됐던 타이산 성모에 영향을 주면서 당대에 벽하원군이 됐다. 실제 벽하사의 모든 현판과 주렴은 청색이다. 청색은 동쪽을 나타내어 동악인 타이산을 상징한다.

벽하사를 나와 위로 향하면 대관봉大觀峰이 나온다. 대관봉은 역대 황제들이 거대한 돌벽에 역대 황제들이 봉선 내용을 적어 놓았다. 이 중 황금색으로 입혀진 '기태산명紀泰山銘'이 보는 이의 눈길을 사로잡는다. 기태산명은 1008자의 예서체로 당 현종이 지어 새겼다. 봉선의 역사와 선조의 업적, 하늘에 비는 소원과 각오 등을 적었다. 옥황정玉皇頂으로 올라가다가 볼 수 있는 무자비無字碑도 주목할 만하다. 높이 5.2m로 한무제가 봉선 후 세웠다. 전설에 따르면, 한무제는 후세인들이 자신을 객관적으로 평가해 주기를 원해서 글자를 새기지 않았다.

옥황정은 역대 황제들이 봉선을 거행했고 옥황상제를 모시는 사당이다. 사당 안에 타이산의 높이를 표기한 정상석이 있고, 그 둘레의 철조망에는 자물쇠와 붉은 리본이 가득 메어져 있다. 이는 타이산을 등산해 하늘을 향해 소원을 비는 중국인들의 열망을 대변한다. 과거에는 황제들이 하늘에 대한 천제의식과 땅에 대한 제례로 봉선을 치렀다면, 지금은 민초들의 기복장소로 탈바꿈했다. 옥황정 옆 난간에서 아래를 바라보니, 두보의 시처럼 산의 물결을 따라 천하를 굽어보는 듯한 느낌이었다.

산에서 내려와 내가 마신 술은 현지의 바이주인 '타이산주'였다. 타이산주는 역대 황제들이 봉선을 치르면서 제사 술로 쓰였던 술을 기원으로 한다. 특히 건륭제는 12차례 타이산에 올라 봉선을 지냈는데, 그때마다 타이산주를 사용했다. 왜냐하면 타이산주가 질 좋은 수수, 밀, 완두콩 등을 원료로 산 속 용담수龍潭水로 빚어서, 술

이 옥황정에서 역대 황제들이 봉선 의식을 거행했다.

술로 만나는 중국·중국인

맛이 깨끗하고 광물질이 풍부했기 때문이다. 직접 마셔보니 건륭제가 타이산주를 제사 술로 즐겨 사용했던 이유를 알 수 있었다. 중국 큰 산의 우두머리인 타이산에 오르지 않고, 타이산주를 맛보지 않는다면 어찌 중국을 안다고 뽐낼 수 있단 말인가?

제국주의 열강이 남긴 침략의 선물 '칭다오맥주'

중국에는 알다가도 모를 이름을 지닌 도시가 많다. 샤먼廈門의 경우 본래 '주룽강九龍江의 입구'라는 뜻이다. 지금은 그 범위가 크게 확대되어 육지뿐만 아니라 바다 건너 구랑위鼓浪嶼의 두 섬까지 포괄하고 있다. 이는 칭다오靑島도 마찬가지다. 본래 '바닷가 푸른 섬'을 지칭했었다. 왜냐하면 16세기까지 칭다오는 섬 앞의 그저 작은 어촌 마을에 불과했기 때문이다. 그 이전까지는 아무런 존재감이 없었다. 기원전 3세기 진시황이 불로초를 찾기 위해 칭다오 인근의 라오산嶗山에 사절단을 보냈다는 전설이 내려져 올 뿐, 칭다오에 관한 역사적 기록은 찾아보기 힘들다.

1,000여 년 동안 칭다오는 지모卽墨현에 속했다. 어촌의 부두는 가끔씩 대외무역의 중계항 역할을 했다. 이랬던 칭다오가 주목받

술로 만나는 중국·중국인

칭다오의 도시 유래를 낳은 칭다오섬.

기 시작한 것은 명대 말기다. 명조는 조선과 요동으로 나가는 교두
보로 칭다오의 지정학적 위치에 주목했다. 칭다오가 서해를 사이
에 두고 우리 땅과 마주보고 있기 때문이다. 그래서 해변에다 작은
요새를 설치하여 군사적 요충지로 삼았다. 청대에 들어와 요새는
더 크게 확장됐고 자오아오膠澳라는 정식 명칭까지 붙었다. 1891
년 청은 물밀듯이 밀려드는 서구제국주의 열강의 침략에 대비해 칭
다오에 견고한 방어진지를 구축했다.

　3년 뒤에는 조선에 대한 지배권을 두고 일본과 청일전쟁을 치렀
다. 청은 1년여 간 전투 끝에 일본에 치욕적인 패배를 당했다. 이
로 인해 칭다오의 운명을 바꾼 사건이 일어났다. 바로 '삼국간섭'이
다. 1895년 청과 일본은 시모노세키에서 조약을 체결했다. 이 조
약에 따라 ▲청은 조선의 독립국 지위를 확인하고 ▲전쟁 패배에

샤오위산공원에서 바라본 구도심. 붉은 기와를 한 유럽풍의 건축물이 이채롭다.

따른 배상금 2억 냥을 일본에 지불하며 ▲랴오둥遼東반도, 대만臺灣, 펑후澎湖제도를 일본에 할양키로 했다. 청의 무력한 본 모습이 드러나자, 서구 열강은 본격적인 중국 침략에 나섰다.

특히 만주를 탐내고 있었던 러시아가 적극적이었다. 독일과 프랑스를 끌어들여 일본에 압력을 가했다. 청일전쟁에서 승리하긴 했지만, 일본은 아직 서구 열강에 대적할 만한 군사력을 갖추지 못했다. 일본은 삼국의 간섭에 굴복해 랴오둥반도를 청에 반환했다. 러시아는 이에 대한 보상으로 청조에 여러 요구를 들이댔다. 1896년 만주 철도 부설권을 획득했고, 1898년 다롄大連과 뤼순旅順을 강탈했다. 독일과 프랑스도 가만히 있지 않았다. 1897년 독일은 자오저우膠州만을 획득했고, 이듬해 프랑스는 광저우만을 조차했다.

자오저우만을 차지한 독일은 칭다오에 독일식 건물을 지었고 제

술로 만나는 중국·중국인

법 큰 군항을 건설했다. 오늘날 '라오제老街'라 불리는 구도심이 이 때부터 조성되기 시작했다. 라오제에는 유럽식 석조건축물과 고딕 양식의 천주교 성당이 우후죽순 격으로 들어섰다. 이는 사회주의 정권이 들어서기 전까지 지속됐다. 1966년 문화대혁명이 발발하면서 홍위병에 의해 적지 않은 옛 건물이 파괴됐다. 그러나 지금도 독일총독부, 해군제독 관저 등 식민지 유산과 서구식 건축물이 적지 않게 남아 있다. 특히 샤오위산小魚山공원에서 바라보면 유럽의 한 도시를 온 것과 같은 착각마저 들 정도다.

1914년 1차 세계대전이 발발하자, 일본은 독일군을 몰아내고 칭다오를 차지했다. 일본은 유럽의 건축양식에다 자국의 특색을 가미한 건물을 지었다. 세계대전이 끝난 뒤 일본은 자오저우만을 영구히 차지하려 했다. 이런 일본의 음모에 반대해 중국인들은 조차권 회수와 제국주의 배격을 주창하며 5·4운동을 일으켰다. 그 결과 1922년 중국 북양北洋정부는 칭다오의 주권을 회수했다. 칭다오의 중요성이 전략적·군사적으로 커졌기에 한때 특별시로까지 지정됐다. 그 때문에 일본은 중일전쟁을 일으키자마자 곧바로 칭다오를 점령했다.

칭다오는 2차 세계대전이 끝나서야 식민지의 묵은 때를 털어낼 수 있었다. 오늘날에는 '맑은 하늘, 푸른 바다, 붉은 기와晴天綠水赤瓦'가 있는 도시로 유명하다. 무엇보다 도시계획과 산림녹화가 잘되어 중국에서 거주환경이 좋은 도시 중 하나로 손꼽힌다. 북방에 사는 중국인들은 입버릇처럼 "노후는 칭다오에 정착해 사는 것이 소원이다."고 말한다. 한때 부호들 사이에는 칭다오 해안가에 별장을 한두 채씩 구매하는 것이 유행이었다. 여기에 더해 호화 요트를 장만해 칭다오 앞바다를 누비는 것이 바오파후暴發戶(벼락부자)의 로망이었다.

금세기 들어 구도심에선 다시 서구양식으로 건물을 짓는 게 유행이다. 이로 인해 라오제의 옛 건축물과 절묘한 조화를 이루며 도시 전체가 건축양식의 종합박물관이 되어가고 있다. 칭다오는 산둥성의 한 도시지만, 2015년 상주인구가 909만 명으로 지난濟南(713만 명)보다 많다. GRDP도 9,300억 위안(약 158조 1,000억 원)으로, 지난(6,100억 위안)을 훨씬 능가한다. 모든 분야에서 칭다오가 월등히 앞서지만, 산둥성의 성도는 엄연히 지난이다. 지금과 같은 경제력을 키운 시초가 됐던 독일 식민지의 유산은 지금도 곳곳에 남아 있다. 그 대표적인 게 군항과 맥주다.

중국 해군은 북해, 동해, 남해 등 3대 함대 체제를 갖추고 있다. 북해함대는 독일 식민지시절부터 군항을 건설했던 칭다오에 사령부가 있다. 저장성 닝보寧波에는 동해함대가, 광둥성 잔장湛江에는 남해함대가 사령부를 두고 있다. 북해함대는 3대 함대 중 전투력과 장비에 있어 최강이다. 활동 범위가 서해와 발해만으로, 적의 위협으로부터 수도권을 방위하기 때문이다. 이는 중국정부가 공개한 북해함대의 편제에서 잘 드러난다. 북해함대는 1개의 구축함전단, 1개의 호위함전단, 1개의 핵잠수함전단, 1개의 디젤잠수함전단을 보유하고 있다.

특히 칭다오 군항은 전체 핵잠수함전단의 모항 역할을 수행한

칭다오해군박물관은 퇴역한 군함을 옛 모습 그대로 보존해 줄지어 정박해 놓았다.

다. 2016년 5월 미국 국방부가 의회에 제출한 '중국 군사·안보 발전보고서'에 따르면, 중국은 66척의 잠수함을 보유하고 있다. 공격형 핵잠수함(SSN)이 5척, 탄도탄발사 핵잠수함(SSBN) 4척, 디젤잠수함(SSK) 57척 등으로 구분된다. 중국은 지금도 핵잠수함을 계속 건조하고 있어 이 숫자는 더욱 늘어날 전망이다. 칭다오 군항에는 전체 잠수함전력의 절반이 정박해 작전을 수행한다. 이 밖에도 북해함대에는 3개의 해군항공여단이 배치됐다.

　무엇보다 가장 강력한 함선은 중국 최초의 항공모함인 랴오닝호다. 랴오닝호는 본래 1985년 구소련이 건조하던 6만톤급의 쿠즈네초프 항공모함 2번함이었다. 소련이 붕괴되자 우크라이나가 공정률 70%였던 이 항모를 사들였고, 다시 중국이 유령회사를 앞세워 매입했다. 2002년 다롄항으로 항모를 가져와 개보수 작업을 벌인 뒤 2012년 취역시켰다. 현재 랴오닝호는 칭다오 군항을 모항으로 작전반경을 남중국해까지 확대하고 있다. 중국은 러시아 SU-33 전투기를 개조해 개발한 젠殲(J)-15 함재기를 랴오닝호에 배치한 상태다.

이런 중국 해군의 일면을 이해할 수 있는 장소가 구도심에 있다. 루쉰魯迅공원과 샤오小칭다오공원 사이에 위치한 해군박물관이 그 주인공이다. 해군박물관은 본래 해군이 소형 함선을 정박시켰던 기지였다. 이를 정비해서 1991년 면적 4만㎡에 달하는 중국 유일의 종합박물관으로 꾸몄다. 박물관은 크게 군복·기념품전시관, 무기장비전시구, 해상함대전시구 등으로 나뉜다. 무기장비전시구에는 중국 최초의 수상비행기, 함포, 수중병기 등을 전시하고 있다. 해상함대전시구에는 구축함 등이 정박해 있다. 관광객은 잠수함 내부와 군함 구석구석을 살펴볼 수 있다.

해군박물관에서 멀지 않은 곳에는 우리에게도 유명한 칭다오맥주의 공장이 있다. 칭다오맥주의 역사는 1903년 독일 식민지시절로 거슬러 올라간다. 당시 독일과 영국의 사업가들은 라오산의 광천수에 주목했다. 예부터 라오산은 '태산이 높다 해도 라오산만 못하다.'라고 할 정도로 풍광과 물이 좋았다. 그들은 40만 멕시코 은화로 사들여온 독일의 생산시설에다 라오산의 맑은 물을 더해 맥주를 제조하기로 했다. 이를 위해 게르만칭다오맥주회사를 설립됐다. 국적은 달랐으나, 목적이 뚜렷했던 164명의 임직원이 합심해서 2,000톤의 맥주를 처음 생산했다.

해가 다르게 기술 진보가 이뤄져 1906년 뮌헨 국제박람회에서는 금메달도 땄다. 하지만 1차 세계대전으로 일본이 칭다오를 점령하면서 맥주공장의 운영은 일본회사의 손으로 넘어갔다. 그 뒤 30년간 대일본맥주회사가 경영하다가 2차 세계대전이 끝나서야 중국인들에게 되돌려 줬다. 그리하여 1946년 칭다오맥주공장이 설립됐고, 1949년 사회주의 정권이 들어서면서 국영체제로 바뀌었다. 113년의 유구한 역사를 지닌 맥주답게 칭다오맥주의 맛은 일품이다. 독일의 원천기술에다 일본의 생산기법, 산둥의 질 좋은 맥아와 라오산의 광천수가 더해졌기 때문이다.

이는 과거 각종 국제대회에서 수상한 기록에서 드러난다. 1920년대부터 1980년대까지 미국 국제맥주대회에서 각종 상을 휩쓸었다. 1991년 벨기에 주류박람회, 1993년 싱가포르 술전시회, 1997년 스페인 주류엑스포 등에서 금상을 탔다. 그런데 이런 명성과 달리 현재 중국 내 맥주시장의 판매량 1위는 칭다오맥주가 아니다. 우리에겐 낯선 화룬쉐화花潤雪花가 8년 연속 시장점유율 1위를 차지하고 있다. 화룬쉐화는 중국 최초로 맥주 판매량 1,000만 ㎘를 돌파한 기업이다.

실제 2015년 화룬쉐화의 총판매량은 1,168만 ㎘, 총판매액은 295억 위안(약 5조 150억 원)에 달했다. 이에 반해 칭다오맥주의 총판매량은 848만 ㎘, 총매출액은 276억 위안(약 4조 6,920억원)에 그쳤다. 그러나 이익은 칭다오맥주가 훨씬 많다. 17억 위안(약 2,890억 원)으로 화룬쉐화(7억 위안)보다 2배 이상 높았다. 중국 전체의 생산량은 4,900만 ㎘였다. 2011년 4,898만 ㎘로 정점을 찍은 뒤 조금씩 줄어드는 추세다. 그러나 전 세계 생산량의 25%를 차지하고 있어 세계 1위를 고수했다. 그 뒤는 미국, 브라질, 러시아, 독일이 추격하고 있다. 중국 1인당 맥주 소비량은 연간 36ℓ로 세계 평균보다 낮다.

서구에선 1인당 국민소득이 10% 증가할 때마다 맥주 소비량이 1.5ℓ씩 늘어난다는 연구 결과가 있다. 중국 인구는 13억 7,000만 명인 데다 1인당 소비량이 해마다 1ℓ씩 증가하고 있다. 따라서 언제든 성장가도를 다시 내달릴 가능성이 크다. 실제로 맥주는 현재 중국에서 판매량이 가장 많은 술이다. 1990년대 중반부터 바이주를 제치고 생산과 소비에 있어서 주류시장의 1위를 차지하고 있다. 중국인이 맥주를 즐겨 마시는 이유는 저렴한 가격 때문이다. 주택가 상점에서 팔리는 맥주 값은 750㎖ 1병당 6위안(약 1,020원)에 불과하다.

이런 가격 경쟁력은 중국이 세계 최대의 보리 생산국이기에 가능했다. 풍부한 원료는 맥주산업을 발전시키는 큰 밑거름이 됐다. 여기에 각지의 지방정부는 재정확보를 위해 주류세를 낮게 책정하고 맥주회사를 경쟁적으로 설립했다. 이 때문에 중국은 지역마다 각기 다른 브랜드의 맥주가 수십 가지나 된다. 베이징은 옌징燕京, 광둥은 주장珠江, 산시는 바오지寶鷄, 충칭은 산청山城, 윈난은 다리大理, 신장은 우쑤烏蘇 등 로컬 브랜드가 현지 시장을 장악하고 있다. 중국 맥주업체 중 대륙 전체를 무대로 판매하는 기업은 손가락으로 꼽을 정도다.

술로 만나는 중국·중국인

칭다오맥주도 전국 각지에서 골고루 소비되는 맥주 중 하나일 뿐이다. 이 같은 현실로 인해 중국시장에서 중국산 브랜드의 점유율은 70%가 넘는다. 버드와이저, 하이네켄, 칼스버그 등 외국 브랜드는 20%를 겨우 돌파했을 뿐이다. 서민이 즐기는 대중주답게 중국에서 맥주는 경기를 잘 탄다. 대부분 맥주업체가 지방정부의 보호 아래 성장해서 영업이익률이 낮다. 특히 글로벌 금융위기가 시작됐던 2008년에는 로컬 맥주업체의 영업 손실률이 31.9%에 달했다. 그 뒤 2~3년간의 강력한 구조조정을 거쳐 3대 메이저 그룹으로 재편됐다. 화룬쉐화, 칭다오, 옌징이 그것이다.

현재 중국 맥주업체 대부분은 지분과 경영에서 이 세 회사와 얽혀 있다. 하지만 브랜드는 그대로 남아서 지역민과 만나고 있다. 이런 시장 상황 덕분에 칭다오맥주는 세계 유수의 맥주회사들로부터 러브콜을 받고 있다. 업계 1위인 안호이저부시인베브(AB인베브)는 칭다오맥주의 지분을 틈날 때마다 사들이고 있다. AB인베브는 버드와이저, 코로나, 호가든 등을 생산하는 벨기에와 브라질의 합작사다. 일본 맥주업계 1위인 아사히도 2009년 AB인베브로부터 칭다오맥주 지분 일부를 사들였다. 그 뒤 칭다오맥주와 제휴해서 전 세계와 중국 내 판매망을 넓히고 있다.

매년 여름마다 열리는 칭다오맥주축제도 전 세계인의 이목을 집중시킨다. 맥주축제는 1991년부터 지역 관광을 활성화하기 위해 시정부와 칭다오맥주가 협력해 개최해 오고 있다. 칭다오맥주의 명성을 등에 업고 단시일 내에 독일 뮌헨의 옥토버페스트, 체코 플젠의 필스너 우르켈과 자웅을 겨루는 세계 3대 맥주 축제로 발돋움했다. 최근 들어 중국의 국력이 커지면서 맥주 종주국인 독일의 자리까지 넘보고 있다. 2014년에는 18개국에서 40여 개의 맥주 회사가 참여해서 300여 종의 맥주를 선보였다. 또한 400만여 명의 관광객이 다녀갔다.

2001년에 문을 연 맥주박물관은 칭다오맥주의 역사를 한 눈에 볼 수 있는 중요한 장소다. 1903년 공장이 갓 설립될 당시에 쓰였던 양조장을 개조해서 맥주의 제조과정과 설비장치 등을 전시하고 있다. 전체 면적이 6,000㎡에 달하고 볼거리가 아주 풍부하다. 일부 구간에서는 자동화된 공장설비와 생산과정을 직접 눈으로 볼 수 있다. 마지막 구간에는 갓 생산된 맥주를 시음할 수 있는 판매장이 있다. 여기에는 '좋은 마음은 좋은 보답이 있다好心有好報.'는 글귀가 쓰여 있어 맥주를 즐기는 이의 마음을 유쾌하게 한다.

칭다오에는 칭다오맥주 말고도 유수한 중국기업이 많다. 중국을 대표하는 가전기업인 하이얼海爾과 하이신海新, 고속철도 객차를 제조하는 난처스팡南車四方, 신발에서부터 타이어까지 제조하는 쐉싱雙星 등이 칭다오경제를 뒷받침한다. 그뿐만 아니라 중국판 할리우드인 찰리우드(Chollywood) 프로젝트도 진행 중이다. 중국 최대 부동산업체인 완다萬達가 칭다오에 동양 최대의 영화단지를 조성했다. 이 덕분에 중국 연해도시의 경제성장률이 낮아지는 추세에도 칭다오는 견고한 성장세를 유지해 왔다. 2012년 10.6%, 2013년 10%, 2014년 8%, 2015년 8.1% 등 10% 안팎의 성장률을 실현했던 것이다.

중국 각지와 전 세계로 팔려나갈 캔 맥주를 생산하는 칭다오 맥주 공장 라인.

칭다오에는 우리 기업이 많이 진출해 있다. 2014년 현재 2,200개 기업이 투자했다. 거주하는 교민은 4만~5만 명을 헤아린다. 마이크로소프트, IBM 등 세계 각국의 기업도 칭다오에 둥지를 틀고 있다. 이런 국제화된 환경은 칭다오맥주의 발전에 밑거름이 되고 있다. 칭다오맥주는 이미 전 세계 80개국에서 판매되어 중국 맥주 수출의 50%를 차지한다. 2013년 브랜드 가치는 805억 위안(약 13조 6,850억 원)에 달했다. 제국주의 열강이 남겨준 유산은 이제 칭다오의 자랑이 되어 세계시장을 누비고 있다.

자주창신 기술로 세계로 나가는 '장위포도주'

때는 서구 제국주의가 한창 발흥하던 19세기 중반이었다. 당시 청조는 서세동점의 위협 속에 태평천국의 난까지 맞는 내우외환에 시달렸다. 태평천국을 진압한 증국번, 이홍장, 좌종당 등 한족 고관들은 중체서용의 기치를 내걸어 위기를 타파하려 했다. 중국의 전통적인 가치는 지키면서 서양의 발달된 문물과 기술을 받아들여 부국강병을 이루겠다는 취지였다. 바로 양무운동洋務運動을 일으켰던 것이다. 양무운동은 1861년 동치제同治帝부터 시작해 일정한 성과를 거두며 중국 경제사회에 큰 변화를 가져다줬다.

이런 조국의 변화에 해외에 있던 일부 화교들이 적극 호응했다. 인도네시아에 살던 장필사張弼士도 그들 중 한 명이었다. 장은 본래 광둥성 다부大埔현에서 태어났다. 그의 집안은 입에 풀칠하기 힘들 정도로 가난했다. 그래서 18세 때 몰래 화물선을 타고 자카르타로 건너갔다. 차이나타운의 한 쌀가게에서 허드렛일부터 시작해 근면성실하게 일했다. 머리가 총명했던 장은 빠르게 승진했고, 금방 창고를 관리하는 책임자가 됐다. 몇 년 뒤 돈을 좀 모으자 황무지를 사들여 개간했다. 그 땅에서 큰 성공을 거두자, 다시 증기선 운수회사를 설립했다.

자카르타, 싱가포르, 홍콩 등지에는 약국을 열어 큰돈을 벌었다. 이런 와중에 맛본 포도주는 장을 매혹시켰다. 1891년 유럽 여러 나라를 돌며 와인에 대해 연구했다. 다시 산둥성 옌타이烟臺로 가서는 현지의 기후와 토양을 점검했다. 이듬해 장은 거금 300만량을 투자해 중국 최초의 근대적인 포도주 생산업체를 설립했다. 당시 북양대신이었던 이홍장이 직접 서명해 영업허가증을 내줬다. 광서제光緒帝의 스승이자 군기대신인 옹동화翁同龢는 회사 간판을 써줬다. 회사명은 사장의 성인 장에다, 번영하고 융성하라昌裕興隆는 뜻을 더해 '장위張裕'로 지었다.

오늘날 아시아 최대 와인업체인 장위는 이처럼 조국 근대화에 이바지하려는 애국 화교 장필사의 충정에서 비롯됐다. 장위는 중국 포도주산업 발전의 산증인이다. 지난 120여 년 동안 온갖 우여곡절을 겪어왔지만, 오직 한 우물만 파왔다. 장위의 본사는 지금도 옌타이에 있고 1905년 건설한 지하 저장고를 여전히 사용하고 있다. 특히 창립자인 장이 제창했던 3필必 원칙을 현재까지 고수하고 있다. 바로 "원료는 반드시 우수한 것을 쓰고, 사람은 반드시 능력 있는 사람을 모셔오며, 설비는 반드시 새로운 것을 설치한다."는 모토다.

옌타이는 산둥반도 동북부에 자리 잡은 연해도시다. 동으로는 서해, 북으로는 발해와 접해 있다. 연평균 기온이 12.7℃, 연 강우량은 651.9㎜, 연평균 일조시간은 무려 2,698시간에 달한다. 언제나 푸른 하늘, 푸른 산, 푸른 바다가 펼쳐져 있어 풍광이 아름답다. 실제 대기환경이 중국 내 어느 도시보다 좋다. 2014년 산둥성 환경보호청이 성내 17개 도시의 공기 오염도를 측정한 결과, 옌타이는 1위를 차지했다. 대기 중 초미세먼지가 가장 적었고 이산화황 농도는 웨이하이威海 다음으로 낮았다. 이는 도시 전체가 바다와 산으로 둘러싸여 있기 때문이다.

도시 전체의 해안가는 잘 닦인 도로가 시원하게 뻗어 있다. 총길이가 909㎞에 달해 중국 도시 중 가장 길다. 본래 옌타이는 오랫동안 라이저우萊州와 덩저우登州에 속해 있었다. 사회주의 정권이 들어선 다음해인 1950년 옌타이시로 독립했다. 개혁·개방은 옌타이에 날개를 달아주었다. 첫 번째로 대외 개방한 14개 도시 중 하나로 급속히 성장했다. 1998년에는 주변 구·현을 흡수해 몸집을 키워 광역시가 됐다. 2015년 상주인구 701만 명에 달하는 2선 도시로 발전했다. GRDP는 전년대비 8.4% 늘어난 701억 위안(약 11조 9,170억 원)을 기록했다.

이처럼 쾌적한 주거환경과 튼튼한 경제력으로 '중국 10대 아름다운 도시' '중국 10대 주민 행복도가 높은 도시' 등으로 손꼽혔다.

옌타이는 이 밖에도 여러 별칭을 갖고 있다. 그 첫 번째가 '북방 과일의 본고장'이다. 사시사철 옌타이는 과일 향내로 도시 전체가 향기롭다. 특히 옌타이 사과는 중국을 대표하는 품종이다. 일본, 한국, 싱가포르 등지에 수출될 정도로 품질이 좋다. 옌타이에서 나는 앵두는 크고 맛있어 내수시장에서 가장 비싼 값에 팔린다. 포도는 옌타이가 자랑하는 또 다른 품종이다. 전형적인 해양성 기후에다 일조량이 많아 포도의 당도가 아주 높다.

두 번째는 '포도주의 도시'다. 2015년 옌타이에서 생산된 포도주는 32.8만 ㎘이었다. 이는 중국 전체 생산량의 30%에 달한다. 장위를 비롯해 와인 생산기업은 153개나 됐다. 일정한 규모 이상 기업들의 매출액은 228억 위안(약 3조 8,760억 원)에 달했다. 이들이 거둔 순이익은 30억 위안(약 5,100억 원)이었다. 이는 중국 전체 매출액의 50%, 순이익의 60%를 차지한다. 옌타이는 물이 잘 빠지는 토양을 갖추고 있다. 또한 일정한 경사에다 햇볕을 잘 받는 남향의 언덕이 많다. 옌타이 시정부도 포도주 연구개발센터를 열어 기업들이 고품질의 와인을 생산할 수 있도록 돕고 있다.

장위는 이 포도주 도시의 선두주자다. 산둥성 포도주 생산량의 70%를 차지하고 있다. 또한 중국 최초로 4억 병 판매를 달성했다. 장위의 역사가 곧 중국 포도주산업의 발전사다. 1915년 미국 샌프란시스코에서 열린 파나마만국박람회에서 장위는 레드 와인, 화이트 와인, 브랜디 등 4종류를 선보이며 금상을 탔다. 그 뒤 중국에서 서구식 와인문화를 확산시키는 데 공헌했다. 그러나 열악한 물류

청대 말기 변발을 한 노동자가 포도를 수확하는 동상.

상황과 잇단 내전, 일본의 침략 등으로 회사 경영은 갈수록 악화됐다. 1934년 장위는 중국은행의 관리 아래 놓였고, 1941년에는 산둥을 지배한 일본군의 수중에 떨어졌다.

1949년 사회주의 정권이 수립됐을 때 장위는 도산 일보 직전이었다. 옌타이 시정부는 장위를 국영화하였다. 여기에 일제 치하에서도 장위를 떠나지 않았던 직원들이 피나는 자구노력을 지속했

술로 만나는 중국·중국인

다. 이런 발 빠른 조치와 행보 덕분에 회사는 빠르게 정상화됐다. 3년 뒤 장위포도주는 중국 8대 명주에 등재됐다. 1958년에는 양조대학까지 설립해 중국 포도주산업의 근간이 되는 인재를 양성했다. 하지만 1966년 문화대혁명이 발발하면서 와인은 서구 부르주아계급의 일상품으로 배척당했다. 이에 따라 장위도 한동안 회사 문을 닫을 수밖에 없었다.

개혁·개방은 이름조차 사라졌던 장위를 부활시켰다. 1982년 장위포도주양조회사가 다시 문을 열었다. 1990년에는 전국적인 판매망을 갖추어 공격적인 시장 확장에 나섰다. 매출이 빠르게 오르자, 1997년에는 선전 증시에도 상장했다. 2015년 장위는 점유율 20%로 중국 와인시장 1위를 차지했다. 특히 2012년 이전까지 영업이익이 연평균 20~30% 증가했다. 매출구조로 보면 포도주는 82%, 브랜디가 13%이다. 와이너리는 중국 각지에 4개를 보유하고 있다. 2002년 옌타이 베이위자北于家에 프랑스 카스텔(Castel) 와인회사와 합작해 중국 최초의 장원을 지었다.

카스텔와이너리에는 면적 2,700㎡, 깊이 4.5m의 와인 지하저장고가 있다. 규모로는 중국에서 가장 크다. 저장고에 내려가면 지하 곳곳에 배인 와인향이 코끝을 강렬히 자극해 온다. 와인을 숙성시키는 오크통은 1,200여 개로, 모두 프랑스산 통나무로 만들었다. 하나의 오크통에 보통 와인 370병 분량이 들어간다. 가격으로 따지면 10만 위안(약 1,700만 원) 안팎이다. 장위는 도심 다마루大馬路에 술문화박물관도 갖고 있다. 이 박물관은 1894년 세운 양조장을 1992년 개조한 것이다. 여기에도 1903년 처음 와인을 숙성

장위 설립 초기 포도주를 생산하는 과정을 보여 주는 모형.

시켰던 저장고가 있다. 당시 아시아에서 유일한 오크 저장고였다.

보통 우리는 중국을 '배갈의 나라'라고 여기지만, 현실은 조금 다르다. 과거 중국인들은 알코올 도수가 50도 안팎인 바이주를 즐겨 마셨다. 지금도 전체 주류시장의 총판매액에서 볼 때 바이주의 비중은 압도적이다. 그러나 1978년 이후 태어난 한 가정 한 자녀 세대는 도수 높은 술을 그리 좋아하질 않는다. 그뿐만 아니라 오늘날에는 음주를 단순히 술 마시는 데에서 넘어 세련된 문화와 풍족한 소비를 향유하는 여가로 인식하고 있다. 중국 내 시장분석기관도 "중국인의 생활수준이 향상되고 건강에 대한 인식이 높아질수록 저도주 소비가 늘어날 것"이라 전망한다.

와인은 이런 중국 젊은 층의 기호와 시대적 변화를 잘 담아내는 술이다. 2013년 중국의 술 소비 변화를 상징적으로 보여주는 사

술로 만나는 중국·중국인

건이 일어났다. 홍콩을 포함해 중국은 9ℓ 기준으로 레드 와인을 1억 5,500만 상자나 소비해서 프랑스(1억 5,000만 상자)를 제치고 세계 최대의 레드 와인 소비국으로 등극했다. 비록 화이트 와인 등을 위시한 전체 와인 소비량은 세계 5위에 그쳤지만, 지금 추세대로라면 2020년에 1위로 올라설 전망이다. 사실 중국은 2002년 1인당 연간 와인 소비량이 0.25ℓ에 불과했다. 그러나 2014년에는 1.16ℓ로 늘어났다. 12년 만에 5배나 증가한 것이다.

2014년 중국의 와인 소비량은 15억 8,000만ℓ였다. 이는 전년 대비 12%나 증가한 수치다. 이에 반해 전 세계 와인 소비량은 250억ℓ로, 1%밖에 늘어나지 않았다. 1위는 미국으로 30.7억ℓ이었고, 2위는 프랑스(27.9억ℓ), 3위는 이탈리아(20.4억ℓ), 4위는 독일(20.2억ℓ)이었다. 이런 상황에서 볼 때 최근 중국인들이 와인을 얼마나 탐닉하고 있는지 유추해 볼 수 있다. 실제 외국산 와인의 수입이 해가 다르게 급증하고 있다. 2000년부터 2011년까지 수입산 와인 증가폭은 무려 7.4배에 달했다. 2014년 와인의 주요 수입 대상국은 프랑스(43억 9,000만 달러), 이탈리아(22억 2,000만 달러), 스페인(6억 6,000만 달러) 순이었다.

차이푸財富품질연구원은 2014년 와인시장 규모를 1,000억 위안(약 17조 원)으로 추정했다. 하지만 중국인의 와인 소비량은 미국과 유럽에 비해서는 여전히 낮은 수준이다. 이에 따라 2017년에는 소비량이 28.27억ℓ에 달할 것으로 전망되고 있다. 현재 중국에서 소비되는 와인의 90% 이상이 레드 와인이다. 중국인들은 전통적으로 붉은 색이 행운을 상징한다고 여겨서 좋아한다. 또한 레드 와

카스텔와이너리 지하저장고의 와인 오크통과 술병.

인이 건강에 좋다는 인식이 넓게 퍼져 즐겨 마신다.

급속도로 팽창해가는 자국 내 소비를 발판 삼아 중국 포도주산업은 급성장하고 있다. 2014년 중국의 와인용 포도 재배면적은 79만 2,000 ㏊로 프랑스를 제치고 세계 2위로 올라섰다. 아직까지는 1위인 스페인(102만 ㏊)과 일정한 격차가 있다. 그러나 전 세계 재배면적의 비중이 2000년 4%에서 14년 만에 10.6%로 늘어난 속도를 비춰 볼 때, 수년 내 스페인마저 추월할 전망이다. 중국주류협회에 따르면, 2014년 중국 내 전체 와인 생산량은 11억 6만 ℓ에 달했다. 이는 2002년 2.8억 ℓ에서 12년 만에 5배 가까이 증가한 것이다. 영국 와인잡지 〈하퍼스〉는 "오는 2016년에 중국은 이탈리아와 칠레를 제치고 세계 6위로 올라설 것"이라고 전망했다.

현재 중국의 주요 와인 생산지는 산둥, 허베이, 신장, 랴오닝 등

술로 만나는 중국·중국인

지다. 중국 와인업체 중 생산능력이 1만 톤 이상인 곳은 장위, 창청長城, 왕차오王朝, 웨이룽威龍 등이 있다. 이 중 장위, 창청, 왕차오가 3대 메이저를 형성하면서 2013년 중국산 와인 판매량의 52%를 차지했다. 매출액 기준으로는 더욱 높아 56%에 달할 정도로 집중도가 높다. 산둥은 4억 6,700만 ℓ의 와인을 생산해 중국 전체 생산량의 40%를 차지했다.

장위는 중국의 넘버원답게 2005년 세계시장에 첫 발을 내딛었다. 현재 유럽 14개국을 포함해 28개국에 진출했다. 전통과 맛을 까다롭게 따지는 유럽에서 이미 3,000여 개의 와인 전문매장, 슈퍼마켓 등에서 장위포도주를 팔고 있다. 심지어 최고급 호텔과 여객기 1등석에까지 공급하고 있다. 장위는 유럽에 진출한 이래 단한 번도 품질 안전검사에서 불합격 판정을 받은 적이 없다. 이처럼 유럽시장에서 입지를 다진 이유는 장위포도주만의 독특한 향때문이다. 120여 년 전 장위는 유럽으로부터 카베르네 게르니쉬트(Cabernet Gernischt)를 도입했지만, 여러 차례의 자체 개량을 통해 옌타이 토양에 알맞은 포도 품종으로 중국화했다.

이에 따라 오늘날 국제시장에서 카베르네 게르니쉬트는 중국 고유의 포도로 인식되고 있다. 이 포도를 써서 장위의 와인은 톡 쏘는 듯한 매실 향내가 난다. 현재 카스텔와이너리에서는 카베르네 게르니쉬트 외에도 카베르네 쇼비뇽, 샤도네이, 메를로 등 13종의 포도를 재배하고 있다. 수년 전부터 장위는 해외로 눈길을 돌리고 있다. 특히 프랑스 보르도와 부르고뉴, 이탈리아 시실리 등 역사와 전통을 지닌 7대 와인업체와 연맹을 설립해 포도농장 사냥

카스텔와이너리 전시실에는 세계로 수출되는
장위의 와인 병을 쌓아놓았다.

에 나서고 있다.

놀라운 점은 장위가 현실에 안주하는 기업이 아니라는 것이다.
장위는 유럽 진출을 앞두고 15년 이상 양조 경험을 가진 와인과
브랜디 전문가 2명을 국제 공모로 뽑았다. 이에 따라 프랑스 보르
도와 코냑 출신의 양조 기술자를 중국으로 초빙해 왔다. 이들에게

당시로는 파격적인 100만 위안(약 1억 7,000만 원) 이상의 연봉을 지급했다. 자주창신自主創新(외국에 기대지 않고 독자기술로 혁신을 이룬다)을 하되, 선진기술을 끊임없이 받아들이는 노력도 게을리 하지 않은 것이다.

그렇다고 해서 장위의 앞날이 마냥 밝은 것만은 아니다. 시진핑 국가주석 출범 후 삼공소비를 억제하면서 장위는 한동안 큰 타격을 받았다. 다행히 2015년 매출액은 46억 5,000만 위안(약 7,905억 원)을 기록해 전년대비 11.9%가 증가해 마이너스 성장에서 벗어났다. 영업이익은 15.1억 위안(약 2,567억 원)도 전년대비 5%가 늘어났다. 고급 와인의 판매가 부진하고 수입 와인의 점유율이 높아지는 상황에서 선방했다. 장위는 포도주의 품질을 향상하고 수출을 늘려 성장세를 이어 나가려 하고 있다.

이에 따라 전문 판매점을 늘리는 등 판매 전략을 수정했다. 전체 매출에서 5%에 불과한 수출 비중을 수년 내 30%까지 끌어올릴 계획이다. 장위가 염두에 두는 주요 수출 대상국 중 하나가 한국이다. 사실 옌타이는 한때 '인천시 옌타이구'로 불릴 만큼 우리와 경제통상 및 인적교류가 아주 돈독하다. 한국과 가까운 지리적 이점으로 2014년 옌타이의 대한국 무역총액은 109억 7,000만 달러를 기록했다. 이는 옌타이 전체 수출입의 20.8%를 차지한다. 또한 산둥성 17개 도시 중 대한국 무역액이 최고다.

옌타이를 방문한 외국관광객은 54만 6,000명이었는데, 그중 한국인 관광객이 27만 9,600명으로 전체 관광객의 51%나 차지했다. 옌타이 시정부는 이에 그치지 않고 새로이 한중산업단지를 건설했다. 한중산업단지는 총면적이 349㎢에 달하는 3개 단지를 동서 양쪽에 조성했다. 우리에게 장위포도주가 마냥 낯설지만은 않은 이유도 이런 교류사 때문이다. 서양과 동양 문화의 융합을 상징하는 상품으로 전 세계 소비자의 혀끝을 사로잡으려는 장위. 오늘날 자주창신의 기술력으로 세계시장을 확대해 나가는 중국기업의 모범 사례로 손꼽힌다.

5 술로 만나는 강남 문화

차가운 가을날 홀로 서니, 샹강이 북으로 흘러가는 쥐쯔저우 섬 끝머리에서
바라보니 온 산이 붉게 퍼졌고, 숲도 층층이 물들었네.
유유한 강물은 푸른데, 수많은 배가 물길을 다투는구나.

공산혁명을 이끈 마오쩌둥의 고향술 '마오공주'

차가운 가을날 홀로 서니,

샹강이 북으로 흘러가는 쥐쯔저우 섬 끝머리에서

獨立寒秋, 湘江北去, 橘子洲頭

바라보니 온 산이 붉게 퍼졌고,

숲도 층층이 물들었네.

看萬山紅遍, 層林盡染

유유한 강물은 푸른데,

수많은 배가 물길을 다투는구나.

漫江碧透, 百舸爭流

매는 창공을 가르고, 물고기는 물속을 헤엄치며,

만물은 서리찬 하늘 아래 자유를 뽐내네.

배산임수의 명당인 마오쩌둥의 생가.

鷹擊長空, 漁翔淺底, 萬類霜天競自由

가없어라 아득한 세상,

묻노니 이 창망한 대지에 누가 흥망성쇠를 주재하는가?

帳寥廓, 問蒼茫大地, 誰主沉浮?

벗들과 손잡고 와서 놀았던,

옛날 험난했던 시절이 새삼 그립구나.

携來百侶曾遊, 億往昔崢嶸歲月稠

흡사 동문수학하던 어린 시절,

재기는 만발했고 기개가 넘쳐서

恰同學少年, 風華正茂

서생의 뜻과 기상이 하늘을 찔렀었네.

書生意气, 揮斥方遒

세상을 꾸짖고 가슴을 울리는 글을 쓰며,

그 시절 썩어빠진 것들을 업신여겼었지.

指點江山, 激揚文字, 糞土當年萬戶侯

기억하는가, 강 한 가운데로 나아가,

물결을 헤치며 배를 저으려 했던 것을!

曾記否, 到中流擊水, 浪遏飛舟!

　이　시는　마오쩌둥이　1925년이　지은　'심원춘沁園春(창사)'다.
1936년에 쓴 '심원춘·설'과 더불어 마오의 대표작으로 손꼽힌다.
두 편은 가을과 겨울의 풍경을 각각 노래하면서 당시 마오가 품었
던 심정을 잘 표현했다. 후난성 성도인 창사는 마오에게 제2의 고
향이나 다름없다. 1913년 마오는 후난제일사범학교에 입학하면
서 창사에서 6년간 생활했다. 1927년 10월 농민군을 이끌고 징강
산井岡山에 들어가기 전까지 줄곧 고향인 샹탄湘潭현 샤오산韶山이
나 창사에서 살았다.

　마오가 '심원춘·창사'를 쓴 것은 32세 때였다. 샤오산을 떠나 광
저우로 가기 전 창사에 머물렀다. 잠시 짬을 내어 사범학교를 다
닐 때 학우들과 자주 놀러갔던 쥐쯔저우를 찾았다. 쥐쯔저우는 모
래톱이 쌓여 생긴 섬이다. 마오는 섬 끝머리에서 늦가을의 찬 강
바람을 받으며 옛 추억을 떠올렸다. 순수했던 학우들과 나라의 운
명을 걱정하고 썩어빠진 위정자들을 비판하며 이상을 불태웠던 그
날들…. 이 시만 살펴보면 마오는 맑고 깨끗한 영혼을 지닌 시인
이었다.

20세기 중국사는 마오를 빼놓고 서술하기 힘들다. 마오는 1893년에 태어나 1976년에 죽을 때까지 중국정치사의 중요한 장면마다 주연 혹은 조연으로 등장했다. 마오가 태어나기 전 중국은 1840년 아편전쟁 이래 서구 제국주의 열강에 전 국토를 유린당했다. 1984년 청일전쟁에서는 일본에 패해 마지막 자존심마저 무너졌다. 그 뒤 중국은 '동아시아의 병자'로 급속한 몰락의 길을 걸었다. 1900년 의화단사건 때는 제국의 수도 베이징이 서구 열강 및 일본 8개국 연합군에게 점령당했다.

인공호흡기를 달고 연명하던 청조는 1911년 신해혁명으로 멸망했다. 뒤이어 탄생한 중화민국은 혁명을 실행할 준비가 안 됐고 능력도 없었다. 황제를 꿈꿨던 위안스카이袁世凱, 각지의 수구세력과 함께 근거지를 쌓은 군벌 등의 잇단 반동으로 1920년대 후반까지 중국은 혼란 상태에 빠졌다. 이런 정세를 틈타 서구 열강과 일본은 대륙을 사분오열했다. 그러나 중국이 조선처럼 식민지로 전락하지 않았던 이유는 땅이 아주 넓었고 인구가 감당하기 힘들 정도로 많았기 때문이다. 훗날 중일전쟁 시기 일본이 이 '대륙의 늪'을 톡톡히 경험한다.

마오는 부농 집안에서 출생했다. 마오가 태어나고 자란 생가는 배산임수背山臨水의 명당이다. 아버지 마오순성毛順生은 가난한 농민이었으나, 군에 입대해 돈을 모아 사업을 했다. 농사지을 땅과 쌀가게를 사들였고 돈놀이까지 했던 것을 보면 경제적으로 풍족했음을 알 수 있다. 생가에서 800m 떨어진 곳에 있는 '마오씨종사毛氏宗祠'가 이를 잘 보여 준다. 마오순성은 1758년에 지어져 황폐해

후난사범학교에서 같이 공부한 학우들과 기념사진을 찍은 마오.
둘째 줄 왼쪽에서 세 번째가 마오다.

진 사당을 재정비했다. 조상의 위폐를 모신 돈본당敦本堂에서 마오
순성의 손길이 느껴진다.

마오는 4세 때 외가로 가서 외삼촌에게 글자를 익혔고, 9세에 돌
아와 서당에서 사서오경을 배웠다. 공부를 마치고 집에 돌아오면
농사보다 역사소설을 즐겨 읽었다. 자수성가했던 마오순성은 아들
의 글공부가 못 마땅했다. 마오는 셋째로 태어났으나, 두 형이 일찍
죽어 장남이나 다름없었다. 장남이 가업을 물려받길 원했기에 읽
고 쓰기와 주판알을 튕길 실력이면 된다고 생각했다. 이런 아버지
와 마오는 갈등이 심했다. 흥미롭게도 마오는 유교 경전에서 배운
논리와 이치를 내걸고 아버지와 투쟁해 항상 승리했다.

1910년 마오는 처음 고향을 떠나 샹샹湘鄉에 가서 공부했다. 다

음해 신해혁명이 일어나자 혁명군에 입대해 군 생활을 했다. 반년 뒤 군대를 떠났으나, 마음에 드는 학교를 찾지 못해 여러 곳을 전전해야 했다. 1913년 학비가 면제이고 기숙사비가 싼 후난사범학교를 입학하면서 안정을 찾았다. 마오 일생에 있어 사범학교 시절은 아주 중요하다. 영국 유학파인 양창지楊昌濟 교수를 만나 괄목할 만한 지적 성장을 이뤘다. 실제 양 교수의 소개로 1915년 창간된 〈신청년〉을 읽게 됐고 새로운 사상을 흡수했다.

여름방학에는 학우들과 농촌을 도보로 돌아다니며 중국 농민의 현실에 눈을 떴다. 1918년에는 구국구민을 위한 사회단체 신민학회新民學會를 설립했다. 신민학회의 회원은 70여 명에 달했는데, 뒷날 대부분 공산당원이 되어 마오의 든든한 지지자가 됐다. 특히 양 교수의 딸로 같이 활동한 양카이후이楊開慧와는 1920년에 결혼까지 했다. 본래 마오는 1907년 13세 때 6세나 많은 뤄羅씨와 결혼했었다. 뤄씨는 순종적인 여인으로, 마오 부모를 모시고 농사일을 도우다 21세에 요절했다.

마오는 사범학교를 졸업한 뒤 양 교수의 소개로 베이징에 가서, 베이징대 도서관 사서 보조로 일했다. 베이징 생활은 반년에 불과했다. 하지만 오래전부터 존경해 왔던 리다자오李大釗, 후스胡適 등의 강의를 들으며 선진사상을 받아들였다. 러시아의 볼셰비즘 혁명이론을 접한 것도 그때였다. 1919년 4월 창사로 돌아온 마오는 5·4운동이 터지자 〈샹강평론〉을 창간했다. 잡지 내 기사를 거의 혼자 썼고 거리에서 직접 팔았다. 10월에 어머니가, 다음해 1월에는 아버지와 양창지 교수가 잇달아 사망하는 아픔을 겪기도 했다.

1921년 7월 상하이에서 중국공산당이 창당되면서 1차 당대회가 열렸다. 마오는 13명의 창당 발기인 중 한 명으로 참석했다. 이듬해 5월에는 후난을 대표하는 샹구湘區위원회를 조직해 서기가 됐다. 공산당은 1924년 군벌 타도와 제국주의 축출을 기치로 내걸고 국민당과 합작했다. 그러나 마오는 다른 공산당 지도자들과 달리 고향을 떠나지 않았다. 1927년 4월 장제스가 상하이에서 반공 쿠데타를 일으키자, 여름에 샹탄을 중심으로 추수폭동을 일으켰다. 한때 수천 명의 농민군을 조직했으나 국민당군의 공격에 패퇴해 징강산으로 들어갔다.

징강산은 후난성 동남부와 장시성 서남부에 넓게 퍼져 있다. 최고 해발은 1,779m, 평균 해발이 1,000m에 불과하나 산림이 울창하고 동굴이 많다. 이런 천혜의 자연조건을 바탕으로 마오는 유격전을 펼쳤다. 먼저 암약하던 화적 떼를 수하로 거뒀고 지주의 땅을 빼앗아 농민에게 나눠 줬다. 마오는 전열을 정비한 뒤 국민당군이 장악하지 못했던 장시 남부 전역을 점령했다. 1931년 공산당은 이를 기반으로 루이진瑞金을 수도로 한 인구 1,000만 명의 소비에트공화국을 성립했다. 마오는 공이 가장 컸기에 국가주석이 됐다.

당시 소련은 코민테른을 통해 막대한 자금을 지원했다. 코민테른의 영향력이 커지면서 모스크바 유학파 보구, 당서기 저우언라이, 군사고문 오토 브라운 등 3인단이 마오를 밀어내고 실권을 잡았다. 소비에트의 확대에 위협을 느낀 장제스는 공산당 토벌에 나섰다. 공산당의 군대 홍군은 국민당군의 네 차례 공격을 물리쳤지만, 5차 공격에서는 대패했다. 이로 인해 장정이 결정됐다. 공산당과 홍군은 1934년 10월 장시성 위두현을 떠나 2만 5,000리를 행군해 1935년 10월 산시성 우치현에 도착했다.

산시에 도착할 때만 해도 공산당의 운명은 암울했다. 그러나 1937년 중일전쟁이 발발하면서 숨통이 트였다. 공산당은 국민당의 토벌을 피하려 '내전중지' '항일합작'을 주창했다. 장제스는 '내부의 적을 일소한 뒤 외부의 침략을 막고자安內攘外' 했다. 그러나 시안사변과 중일전쟁이 잇달아 터지자 고집을 꺾을 수밖에 없었다. 마오는 제2차 국공합작을 세력 확대의 호기로 삼았다. 권력은 총구에서 나왔기에 농촌을 기반으로 농민을 조직해 무장투쟁을 벌였다.

따라서 마오는 농민의 바람에 부합하는 정책을 펼쳤다. 공산당은 도시點와 철로線를 장악한 일본군과 국민당군을 피해 농촌面에서 지주의 땅을 몰수하고 농민에게 분배했다. 지주의 협조가 필요한 마을에선 농민의 세금과 부채를 없애줬다. 이런 '해방구' 정책은 농민의 강력한 지지를 얻어냈고, 1945년 8월 중일전쟁이 끝날 즈음 국민당에 버금가는 세력 기반을 마련했다. 1947년 초 국민당군은 대륙의 모든 대도시를 차지했지만, 공산당군의 반격을 받아 연전연패했다. 결국 마오는 1949년 10월 1일 베이징 톈안먼天安門위에 올라 중화인민공화국의 성립을 선포했다.

일각에서는 이념의 도그마에 빠져 중국 공산혁명을 평가절하한다. 그러나 20세기에 100년이 넘는 외세 침략과 수십 년간의 내전을 종식하고 자력으로 혁명을 완수한 나라는 중국과 베트남밖에 없다. 또한 마오는 여느 공산당 지도자들과 달리 도시와 공장 노동

1959년 샤오산을 방문한 마오.
그해 대약진운동의 실패로 중국 곳곳에서 아사자가 발생했다.

자가 아닌 농민을 조직해 혁명을 달성했다. 이는 학정을 일삼는 왕조에 대항해 농민 봉기를 일으켜 새 왕조를 세운 유방, 주원장 등과 같은 방식이었다. 마오만큼 중국의 현실을 꿰뚫어 보고 민심을 얻을 줄 아는 인물은 드물었다.

분명 마오는 타고난 혁명가였다. 하지만 '신중국' 건설에 걸맞은 지도자는 아니었다. 행정을 이해하고 경제를 재건해야 했는데, 마오는 그 방면에 소질이 전혀 없었다. 당면한 정치, 경제, 사회 등의 문제를 선전선동과 대중동원의 방식으로 해결하려 했다. 이에 따라 1950년부터 53년까지 한국전쟁에 참전하면서 항미원조抗美援朝운동을, 1957년부터 1959년까지 공산당 내외의 비판자를 제거하기 위해 반우파反右派운동을, 1958년부터 1960년까지는 농업 집단화와 대중적 경제부흥을 앞세운 대약진大躍進운동을 잇달아 벌였다.

이 중 대약진운동은 중국인들에게 엄청난 재앙을 가져다 줬다. 마오는 "15년 안에 영국을, 20년 안에 미국을 따라잡겠다."며 마을마다 인민공사를 설치했다. 인민공사는 평등주의에 입각한 공동체였다. 마을의 모든 재산은 공사에 귀속됐고, 주민은 막사에서 공동생활하며 수입은 고루 분배했다. 공업생산력의 기초가 철강이라며 원시적인 토법로土法爐를 둔 제철소가 세워졌다. 겉으로 보면 농촌에 무소유의 이상사회가 건설됐고, 용광로의 불빛이 밤낮없이 타올라 밝은 미래를 장담하는 듯 했다.

그러나 현실은 전혀 달랐다. 1958년 농촌은 풍년이었지만 남자들은 제철소에 매달렸다. 여자와 아이들이 들판에서 일했지만 제대로 수확을 하지 못해 곡식은 썩었다. 게다가 열심히 일해도 빈둥대며 노는 주민과 수입이 똑같아 노동의욕이 떨어져 생산성이 낮았다. 제철소는 철광석을 제련해 철강을 주조하질 못했다. 집안과 마을에 있는 모든 철제용품을 용광로에 던져서 쓸모없는 쇳덩어리만 생산했다. 그러나 관리들은 마오의 비위를 맞추려 실적을 부풀려 보고했다. 결국 이듬해 파탄이 났다. 대기근이 닥쳤고 무려 3,000만~4,000만 명이 굶어죽었다.

대약진운동의 실패를 책임지고 마오는 실권을 류샤오치, 덩샤오핑 등 실무파에게 넘겨줬다. 하지만 마오는 권력에 대한 집착이 누구보다 강했다. 대중 동원으로 권력 장악을 기도해 1966년 문화

술로 만나는 중국·중국인

샤오산을 찾아 마오의 동상을 향해 참배하는 중국인들.
마오는 중국인에게 있어 황제나 다름없다.

대혁명을 일으켰다. 문혁은 홍위병의 난동과 하방下放으로 상징되는데, 대륙은 상상을 초월한 재난을 당했다. 홍위병의 파괴로 온전히 남아있는 문화재와 유적지가 드물 정도였다. 마오는 사태의 심각성을 깨닫고 군을 동원해 홍위병을 제압했지만, 문혁의 광기는 1976년 9월 마오가 죽을 때까지 계속됐다.

훗날 마오의 후계자 화궈펑華國鋒을 몰아내고 정권을 잡은 덩샤오핑은 다음과 같이 평가했다. "마오의 공은 7할이고 과오는 3할이다. 과오 속엔 나의 과오도 있다." 덩이 마오를 이렇게 과장한 데는 깊은 뜻이 숨어 있었다. 첫째, 마오는 공산당을 창당하고 공산혁명을 완수한 신중국의 아버지였다. 그를 격하시킨다면 공산당의 지위와 업적이 흔들릴 수 있었다. 둘째, 중국 각계에는 수많은 마오의 지지자들이 있었다. 그들을 자극해 국론분열을 일으킬 필요가 없었다.

그 덕분인지 오늘날 마오는 생전과 다름없는 영화를 누리고 있다. 고향 샤오산은 공산혁명의 성지로, 중국 전역에서 참배객들이 1년 내내 몰려온다. 그들이 샤오산에서 맛보지 않을 수 없는 술이 있다. 모든 식당에 비치되어 있는 '마오공주毛公酒'다. 마오공주는 마오를 봉건시대의 왕처럼 모셔서 이름 지은 술이다. 가격은 '인민의 술'을 지향해 저렴하여 100위안(약 1만 7,000원)을 넘지 않는다. 맛은 혀끝에 닿을 때는 톡 쏘면서 묵직한 느낌이지만, 식도에 닿을 때는 시원스레 넘어간다. 이런 짜릿한 술맛은 매운 후난요리에 잘 어울린다.

현재 마오공주를 출시한 주류업체는 3곳이다. 생산지는 한 곳이 창사에, 나머지는 샤오산에 있다. 이들은 지난 수년간 저마다 '원조'임을 내세우며 법정 다툼을 벌였지만 아직 결론이 나지 않았다. 같은 이름의 술이 쏟아진 데는 샤오산을 찾는 엄청난 관광객을 겨냥해서다. 2015년 샤오산 인구는 11만 8,000명에 불과했으나, 무려 1,682만 명의 관광객이 샤오산을 찾았다. 관광객들이 뿌린 돈도 47억 위안(약 7,990억 원)에 달했다. 마오 관련 유적지가 모두 무료임을 감안할 때 순전히 먹고 마시고 자는 데만 쓴 비용이다. 이런 상업주의 현실을 죽은 마오는 어떻게 생각할지 몹시 궁금했다.

술로 만나는 중국·중국인

버림받은 후계자 후야오방의 고향술 '류양주'

후난성 창사에서 자동차로 동으로 1시간을 가면 류양瀏陽이 나온다. 류양은 중국정치사에서 지워진 한 공산당 지도자의 고향이다. 덩샤오핑을 뒤이을 후계자가 됐다가 우파로 몰려 쫓겨났던 후야오방胡耀邦이 그 비련의 주인공이다. 후야오방은 1915년 류양시내에서 1시간을 달려야 도착할 수 있는 중허中和향 창팡蒼坊촌에서 태어났다. 후의 아버지 후주룬胡祖倫은 빈농이었다. 18세 때 동갑내기 처녀 류밍룬劉明倫과 결혼했는데, 분가할 처지가 못 되어서 형제들과 같이 살았다. 그들은 열두 자녀를 낳았지만 중간에 일곱 아이를 잃었다.

후주룬은 살아남은 아들 야오방을 끔찍이 아꼈다. 야오방이 5세 때 서당에 보냈고, 7세 때 초등학교가 생기자 정규교육을 받게 했

1954년 신민주주의청년단 전국대회에서 연설하는 후 제1서기.

다. 1926년 후야오방은 중허향 아래 원자스文家市진의 중학교에 입학했다. 이듬해에는 자신의 운명을 바꾼 이와 조우했다. 추수폭동을 일으킨 마오쩌둥의 농민군이 원자스에 잠시 머물렀는데, 후는 마오가 대중을 상대로 한 강연을 듣게 됐다. 그때 받은 충격으로 후는 사회주의 사상에 몰입했고, 중학교를 졸업하자마자 공산주의청년단共靑團에 가입했다.

1930년 징강산의 홍군이 류양을 쳐들어오자, 후는 공청단에서 여러 활동을 벌였다. 3년 뒤 소비에트공화국의 수도 루이진에 찾아가서 정식으로 입당했다. 1934년에는 공청단 중앙국의 비서장에 임명되어 간부가 됐고, 1년 뒤 대장정에 참여해 2만 5,000리를 행군했다. 후는 산시에 도착해서는 공청단의 요직을 두루 역임하고 항일군정대학에 들어가 수학했다. 1939년부터 당 내 여러 위원회에서 경력을 쌓다가, 1942년부터 전장에 나가 군 지휘관으로 명성을 떨쳤다.

1949년 후의 직위는 18병단兵團(군단)의 정치위원이었다. 또한 공청단이 해산한 뒤 재조직된 신민주주의청년단의 중앙위원이기도 했다. 그 덕분에 베이징에서 개최된 전국인민정치협상회의政協의 첫 대표회의에 참석했고, 개국대전에도 참가했다. 이듬해 촨베이川北당위원회 서기, 촨베이군구 정치위원 등에 임명되면서 쓰촨성 북부의 1인자가 됐다. 이때 쓰촨, 윈난, 구이저우, 티베트 등을 통치하는 서남국 제1서기 겸 군구 정치위원이 덩샤오핑이었다. 후와 덩의 인연이 본격적으로 시작된 것이다.

1952년 후야오방은 신민주주의청년단 제1서기로 임명되어 베이징으로 이주했다. 신민주주의청년단은 1957년 이름을 다시 공청단으로 바꿨는데, 후는 문화대혁명 전까지 무려 19년간 제1서기로 일했다. 1929년 공청단에 가입해 인연을 맺었던 점을 감안하면, 반평생을 공청단과 함께 살았다. 공청단은 1920년 상하이에서 공산당이 청년들을 대상으로 한 사상교육과 예비 당원 양성을 위해 설립한 대중조직으로, 2년 뒤 정식 발족했다. 처음에는 사회주의청년단이라 명명했지만 1925년 공청단으로 바꿨다.

공청단의 입단 대상은 14세 이상 28세 이하의 청소년과 젊은이다. 스스로 가입하는 게 아니라 공산당원이나 학교 교원, 다른 공청단원이 추천해야 들어갈 수 있다. 그러나 초창기 공청단은 당세와 당원 확장을 위해 일정한 지적 능력과 이해력을 가진 학생층에

후의 부모님이 기거했던 방. 후는 1915년에 이 방에서 태어났다.

대한 선전공작에 심혈을 기울였다. 이를 위해 학생들을 대상으로
한 강연과 연극을 열어 혁명사상을 고취시키는 데 주력했다. 따라
서 학생들은 가입 신청을 하면 누구나 입단할 수 있었다. 후야오방
이 대표적인 예다.

공청단에 들어가면 사회주의 사상학습을 이수하고 다양한 대내
외 활동에 참가해야 한다. 이런 과정을 거쳐 학업과 봉사 성적, 공
산당 및 인민에 대한 공헌도 등을 평가해 공산당원으로 추천된다.
즉, 공산당원이 되기 위한 필수코스다. 공청단 전국대표대회는 5
년마다 개최된다. 지난 2013년 베이징에서 1500명의 대표가 참
석해 17차 대회가 열렸다. 이들은 중국 전역의 8,990만 명 단원,
359만 개 기층조직에서 선발됐다. 단원의 경우 2002년 말 6,986
만 명, 2007년 말 7,500만 명으로, 10년 만에 2,000만 명이나 증

가했다. 기층조직은 중국 내 모든 중·고등학교와 대학교, 기업체, 농어촌 등에 거미줄처럼 퍼져 있다.

흥미롭게도 공청단은 산하 기업을 두어 다양한 수익사업을 벌인다. 중국국제유한공사, 청년실업발전총공사, 청년여행사 등 각종 회사를 설립해 비즈니스를 전개하고 있다. 그뿐만 아니라 여러 도시에 청년정치대학 등 교육기관을, 베이징에 중국청년보, 중국청년출판사 등 신문출판업체를 운영하고 있다. 광화光華과기기금회, 중국청소년발전기금회 등 비영리기금도 설립해 운영자금을 끌어모은다. 또한 중국 각지의 청소년궁과 청소년협회, 아동협회 등을 관리하고 있다.

후야오방이 베이징으로 영전한 같은해 덩샤오핑도 국무원 부총리로 임명됐다. 덩은 당·정·군의 요직을 두루 거치면서 후의 능력을 눈여겨봤다. 1956년 후는 덩의 추천으로 공산당 중앙위원에 선출됐다. 마오쩌둥이 일으킨 대약진운동이 중국에 재앙만 가져다주자, 덩은 무너진 경제와 산업을 재건하는 데 노력했다. 특히 어느 곳보다 피해가 컸던 서북지역을 안정시키는 것이 중요했다. 이에 따라 1964년 후를 서북국 제3서기 겸 산시성 당서기로 임명해 시안으로 보냈다.

하지만 시안에 간 지 2년도 안 되어 문혁이 발발했다. 홍위병들은 후를 반당분자로 지목해 온갖 모욕과 구타를 가했다. 그 와중에도 후는 "문혁소조의 일처리는 정상이 아니다."고 일갈했다. 이 때문에 소 외양간에 갇혀 돼지죽을 먹으면서 목숨을 연명해야 했다.

1982년 11월 한 회의석상에서 덩샤오핑과 나란히 앉아 담소하는 후.

가족들도 심한 박해를 받았다. 부인은 공직에서 쫓겨나 날마다 자아비판장에 나갔다. 베이징대학에 다니던 장남은 수시로 홍위병에게 얻어맞았다. 그러나 후의 가슴을 더 아프게 한 일이 발생했으니, 1967년 봄 노모가 죽은 것이었다.

후는 1954년 아버지가 사망했을 때 공무가 바빠 고향에 가질 못했다. 실제 1933년 중허향을 떠난 뒤 고향을 단 두 차례만 방문했다. 1963년에는 지방시찰을 갔다가 잠시 짬을 내어 중허향을 찾았다. 결국 후는 어머니의 임종도 지키지 못했고 부모의 장례를 참석하지 못했다. 특히 모친의 유체는 홍위병의 눈을 피해 급히 화장해야 했다. 당시 후는 위생상태가 열악한 외양간에서 병고에 시달렸지만, 불효막심한 심정에 더욱 고통스러웠다. 훗날 동료들에게 "나는 세상에 둘도 없는 불효자다."라며 자책했다.

술로 만나는 중국 · 중국인

1968년 5월 외양간에서 풀려났지만, 5개월간 변소 옆에 지내며 똥을 퍼야 했다. 이듬해 5월에는 허난성 황촨潢川으로 쫓겨나 2년간 노동개조와 군중비판을 받아야 했다. 1971년 10월이 되어서야 베이징으로 돌아와 구금상태로 지낼 수 있었다. 이런 후의 고난은 문혁 시기 실무파 관료들이 겪었던 나날과 대동소이하다. 다만 후는 '공청단을 이끌면서 청년들을 주자파走資派로 만들려 했다.'는 죄목이 덮어씌워져 더 많은 수모를 당해야만 했다.

1973년 저우언라이 총리의 병세가 심해지자, 마오쩌둥은 덩샤오핑을 부총리로 복권시켰다. 1975년 1월 덩은 공산당 중앙 및 중앙군사위 부주석에 임명되어 저우 총리의 모든 업무를 대신했다. 이에 따라 실무파 관료들을 하나둘씩 제자리로 불러들였다. 같은 해 7월 후도 중국과학원 부원장으로 임명됐지만 반년 뒤 덩이 실각하자 함께 쫓겨났다. 이듬해 10월 마오가 죽고 4인방이 체포되자, 덩은 오뚝이처럼 권부에 복귀했다.

그 뒤 덩은 문혁 시절 누구보다 고생을 많이 했던 후를 중용했다. 1977년 3월 공산당교 부교장에 임명했고, 같은해 12월 중앙 조직부장으로 끌어올렸다. 이듬해 12월에는 정치국 위원, 기율위원회 제3서기, 선전부장 등 요직을 겸임케 했다. 1980년 2월에는 정치국 상무위원, 서기처 서기 등으로 고속 승진시켰다. 이때부터 베이징 정가에서는 덩이 후를 후계자로 삼는 것이 아니냐는 소문이 떠돌았다. 이를 뒷받침하듯 1981년 6월 후는 중앙위원회 주석이 됐다. 1949년 이래 공산당 주석이 된 이는 마오쩌둥과 화궈펑

(1976~1981년)이 유일하다.

이듬해 9월 12차 전당대회에서 주석제가 폐지되고 총서기제로 바뀌었는데, 후가 첫 총서기가 됐다. 명실상부한 덩의 후계자로 대내외에 인정받은 것이다. 후와 함께 권력의 전면에 나선 이는 자오쯔양趙紫陽 총리였다. 자오는 후와는 전혀 다른 성장 배경과 경력을 지녔지만, 뛰어나고 노련한 행정가로 덩의 신임을 받았다. 1977년부터 1982년까지 덩은 마오가 남긴 패악을 청산하고 급변하는 국제정세에 대응하기 바빴다. 이와 달리 후와 자오 쌍두마차는 덩의 지지를 등에 업고 개혁·개방을 가속시켰다.

먼저 농촌에서 인민공사를 해체해 원래의 행정단위로 복원했고, 농민이 정해진 생산량 이외의 이득을 취하도록 독려했다. 도시에서도 국유기업의 경영책임제를 확산시켰고, 한계기업 퇴출과 노동자 해고를 가능케 했다. 또한 선전深圳, 주하이珠海, 산터우汕頭, 샤먼廈門 등 경제특구에서 자본주의 실험을 더욱 촉진시켰다. 1984년에는 14개 연해도시로 개방을 확대해 외자를 유치했다. 이런 노력 덕분에 중국 경제는 1983년 10.9%, 84년 15.2%, 85년 13.5%, 86년 8.8%라는 높은 성장률을 거뒀다.

그러나 급속한 개혁·개방은 경기 과열과 인플레이션을 야기했다. 또한 자본주의가 밀물처럼 밀려오면서 공직자들의 부정부패가 만연했다. 1986년 긴축정책과 사정바람으로 이런 문제를 해결하려 했지만, 중국인들의 불만은 가라앉지 않았다. 결국 그해 12월 대도시에서 학생들이 "민주주의 없이 현대화는 없다."며 시위

후의 생가 입구 바위벽에 써진 '렴(廉)'.

를 벌였다. 시위가 이듬해 1월까지 계속되자, 당내 보수파들이 격렬히 반발했다. 이에 따라 덩샤오핑은 "자산계급의 자유화를 옹호한다."며 후야오방을 권좌에서 끌어내렸다. 후를 희생양으로 삼은 덩은 자오쯔양을 총서기로 앉혔다.

자오는 개혁·개방은 추진하되 공산당 독재를 견지하는 '사회주의 초급단계' 개념을 내걸었다. 1988년에는 보수파의 요구에 따라 경제환경과 사회질서를 정비하는 치리정돈治理整頓도 추진했다. 하지만 강력한 긴축정책은 경제를 침체시켰고 개혁을 후퇴시켰다. 그런 와중에 1989년 4월 후가 심장마비로 죽었다. 후를 추모해 톈안먼광장에서 시위가 벌어지자, 6월 4일 덩은 시위대를 탱크로 밀어버리고 자오를 권부에서 쫓아냈다. 그 뒤 오랫동안 후와 자오는 이름을 언급하는 것조차 금지됐다. 자오는 실각 후 줄곧 가택연금을 당하다가 2005년에 사망했다.

아이러니컬하게도 후와 자오가 키운 분신은 훗날 대권을 잡았다. 후가 총서기로 지낼 때 공청단 제1서기로 임명했던 후진타오胡錦濤와 자오가 총서기로 재임 시 중앙판공청(비서실) 주임이었던 원자바오溫家寶가 그들이다. 덩은 후와 자오를 가차 없이 축출했지만, 미래는 개혁·개방을 지속할 인재가 이끌어야 한다는 사실은 잊지 않았다. 따라서 1992년 티베트西藏자치구 서기였던 후진타오를 가장 젊은 중앙정치국 상무위원으로 임명했다. 원자바오는 1993년까지 판공청 주임으로 지냈고 1997년 정치국 위원, 이듬해 부총리가 되어 입지를 굳혔다.

후야오방이 반평생을 바쳐 키운 공청단은 오늘날 중국 권력의 주요 파벌인 '퇀파이團派'로 성장했다. 후진타오는 2002년 총서기가 되어 10년간 중국을 통치했고, 후계자인 리커창李克强과 리위안차오李源朝는 2013년 총리와 국가부주석으로 선출됐다. 비록 퇀파이는 2012년 18차 전당대회에서 리 총리 1명만 상무위원이 됐지만, 왕양汪洋 부총리, 후춘화胡春華 광둥성 당서기 등 당과 국무원 핵심 포스트의 절반 이상을 차지했다. 이처럼 차세대 주자군에서는 큰 두각을 보이고 있다.

톈안먼 사태 이후 중허향에 있는 후야오방의 생가는 방치됐었다. 후의 유해가 장시성 궁칭청共青城에 묻혔기에 찾는 이도 없었다. 1995년 너무 낡아 무너질 지경에 놓였던 집을 류양시 정부가 몰래 복원했다. 이를 1998년 류양시 문물관리소 직원들이 십시 일반으로 돈을 모으고, 후난성 정부의 지원을 얻어내 증축했다. 2005년 후진타오 전 국가주석이 후야오방 탄생 90주년 기념식을 개최했고, 지난해 4월에는 중허향을 방문해 생가를 둘러봤다. 2013년에는 생가가 중점문물보호단위로 지정됐다. 그리고 탄생 100주년인 2015년에야 후야오방은 공식 복권할 수 있었다.

최근에는 후의 생가를 찾는 중국인들의 발길이 끊이지 않고 있다. 내가 2015년 8월 찾았던 중허향에 적지 않은 방문객이 찾아왔었다. 몇몇 사람들에게 방문 이유를 물어보니, 한결같이 "평생 청렴하게 살았던 후 총서기를 존경하기 때문"이라고 대답했다. 생가 입구 바위벽에 써진 '렴廉'처럼 후는 청렴을 공직자의 필수신조로 강조하며 살았다. 오늘날 부정부패가 만연한 중국에서 민중은 이런 후의 청렴결백함을 그리워하고 있다.

또한 후는 공직생활 내내 대중친화적인 업무 방식으로 일해 중국인들의 사랑을 받았다. "일당 독재는 국가발전에 오류를 가져올 수 있다."며 "민주주의와 법치 강화가 경제개혁과 함께 가야 한다."는 신념도 가졌다. 이런 전통을 계승해 퇀파이는 주민과의 소통에 능숙하고 승진 때마다 엄격한 검증을 거쳐 부패와 거리가 멀다. 중허향에서 맛본 '류량허瀏陽河'는 청렴했던 후와 이미지가 오버랩되는 술이다. 류양허를 생산하는 류양허주업은 1956년 지역 내 흩어져 있던 술도가들을 통합해 문을 연 국영 류양현술공장을 전신으로 한다.

1993년 류양이 시로 승격되면서 류양시술공장으로, 1998년 회사가 민영화되면서 지금의 이름으로 바뀌었다. 술 브랜드는 류양

전역을 끼고 돌아 흐르는 강 류양허에서 따왔다. 류양허는 샹강의 지류로, 145만 명인 류양 주민들에게 생명줄이나 다름없다. 바이주 류양허는 색깔이 맑고 맛은 부드러우며 향이 향긋해 아향형雅香型이라 분류된다. 이런 술맛 때문에 담백한 상하이요리와 궁합이 잘 맞아 상하이 바이주시장을 주름잡고 있다. 후의 고향에서 류양허를 음미하며 중국이 하루속히 정치개혁을 추진해 존경받는 나라로 변모하길 기원했다.

와신상담 구천과 문호 루쉰의 술 '샤오싱주'

기원전(BC) 1000년쯤 장쑤성 양저우에서 한 나라가 흥기했다. 전설 속의 왕조 하夏의 군주 소강의 직계 후손이 세운 월越나라였다. 월은 수백 년 뒤 집권세력 간의 분란으로 도읍을 저장성 샤오싱紹興으로 옮겼다. 월이 옮겨간 뒤 장쑤에는 새 나라가 들어섰다. 쑤저우蘇州에 들어선 오吳나라였다. 기원전 6세기 말 오의 6대왕 합려闔閭는 손무孫武와 오자서伍子胥를 등용해 국력을 키웠다. 손무는 우리에겐 〈손자병법〉의 저자로 유명한 전략가다. 합려는 손무와 오자서를 쌍익으로 삼아, 숙적인 초楚국을 대패시켜 춘추오패로 등극했다.

그러나 BC 496년 월의 구천勾踐과의 전투에서 중상을 입어 죽었다. 합려는 숨을 거두기 전 아들 부차夫差에게 원수를 갚아줄 것

샤오싱 시내에 있는 루쉰고리 입구. 1년 내내 관광객의 발길이 끊이질 않는 곳이다.

을 신신당부했다. 부차는 밤마다 장작 위에 누워 자면서 아버지의 유명을 잊지 않으려 노력했다. 또한 오자서의 도움을 받아 군대를 조련했다. BC 494년 부차는 군사들을 이끌고 월로 진격해 들어갔다. 오의 대군에 구천은 맥없이 전투에서 패배했다. 산속에서 자결하려 했으나, 범려范蠡는 훗날을 도모하자며 극구 말렸다. 구천은 오의 재상인 백비에게 먼저 뇌물을 바치고 투항했다.

장군 오자서는 당장 구천을 죽여야 한다며 진언했다. 그러나 부차는 백비의 말을 받아들여 구천을 살려줬다. 그 대신 구천 부부를 쑤저우에 압송해서 3년 동안 고된 노역에 종사토록 했다. 구천은 모진 고초와 갖은 수모를 겪은 뒤에야 샤오싱으로 돌아올 수 있었다. 그 치욕을 잊지 않고자 허름한 초가에 살았다. 매 끼니마다 곰의 쓸개를 핥으며 복수를 맹세했다. 오자서는 월이 강대해지는 것

술로 만나는 중국·중국인

을 염려해 부차에게 토벌에 나설 것을 간언했다. 그러나 부차는 오자서에게 칼을 주어 자살토록 했다. BC 473년 구천은 5만 대군을 이끌고 나가 오를 침공해 멸망시켰다. 그때서야 부차는 오자서의 간언을 듣지 않은 것을 후회하며 목숨을 끊었다.

이 이야기는 우리가 평소 생활 속에 자주 쓰는 한자성어 '오월동주吳越同舟' '와신상담臥薪嘗膽'의 역사적 배경이 되는 사건이다. 구천은 오를 무너뜨린 뒤 춘추오패 중 한 명으로 이름을 올렸다. 오월전쟁 이후 중국은 춘추시대를 마감하고 전국시대에 진입했다. 이 전쟁에서는 또 다른 고사 성어와 중국사에서 유명한 절세미인이 등장한다. 먼저 '군자의 복수는 10년이 걸려도 늦지 않다君子報仇 十年不晩.'는 중국 속담이다. 본래 이 말은 〈공양전公羊傳〉에서 비롯됐다.

BC 8세기 초 공자 휘는 자신의 형인 노魯 은공隱公을 시해했다. 휘의 동생인 윤이 군왕에 올라 노 환공桓公이 됐다. 〈공양전〉에서 이 사건을 평가하며 "임금이 모살 당했는데 역적을 벌하지 않으면 신하가 아니고 원수를 갚지 않으면 아들이 아니다."고 적었다. 범려는 복수에 안달이 났던 구천에게 자주 이 고사를 들려줬다. '복수는 10년 뒤에도 늦지 않다.'며 은인자중하면서 적절한 때를 기다리자고 간언했던 것이다. 이 속담은 오늘날에도 중국인들이 애용한다.

오월전쟁 뒤에는 뛰어난 숨은 조역인 서시西施가 등장한다. 서시는 잘 알려졌다시피 왕소군王昭君, 초선貂蟬, 양귀비楊貴妃와 더불어

검은 천의 지붕으로 덮여져 있는 우펑촨은
샤오싱을 대표하는 명물 중 하나다.

고대 중국의 4대 미녀로 손꼽힌다. 서시의 고향은 샤오싱 서남쪽
에 있는 주지諸曁다. 본래 서시는 범려의 애첩이었다. 하지만 범려
는 미인계를 위해 애첩을 부차에게 과감히 바쳤다. 서시의 교태와
간청으로 구천은 샤오싱으로 돌아올 수 있었고 복수를 준비해 나
갔다. 오가 멸망한 뒤 서시의 종적에 대해서는 여러 뒷이야기가 전
해 내려온다. 첫째는 애인인 범려와 함께 나룻배를 타고 사라졌다
는 설이다. 둘째는 자살한 부차에 대한 미안함으로 스스로 목숨을

술로 만나는 중국·중국인

끊었다는 전언이다.

첫 추측처럼 범려는 구천의 복수를 도운 뒤 샤오싱을 미련 없이 떠났다. 이때 재상인 문종에게 "사냥하러 가서 토끼를 잡으면 개는 쓸모가 없게 되어 삶아 먹는다."는 말을 남겼다. 성어 '토사구팽兎死狗烹'의 유래다. 월의 수도였던 샤오싱은 이처럼 유구한 역사와 흥미로운 스토리를 지닌 고도다. 샤오싱의 지형은 동서가 산이고 중간이 언덕이다. 도시 내외에 여러 강이 흘러서, 예부터 쑤저우와 함께 '중국의 베네치아'로 명성이 높았다. 샤오싱 시내 곳곳에 놓인 석조 다리 아래나 전통 민가 옆으로 물이 흐르고 나룻배가 지나간다.

이 배는 검은 천으로 지붕을 만든 우펑촨烏蓬船이다. 우펑촨은 800년 전부터 사용됐던 배다. 사공은 손과 발을 동시에 사용해 노를 젓는다. 샤오싱은 저장성의 2급 도시. 항저우와 닝보의 중간에 있다. 자동차로 항저우에서 1시간, 상하이에선 2시간 걸린다. 한때는 월의 도읍지로 주변을 호령했으나, 지금은 관광도시로써 명색을 유지하고 있다. 2015년 상주인구는 496만 명이고, 1인당 GDP 3만 8,389위안(약 652만 원)으로 저장성 내에서 4위를 기록했다. GRDP은 4,466억 위안(약 75조 9,220억 원)을 달성했다.

샤오싱은 우리에게 대문호 루쉰魯迅의 고향으로 유명하다. 루쉰은 1881년 샤오싱의 한 권세 높은 사대부 집안에서 태어났다. 원래 성은 저우周이고, 갓 태어날 때 이름은 장서우樟壽였다. 유복한 환경에서 자라나 전통교육을 받았다. 하지만 13세 때 할아버지가 뇌물사건에 연루되고 아버지가 갑자기 병사하면서 집안이 몰락했다. 17세에 난징의 해군학교에 들어가면서 이름을 수런樹人으로 바꿨다. 루쉰은 1902년 국비 유학생으로 선발되어 일본에 갔다. 어학연수 후 센다이仙臺의학학교에 들어갔지만, 강의 중 중국인을 처형하는 영화를 보여 주자 격분해 자퇴했다.

그 뒤 도쿄로 가서 외국작품을 번역하는 일에 전념했다. 이 시기 동생이자 수필가인 저우쭤런周作人과 함께 번역집을 내기도 했다. 가족을 돌봐야 해서 1909년 귀국해 교사가 됐지만, 학교 고위층과 갈등으로 사직과 복직을 되풀이했다. 1912년부터 교육부 관리로 일했고 이듬해 거처를 베이징으로 옮겼다. 수년간 루쉰은 허무주의에 빠져서 고전 연구에만 매달렸다. 그러다 한 친구의 조언을 받아들여 창작의 길에 들어섰다. 1918년에는 〈신청년〉에 '루쉰'이라는 필명으로 '광인일기狂人日記'를 기고했다.

이 소설이 사회적으로 인정받자 1920년부터 여러 대학에서 강의했다. 이듬해 '아큐정전阿Q正傳'을 연재하면서 큰 반향을 일으켰다. 어리석고 불운한 아큐를 통해 당시 중국과 중국인의 처한 현실을 적나라하게 비판했기 때문이다. 1924년 베이징여자사범대학이 개혁적인 학생들을 퇴학시키자, 학내 분규가 일어났다. 루쉰은 학생들을 지지하면서 학교당국과 기득권 계층을 통렬히 비난했다. 이때 쓴 '페어플레이는 아직 이르다.'라는 글에서 "사람을 무는 개라면 물에 빠졌건 안 빠졌건 간에 무조건 때려야 한다."고 주장했다.

불의에 저항하는 사회혁명가로서의 면모를 뚜렷이 보여 준 것이

'공을기'에 등장하는 술집 함형주점. 루쉰이 귀향할 때마다 즐겨 찾았다.

다. 결국 이 사건에 휘말리면서 교육부로부터 파면당했다. 국민당 정권이 반정부 지식인을 탄압하기 시작하자, 루쉰은 여제자 쉬광핑許廣平과 함께 베이징을 떠나 도피 생활에 들어갔다. 신변의 위협에 시달리면서도 1930년 좌익작가연맹을 결성했고, 1932년 민권보장동맹을 조직했다. 1936년 갑자기 병세가 악화되어 55세를 일기로 숨을 거뒀다. 임종하면서 "원수들이 나를 증오하게 하라. 나도 그들을 결코 용서하지 않겠다."는 유언을 남겼다. 루쉰의 유해는 '민족혼'이라 쓰인 천에 덮여져 매장됐다.

이렇듯 루쉰은 중국 현대문학의 아버지이자 치열한 삶을 살았던 혁명가다. 그러나 그가 남긴 작품은 그리 많지 않다. 중편 1편, 단편 32편 등이 전부다. 또한 작품마다 수준 편차가 심하고 문장이 난해하다. 이 때문에 오늘날 중국인들은 "루쉰의 소설은 재미없다."며 잘 안 읽는다. 이와 달리 번역가로서는 뛰어난 재능을 보였다. 본인도 창작 능력에는 한계를 느꼈고, 한때는 번역에만 집중했다. 1938년 간행된 〈루쉰 전집〉의 절반이 번역 작품이었을 정도다.

샤오싱 시내에는 루쉰의 고향 마을을 성역화한 루쉰고리가 있다. 루쉰고리는 오늘날 샤오싱 최대의 관광지다. 1년 내내 중국 각지와 해외에서 온 여행객으로 붐빈다. 여기에는 루쉰과 그의 동생 저우쭤런의 생가가 잘 보존되어 있다. 루쉰 옛집은 19세기 초에 지어졌다. 이곳에서 루쉰 형제가 태어나 자랐고, 1899년까지 생활했다. 흥미롭게도 루쉰은 일본에서 귀국한 뒤 교사로 일할 때 옛집에서 3년간 지냈고, 베이징으로 거처를 옮긴 뒤에도 수시로 고향에 내려와 생활했다. 루쉰 옛집의 맞은편에는 삼미서옥三味書屋이 있다. 삼미서옥은 루쉰이 12세부터 17세까지 전통적인 유학교육을 받았던 서당이다.

루쉰 형제를 가르쳤던 훈장은 엄격한 유학자였던 서우징우壽鏡吾다. 루쉰은 서우를 아주 존경해서 한때 유교 경전을 열심히 공부하며 과거를 준비했다. 지각을 하지 않기 위해 책상에다 '조早·일찍'이라는 글자를 남기기도 했다. 삼미서옥은 서우 훈장의 집으로도 쓰였다. 현재는 루쉰 옛집과 더불어 원형 그대로 남아 있다. 루쉰고리 한편에는 '공을기孔乙己'에 나오는 함형咸亨주점이 있다. '공을기'는 1919년 루쉰이 두 번째로 쓴 단편소설이다. 우리에겐 그리 잘 알려지지 않았지만, 어린 소년의 눈으로 주인공을 관찰하면서 서술하는 구성이 돋보였다.

술로 만나는 중국·중국인

이 소설의 주인공은 공을기다. 공을기는 과거에 급제하지 못했으면서도 육체노동을 수치로 여겼던 지식인이다. 이 공을기의 이율배반적인 삶을 통해 유교사상의 폐단을 비판했다. 소설에서 공을기는 마을 주민들이 맡긴 필사로 근근이 생활했다. 돈 몇 푼을 손에 넣으면 곧바로 술집을 찾아 술을 마셨다. 그런데 이마저도 제대로 해내지 못해 문제만 일으켰다. 결국 일거리가 끊기자 도둑질에 손댔다. 어느 날 물건을 훔치다 들켜서 매를 맞고 다리가 부러졌다. 공을기가 즐겨 마시던 술이 황주였고, 다리가 부려져서도 기어서 찾아갔던 술집이 함형주점이었다.

황주는 유구한 역사와 전통을 지닌 술이다. 구천은 부차에게 복수하려 출정하기 전 병사들에게 황주를 한 사발씩 들이키게 했다. 이 같은 문헌이 남아 있어 황주는 포도주, 맥주와 더불어 세계에서 가장 오래된 술로 손꼽힌다. 황주의 양조법은 간단하다. 먼저 쌀을 쪄서 식힌 다음 보리누룩을 섞어 발효해서 빚는다. 이 때문에 짙은 황색을 띠고 알코올 도수는 15~20도에 불과하다. 술 맛이 진하면서 부드럽고 가격이 저렴해서 서민들이 즐겨 마셨다. 각종 요리 맛을 내는 조미료로 쓰이기도 한다. 황주 중 가장 유명한 술이 바로 샤오싱주다.

샤오싱에서는 일반 쌀이 아닌 찹쌀을 쪄서 보리누룩과 발효시킨다. 누룩 외에 신맛이 나는 재료나 감초를 넣는다. 물은 샤오싱 교외에 있는 젠후鑒湖에서 떠서 사용한다. 젠후의 물은 미네랄이 풍부하다. 샤오싱주는 보통 진흙으로 빚은 큰 항아리에다 3년 이상 숙성시킨다. 따라서 오래 숙성될수록 술 향기가 좋아지고 빛깔은 암홍색을 띠게 된다. 황주의 본고장답게 샤오싱에는 여러 종류의 황주가 있다. 제조하는 방식과 원료에 따라 크게 위안훙주元紅酒, 자판주加飯酒, 샹슈에주香雪酒, 샨냥주善釀酒 등으로 나뉜다.

첫째, 위안훙주는 샤오싱주의 전통 방식에 따라 빚어진다. 숙성시키는 술항아리 안을 붉은 색으로 칠했다고 해서 붙여진 이름이다. 술 맛은 약간 쓴맛이 돈다. 보통 시중에서 판매되는 값싼 샤오싱주는 거의 다 위안훙주다. 또한 전체 샤오싱주 생산량의 80%를 차지할 정도다.

둘째, 자판주는 다른 샤오싱주보다 찹쌀을 10%가량 더 넣어 빚어서 이름이 붙여졌다. 술맛은 위안훙주처럼 약간 쓴맛이지만 훨씬 더 부드럽고 짙다. 최근에는 브랜드의 고급화가 진행되고 자판주의 생산량이 급격히 늘고 있다. 조만간 위안훙주를 제치고 샤오싱주를 대표할 기세다.

셋째, 샹슈에주는 맛을 달고 향이 진하다. 도수도 보통 20도 이상으로 샤오싱주 가운데 가장 높다. 따라서 숙성기간이 가장 길다.

넷째, 샨냥주는 위안훙주를 1~3년 묵혔다가 빚은 술이다. 그렇기에 맛이 달고 진하다. 샨냥주는 1664년에 문을 연 선융허沈永和양조장이 개발해 빚었다. 선융허양조장은 처음에 간장을 생산했었다. 한 간장 기술자가 수백 년 동안 전승해온 전통기술을 원용해 술을 제조해서 지금처럼 독특한 샨냥주를 생산하게 됐다. 여기서 냥釀은 '주모'를 지칭하고, 샨냥주는 주모가 개발한 우수한 품질의 술이라는 뜻이다.

샤오싱주는 진흙으로 만든 술항아리에 담겨져 3년 이상 숙성된다.

샤오싱에선 황주와 관련해 재미있는 설화가 전해져 내려온다. 옛날 샤오싱 외곽에서 한 부부가 살았다. 어느 날 아내가 임신하자 남편은 아이가 태어날 때 마실 술을 빚었다. 그런데 기대와 달리 딸이 태어나자 화가 나서 술을 마당 한편 나무 밑에 묻었다. 딸은 장성해 용모가 아름답고 효성이 지극했다. 그런 딸이 시집을 가게 되자, 아버지는 이전에 묻어 놓았던 술이 생각났다. 땅을 파서 꺼내보니 술은 맛있게 숙성되어 있었다. 그 술을 '뉘얼훙女兒紅'이라 불렀고, 그 뒤 샤오싱에서는 딸을 낳으면 술을 빚어 땅에 묻어 놓는 관습이 생겼다.

샤오싱 주민들은 겨울철에 샤오싱주를 살짝 데운 다음에 저민 생강을 넣어 마셔서 한기를 쫓아낸다. 여름철에는 얼음을 넣어 마셔 더위를 이긴다. 시내 곳곳에는 홍등을 밖에 내걸고 집에서 직접 빚은 황주를 내놓아 파는 술집이 즐비하다. 또한 황주의 본고장답게 일정한 규모를 갖춘 수십 개의 주류업체들이 경쟁하고 있다. 이 중 구유에룽산古越龍山은 중국 최대 생산규모와 최고 브랜드 가치를 갖고 있다. 구유에룽산은 샤오싱황주그룹의 상장회사다. 샤오싱황주그룹은 선융허양조장을 기원으로 한다.

선융허는 직계 후손에서만 술 제조비법을 전수했다. 특히 위안홍주의 양조술은 다른 술도가들이 따라올 수 없을 만큼 탁월했다. 여기에 새로이 샨냥주까지 개발했다. 선융허의 6대손인 선모천沈墨臣은 샤오싱주를 중국을 대표하는 술로 발돋움시킨 주인공이다. 19세기 말 선모천은 중국 전역에 판매망을 구축했다. 인재 양성에도 힘써 젊고 유능한 품주사를 키워냈다. 품주사란 술을 개발하고 품질을 유지하는 양조 기술자를 말한다. 이런 선모천의 노력 덕분에 샤오싱주는 황주의 대표주자로 발돋움했고, 해외에까지 명성을 떨쳤다.

샤오싱황주그룹은 선융허양조장과 국유기업인 샤오싱시황주회사가 1992년 합병해 세웠다. 2014년 현재 자산규모는 55.9억 위안(약 9,503억 원), 직원 수는 4,100여 명에 달한다. 연간 생산량만도 14만 톤을 넘어섰다. 여기에 중국정부가 오랜 역사를 지닌 상품에 수여하는 중화라오쯔하오中華老字號 브랜드를 4개나 보유하고 있다. 2008년에는 구유에룽산이 4.2억 위안(약 714억 원)을 들여 황주박물관을 열었다. 황주박물관은 황주 및 샤오싱주의 역사와 제조과정을 다양한 문물과 자료로 이해할 수 있도록 했다. 황주에 관심 있는 독자라면 반드시 찾아가야 할 곳이다.

마오둔을 낳은 강남수향 우전의 '싼바이주'

저장성 항저우에서 서쪽으로 50여 ㎞ 떨어진 곳에는 매력적인 한 마을이 있다. 예부터 강남 6대 수향 중 하나이자 '비단의 고장'으로 이름을 떨쳤던 우전烏鎭이다. 우전은 행정구역상 통샹桐鄉시에 속한다. 면적은 71㎢, 2014년 호적인구는 5만 7,000명인 작은 물의 마을水鄕이다. 그러나 그 지명도는 통샹보다 훨씬 높다. 중국인들은 통샹은 몰라도 우전은 알고 있다. 2014년부터 열리는 세계인터넷대회는 우전의 명성을 두세 단계 더 끌어올렸다. 세계인터넷대회는 중국정부의 주관 아래 해마다 12월에 개최된다.

2015년 제2회 대회에서는 시진핑 국가주석을 위시해 맘눈 후사인 파키스탄 대통령, 드미트리 메드베데프 러시아 총리 등 8개국

우전의 민가는 전형적인 강남 건축양식을 보여준다.

지도자들이 참석했다. 그뿐만 아니라 120여 개국 2,000명이 넘는 귀빈들도 운집했다. 특히 마윈馬雲 알리바바阿里巴巴 회장, 마화텅馬化騰 텐센트騰訊 회장, 리옌훙李彦宏 바이두百度 회장, 양위안칭楊元慶 레노버聯想 회장 등 중국의 내로라하는 IT업계 거물들이 모두 모였다. 사흘간 치러진 행사에서 인터넷의 미래를 논의했고, 혁신적인 중국산 IT 제품을 선보였다.

우전으로 가는 교통편은 불편하다. 그런 곳을 영구적인 세계인 터넷대회 개최지로 정한 이는 마윈 회장이었다. 마 회장의 고향은 항저우다. 현재 알리바바의 본사도 항저우에 있다. 마 회장은 항저 우에서 가까운 우전에서 중국판 '다보스 포럼'을 열고 싶었다. 이 런 계획을 중국정부가 적극적으로 뒷받침했다. 현재 세계인터넷대 회는 중국 인터넷정보판공실과 저장성 정부가 공동 주최하고 중국

술로 만나는 중국·중국인

IT기업들이 후원한다. 이 때문에 중국에서 접속이 차단된 구글, 페이스북, 트위터 등 미국 IT기업은 불참했으나 대회의 위상과 영향력은 해가 갈수록 커져가고 있다.

세계인터넷대회의 표어는 '3C to C'다. '중국에 와서, 소비자와 만나고, 서로 의사소통하자(Come to China, Come to Consumer, Come to Consensus)'는 것이다. 중국을 인터넷의 메카로 탈바꿈하려는 중국정부의 야심 덕분에 전 세계의 관광객들이 우전으로 몰려가고 있다. 2014년 우전을 찾은 여행객 수는 692만 3,000명. 전년대비 21.6%나 늘어났다. 이에 입장료 수입은 4억 7,800만 위안(약 812억 원)을 거둬 전년대비 28%나 증가했다. 이렇듯 관광산업이 폭발적으로 성장하다 보니, 우전으로 이주하는 사람들이 늘고 있다. 2014년 말 우전에는 1만 3,000명의 외지인이 살고 있다.

본래 저장과 장쑤에는 수향이 많다. 2006년 제작된 영화 〈미션 임파서블3〉에서 마지막 배경 무대로 등장했던 시탕西塘을 비롯해 퉁리同里, 저우좡周莊 등이 대표적이다. 그 이유는 대운하 때문이다. 우리는 대운하의 건설자로 수양제隋煬帝를 떠올린다. 하지만 운하는 진대부터 조금씩 짓기 시작해 남북조시대에는 건설이 상당 부분 진척됐다. 이 시기 남부로 대거 이주한 한족이 강남 개발에 전력을 기울이면서 곳곳에 운하를 건설했다. 수양제는 기존의 운하를 보수하고 연결해 강남에서부터 장안에 이르는 대운하를 완성했다.

항저우에서 장쑤, 산둥, 허베이를 거쳐 베이징에 이르는 1,515

우전은 수로와 민가의 조화로 말미암아 한 폭의 동양화 같다.

㎞의 징항京杭대운하는 원대에 건설됐다. 원은 남송을 무너뜨린 뒤 강남의 세금과 문물을 가져오기 위해 대운하를 정비했다. 우전은 대운하의 길목에 있어 마을 이름이 당대 처음 문헌에 등장한다. 이에 반해 현지인들은 그 유래를 다른 전설로 기억한다. 당대 말기 나라가 혼란에 빠지자 우전은 관군의 보호를 받지 못했다. 이때 우烏씨 장군이 나타나 마을을 보호했다. 수년 뒤 도적들이 쳐들어 왔는데, 우 장군이 앞장서 물리치고 전사했다. 주민들은 그를 기리어 '우씨의 마을'이라며 우전이라 불렀다.

현재 우전은 크게 동책東柵과 서책西柵으로 구분된다. 여기서 책은 '울타리 마을'이란 뜻이다. 두 마을은 크게 십자 형태를 띤다. 즉, 수로가 가운데 흐르고 그 양 옆에 민가가 줄지어 지어져 있다. 수로는 과거 대운하의 형태 그대로다. 이전에는 우전과 다른 마을

술로 만나는 중국 · 중국인

을 연결하는 교통로 역할을 했지만, 지금은 관광객을 위한 나룻배가 오간다. 수로 위로는 족히 수백 년의 역사를 지닌 돌다리들이 놓여 있다. 민가는 명·청대에 지어진 고풍어린 전통가옥이다. 특히 집 한쪽을 강 위에 나무나 돌로 받침을 박아 놓고 지은 구조를 이뤘다.

이런 민가는 '수각水閣(물 위의 누각)'이라 부른다. 수각은 물 위까지 주거공간을 넓히는 장점이 있다. 수각을 살펴보면 수면에서 불과 30~50㎝ 높을 뿐이다. 그만큼 수로의 물관리가 철저함을 알 수 있다. 어느 마을이든 수각 옆에는 골목이 있고 다시 민가가 있다. 이 민가군은 수각과 달리 보통 사합원 구조를 갖췄다. 강남의 사합원은 대문을 중심축으로 하여 전원과 후원으로 나뉜다. 전원의 중앙에는 조당祖堂과 대청이 있고, 좌우로 서재와 부엌이 있다. 후원에 침실이 있다. 우전에서 대표적인 사합원은 저명한 소설가 마오둔茅盾의 생가다.

마오둔은 1896년 서책의 남쪽 끝 골목에서 태어났다. 마오의 집은 전형적인 강남 사합원이다. 대지 650㎡에 건평이 450㎡나 된다. 또한 후원의 방은 10개가 넘는다. 마오의 본명은 선더홍沈德鴻이다. 자가 옌빙雁氷이다. 10세 때 아버지를 여의었지만, 부유한 집안 환경과 현숙했던 어머니의 가르침 덕분에 좋은 교육을 받았다. 그의 어머니는 마오가 지적 상상력을 키우도록 독려했다. 어머니의 보살핌 아래 마오는 어릴 때부터 고전소설에 탐닉했다. 그 때문에 마오는 장성한 뒤 자주 "내 삶에서 가장 큰 스승은 어머니다."고 말하곤 했다.

1913년 베이징대학에 입학하면서 마오는 고향을 떠났다. 대학을 졸업한 뒤에는 상하이로 가서 1897년에 설립된 상무인서관에 입사했다. 1920년 〈소설월보〉의 편집자로 일하게 됐는데, 이것이 계기가 되어 이듬해 '인생을 위한 문학'을 주창하는 문학연구회를 조직했다. 또한 같은해 7월에는 공산당 창당에도 간여했다. 1924년 제1차 국공합작이 성사되자, 출판사를 그만두고 1926년 국민당 선전부에서 일한다. 그러나 이듬해 장제스가 쿠데타를 일으켜 좌익 소탕에 나서자, 지하로 숨어들어갔다.

이 시기 쓴 첫 소설이 〈식蝕 3부작〉이다. 〈식 3부작〉은 자신이 경험했던 정치활동을 바탕으로 중국 혁명운동의 그늘을 실감나게 그렸다. '환멸' '동요' '추구' 등 3편의 중편소설로 구성됐는데, 소설마다 다른 주인공이 등장한다. 이에 따라 부딪히는 상황이 각기 달라서 연작이면서도 편마다 독립되어 있다. 전체적으로 보면 청년 지식인들이 혁명에 참가해 내부 모순에 환멸을 느끼고 동요하며, 새로운 인생을 추구하다가도 좌절하게 된다. 소설을 발표하면서 국민당정권의 수배령을 피하기 위해 필명으로 '마오둔'을 쓰기 시작했다.

사실 마오가 창작활동에 들어설 때 깊은 허무주의에 사로잡혀 있었다. 한바탕 혁명의 소용돌이 속에 투신했다가 참담한 실패를 겪었기 때문이다. 그러면서도 혁명의 현장을 떠날 수 없는 자신의 처지를 거대한 모순의 운명처럼 여겼다. 이에 모矛 위에 풀 초草를 올려 발음이 똑같은 띠 모茅처럼 만들어 필명을 완성했다. 〈식 3부작〉 이후 마

술로 만나는 중국·중국인

고풍스런 민가를 배경으로
전통의상을 입고 사진을 찍는 한 젊은 여성.

오는 왕성한 글쓰기에 몰입했다. 1928년 '무지개虹'를 썼고 1930년
에 중국좌익작가연맹을 창립했다. 1931년부터 '깊은 밤子夜'을 연재
했으며, 1932년 '임씨네 가게林家鋪子' 1933년 '추수秋收' 등을 잇달
아 발표했다.

마오둔 문학의 특징은 어려운 현실에서 생활하는 인간 군상을 묘사한 사실주의다. 청년지식인부터 농민까지 다양한 주인공이 등장해 당대의 고민과 삶을 그대로 드러냈다. 이른바 '농촌 삼부작'으로 불리는 '봄에 치는 누에春蠶' '추수' '늦겨울殘冬'은 중국 농촌의 상황을 리얼하게 그렸다. 이는 마오가 대학에 입학하기 전까지 강남의 농촌마을인 우전에서 성장했기 때문이다. '깊은 밤'이 발표되자, 문예평론가이자 사회주의 이론가인 취추이바이瞿秋白는 "이 소설은 중국 최고의 사실주의 장편소설이다. 중국 문학사에 길이 남을 걸작이다."고 평가했다.

마오는 1941년 '서리 맞은 단풍은 2월의 꽃처럼 붉다霜葉紅似二月花'를 마지막으로 소설 창작을 중단했다. 그 대신 극작가와 편집자로 활동했다. 1949년 사회주의 정권이 성립되자, 마오는 초대 문화부장과 중국작가협회 주석을 역임했다. 이로 인해 문화대혁명 시기에는 홍위병들에게 끌려 다니며 모진 박해를 받았다. 1974년 베이징 생활을 정리한 뒤 고향인 우전으로 내려왔다. 1981년 초 마오는 죽기 수개월 전 베이징으로 올라가 사재 25만 위안을 출연해 젊은 작가들에게 수여하는 '마오둔 문학상'을 마련했다. 이로써 중국 최초로 작가의 이름을 붙인 문학상이 제정됐다.

우전 곳곳에는 마오둔의 향취가 남아있다. 특히 그의 소설에서 묘사한 농촌의 풍경과 서민의 삶이 눈앞에 펼쳐지는 듯하다. 고향은 다르지만, 비슷한 시기 활동했던 시인 다이왕수戴望舒도 우전과 인연 깊은 문인이다. 다이는 항저우에서 태어나 상하이에서 대학을 다녔다. 1929년 첫 시집 〈나의 기억我的記憶〉, 1933년 〈망서

초望舒草〉를 출판했다. 비록 서정시인이었지만, 마오처럼 혁명운동에 참가했다. 다이가 1928년에 쓴 '비 오는 골목雨巷'은 우전과 같은 수향을 배경으로 한 시다.

기름 먹인 종이우산 손에 들고, 홀로

撑着油紙傘, 獨自

길고도 아주 긴

彷徨在悠長, 悠長

적막한 골목을 또 방황하죠.

又寂寥的雨巷

저는 만나길 기대해요

我希望逢着

한 송이 라일락처럼

一個丁香一樣地

슬픔에 젖어 있는 소녀를요.

結着愁怨的姑娘

그녀는 갖고 있죠

她是有

라일락 같은 얼굴을,

丁香一樣的顏色

라일락 같은 향기를,

丁香一樣的芬芳

라일락 같은 우수를,

갓 염색한 천이 걸려 있는 남인화포공방. 기념사진을 찍는 성지이기도 하다.

丁香一樣的憂愁

빗속에서 슬프며 원망하고,

在雨中哀怨

슬퍼하면서 방황해요.

哀怨又彷徨

- '비 오는 골목' 도입부

문인들의 족적뿐만 아니라 우전에는 볼거리가 참 많다. 먼저 중국 제일의 침대만 수집한 박물관인 강남백상관百床館을 꼽을 수 있다. 강남백상관은 건평 1,200㎡에 달하는 자오趙씨 가문의 대저택을 개조해 조성했다. 명대부터 근대까지 100개가 넘는 중국 각지의 침대를 전시하고 있다. 고관대작부터 어린 소녀까지 쓰던 사람

　　　　　　　　　　　　　　　　　　술로 만나는 중국·중국인

들의 신분도 다양하다. 과거 우전에서의 명절과 관혼상제 풍습을 재연한 강남민속관, 각종 목조 조각물을 모아놓은 강남목조진열관, 고대부터 현대까지 230여 개국 2만 6,000여 종의 화폐를 수집해 전시한 위류량余榴梁화폐관 등도 놓치지 말아야 한다.

그러나 뭐니뭐니 해도 눈여겨보아야 할 것은 우전 주민들의 생활공간이다. 비단의 고장답게 우전은 잠사와 염색 기술이 발달했다. 누에는 우전 외곽에서 친다. 누에가 번데기가 되어 실을 토해 몸을 감싸 누에고치를 만들면 우전으로 가져온다. 우전 골목길을 누비다 보면 누에고치에서 번데기를 꺼내고 손가락으로 명주실을 뽑는 주민들의 모습을 쉽게 볼 수 있다. 이 번데기를 정제해 식용으로 파는 상인도 널려 있다. 과거에는 명주실을 나무로 된 직물기로 해서 비단을 짰지만, 지금은 기계가 대신하고 있다.

이와 달리 천을 염색하는 방식은 옛날 그대로다. 우전은 중국에서 손꼽히는 남인화포藍印花布의 생산지다. 남인화포는 흰 천에 다양한 꽃무늬 그림을 수놓은 뒤 남초에서 추출한 색소로 만든 염료를 물들인 무명천이다. 수백 년 전부터 우전에서는 이 남인화포를 이용해 옷, 신발, 가방 등 각종 수공예품을 생산했다. 염료공방의 넓은 마당은 갓 염색한 천을 건조하기 위해 긴 장대 위에 걸어놓아 장관을 이룬다. 그곳의 작업장과 더불어 흡사 1990년 장이머우張藝謀 감독이 제작하고 공리巩俐가 주연한 영화 〈국두菊豆〉의 촬영 현장을 연상케 한다.

마을 구석구석을 유심히 뜯어 살펴보면 민가나 골목에 손을 댄 흔적을 발견할 수 있다. 사실 지금의 우전은 과거와는 조금 다르다.

가오궁성조방의 한편에 있는 싼바이주저장고.

원형 그대로의 마을이라기보다 대대적인 새 단장을 거쳤다. 1963
년 우전에서 태어난 천샹훙陳向宏이 싱가포르에서 MBA를 마치고
1999년 귀향한 뒤 본격적인 개발에 나섰다. 천은 옛 민가와 석조
물을 그대로 두면서도 관광객들이 이용하기 편리하게 손봤다. 이
때문에 민가 내부는 완전한 현대식 구조를 갖췄다. 지금도 천은
우전관광유한회사 총재로 우전의 개발과 보호에 앞장서고 있다.

　이런 가게와 시설 중에서 단연 여행객의 눈길을 끄는 곳은 싼바이
주三白酒 양조장이다. 이곳의 정식 명칭은 가오궁성조방高公生糟坊이
다. 앞은 술을 파는 주점, 뒤는 양조장의 구조로 되어 있다. '천년고
진에서 100년의 술을 빚는다.'는 글귀를 입구에 붙여 놓았는데, 청

대 동치제同治帝 때인 1872년 문을 열었다. 싼바이주는 가오궁성이 처음 제조한 술은 아니다. 18세기에 쓰인 지방문헌에 '흰 쌀로 하얀 누룩과 맑은 물로 빚은 싼바이주가 예부터 유명했다.'는 기록이 있는 것으로 보아 훨씬 이전부터 제조됐다.

싼바이주는 찹쌀을 원료로 한약재가 가미된 누룩으로 빚는다. 진흙으로 빚은 항아리에 숙성시켜 사흘 뒤면 마실 수 있다. 옛날부터 우전에서는 양기를 보충해 주고 가래를 없애 준다고 하여 남녀노소를 가리지 않고 이 술을 마셨다. 실제 알코올 도수가 아주 다양하다. 55도로 일반 바이주와 술맛이 유사한 싼바이주, 12도인 향기가 짙은 쌀술인 바이눠미주白糯米酒, 4도로 단맛이 나는 톈바이주甛白酒 등 세 가지 종류로 나뉜다. 현지 주민들은 음식을 만들 때 싼바이주를 반드시 넣어서 요리의 간을 맞춘다.

청대만 해도 우전에는 20개가 넘는 양조장이 있었다. 하지만 다른 지방의 명주와의 경쟁에서 도태되면서 지금은 가오궁성, 궁성, 타오푸창陶復昌 등 몇 개만 살아남았다. 그나마 전통방식대로 술을 빚는 양조장은 가오궁성이 유일하다. 한때는 황실 진상품으로 지정될 정도로 술맛이 좋다지만, 중국 각지의 명주를 맛본 나에게 그리 확 와 닿지 않았다. 곰곰이 생각해 보니 숙성이 문제였다. 술 항아리를 노천에 두어 너무 짧은 기간에 숙성시키다 보니 맛에 깊이가 없었다. 또한 중국술답지 않게 술 마신 다음날 아침 숙취를 느꼈다.

그러나 입안에 들어가서 짙은 향내를 풍기며 잔잔한 뒷맛을 주는 느낌은 싼바이주만의 특징이다. 무엇보다 수로변 식당에서 우전의 환상적인 야경을 바라보며 맛본 싼바이주는 정말이지 일품이었다. 과거 나는 또 다른 수향인 시탕과 저우좡을 방문했었고 그곳의 야경도 보았다. 그러나 우전이 연출하는 야경에 비할 바 못됐다. 그 이유는 중국 사실주의 소설의 최고봉인 마오둔의 고향이라는 친근감이 더해졌기 때문이다. 소설 '임씨네 가게' 같은 상점이 영업하고 영화 〈국두〉의 무대 같은 공방이 있는 곳. 우전의 밤은 여기에다 싼바이주까지 있어 더욱 친근하고 아늑했다.

청대 13행 차무역의 전통을 이은 광저우의 '차술'

매년 봄과 가을마다 광둥성 광저우로
전 세계에서 바이어들이 몰려든다. 아시아 최대 규모를 자랑하는
무역박람회 캔톤 페어(Canton Fair)에 참가하기 위해서다. 캔톤
페어는 1957년 수출상품교역회로 처음 시작된 이래 2015년 가을
까지 118회가 개최됐다. 홍위병의 난동으로 대륙이 피폐했던 문
화대혁명 시기에도 중단되지 않았다. '세계의 공장' 중국에서 가장
유서 깊은 무역박람회답게 참여하는 기관과 기업 수가 엄청나다.
지난 118회에서는 213개국에서 2만 4,700개의 기업이 참가했다.
성사된 거래액은 270억 1,000만 달러에 달했다.

광저우정부는 매회 2주여 동안 열리는 캔톤 페어를 위해 전문 전
시장을 세웠다. 건축면적이 39만 ㎡에 달해 중국에서 가장 큰 광

전 세계에서 몰린 바이어들로 문전성시를 이룬 캔톤 페어 전시장.

저우국제회의전람센터가 그것이다. 그런데 캔톤 페어는 이 전시장도 모자라서 회당 3기로 나누어 진행한다. 즉 1기는 국제관, 2기는 수출관, 3기는 종합관 식으로 운영한다. 그렇게 해서 회당 전시규모는 117만 ㎡에 달한다. 2007년부터 캔톤 페어는 명칭을 '중국수출입상품교역회'로 바꿨다. 수출입 쌍방박람회로 성격이 바뀌면서 독립된 전담부처가 참가 기관이나 기업의 유치, 심사, 등록 등을 철저히 한다.

광저우는 3세기 때 이미 '넓은 고을'이란 지금의 이름을 얻었다. 중국 동남부에서 가장 큰 주강珠江과 베이강北江, 둥강東江이 합류하는 삼각주에 위치한 중국의 남대문이기 때문이다. 당대 말기에는 한 해 광저우에 입항하는 배가 4만여 척에 달할 정도로 번성했다. 송대는 지금의 같은 도시 골격을 갖췄고, 명대 광저우 성곽의 길

술로 만나는 중국·중국인

이는 10.5㎞에 달했다. 청대에는 건륭제乾隆帝가 광저우를 '일구통상一口通商'의 항구로 지정하면서 국제적인 무역도시로 발돋움했다. 이는 오늘날 캔톤 페어의 시조 격인 조치였다.

실제 광저우의 경제력은 베이징, 상하이와 어깨를 나란히 한다. 광둥성은 중국 31개 성·시 중 GDP 대외무역 규모가 1위를 차지한다. 2015년 광저우의 상주인구는 1,350만 명, 지역내총생산은 1조 8,100억 위안(약 307조 7,000억 원), 대외무역액은 1,338억 달러로 모두 중국에서 다섯 손가락 안에 들었다. 이런 든든한 몸집을 내세워 광저우 주민들은 표준어인 푸퉁화普通話보다 광둥 사투리를 고집한다. 캔톤도 청대 광저우를 부른 광둥어의 영어 표기다. 당시 광저우의 '13행十三行'이란 상점이 중국의 모든 대외무역을 독차지했었다.

13행을 알기 위해서는 먼저 명·청대의 대외무역정책을 살펴봐야 한다. 주원장은 세계제국 원을 몽골초원으로 몰아낸 뒤, 1371년 해금海禁(해안봉쇄정책)을 시행했다. 이 정책으로 인해 독자들은 명나라가 쇄국을 견지한 것으로 오해한다. 하지만 명은 결코 나라의 문을 걸어 잠그지 않았다. 주원장이 해금령을 내린 데는 해안에 출몰해 노략질하던 왜구를 방비하기 위해서였다. 가마쿠라鎌倉막부 후기 상공업이 성장하면서 일본은 대외무역으로 눈을 돌렸다. 이에 중국에 무역 확대를 요구했지만, 명조는 조공무역만 허용했다.

대부분의 지방 호족과 상인이 조공무역의 혜택을 보지 못하자 일

13행은 청대 유일하게 개방된 무역장터로 전 세계인들이 몰려들었다.

탈하기 시작했다. 일부는 밀무역에 종사했고 일부는 해적이 됐다. 여기에는 적지 않은 중국인들도 가담했다. 그 대표적인 인물이 훗날 대만을 거점 삼아 복명復明투쟁을 벌인 정성공鄭成功이다. 정성공의 아버지 정지룡鄭芝龍은 중국과 일본을 오가며 밀수를 했다. 때로는 해적질에도 참가했다. 이 때문에 정성공은 일본 나가사키長崎에서 정지룡과 일본인 사이에서 태어났다. 해금정책은 오히려 밀무역을 성행시켰고 왜구 단속에는 실패했다. 1567년 명조는 해금령을 대폭 완화했다.

영락제永樂帝는 적극적인 해상전략까지 펼쳤다. 선단을 조직해 원정에 나서도록 한 것이다. 그 책임자가 정화鄭和였다. 정화는 색목인色目人의 후예로 이슬람교도였다. 환관이었지만 키가 컸고 목소리가 우렁찼다. 영락제는 정화의 원정을 통해 명의 국력을 만방

술로 만나는 중국·중국인

에 떨치고 진귀한 이국 문물을 가져오도록 했다. 원정은 1405년에 시작해 1433년까지 7차례에 걸쳐 진행됐다. 동남아시아에서 인도를 거쳐 아프리카 케냐까지 명의 깃발을 내리 꽂았다. 이는 포르투갈의 바르톨로메우 디아스가 희망봉을 지나 인도로 향하는 항로를 개척하기 반세기 이전에 거둔 쾌거였다.

그러나 정화의 원정은 중국의 대외진출을 촉진하지 못했다. 오직 영락제의 허영심을 만족시키는 데 그쳤다. 그로 인해 영락제가 죽고 정화마저 항해 중 사망하자, 선단은 다시 출항하지 못했다. 15세기 말부터 세계사는 거대한 변혁이 일어났다. 바다를 장악한 나라가 서구의 패권국가로 발돋움한 것이다. 그 첫 나라가 포르투갈이었다. 물론 왕좌를 스페인에게 곧바로 넘겨줬지만 말이다. 1557년 포르투갈은 일본과의 무역을 위해 중간지점에 물자를 보급 받을 항구가 필요했다. 이에 명의 고관대작에게 막대한 뇌물을 바쳐서 마카오를 조차받았다.

해금정책을 완화한 뒤 명은 지정된 항구를 통해 포르투갈, 스페인, 일본 등과 활발히 교역했다. 명은 당시 유럽인들이 가장 선호하던 도자기, 차, 비단 등을 수출했고 대가로 멕시코산 은을 받았다. 1573년부터 멸망하는 1644년 72년간 명은 막대한 무역흑자를 냈다. 이 덕분에 매년 현재 가치로 1억 위안(약 170억 원) 이상의 은이 명으로 유입됐다. 너무 많은 은이 들어오자, 명은 화폐제도를 은본위제로 바꿨다. 그래도 남아돌자 만리장성을 대대적으로 축조하고 각 도시의 성곽을 증축하는 데 썼다. 지금 남아 있는 베이징의 만리장성도 이때 쌓은 것이다.

명조는 개방된 항구의 공행公行에게만 무역을 허가했고 세금을 납입하게 했다. 이는 청조도 마찬가지였다. 청조는 해금정책의 기조 아래 개방항구의 양행洋行을 통해서만 교역을 허락했다. 초창기에는 광저우, 저장의 닝보, 푸젠의 장저우漳州 등 4곳의 항구를 개방했다. 서양 상인들이 가장 북쪽에 있는 닝보에 몰려들자, 1757년 청조는 광저우를 제외한 3곳의 항구를 폐쇄했다. 양광兩廣 총독의 건의도 있었지만, 무엇보다 서양 상인과 선박을 엄격히 관리하기 위해서였다. 광저우는 강력한 육군과 해군을 모두 보유하고 있었다.

명대의 최대 수출품은 도자기였다. 청화백자는 유럽 황실과 귀족이 가장 선호한 사치품이었다. 중국산 도자기에 빵을 놓고 수프를 부어서 식사하는 게 당시 유럽 부자들의 라이프 스타일이었다. 얼마나 많은 중국 도자기로 집안을 꾸미느냐에 따라 가문의 부귀순위가 결정됐다. 그러나 18세기 들어 유럽도 청색의 코발트 물감으로 무늬를 넣어 도자기를 굽기 시작했다. 1709년 독일 작센지방의 마이센(Meissen) 가마에서 중국산과 흡사한 도자기를 개발하는 데 성공했다. 마이센의 기술은 곧 유럽 전역에 퍼졌다. 유럽인들은 더 이상 중국산 도자기가 필요 없게 됐다.

하지만 차는 달랐다. 수백 년 동안 중국산 차를 유럽에서 이식해 재배했지만 모두 실패했다. 오히려 도자기가 유럽에서도 생산되면서 차 문화가 더욱 발전했다. 18세기 초부터 영국 부유층에서는 화려한 찻잔으로 차를 마시는 풍습이 대유행이었다. 이는 대중에게

　　　　　　　　　　　　술로 만나는 중국·중국인

도 차츰 번졌다. 도시 곳곳에서 차관이 문을 열었다. 마침 영국산 도자기가 싼 값에 보급되면서 차는 곧 영국인의 국민 음료가 되어 버렸다. 이런 시대적 배경 아래 청대의 최대 수출품은 차였다. 인도에서도 차가 재배됐지만, 품질은 중국산에 비할 바가 못 됐다.

광저우에서 대외무역을 독점한 양행이 바로 13행이다. 13행은 1685년 광저우에 월해관粵海關이 설립된 이듬해 문을 열었다. 13행이란 명칭은 처음 들어선 상점가 13개라서 붙여졌다고 한다. 하지만 가게가 많을 때는 26개, 적을 때는 4개에 불과할 적도 있어 13행이 꼭 상점 숫자를 의미하지는 않는다. 1757년 광저우가 유일한 개방항구가 되면서, 13행은 대외무역을 농단하는 양행에서 외국 상인의 상관 소재지로 개념이 확대됐다. 19세기 초에 이르면 주장 변에는 포르투갈관, 스페인관, 네덜란드관, 영국관, 프랑스관, 미국관, 스웨덴관 등이 포진했다.

그 북쪽 거리에는 외국과 거래하는 중국인 상점이 자리 잡았다. 가장 큰 거래품목인 차를 비롯해 도자기, 비단, 그림, 철제, 소금, 쌀, 설탕, 담배, 약재 등 다양한 상품을 다뤘다. 이는 유럽인들이 원하는 중국 물품을 사가는 데서 그친 게 아니라 동남아, 인도, 아프리카, 남미 등지에서 사고 팔 상품까지 거래했기 때문이다. 심지어 전당포까지 있어 상인들에게 필요한 사업자금을 빌려 줬다. 물론 서양인이 가져온 자명종, 유리그릇 등 서양의 진귀한 물건을 사려는 상인들도 중국 각지에서 13행으로 몰려들었다. 13행이 세계적인 무역장터로 번성했던 것이다.

청대 최대의 수출상품은 차였다.

13행 중국인 상점의 주인은 푸젠성 출신이 많았다. 푸젠인들이 상권을 장악한 배경은 알 수 없지만, 그들은 동향인끼리 견고한 카르텔을 형성했다. 그중 최고의 상인은 반진승潘振承과 오병감伍秉鑒이었다. 반진승은 1714년 푸젠의 취안저우泉州에서 태어났다. 젊었을 때 광저우로 와서 무역선을 탔다. 푸젠 남부의 민난閩南에는 '배와 말을 타는 자는 명줄이 짧다行船走馬三分命.'는 속담이 있다. 이는 무역과 장사하는 상인은 목숨을 내걸어야 하지만 그만큼 성공하기 쉽다는 뜻이다. 오늘날 '하이 리스크, 하이 리턴'과 같은 이치다.

반진승도 고된 노력 끝에 한 밑천을 움켜줬다. 또한 여러 나라를 다니면서 현지의 시장 상황을 수집했다. 외국 상인과 자유로이 소통할 영어, 스페인어, 포르투갈어도 배웠다. 이런 경험과 실력을 바탕으로 광저우로 돌아와서는 13행의 한 상점에서 사무를 전담

술로 만나는 중국·중국인

했다. 상점 주인이 고향으로 돌아가자, 1742년 사업권을 인계받아 동문행同文行을 열었다. 반진승은 주로 동인도회사와 거래했다. 한 번은 동인도회사 측이 구입한 차에 클레임을 걸었는데, 군말 없이 모두 보상해 줬다. 영국과의 무역을 독점하면서 반진승과 그의 아들 반유도潘有度는 중국 최고의 부자가 됐다.

반세기 넘게 지속됐던 동문행 전성시대를 끝장낸 이가 오병감이었다. 오병감은 1769년 취안저우 출신의 상인 집안에서 태어났다. 그의 아버지 오국영伍國瑩은 13행에서 이화행怡和行을 열어 대외무역에 종사했다. 그러나 이화행이 13행의 태두로 발돋움한 것은 1801년 오병감이 상점 운영을 맡으면서부터다. 오병감은 상인이라기보다 투자자에 가깝다. 13행의 다른 경쟁자들이 성공하면 고향에 으리으리한 대저택을 짓는데 골몰하는 데 반해, 오병감은 차밭과 부동산을 사들였다. 이는 생산자와 유통자가 신사협정을 맺고 양립했던 전통을 깨부순 조치였다.

이화행 상표가 붙은 차는 런던, 암스테르담, 뉴욕 등 서구 각국에서 팔렸다. 또한 오병감은 동인도회사의 지분을 매입했다. 미국의 횡단철도와 보험업에도 투자했다. 오늘날 글로벌 투자회사에 못지않은 스케일과 능력을 갖춘 상인이었던 셈이다. 이 덕분에 1834년 오병감의 재산은 2,600만 위안에 달했다. 현재 가치로 환산하면 50억 위안(약 8,700억 원)에 달하는 거액이었다. 명실공히 오병감은 19세기 전기 세계 최고의 부자였다. 2001년 미국 〈워싱턴 포스트〉가 인류 역사상 가장 부유했던 50인 중 한 명으로 손꼽을

푸얼찻잎을 따는 젊은 부부. 푸얼차는 차술의 주원료다.

정도였다.

아이러니컬하게도 오병감은 13행을 몰락시킨 주인공이었다. 동인도회사로부터 아편을 밀수해 치부했기 때문이다. 영국은 막대한 무역 역조를 시정하고자 18세기부터 인도산 아편을 수출했다. 중국 내 아편 소비가 폭증하고 중독자가 넘쳐나자, 청조는 1829년부터 여러 차례 금지령을 내렸다. 하지만 부패한 관료가 뇌물을 받아 밀수를 눈감아주면서 번번이 실패했다. 이 밀수과정에서 이화행이 관여했다. 아편 밀수는 오병감이 축재한 근원 중 하나였다. 1839년 도광제道光帝는 임칙서林則徐를 흠차대신으로 내려 보내 광저우의 아편 밀수를 근절시키려 했다.

임칙서는 군대를 동원해 13행을 포위했다. 영국 상인들로부터 아편을 몰수해 불태웠다. 이런 조치는 영국을 자극했다. 영국정부

술로 만나는 중국 · 중국인

는 자본가들의 요구를 받아들여 개전을 결정했다. 1840년 영국군은 광둥에 도착해서 청 함선을 포격해 침몰시켰다. 뒤이어 양쯔강 하구를 점령하고 톈진 앞바다에서 무력시위를 벌였다. 이듬해 병력을 증강해 닝보를 점령했고 난징까지 진격했다. 결국 종이 호랑이였던 청조는 무릎을 꿇었고, 1842년 난징조약을 맺었다. 이 조약의 주요 내용이 ▲홍콩의 할양 ▲5개 항구의 개항 ▲공행의 독점무역 폐지 등이었다.

처음에 오병감은 임칙서를 뇌물로 구워 삶으면 된다고 판단했다. 막상 전쟁이 발발하자 두려움에 떨어 많은 재산을 청조에 헌납했다. 난징조약에 따라 물어야 할 배상금 300만 위안 중 100만 위안도 혼자 떠맡았다. 그런 상황 아래 1843년 노환으로 숨을 거뒀다. 난징조약 이후 무역 독점권을 잃은 13행은 급속히 몰락했다. 전쟁 와중에 대부분의 건물들도 불타 사라졌다. 1856년 제2차 아편전쟁 후에는 무역 거래지에서 영국과 프랑스의 조계로 완전히 탈바꿈했다. 그 덕분에 1930년대까지 옛 모습을 어느 정도 간직했지만, 중일전쟁 시기 일본군의 폭격을 받아 폐허가 됐다.

오늘날 13행은 흔적 없이 사라졌고 차무역도 쇠락했다. 그러나 광저우에는 무역장터인 캔톤 페어가, 중국 최대 차시장인 남방차시장이 그 명맥을 잇고 있다. 그뿐만 아니라 홍콩에 본사를 두고 광저우에 판매회사를 둔 찻잎으로 술을 양조하는 회사가 있다. 우리에겐 쇼브러더스 영화사로 유명한 샤오씨邵氏그룹 산하의 샤오씨차술공장이 그 주인공이다. 샤오씨그룹은 닝보 출신 상인 샤오위셴邵玉軒의 진타이창錦泰昌을 기원으로 한다. 진타이창은 1901년 상하이에서 문을 연 염료 가게였다.

샤오위셴의 외가는 란시蘭溪에 있었다. 그곳에는 제갈량의 후예들이 사는 제갈팔괘촌八卦村이 있다. 제갈팔괘촌 주민들은 예부터 제갈량이 찻잎을 사용해 빚었다는 공명차술을 대대로 전수해 마셨다. 샤오위셴은 이 술을 즐겨 마셨고, 그의 아들 샤오런메이邵仁枚와 샤오이푸邵逸夫도 마찬가지였다. 샤오 형제는 1925년 상하이, 1930년 싱가포르, 1948년 홍콩 등지로 사업 무대를 확장하면서 공명차술을 입에 달고 살았다. 현재 샤오씨그룹은 1957년 문을 연 쇼브러더스 영화사뿐만 아니라 부동산·유통·호텔·엔터테인먼트 등을 경영하는 복합 사업체다.

충칭에 문을 연 샤오씨차술공장은 2007년 차술의 대량생산에 성공했다. 과거에는 푸젠성 안시安溪에서 생산된 톄관인鐵觀音으로 술을 빚었다. 지금은 충칭의 톄관인과 윈난성의 푸얼차普洱茶로 제조하고 있다. 차술은 은은한 차향에 맛이 깨끗하고 부드러워 우리 입맛에 알맞다. 그 제조기술이 궁금해 샤오씨차술공장의 문을 수차례 두들겼지만, 아쉽게도 취재를 받아들이지 않았다. 샤오씨 차술은 엄밀히 따지면 홍콩의 술이다. 하지만 충칭에서 제조되어 광저우를 통해 홍콩과 중국 전역에 팔려나가기에, 13행의 전통을 가장 잘 이은 술이라 할 수 있다.

술로 만나는 중국 · 중국인

무술영웅 황비홍·엽문의 고향술 '주장쌍정'

광둥성에는 미향향 바이주의 대표주자 중 하나인 주장쌍정九江雙蒸이 있다. 광둥의 바이주는 유난히 미향형이 많다. 링난嶺南미주, 산허바三河壩주, 창러샤오長樂燒주 등 각지의 술이 광둥인들의 사랑을 받고 있다. 그중 주장쌍정이 역사와 전통에 있어 으뜸이다. 주장쌍정은 1827년에 문을 연 술도가 영덕흥永德興에서 제조한 술을 기원으로 한다. 영덕흥은 포산佛山시 주장진에 소재했다. 주장진은 중국 동남부 최대 하류인 주강삼각주의 한복판에 있다. 이 때문에 예부터 '어미지향漁米之鄉'이라 불릴 만큼 쌀이 넉넉한 고장이었다.

주장쌍정은 주장진 출신 유학자 주차기朱次琦로 인해 유명해졌다. 주차기는 어릴 때부터 신동으로 소문이 자자했지만, 과거와는

광둥성에선 유일한 술문화 박물관인 주장쌍정박물관의 입구.

인연이 없었다. 30세가 넘어서 향시를 통과했고 40세에야 진사가 됐다. 다행히 관운은 좋아 5년 만에 산시성 샹링襄陵 현감으로 임명됐다. 지방관으로 뛰어난 행정능력을 펼치고 선정을 베풀어 탄탄대로를 밟는 듯했다. 그러나 현감 임기를 끝낸 뒤 돌연 사직하고 귀향했다. 그 뒤 은거하면서 초당을 열어 인재 양성에 힘썼다. 그가 배출한 대표적인 제자가 강유위康有爲다. 강유위의 사상 대부분은 주차기로부터 비롯됐다.

주차기는 평소 술을 마시길 좋아했다. 특히 고향 술인 영덕흥의 진가양陳佳釀을 즐겨 마셨다. 포산 주민들은 주차기를 '주장 선생'이라 부르며 존경했는데, 진가양이 주장선생이 사랑하는 술이라고 소문나면서 따라 마셨다. 이 덕분에 수요가 늘어나면서 주장진에는 술도가가 점점 늘어났다. 1949년 사회주의 정권이 들어설 무렵

술로 만나는 중국·중국인

에는 그 수가 12개나 됐다. 1952년 술도가들을 통합해 주장주업 사라는 국영업체가 문을 열었다. 그 뒤 주장술공장으로 이름을 바꿔 지금에 이르고 있다.

중국인들은 주장鬈정을 보통 광저우의 술로 알고 있다. 주장鬈정의 최대 판매처가 광저우인 데다, 광저우를 거쳐 중국 전역으로 운송되기 때문이다. 포산과 광저우는 거리상으로 30㎞에 불과할 정도로 아주 가깝다. 두 곳은 중국 4대 요리 중 최고로 손꼽히는 광둥요리粵菜의 발상지다. 오늘날 중국 어디를 가든 맛볼 수 있는 요리가 광둥요리와 쓰촨요리다. 중국인들이 포산 하면 떠올리는 상징적인 인물이 있다. 바로 1991년 홍콩의 쉬커徐克 감독이 제작하고 대륙 출신 리롄제李連杰가 주연한 영화의 주인공 황비홍黃飛鴻이다.

황비홍은 1856년 당시 행정구역상 난하이현 포산진에서 태어났다. 황비홍의 아버지 황기영黃麒英은 19세기 광둥에서 활약하던 고수廣東十虎 중 한 명으로 명성을 떨쳤다. 황기영은 유소년기에 무술을 익혔고 청소년기에 수련 여행을 다니다가, 한 장군의 눈에 들어 포산 주둔군의 교관이 됐다. 틈틈이 익힌 약초에 대한 지식을 바탕으로 약방을 열어 안정된 생활을 누렸다. 이런 아버지 밑에서 황비홍은 3세 때부터 무예를 익혔다. 천성적으로 기골이 장대한 데다 총명해 13세 때 아버지와 함께 군졸을 가르칠 정도로 장족의 발전을 거듭했다.

황기영은 빠른 발차기를 구사하는 '그림자가 없는 다리無影脚' 기술의 달인이었다. 황비홍은 이 가전무술뿐만 아니라 광둥십호 중

황비홍기념관은 황비홍이 운영하던 무관과
보지림을 고증해 복원했다.

양곤으로부터 철선권鐵線拳을, 소걸아로부터는 취팔선권醉八仙拳을
전수받았다. 또한 고수 송휘당에게 또 다른 무영각을 배워 홍가
권洪家拳을 집대성했다. 17세 때 광저우에 무관을 열고 제자를 양
성하기 시작했다. 흥미롭게도 그는 광부나 과일·채소·수산물 가게
에서 일하는 노동자를 선별해 제자로 받았다. 황비홍이 주로 하층
민에게 무예를 가르친 이유는 알 수 없지만, 당시에는 아주 특별
난 사례였다. 광저우에서 황비홍은 차츰 지명도를 쌓아가며 정착

514

했다. 한 영국인이 유럽에서 훈련시켜 데려온 셰퍼드로 중국인들을 괴롭혔는데, 황은 단 한 번의 발차기로 개를 즉사시켜 크게 유명세를 탔다. 지금의 해군사관학교인 수사水師가 명성을 떨치던 황을 무술교관으로 초빙했다. 1885년에는 해군제독이 직접 요청해 광둥해군의 교관이 되었기에 운영하던 무관은 문 닫았다. 그러나 이듬해 아버지와 해군제독이 잇달아 죽자, 곧 관직을 사직했다. 그 뒤 개업한 병원이 바로 보지림寶芝林이다. 이 보지림이 영화 〈황비홍〉에서 줄곧 등장하는 무대다.

1888년 황비홍은 유영복劉永福 장군을 고쳐 준 인연으로 흑기군黑旗軍의 교관 겸 의관이 됐다. 유영복은 황의 무예와 의술에 감탄해 '의예정통醫藝精通'이라고 쓴 편액을 선물로 줬다. 황도 유 장군의 인품에 반해 1894년 흑기군과 함께 대만에 가서 일본군과 싸웠다. 대만에서 돌아온 뒤에는 주로 보지림에 머물면서 가난한 병자들의 치료에 매달렸다. 1911년 유 장군이 다시 요청하자 한동안 민간인 자위부대의 교관으로 일했다. 단신으로 부둣가의 조직폭력배들을 굴복시킨 일화도 남아 있지만, 말년에는 의술에만 전념하다 1925년에 죽었다.

황비홍에 관한 영화를 독자들은 아마 쉬커 감독의 시리즈만 떠올릴 것이다. 그러나 중화권에서 제작된 황비홍 영화와 드라마는 지금까지 100편이 넘는다. 1948년 홍콩에서 후펑胡鵬 감독이 만든 영화 〈황비홍: 편풍멸촉鞭風滅燭〉이 그 시초였다. 주연은 당대 최고의 배우였던 관더싱關德興이 맡았다. 관더싱은 광둥의 전통극인

월극粤劇의 배우였다. 정식으로 무예에 입문하지 않았지만, 무술에 심취해 홍가권을 연마했다. 첫 황비홍 영화를 촬영할 때 관의 나이는 40대 초반이었다. 그러나 무예가 일정한 수준에 올라 무극강유권無極剛柔拳을 창시할 정도였다.

관더싱은 1950~1970년대 홍콩에서 제작된 80편에 가까운 황비홍 영화와 드라마의 주연 대부분을 꿰어 찼다. 이 때문에 홍콩 주민들은 관을 '황사부'라 부르며 존경했다. 관이 고희를 넘어 다양한 배역을 소화하기 어려워지자, 홍콩 영화계에서는 새로운 주인공을 찾아 나섰다. 1978년 황비홍을 새롭게 해석하고 코믹성을 강화한 영화 〈취권醉拳〉이 제작됐다. 〈취권〉은 흥행에 크게 성공했고, 떠오르던 배우 청룽成龍을 아시아의 스타로 등극시켰다. 하지만 일각에서는 무술영웅인 황비홍을 너무 가볍게 묘사하고 왜곡시켰다며 맹렬히 비판했다.

이런 영향으로 1980년대 황비홍 영화는 가뭄에 콩 나듯 제작됐다. 관더싱이 컴백해 주연을 맡은 영화마저 만들어졌다. 한동안 침체에 빠졌던 황비홍 영화 붐을 다시 불러일으킨 것이 리롄제가 주연한 작품이었다. 쉬커 감독은 리롄제와 콤비를 이루며 영화 4편을 찍었고, 다른 배우와도 여러 편의 황비홍 영화를 촬영했다. 그뿐만 아니라 지금까지도 홍콩과 중국에서는 쉴 새 없이 많은 황비홍 영화와 드라마가 만들어지고 있다. 한 인물에 관한 영화나 드라마가 이렇게 많이 제작된 것은 전 세계 영화사에서 유례가 없다. 실제 이 방면에서 기네스북에 등재되었을 정도다.

그렇다면 중화권에서는 왜 황비홍에 관한 영화와 드라마를 즐겨

술로 만나는 중국·중국인

제작하는 것일까? 한때 중국에선 이 문제로 논란이 일어났다. 황비홍이 한 시대를 풍미한 일대종사(무술에서 위대한 업적을 세운 스승)였고, 인간적인 매력을 지닌 의사였다는 점에서는 이론의 여지가 없다. 그러나 5,000년의 중국 역사에서 황비홍보다 뛰어난 무예가는 즐비하다. 또한 황비홍과는 비교가 안 될 큰 업적을 남긴 의사들도 수없이 많다. 이 때문에 일부 중국 언론은 홍콩 엔터테인먼트업계에서 같은 광둥문화권 출신인 황비홍을 과대 포장했다고 비판했다.

무술 영화는 대중적으로 아주 매력적인 장르다. 무협은 서구에서도 '동양의 판타지'라고 부를 만큼 소재가 풍부하고 스토리가 흥미롭다. 한 범인이 각고의 수련을 거쳐 신심을 단련해 극강의 고수가 되는 영화는 보는 관객을 쉽게 몰입시킨다. 다양한 병장기와 무술을 사용해 강호의 절대자들을 하나둘씩 물리친 뒤 영웅이 되는 이야기는 모든 이들을 즐겁게 한다. 도탄에 빠진 백성들을 구하고 연약한 여인네를 보살피며, 탐관오리를 혼내주는 협객의 삶은 사나이라면 누구나 꿈꾸어 봤을 로망이다.

황비홍은 싸움을 잘 하는 무술고수이자, 인술을 펼쳐 만인을 돌본 협객으로서의 삶을 살았다. 이는 고금을 뛰어넘어 중국인들에게 강력하게 어필할 수 있는 인물상이다. 하지만 여기에는 큰 허점이 있다. 본래 황비홍에 대한 고사나 일화는 아주 단편적이었다. 그의 수제자인 린스룽林世榮이 쓴 책과 넷째부인인 모구이란莫桂蘭이 남긴 구술에 전적으로 의존했다. 황비홍이 여러 관직을 거치고 다양한 사회활동은 한 것은 사실이다. 그러나 영화나 드라마처럼 숱한 영웅적인 일화를 남겼던 것인지는 공식 문헌으로 증명되지 않았다.

2001년 포산시 주먀오祖廟공원 뒤편에 문을 연 황비홍기념관도 영화 속 세트를 재현해 놓은 무대나 다름없다. 황비홍이 포산에서 태어나고 자란 것은 확실하지만, 정확히 어디인지도 설왕설래 중이다. 최근 들어 황비홍에 대한 연구가 활발하면서, 포산시정부는 황비홍의 옛집이 시차오산西樵山 자락에 있었다는 조사 결과를 발표했다. 이에 따라 현지에 황비홍사자춤무술관을 세웠으나 공식적으로 인정되진 못했다. 현재의 황비홍기념관은 광저우에 있었던 무관과 보지림을 복원한 형식이다. 이곳에서 주목할 것은 날마다 두 차례 열리는 사자춤 공연이다.

사자춤은 후한 말기에 서역에서 유입됐다. 한때 오랑캐 포로들이 추는 춤이라 천대받기도 했으나, 조조가 여흥시간마다 즐기면서 점차 정착됐다. 당대에 이르러서는 중국 전역에서 사자춤사위를 벌일 정도로 전파 속도가 빨랐다. 중국인들이 사자춤을 좋아하는 이유는 사자가 용맹스럽고 위엄이 넘치는 동물로, 악귀를 막아주는 백수의 왕이라 여기기 때문이다. 이로 인해 매년 춘제마다 중국 곳곳에서는 징과 북의 반주에 맞추어 사자춤판을 열어, 사악한 귀신을 내쫓아 한 해의 평안을 비는 의식을 쉽게 볼 수 있다.

우리가 보기엔 다 같은 사자춤이지만, 중국에선 북방식인 북사北獅와 남방식인 남사南獅로 구분한다. 1993년 제작된 영화 〈황비홍 3: 사왕쟁패獅王爭霸〉를 자세히 살펴보면 그 차이를 알 수 있다. 북

엽문기념관 안에 전시된 엽문의 흉상.

사는 바지까지 사자차림으로 꾸미지만, 남사는 평상복을 그대로 입는다. 북사의 사자탈은 권위와 위엄을 강조해 장식하지만, 남사는 눈, 입 등을 움직여 사자의 희로애락을 섬세히 표현한다. 포산은 이 남사의 발상지다. 춤사위와 권법을 결합해 오늘날처럼 호쾌하고 역동적인 사자춤을 추기 시작한 곳도 포산이다.

사자춤의 정수는 차이칭采青이다. 차이칭은 여러 사람이 사자춤을 추면서 높이 매달려 있는 물건을 따내는 의식이다. 여기서 물건을 빨리 따는 것도 중요하지만, 그 과정에서 사자춤의 기본동작과 응용기술을 모두 선보여야 한다. 사자가 푸른 구슬을 발견하는 동작, 놀라워하는 동작, 심취하는 동작, 물을 마시는 동작, 구슬을 토해내는 동작 등을 펼쳐야 한다. 영화 〈황비홍1〉 도입부에서 황비홍이 차이칭을 완수해 대련對聯을 손에 넣는 장면이 있다. 대련에는 다음과 같이 적혀 있었다. '큰 뜻은 구름을 뚫고, 의로운 기상은 하늘을 찌른다壯志凌雲, 俠氣沖天.' 황비홍은 사자춤을 잘 춰서 '광둥 제일의 사자왕'이라 불렸다고 한다.

20세기 포산에서는 또 다른 일대종사가 출현했다. 2008년 제작되어 홍콩 배우인 전쯔단甄子丹을 리롄제 버금가는 스타로 만든 영화의 실제인물 엽문葉問이다. 엽문은 중국 남파南派무술의 하나인 영춘권詠春拳을 대중화시킨 고수다. 중국 무술은 지역적으로 북파北派무술과 남파무술로 나뉜다. 북파무술은 소림권·태극권·당랑권螳螂拳·팔괘권八卦拳 등이 있는데, 손과 발로 골고루 사용해 동작이 힘차고 크다. 사실 리롄제는 소림권의 고수로 〈황비홍1〉에서는 소림권을 위주로 구사했다. 그는 중국무술대회에서 5회 연속 종합우승을 한 기록 보유자이기도 하다.

남파무술은 광둥, 푸젠 등지에서 발전했다. 손기술을 많이 사용하고 동작이 빠르면서 섬세하다. 영춘권은 청대 여성고수 엄영춘이 창시했다고 알려진다. 엄영춘은 소림권을 기초로 여성에게 알맞은 권법을 창안해, 동작이 간략하고 빠른 스피드와 연속 타격을 선보였다. 이와 달리 홍가권은 홍희관洪熙官이 창시해 황비홍이 보급하였다. 넓고 낮은 다리 자세를 바탕으로 강력한 손기술로 상대방의 급소를 일격필살한다. 영춘권은 19세기 포산의 고수 양찬梁贊이 발전시켰고, 그의 아들 양벽梁壁과 수제자 진화순陳華順에게 전수됐다. 엽문은 진화순의 마지막 제자였다. 훗날 양벽을 찾아 진화순이 배우지 못한 가전비술까지 전수받았다.

엽문기념관 역시 주마오공원에 자리잡고 있다. 엽문은 포산에서

주장쌍정박물관 내에는 술도가에서 쌀을 바이주로
만드는 과정을 일목요연하게 전시해 놓았다.

태어나 자랐고, 1949년 홍콩으로 건너가 정착했다. 성격은 영화
속 묘사처럼 내성적이었다. 1950년 아내가 자녀를 데리고 포산에
갔었는데, 얼마 후 중국과 홍콩 사이 국경철책이 생기면서 생이별
했다. 그 뒤 본인의 과거사를 주변인들에게 꺼내지 않았다. 이 때
문에 엽문이 포산에서 무엇을 했는지 여러 말들이 오간다. 현재는
국민당 소속 경찰로 일했다는 게 정설이다. 포산에선 제자를 받지
않다가, 홍콩 이주 후 강습회를 개최하고 무관을 열면서 제자를 양
성했다. 그들 중 한 명이 브루스 리李小龍다.

　영화 〈엽문〉도 쉬커가 연출한 〈황비홍〉처럼 무술고수에 불과했
던 엽문을 중국인의 영웅으로 격상시켰다. 엽문의 항일 행적은 포
산에서 남아 있는 기록이 전무하다. 감독 예웨이신葉偉信도 기자회

견 석상에서 엽문이 일본군에 맞선 이야기는 꾸며낸 허구라고 밝혔다. 또 다른 홍콩 감독 왕자웨이王家衛는 2013년 엽문을 주인공으로 한 〈일대종사〉를 연출했다. 〈일대종사〉 내용도 몇몇 실화를 바탕으로 각색한 판타지일 뿐이다. 홍콩 영화감독들이 황비홍과 엽문을 영웅으로 탈바꿈시킨 데는 시대적인 상황과 상업적인 목적 때문이었다.

황비홍이 살던 시절은 중국이 서구 열강에 의해 반식민지로 전락하던 시대였다. 1894년 청일전쟁에서 중국은 패배했고 이듬해 굴욕적인 시모노세키조약을 체결했다. 일본군은 할양받은 대만에 진군했는데, 흑기군은 대만 민중과 함께 격렬히 저항했다. 그 현장에 황비홍도 있었다. 즉, 황비홍은 광둥을 벗어나 항일 최전선에서 활약한 투사였다. 이런 황비홍은 1997년 홍콩을, 1999년 마카오를 반환해 식민지 유산을 청산하려는 중국인들에게 있어 아주 매력적인 인물이었다. 쉬커는 홍콩이 아닌 대륙 출신 리롄제를 앞세워 민족적 자긍심을 고취시켰고 흥행에 대성공했다.

엽문도 그 동일 선상에 있다. 뛰어난 무술과 의협심으로 충만한 엽문이 일본군 장군을 물리치는 스토리는 중국인들에게 자부심을 안겨 주었다. 황비홍과 엽문이 주장쌍정雙蒸을 즐겨 마셨는지는 알 수 없다. 하지만 그들은 어딜 가서나 포산 출신으로서 긍지를 안고 살아갔다고 한다. 2009년에 문을 연 주장쌍정박물관은 광둥성 유일의 술문화박물관이다. 이곳은 19세기 말 포산의 술도가를 완벽하게 재현해 놓았다. 황비홍과 엽문이 살았던 시대를 체험하고픈 독자라면 그들의 기념관과 함께 꼭 찾아야 할 명소다.

산속 토루 속의 진짜배기 한족 객가의 '냥주'

1980년대 어느 날 미국 CIA 내 위성 사진판독실. 분석요원들이 첩보위성으로 찍은 사진을 판독하고 있었다. 당시 첩보위성은 갓 운용하기 시작해 지구 곳곳을 초정밀로 촬영해 나갔다. 한 요원이 중국 동남부 산악지역에서 이상한 건축물 수십 개를 발견했다. 원형으로 된 대형 건물은 중간이 비었다. 사각으로 지어진 건축물도 발견됐다. 분석요원은 중국이 새로운 핵미사일 기지를 건설하고 있다고 판단했다. 이 판독 결과를 즉시 상부에 보고했다. 하지만 각계의 중국 전문가들을 모여 사진을 재판독한 결과 객가인客家人이 사는 집으로 판명됐다.

이 이야기는 실제로 일어났던 해프닝이다. CIA 분석요원을 멋쩍게 만들었던 건축물은 토루土樓다. 토루는 흙으로 쌓아올린 집이란

융딩시 추시(初溪)촌에는 CIA 요원의 착각을 일으킬 만큼 거대한 토루군이 세워져 있다.

뜻이다. 오직 중국에서만 발견되는 객가인의 전통 건축물이다. 객가는 중국 전역에 퍼져 살지만, 토루는 오직 푸젠·광둥·장시 등 3개 성에서만 지어졌다. 형태는 원형, 방형, 장방형, 사각형, 타원형 등 다양하다. 한 채가 마치 성채만큼 거대하다. 고운 점토, 삼나무, 돌, 기와 등을 재료로 하여 만들었다. 특히 외벽이 아주 두껍다. 보통 폭이 150㎝를 넘는다.

외벽은 오리나무와 대나무를 뼈대로 흙으로 다져서 철근처럼 단단하다. 이렇듯 튼튼해서 웬만한 외부의 공격을 견뎌낼 수 있다. 대문도 마찬가지다. 돌이나 철판 입힌 나무로 만들어 웬만한 충격에 끄떡없다. 이 문만 닫아 놓으면 토루는 든든한 보루가 된다. 왜냐

술로 만나는 중국·중국인

하면 외벽 층의 창문 구조도 방비를 우선으로 했기 때문이다. 1층은 창문이 전혀 없다. 2층에는 조그만 창을 만들어 바깥을 감시할 수 있도록 했다. 3층부터 정상적인 창문을 두어 외부 침입을 원천 봉쇄했다. 꼭대기에는 전체를 한 바퀴 돌 수 있는 복도를 만들었다.

이 같은 건축양식은 어떤 형태의 토루이든 적용된다. 단지 층수만 3층 혹은 4층으로 다를 뿐이다. 외부와 달리 내부는 완전한 개방형 구조다. 형태마다 약간의 차이가 있지만 1층에는 거실과 부엌, 묘당廟堂이 있다. 2층은 침실이나 창고로 쓰이고 3~4층은 모두 침실이다. 마당에는 사당을 지었다. 그 옆에는 수백 명이 한 달 동안 충분히 마시고 쓸 수 있을 만큼 풍부한 수맥을 갖춘 우물이 있다. 이 넓은 주택에 적게는 수십 가구에서 많게는 300여 가구가 생활한다. 하나의 거대한 씨족공동체를 형성해 살아가는 것이다.

이 토루를 명확히 이해하려면 먼저 객가의 역사에 대해 살펴봐야 한다. 객가는 본래 황허 중류를 중심으로 중국 북부에 살았던 한족이다. 이들은 과거 대륙에서 일어난 전란과 자연재해를 피해 여섯 차례에 걸쳐 대규모 탈출을 감행했다. 1차는 기원전 221년 진시황이 중국 남부지역을 평정하기 위해 60만 대군을 파견하면서부터다. 214년에는 추가로 50만 명을 파병했다. 군사들은 식솔을 데리고 근무지로 가 둔전하면서 보급 문제를 해결했다. 적지 않은 병사가 고향으로 돌아가지 않고 현지에 남아 최초의 객가인이 됐다.

2차는 4세기 초에 벌어진 영가永嘉의 난에서 비롯됐다. 300년 서진西晉 혜제 때 황족들 사이에 권력 다툼으로 팔왕의 난이 일어나

토루는 외부의 침입을 막기 위해 단 하나의 문만 갖췄다.

혼란에 빠졌다. 회제가 황위를 이었으나 정국은 안정되지 못했다. 311년 흉노의 족장인 유연이 독립을 선언하고 거병해 뤄양을 함락했다. 흉노군은 전쟁에서 진 병사 10만 명을 학살하고 백성들을 잡아갔다. 서진이 망하자 일부 황족이 난징에서 동진을 건국했다. 5호16국시대가 시작된 것이다. 이런 혼란과 전쟁을 피해 약 96만 명이 양쯔강 이남으로 이주했다.

3차는 당대 후기 안사의 난과 황소黃巢의 난 때다. 755년 돌궐 출신 무장인 안록산安祿山과 사사명史思明이 반란을 일으켜 당의 명운을 바꿨다. 전쟁은 8년간 지속됐는데, 그 사이 가구 수가 890만 호에서 293만 호로 줄어 약 3,000만 명이 죽었다. 당대판 '킬링 필드'로 불러도 과하지 않을 만큼 참혹했다. 874년 일어난 황소의 난도 대륙 전역에서 크고 작은 민중 봉기를 동반하면서 7년이나 계

술로 만나는 중국·중국인

속됐다. 부패한 관리의 수탈로 경제적 기반을 잃은 농민들이 봉기에 적극 합세했기 때문이다. 일부는 전란을 피해, 일부는 당군의 진압을 피해 중국 남부로 이주했다. 4차는 정강靖康의 변으로 촉발됐다. 북송北宋 휘종은 금과 동맹을 맺어 요에게 연운燕雲 16주를 탈환하려 했다. 그러나 금에게 북송의 군사력이 허약한 꼴만 보여주면서 내침을 받게 됐다. 1126년 금군은 카이펑開封을 함락했고 휘종과 흠종 그리고 왕족 3,000명을 포로로 끌고 갔다. 이로써 북송은 멸망했고 중국 북부는 북방 유목민족의 수중으로 완전히 떨어졌다. 북부에서 탈출한 고관대작과 사대부가 대거 남부로 이주했고, 이듬해 항저우에서 남송이 건국됐다. 지식 소양이 높은 사대부가 객가의 일원으로 편입되면서 객가의 문화 수준이 괄목상대해진다.

5차는 명말·청초로, 왕조의 교체보다 자연재해의 영향이 컸다. 당시 푸젠과 광둥의 객가는 인구가 급격히 증가하면서 먹고 살기 어려워졌다. 게다가 수년 동안 홍수와 가뭄이 반복되자, 여러 씨족 공동체 사이에서 서진운동이 일어났다. 마침 청 조정도 오랫동안 전염병과 자연재해로 인구가 급감한 쓰촨으로의 이주를 장려했다. 이 시기 쓰촨으로 옮겨갔던 객가의 후손으로는 중국 공산혁명의 지도자 주더와 덩샤오핑 등이 대표적이다.

6차는 태평천국운동으로 비롯됐다. 태평천국은 1851년 비밀결사인 배상제회拜上帝會가 건국했다. 배상제회는 겉으로 기독교 신앙과 교리를 내세웠지만, 실제로는 객가 공동체를 배경으로 조직됐다. 수장인 홍수전과 대다수 지도부가 객가 출신인데서 잘 드러난다. 태평천국은 한때 중국 남부의 절반을 차지할 정도로 위세를 떨쳤지만, 지도층의 내분으로 1864년 무너졌다. 그 뒤 청조는 객가를 혹독히 탄압했다. 이에 수많은 객가인들이 동남아와 미주로 이주했다. 리콴유李光耀 전 싱가포르 총리, 리덩후이李登輝 전 대만 총통 및 차이잉원蔡英文 대만 총통 등이 이들의 후손이다.

객가가 이주했던 땅에는 이미 토착민이 살고 있었다. 원주민을 몰아내고 객지인이 정착하기란 쉬운 일이 아니다. 그렇기에 객가는 산악지대로 들어가 독자적인 씨족공동체를 구성했다. 또한 토착민과 자신들을 구분하는 개념으로 '손님'이란 뜻인 객가라 부르게 됐다. 그렇다면 오늘날 이들의 후손은 얼마나 될까? 중국에서는 푸젠, 장시, 광둥, 광시 등 19개 성·시에 7400만 명이 흩어져 살고 있다. 그뿐만 아니라 대만, 싱가포르, 말레이시아, 인도네시아, 태국, 미국, 칠레 등 전 세계 80여 개국에 2500만 명이 거주한다.

객가인은 어디에 살던 자신들이 '진짜배기 한족'이라 여기면서 자부심이 강하다. 중원에서 내려와 자신만의 공동체를 구축했고 독특한 객가 문화를 형성했기 때문이다. 객가어는 당·송대 한족 언어의 순수성이 잘 보존됐다. 이에 반해 현대 중국어는 서역어, 몽골어, 만주어 등 북방 유목민족의 발음과 억양이 다수 포함되어 있다. 또한 옛 제례의식과 풍습을 1,000여 년 동안 변치 않고 보존해왔다. 음식문화도 원형 그대로 계승하면서 이주한 지역의 환경에 접목해 재창조했다. 객가의 차문화는 서구세계에 큰 영향을 줬을 정도로 풍성하다.

토루에서 가장 중요한 시설이 우물이다. 토루는 수맥이 풍부한 곳을 찾아 지었다.

이런 문화와 생활의 특징은 토루에서 잘 드러난다. 오늘날 토루가 가장 잘 보존된 곳은 푸젠성 난징南靖, 융딩永定, 화안華安 등지다. 그곳에는 다양한 형태의 토루가 무려 3,000여 개나 남아 있다. 그중 보존이 완벽한 46개를 2008년 중국정부가 유네스코 세계문화유산으로 등재시켰다. 토루는 12세기 송대에 처음 나타났다. 객가는 깊은 산속이나 험한 고개에 대가족이 함께 생활할 수 있는 집을 건축했다. 북부에서 가족 모두가 이주해와 척박한 대지를 일구며 정착해야 했기에, 대가족이 함께 살며 힘을 합치는 것은 아주 중요했기 때문이다.

토루의 건축은 전통 풍수지리와 첨단기술이 총동원됐다. 특히 풍수를 고려하는 일이 가장 중요하다. 토루를 지을 때는 먼저 어떤 위치에 지을지를 선정한다. 여기에 '산은 사람을 다스리고 물은 재물을 관장한다山管人丁水管財.'는 객가의 속담이 잘 응축되어 있다. 실제 대부분 토루는 산에 기대어 있으면서 앞이 트인 작은 분지에 자리 잡고 있다. 또한 전면이나 측면에 하천이 있거나 지하수맥이 풍부한 곳이 보통이다. 이처럼 풍수는 객가인과 토루에 있어 절대로 떨어질 수 없는 불가결의 요소다. 오늘날 홍콩과 대만에서 활동하는 유명한 풍수가도 대부분 객가 출신이다.

집터를 정했으면 본격적으로 공사에 들어간다. 먼저 대문을 어떤 방향으로 향할지 정한다. 대문을 건축물의 기준으로 삼아서 원을 그린다. 그 선상에 외벽의 기둥이 될 말뚝을 줄지어 박고 지반을 다진다. 이 작업이 끝나면 음식을 준비해 살 곳을 짓도록 도와주신 조상께 제사를 지낸다. 제사 뒤에는 외벽 공사를 돌입한다. 외벽 하단은 돌담으로 세우고, 그 위로는 오리나무와 대나무로 촘촘히 다져서 강철과 같은 흙벽을 만든다. 이 흙벽은 하단 폭은 170㎝, 평균 150㎝으로 웬만한 공격에도 허물어지지 않는다.

1층의 흙벽 공사가 어느 정도 진행되면, 그 안쪽으로 나무기둥을 세워 방을 짓는다. 층별로 한 칸씩 정교하게 나무로 맞추어 간다. 여기서 흙벽과 나무의 이음이 정교하게 맞아야 제대로 된 집을 지을 수 있다. 보통 층마다 외벽을 먼저 세우고 내부의 방과 복도를 짓는다. 그런 뒤 다시 위층 공사를 진행하는 식이다. 이 공사가 모두 끝나면 기와로 지붕을 얹힌다. 끝으로 안과 밖의 구석구석을 세세하게 장식하고 보수작업을 마친다. 대문은 단 하나만 둔다. 철판 입힌 나무로 만든 대문 위에는 작은 관을 설치한다. 이는 외부에서 공격받을 때 뜨거운 물을 뿌리기 위해서다.

술로 만나는 중국·중국인

토루는 보통 4층으로 지어져 수직으로 나누어 한 가족이 한 칸을 사용한다

문과 외벽은 토루의 특징인 강력한 방어성을 보여 준다. 과거에는 산적의 노략질이 끊이지 않았고, 야생동물의 공격도 흔했기 때문이다. 토루 건설에 있어 마지막 작업은 마당 조성이다. 마당에는 선조와 전통을 존중하는 객가의 관념이 잘 나타나 있다. 중앙 한복판에는 조당을 지어 조상신을 모신다. 여기에 모시는 조상은 남방으로 갓 이주해 왔을 때 혹은 토루를 처음 건설했던 선조를 가리킨다. 매년 선조의 생일과 기일에는 온 씨족이 조당에 모여 제사를 지낸다. 객가인은 이런 전통 건축술과 사상을 바탕으로 1960년대까지 토루를 지었다.

보통 한 토루에 한 씨족 또는 한 대가족이 살았다. 그렇기에 성을 앞에 붙여 '○○루樓'라고 불렸다. 하나의 토루는 하나의 독립적인 세계다. 객가인은 토루의 공간을 최대한 활용해서 서당, 식당,

토루는 객가인의 심오한 풍수사상과 뛰어난 건축술이 응집된 건축물이다.

목욕탕 등 필요한 시설을 골고루 갖췄다. 토루의 침실은 2층부터 4
층까지 두는데, 보통 한 가족을 한 단위로 해서 수직적으로 배열했
다. 흥미로운 점은 집을 지을 때는 훗날 늘어날 가족을 염두에 두어
규모를 크게 했다는 것이다. 이 때문에 청대 지어졌던 원형 토루의
경우 방은 300여 칸에 달했고 최대 900명이 살 수 있을 정도였다.
　독립된 토루에서 사는 이들답게 객가는 철저히 자급자족의 경제
구조를 갖췄다. 토루 주변에는 개천이 흐르거나 수맥이 있다. 이
물을 이용해 객가인은 쌀, 옥수수, 감자, 야채, 과일 등을 심어 수
확한다. 특히 객가가 생산하는 쌀과 차는 품질이 아주 뛰어나다.
객가쌀에는 북방과 남방의 도작문화가 한데 융합되어 있다. 그렇
기에 남부의 여느 쌀보다 윤기가 많이 흐르고 맛있다. 객가차는 청
대 최상품으로 쳐줄 만큼 유명했다. 청대 유일한 대외무역항이었

던 광저우의 13행을 통해 서구세계로 수출했던 차가 바로 푸젠의 객가차였다.

푸젠의 객가인들은 경작한 찹쌀로 '냥주娘酒'를 빚는다. 이 냥주의 양조법은 우리의 쌀술과 유사하고 제조과정이 간단하다. 먼저 찹쌀을 씻은 뒤 물에 담가 하루 동안 불린다. 불린 쌀은 건져서 물기를 빼고 시루에 푹 찐 다음 차게 식힌다. 여기에 누룩과 고두밥을 섞고 물을 부은 뒤 비비고 증류한 술을 더한다. 이것을 술독에 담아 적당한 온도에 반나절 정도 끓이면 보글거리며 끓는 소리가 난다. 이때 술독 주둥이에 구멍을 내고 다시 이틀 정도 놔둔다. 그러면 냥주는 어느덧 일정하게 발효되어 숙성된다.

그렇다면 미주라 하지 않고 왜 냥주라 부를까? 여기에는 객가의 재미있는 전설이 깃들어 있다. 앞서 설명했듯이 객가는 전란을 피해 북방에서 내려왔다. 4차 이주시기 한 무리의 대가족이 고향을 떠나 수개월 동안 남하한 끝에 푸젠의 산골까지 걸어왔다. 제대로 먹지도 쉬지도 못한 탓에 온 가족은 그야말로 기진맥진해 버렸다. 모든 토착민들이 그들을 적대시했지만, 한 백발의 노파는 달랐다. 그는 가족들에게 커다란 대나무 통에 담긴 술을 건넸다. "어서들 마셔보게나. 금방 기력을 회복할 걸세."

향긋한 냄새가 진동하는 술을 연장자부터 들이켰다. 잠시 후 혼미한 정신이 맑아지고 기력이 점점 되살아나는 느낌이 들었다. 노파는 "이 술은 찹쌀로 지었다."면서 자세한 양조기술을 가르쳐 줬다. 자신들을 따뜻이 반겨주고 술 제조법까지 알려준 노파를 온 가족은 그 뒤 어머니처럼 받들었다. 그리하여 술 이름을 '어머니娘의 술'이란 냥주로 명명했다. 객가인들은 "누구나 술을 빚고 음식을 만든다."고 할 정도로 냥주를 제조한다. 임산부는 산후조리를 할 때 냥주를 마신다. 그 때문에 지금도 어느 토루를 가든 특색 있는 맛과 향내를 지닌 냥주를 마실 수 있다.

그뿐만 아니라 전통명절이나 관혼상제를 거행할 때, 귀한 손님이 방문했을 때도 담가 놓았던 냥주를 꺼내어 마신다. 평소에도 음식을 만들 때 빠져서는 안 되는 조미료가 바로 냥주다. 이처럼 냥주는 푸젠 객가인과는 불가분의 관계다. 술 예절에 있어서 객가인은 손님을 대접할 때 술주전자의 꼭지를 절대 손님에게 향하지 않도록 주의한다. 이는 상대방을 경원시한다는 뜻으로 아주 실례되는 행위다. 또한 술잔을 부딪칠 때 잔 윗선이 연장자보다 높아서 안 된다. 이런 전통적인 술 예절은 오늘날 중국에서 오직 베이징인과 객가인만이 철저히 지키고 있다.

포성이 격렬했던 전장에서 빚는 '진먼고량주'

푸젠성 동쪽 앞바다의 한 작은 섬에는 동서양 건축양식을 융합한 건물들이 많다. 우리에겐 개혁·개방 이후 최초의 경제특구 중 하나로 유명한 샤먼의 코 앞 진먼다오金門島가 그 현장이다. 진먼의 모든 섬은 샤먼에서 10㎞도 안 될 만큼 가깝다. 샤먼의 양탕陽塘에서 진먼의 시위안西園은 2.4㎞에 불과하다. 중국과 대만을 가로지른 대만해협의 거리는 남북한을 둘로 쪼갠 비무장지대만큼이나 좁다. 이에 반해 진먼에서 대만은 165㎞나 떨어져 있다. 그럼에도 오늘날 진먼은 엄연히 대만의 영토다.

그런데 흥미롭게도 진먼은 행정구역상 대만 본토 소속이 아니다. 대만의 통치권이 미치지 못하는 푸젠성 취안저우泉州시에 속한다. 이 때문에 진먼은 대만에서 유일한 특별자치현으로 중앙정부

1952년 후롄 장군이 진먼방어사령부로 지었던 쥐광러우(莒光樓).

직속이다. 어찌하여 이리 복잡한 내력을 지니게 된 것일까? 진먼을
제대로 이해하려면 시계 바늘을 과거로 되돌려 살펴봐야 한다. 이
섬은 3세기 진晋에서 건너간 소蘇, 진陳, 오吳 등 여섯 성씨의 가족
이 처음 개척했다. 803년 당대 취안저우부가 5대 목장 중 하나를
진먼에 설치하면서 다른 열두 성씨의 가족이 이주했다.

원대부터 청대까지는 조정에서 염전을 개발하면서, 진먼은 푸
젠에서 으뜸가는 소금 생산지로 이름을 떨쳤다. 소금은 지역경제
를 활성화하여 긴 세월 섬 주민들을 굶주림 없이 살게 했다. 진먼
이 중국 역사에 첫 등장하는 것은 청대 초기다. 해적 출신으로 항
청복명抗淸復明의 기치를 들고 청에 대항했던 정성공鄭成功의 본거
지가 진먼과 샤먼이었다. 정성공은 당시 대만을 점령했던 네덜란
드와 대륙 사이에서 해상무역으로 부를 축적했고 군비를 쌓았다.

이를 바탕으로 1658년 17만의 대군과 선단을 이끌고 난징을 공략했으나 청군에 대패하고 말았다. 그 뒤 정성공은 청조의 압박을 피해 대만으로 건너갔다. 1680년 청은 우환덩어리인 대만을 정벌하기 위해 먼저 진먼을 쳤다. 3년 뒤 진먼에서 출발한 청군은 대만 점령에 성공했다. 진먼은 청대에는 퉁안同安현에 속했는데, 1915년 독립된 현으로 승격했다. 이런 역사적 연혁과 배경 때문에 지금까지 대만정부는 진먼을 푸젠성 관할로 두고 있다. 대만은 자국 헌법상 대륙 전체를 자신의 영토로 규정하고 있다. 비록 행정권은 미치지 못하지만, 상징적 의미에서 진먼을 푸젠에 집어넣었던 것이다.

그렇다면 앞서 거론한 동서 융합건축은 어찌된 영문일까? 여기에는 진먼다오의 눈물과 환희어린 역사가 서려 있다. 1840년 아편전쟁에서 아시아의 늙은 용이었던 청은 영국에 참패했다. 1842년 맺어진 양국 간의 난징조약으로 청은 상하이, 닝보 등 5개 항구를 대외 개방했다. 이 중 하나가 샤먼이었다. 샤먼은 외국과의 교역을 시작하면서 경제와 산업이 급속히 발전했다. 이에 따라 소금의 소비도 늘어나자, 진먼 이외에 염전이 우후죽순처럼 늘어났다. 시장경쟁이 치열해지면서 진먼의 소금산업은 차츰 경쟁력을 잃어갔다.

생존을 위해 진먼인들이 선택한 출로는 해외 진출이었다. 본래 진먼에는 어민들이 많아 각지로 나가는 뱃길에 익숙했다. 따라서 배를 타고 동남아시아로 나아갔다. 오늘날 우리가 흔히 말하는 '화교華僑'가 된 것이다. 진먼인들은 동남아 각국에 도착해 밑바닥 생활을 하면서 열심히 일했다. 그렇게 악착같이 번 돈을 고향으로 보

서양의 건축술에 진먼의 개성이 담긴 건축물 더유에러우.

냈다. 1920년대까지 그들이 이용했던 송금창구는 흥미롭게도 차이나타운의 약방이었다. 약방은 중국 본토에서 대부분의 약재를 사들였다. 동남아에 진출한 진먼인들은 약방 주인의 귀행 길에 돈과 편지를 딸려 보냈다.

20세기 초부터 사업에 성공한 진먼 출신 화교의 금의환향이 이뤄지기 시작했다. 그들은 항구와 가까운 수이터우水頭촌에 몰려 살면서 독특한 양식의 집을 짓고 살았다. 바로 동남아 현지에서 본 서구의 건축술과 접목시킨 동서 융합식이다. 그 대표적인 건축물이 더유에러우得月樓다. 더유에러우는 인도네시아에서 사업에 성공한 화교 황옌황黃延煌이 1930년대 고향에 돌아와 지은 집이다. 당시 인도네시아는 네덜란드의 식민지였다. 황옌황은 네덜란드 건축술을 이식해와 진먼의 전통건축술과 접목시켰다. 해적이 자주 출몰

술로 만나는 중국·중국인

하는 진먼의 사정을 고려해 담장을 높이 쳤고, 높은 망루를 지었다.

귀향 화교들은 수이터우에 진먼 최초의 근대식 초등학교도 열었다. 서구식 건축양식으로 지은 진수이金水소학교다. 오늘날까지 동남아에 진출했던 진먼인들의 귀향과 투자는 끊이지 않고 있다. 푸젠성 전체로 봤을 때 전 세계 화교의 30%, 싱가포르 화교의 70%가 푸젠 출신이다. 이들의 투자는 진먼에 큰 힘이 됐다. 왜냐하면 진먼은 전체 면적 153㎢(다진먼은 135㎢)에 불과한 작은 군도이기 때문이다. 다大진먼, 샤오小진먼, 다단다오大膽島 등 17개의 크고 작은 섬으로 구성됐다.

이런 작은 군도가 20세기 중반에는 참혹한 전쟁터로 변했다. 무려 21년간 역사상 최장의 포격전이 벌어졌다. 이른바 '진먼포격전'이 그것이다. 1949년 10월 1월 마오쩌둥은 베이징 톈안먼 위에서 신중국의 성립을 선언했다. 3주 뒤 샤먼에서 화동야전군 10병단이 상륙작전을 준비했다. 대만으로 도망간 장제스와 국민당 군대를 치기 위해서였다. 10병단 사령관 예페이葉飛는 병사들을 모아 놓고 일장 연설을 했다. 예는 "저 눈 앞에 보이는 진먼은 단순한 섬이 아니라 대륙과 대만을 연결해 주는 통로다."며 작전의 중요성을 일깨웠다.

당시 인민해방군 병사들은 파죽지세로 샤먼까지 밀고 내려와 사기가 높았다. 또한 진먼에는 국민당 패잔병만이 지키고 있을 거라 여겼다. 하지만 현실은 전혀 달랐다. 진먼에는 대만인으로 구성된 2만 명의 병사들이 있었다. 여기에 대륙에서 넘어온 18군도 합류했다. 이들을 이끈 후롄胡璉 사령관은 중일전쟁에서 용맹을 떨친 명장이었다. 10월 24일 사위가 어두워지자, 10병단 병사들은 목선 수백 척을 타고 샤먼을 출발했다. 상륙부대가 구닝터우古寧頭 해변에 도착할 쯤 샤먼에서 포격으로 지원했다. 병사들은 기세당당하게 배에서 내렸으나 지뢰와 포탄·기관총 세례를 받았다.

상륙작전은 사흘 뒤 3,000여 명의 전사자와 7,000여 명의 포로만 남긴 채 막을 내렸다. 첫 진공작전은 실패했으나 중국군은 진먼 점령을 포기하지 않았다. 1953년 한국전쟁이 끝나자, 중국군은 육·해·공으로 완벽한 상륙체제를 갖췄다. 그러나 마오는 출정을 명령하지 않았다. 한국전쟁에서 미군 첨단병기의 쓴맛을 톡톡히 봐서 미국의 개입을 우려했다. 그랬던 마오가 1958년 8월 23일 진먼에 대한 공격을 명령해 진먼포격전의 서막이 열렸다. 이날 샤먼의 포병부대는 459문의 대포를 동원했다. 또한 80여 척의 군함과 200여 대의 전투기가 출동해 진먼을 공격했다.

갑작스런 중국군의 습격으로 진먼은 순식간 불바다로 변했다. 하루 만에 부사령관 3명과 수백 명의 대만군 장병이 숨졌다. 며칠간 격렬한 포격전이 벌어졌다. 바다에선 양국 함정이 치열한 해전을 펼쳤다. 하늘에선 양국 전투기의 공중전이 장관을 이뤘다. 이에 미국은 항공모함 7척, 순양함 3척, 구축함 40척 등을 대만에 출동시켰다. 일본에 주둔했던 해병대 3,800명도 수송기를 나눠 타고 대만에 내렸다. 금방이라도 중국과 미국 사이 전면전이 벌어질 기세였다. 하지만 전황은 이해하지 못할 방향으로 전개됐다. 중국군은 진먼으로 진입하는 대만 함선과 비행기만 공격했다.

8·23기념관에 전시된 각종 대만군 병기. 1958년 당시 사용됐던 무기다.

마오는 장군들에게 미군 군함에 포격을 받더라도 절대 선제공격이나 반격을 하지 말라고 엄명했다. 미군 선단도 진먼에 진입하는 흉내만 냈을 뿐 선수를 곧 대만으로 돌렸다. 9월 말 진먼은 식량과 탄약이 거의 바닥나 전의를 상실했다. 하지만 중국군은 진먼에 상륙할 기미를 보이지 않았다. 사실 마오는 애초부터 전면전을 치를 의사가 없었다. 포격전이 벌어지기 한 달 전 이라크에서 젊은 장교들이 쿠데타를 일으켰다. 하심 왕조가 타도되고 공화국이 수립됐다. 미국은 혁명의 불길이 중동 전역으로 퍼지는 양상을 막기 위해 6함대를 파견했다.

중국은 6함대의 화력을 분산시켜 중동의 혁명세력을 간접 지원하고자 했다. 이에 진먼 공격을 명령했던 것이다. 미국도 확전을 원하지 않았다. 한국전쟁에서 미군은 중국군의 전투력이 만만치 않음을 실감했다. 1957년에는 소련이 첫 인공위성 스푸트니크를 쏘아 올렸다. 만약 중국과 전면전을 벌인다면 소련과 핵전쟁을 각오해야 할 판이었다. 이에 미군 선단은 대만 해협을 떠돌며 군사 시위만 벌였다. 10월 13일 중국은 돌연 포격 중지를 선언했다. 평화회담을 제의하면서 미국과 대만 사이를 이간질했다. 10월 말에는 진먼으로 들어가는 대만 함정의 진입을 용인했다.

그 뒤 국공 양군은 짝수 및 홀수 날을 번갈아가며 포탄을 쏘았다. 이듬해부터는 적지가 아닌 바다를 쏘아댔다. 전쟁이 진먼에 끼친 피해는 엄청났다. 군인과 민간인 618명이 죽었고 2,600여 명이 다쳤다. 전체 군도에 떨어진 포탄은 무려 47만 발이었다. 진먼포격전은 1979년 1월 중국과 미국이 정식 외교관계를 맺는 날까지 계속됐다. 이 기간 대만은 진먼을 요새화했다. 1958년부터 모두 12개, 총연장 10여 ㎞에 달하는 지하갱도를 건설했다. 각종 군사시설, 주민 4만여 명이 생활할 수 있는 거주공간 등 엄청난 대역사를 벌였다. 이 지하갱도는 1992년에야 완공됐다.

1961년부터 5년간 화강암을 뚫어 조성한 자이산翟山갱도가 대표적이다. 자이산갱도는 바다에서 섬 안으로 연결될 수 있는 수로와 지하도로로 구성되어 있다. 수로는 A자로 높이 8m, 폭 11.5m, 길이 357m에 달한다. 도로는 높이 3.5m, 폭 6~7m이다. 수로는 상륙용 주정(LST) 42척이 한꺼번에 머물 수 정도로 크다. 도로는 탱크가 서로 교차할 수 있을 정도로 넓다. 갱도에는 바닷물을 끌어들여 담수로 만드는 시설을 만들어 게릴라전까지 준비했다. 또 다른 진청金城갱도에는 현정부 청사, 관공서, 은행, 학교 등을 조성했

　　　　　　　　　　　　　술로 만나는 중국·중국인

우정둥 사장은 15분의 정교한 작업을 거친 끝에 멋진 포탄 칼을 완성했다.

다. 지하 6~7m 아래에 총연장이 2.6㎞에 달한다.

이 같은 전쟁터 체험을 위해 오늘날 진먼다오를 찾는 관광객 중 적지 않은 수가 중국인이다. 2014년 진먼을 방문한 중국인은 54만 4,000명이었다. 이는 전체 관광객 141만명 중 39%에 달했다. 중국인은 진먼·마쭈馬祖와 푸젠 간에 소삼통小三通 허용된 2001년에는 951명에 불과했다. 그러나 2005년 1만4,000명, 2010년 15만명 등 해가 갈수록 폭발적으로 증가했다. 본래 진먼은 대만인들도 쉽게 방문하지 못했다. 대만은 1987년 계엄이 해제됐지만, 진먼은 1992년까지 계엄 통치가 계속됐다. 이때까지 진먼인들은 어로 활동을 못했고, 밤 10시 이후 통행과 점등이 금지됐다.

아이러니컬하게도 계엄기간에 진먼 주민들을 먹여 살린 구세주는 10만명의 주둔군이었다. 대만정부는 군인들에게 진먼에서만 쓸 수 있는 지폐로 월급을 지급했다. 이 때문에 군인들은 진먼에서 먹고 쓰고 놀았다. 1937년 설립된 칼 제조공장 진허리金合利도 이 때 급성장했다. 군대 내 부엌칼과 대검 수요가 엄청났기 때문이다. 그런데 우정둥吳增棟 사장은 한 발 더 나아가 기발한 아이디어를 냈다. 섬 곳곳에 박힌 수십만 발의 포탄 중 일부를 수거해 다양한 칼을 만들었다. 바로 현재 중국 관광객에게 인기 있는 양대 특산품 중 하나인 포탄 칼砲彈鋼刀이다.

또 다른 특산물은 '진먼고량주高粱酒'다. 진먼고량주는 대만을 대표하는 전통주다. 이 술을 생산하는 진먼술공장은 진먼현 정부가 운영하는 공기업이다. 1952년 설립된 주룽장九龍江술공장으로 전신으로, 1956년 지금의 이름으로 바꿨다. 하지만 가내 수공업 형식으로 빚어지던 고량주를 지금처럼 현대적인 생산방식으로 발전시킨 이는 예화청葉華成이다. 예화청은 1950년 진청金城술공장을 세워 진먼고량주의 기틀을 다졌다. 진먼현 정부는 이 진청술공장을 흡수해 주룽장술공장을 설립했다. 진먼고량주가 대만 술의 대표주자로 성장한 데는 10만 대군의 힘이 컸다. 내가 2015년 11월 만났던 진먼술공장 린더궁林德恭 회장은 "진먼에 주둔했던 장병들이 부대 회식 때 진먼고량주를 즐겨 마셨는데 휴가를 나가거나 제대하면서 여러 병을 사갔다."고 말했다. 이런 경로로 진먼고량주의 뛰어난 술맛은 대만 전역에 알려졌다. 대만정부도 진먼고량주를 의전용 술로 지정해 밀어 줬다. 이 덕분에 한때 진먼고량주는 대만 전통주시장의 90% 이상을 장악했다. 지금도 대만 3대 명주 중 최고봉으로 70~80%의 점유율을 유지하고 있다.

진먼고량주는 지하갱도의 저장고에 마련된 항아리에서 숙성된다.

오랜 포격전과 계엄 상황 아래 놓였던 탓에 진먼은 섭답지 않게 어업이 발달하지 못했다. 사시사철 바람이 세서 기후가 건조하다. 바위와 모래가 많아 땅은 메마르다. 이 때문에 농사지을 수 있는 토지는 전체 면적의 1/3(50㎢)에 불과하다. 그러나 수수는 잘 자란다. 이런 자연조건으로 인해 청대부터 수수를 주원료로 보리, 쌀, 옥수수 등을 더해 양조하기 시작했다. 고량주 제조는 진먼의 지주산업이라 할 정도로 지역경제에서 큰 비중을 차지한다. 수수가 잘 자라지만, 고량주의 원료로는 절대 부족하다. 실제 고량주 생산에 필요한 10~20%의 수수만이 진먼에서 공급되고 있다.

놀랍게도 진먼술공장은 해외로부터 수입되는 수수보다 2배나 비싼 가격에 현지 수수를 매입한다. 린 회장은 "수수를 경작하는 농가는 작은 규모와 낮은 수확량으로 경쟁력을 갖출 수 없다."며

"당장의 경제적 이익보다는 진먼에서 수수 공급을 지속적으로 확보하고 주민들의 수입 증대를 위해 경작 농가와의 상생을 추구하고 있다."고 말했다. 진먼술공장은 새로운 시장 개척도 힘쓰고 있다. 1990년대에 들어선 경쟁업체의 도전과 젊은이들의 저도주 선호로 더욱 절박했었다. 소삼통은 진먼고량주에 있어 복음이나 다름없었다.

2004년 진먼술공장은 중국시장 공력을 위해 샤먼에 법인을 설립했다. 린 회장은 "푸젠에는 딱히 내세울 만한 명주가 없기에 빠른 속도로 대륙 술시장에서 입지를 굳힐 수 있었다."고 말했다. 이제 진먼고량주는 진먼을 방문하는 관광객뿐만 아니라 중국인들도 즐겨 마시고 있다. 2010년에는 중국정부가 수여하는 '중국유명상표'을 획득했다. 진먼술공장은 2014년 총판매액이 132.9억 대만달러(약 4,700억 원)를 기록했다. 금세기 들어 처음 역성장을 기록한 수치인데, 시진핑 중국 국가주석의 반부패전쟁을 진행해 중국인의 소비가 줄어들었기 때문이다. 2015년 11월 진먼고량주에 재도약의 날개를 달아줄 만한 사건이 일어났다. 싱가포르 샹그릴라호텔에서 만났던 마잉주馬英九 전 대만 총통과 시 주석이 만찬주로 진먼고량주를 함께 마셨던 것이다. 분단 66년 만에 처음 대면한 두 최고지도자는 일곱 가지의 음식을 더해 술을 들이켰다. 진먼고량주는 마 총통이 두 병을 가져갔는데, 시마회習馬會를 빛냈던 최고의 조연이었다. 무엇보다 분단의 무대였던 진먼다오가 양안兩岸(중국과 대만) 화합의 상징으로 다시금 주목받았다. 이렇듯 전 세계인들의 이목을 집중시켰던 진먼고량주이기에 그 앞날은 더욱 밝다.

술로 만나는 중국·중국인

'중국의 하와이'를 꿈꾸는 싼야의 '야자술'

대륙 남쪽 남중국해에는 중국에서 가장 큰 섬 하이난다오海南島가 있다. 하이난다오의 육지 면적은 3만 5,400㎢다. 중국 31개 성·시 중 28번째지만, 최근 중국 영토의 개념이 바뀌면서 면적이 200㎢ 늘어났다. 2012년 7월 중국정부가 시사군도西沙群島(파라셀제도)의 융싱다오永興島에 시정부를 둔 싼사三沙시를 출범시켰기 때문이다. 시사군도는 하이난다오 남단에서 336㎞ 떨어진 남중국해 북쪽에 있다. 2차 세계대전 이후 중국은 이 군도를 두고 베트남과 영유권 다툼을 벌였다. 1974년 당시 남베트남 해군과 전투를 벌여 승리한 뒤 전체 군도를 지배하고 있다.

중국은 여기에 그치지 않았다. 하이난다오에서 동남쪽으로 560㎞ 떨어진 중사군도中沙群島의 실질적인 영유권도 행사하고 있다.

중사군도는 시사군도와 달리 황옌다오黃巖島를 제외한 나머지는 해수면 아래에 잠겨 있는 환초다. 그 때문에 영어 명칭이 대륙붕에서 언덕처럼 높게 솟아오른 부분을 가리키는 '메이클즈필드 뱅크'다. 또한 필리핀 본토와의 거리가 하이난다오보다 훨씬 가깝다. 하지만 중국은 강력한 해군력을 앞세워 필리핀 함정이 중사군도 근처에 발도 못 붙이게 하고 있다.

두 군도와 달리 난사군도南沙群島(스프래틀리제도)는 여러 나라가 얽혀 국제적인 분쟁을 일으키고 있다. 난사군도의 면적은 약 80만 ㎢로, 남중국해(230만 ㎢)에서 가장 넓다. 수백 개의 섬, 환초, 모래톱 등으로 이루어져 있다. 전체 섬과 환초의 면적은 2.1㎢에 불과하지만 베트남(24개), 중국(10개), 필리핀(7개), 말레이시아(6개) 등이 분할 점거하고 있다. 난사군도는 하이난다오에서 1,000㎞나 떨어져 있다. 그러나 해저에는 석유, 천연가스 등 부존자원이 풍부하다. 또한 인도양과 태평양을 잇는 중요 전략 요충지이다. 이 때문에 오늘날 중국의 관심이 지대하다. 오랜 세월 중국은 대륙국가로 군림했기에 과거에는 남중국해에 주의를 기울이지 않았다. 아편전쟁 전까지는 해금령에 따라 연안 방어에 힘썼다. 1909년 광둥 수사였던 이준李准 제독이 시사 및 난사군도를 순찰해 국기를 꽂았지만, 군사적 이벤트였을 뿐이다. 1949년 들어선 사회주의 정권도 헌법에 '남중국해 군도는 중국 영토'라 규정했으나 주권적 선언에 불과했다. 하지만 1968년 유엔 아시아·극동경제위원회가 남중국해의 자원 탐사를 실시해 석유와 천연가스의 부존 가능성을 보고하면서, 주변국들과 영유권 분쟁을 시작되어 지금에 이르고 있다.

술로 만나는 중국·중국인

중국인들은 여전히 싼사보다 싼야三亞를 땅 끝 도시로 떠올린다. 그럴 수밖에 없는 것이 오랜 세월 싼야는 중국 최남단으로 각인됐었다. 이미 6세기 때부터 애주崖州라고 불렸다. 애주는 땅 끝 낭떠러지라는 뜻이다. 과거 관리들은 싼야의 지방관으로 임명되면 사색이 됐다. "천애해각天涯海角의 땅으로 좌천되니 앞으로 승진 길은 꽉 막혔구나."고 여겼기 때문이다. 천애해각은 하늘의 끝자락이자 바다의 귀퉁이란 의미다. 당대 재상으로 개혁정치를 펼쳤던 양염楊炎이 그런 처지였다.

양염은 환관이 관리해서 부패가 심했던 조용조제도를 개혁했다. 양세법을 실시해 국가재정을 정상화했지만, 환관과 번진세력의 반발을 사고 말았다. 덕종德宗은 정국을 안정시키고자 양염을 장안에서 쫓아냈다. 양염은 싼야로 가던 중 '유애주지귀문관작流崖州至鬼門關作'을 지어 쓰라린 심정을 절절히 표현했다.

한번 가면 만리 길이요,
一去一萬里
천년이 지나도 돌아올 수 없다네.
千之千不還
묻노니 애주는 어디에 있는고?
崖州在何處
살아서 지나는 귀신의 관문일세.
生度鬼門關

잘 정돈된 싼야의 시가지. 해변 도로가에는 무수히 많은 야자수가 있다.

역대 왕조는 우리의 제주도처럼 하이난다오를 유배지로도 활용했다. 하이난다오에서 귀양살이했던 관료 중에는 소동파蘇東坡가 있다. 소동파는 북송 개혁의 필요성에는 공감했지만, 왕안석王安石의 독선과 그를 둘러싼 관리들의 위선에 못 견뎠다. 이에 구법당으로 속해서 신법을 반대했다. 이로 인해 정쟁에 휘말려 여러 차례 유배에 처해졌다. 1097년에는 신법당의 모함으로 하이난다오에 안치됐다. 다행히 1년 뒤 철종이 승하하고 휘종이 즉위하면서 1101년 복권됐다. 그러나 상경하는 도중 쇠약해진 몸을 거두지 못하고 이질을 걸려 65세의 나이로 숨을 거뒀다.

소동파는 하이난다오에서 적지 않은 시를 남겼다. 그중 한 수가 지금도 중국인들 사이에서 회자되는 '징매역통조각澄邁驛通潮閣'이다. 이 시는 바다 건너 땅 끝에 버려진 자신의 처량한 신세를 잘 묘

술로 만나는 중국·중국인

사한 절창이다.

남은 생을 하이난다오 마을에서 마치려 했더니,

餘生欲老海南村

황제께서 무당인 무양을 보내 내 혼을 부르시네.

帝遣巫陽招我魂

저 멀리 하늘이 낮게 드리워 송골매가 사라진 곳,

杳杳天低鶻沒處

한 올 머리칼처럼 푸른 산이 바로 중원이라네.

靑山一髮是中原

  애주가 지금의 이름으로 개명된 것은 20세기 들어와서다. 신해
혁명 후 애현崖縣이라 불렸고, 1961년 싼야로 바뀌었다. 1987년
시로 승격될 때만 해도 싼야는 낙후된 어촌도시였다. 당시 포장된
도로는 95㎞, 등록된 차량은 2,298대에 불과했다. 싼야가 성장의
날개를 난 것은 1988년 중국정부가 하이난다오를 경제특구로 지
정하면서부터다. 덩샤오핑은 2,000년 넘게 광둥성에 속해 있었던
하이난다오를 독립된 성으로 분리해 중국에서 가장 큰 경제특구로
만들었다. 이 덕분에 싼야는 '중국의 하와이'로 탈바꿈했다.
  본래 싼야는 천혜의 아름다운 해안가와 울창한 산림을 간직했
다. 열대해양성기후대에 속해 연평균 기온이 25.7℃에 달한다. 여
름철은 후덥지근하지만, 평균기온은 28.7℃을 유지하며 35℃ 이
상 넘는 날은 많지 않다. 해 뜨는 날이 많아 한 해 일조시간이 무려

해변가 야자수 아래에서 휴식을 취하는 중국과 외국 관광객들.

2534시간이나 된다. 이 때문에 중국에선 싼야를 '천연의 온실'이라 부른다. 경제특구가 되면서 외국인 투자가 싼야에 쏟아져, 관광산업을 위주로 한 개발이 급물살을 탔다. 겨울철에도 해수욕을 즐길 수 있어 5성급 호텔과 리조트가 우후죽순처럼 들어섰다.

1987년 싼야에 외국인이 묵을 수 있는 호텔은 5개에 불과했지만, 지금은 5성급 호텔 40여 개와 리조트 30여 개가 있다. 같은 해 싼야를 찾은 관광객은 12만 9,000명, 관광수입은 997만 위안(약 169억 원)에 그쳤다. 하지만 2015년에는 1,495만 명이 싼야를 방문했고, 302억 위안(약 5조 1,340억원)을 썼다. 외국인 관광객만 35만 8,000명에 달할 정도로 싼야는 상전벽해를 이뤘다. 여기에는 싼야의 뛰어난 지리적 위치가 한몫 했다. 남중국해에 자리잡아 여객기로 2시간이면 홍콩과 대만을 위시해 모든 동남아 국가를 커버한다.

그러나 경제 성장은 집값 폭등과 난개발이라는 부작용을 낳았다. 현재 싼야는 선전, 상하이, 베이징, 샤먼 다음으로 집값이 높다. 평균 부동산가격은 ㎡당 2만 2,000위안(약 374만 원)을 넘어섰다. 해안가의 별장이나 고급 맨션은 ㎡당 3만~4만 위안을 호가한다. 이런 높은 집값 때문에 현지 주민들은 극심한 물가고와 더불어 고통 받고 있다. 호텔은 너무 많이 지어져 포화상태에 이르렀다. 특히 비성수기에는 객실 점유율이 20~30%에 불과하다. 2015년 12월 말 나는 해수욕장 바로 앞 4성급 호텔에서 묵었는데, 하루 숙박료가 우리 돈 7만 원에 불과했다.

중국 최고의 휴양지답게 싼야에는 외지인들이 많다. 2015년 호적인구는 57만 2,000명이지만, 상주인구는 74만 9,000명으로 훨씬 많다. 그중에는 인민해방군 군인들이 적지 않다. 싼야를 대표하는 다둥하이大東海해수욕장 바로 옆에 위린楡林해군기지가 있기 때문이다. 중국 해군은 3대 함대를 보유하고 있다. 산둥성 칭다오에 사령부를 두고 서해를 관할하는 북해함대, 저장성 닝보를 사령부를 두고 동중국해를 관장하는 동해함대, 광둥성 잔장에 사령부가 있는 남해함대가 그것이다. 위린기지는 이 중 남해함대의 전략기지다.

과거 남해함대는 3대 함대 중 최약체로 평가받았다. 하지만 중국이 남중국해에서 영유권 다툼을 벌이면서 위린기지의 위상이 갈수록 높아지고 있다. 실제 위린기지는 남해함대의 모항인 잔장이

중국 해군의 위린기지 정문. 최근 전략적 위상이 커지고 있다.

나 광저우기지보다 시사·난사군도에 훨씬 가깝다. 또한 천혜의 양
항으로 손꼽힌다. 항만 양쪽에 돌산이 있어 파도와 바람을 막아준
다. 수심은 최대 22m에 달할 정도로 깊다. 이 때문에 1939년 하이
난다오를 점령한 일본은 이 항구를 인도차이나반도 침략의 전진기
지로 사용했다. 일본 해군은 위린항에 연합함대 및 해병대 기지를
건설했다. 오늘날 위린기지의 화력은 과거와 비교도 안 될 만큼 막
강하다. 먼저 최신형 052D 형 이지스 구축함을 보유했다. 052D
형 구축함은 중국의 첫 이지스함인 052C 형에 비해 더욱 개량된
무기와 레이더시스템을 장착하고 있다. 64발의 대함·대공·대잠수
함 미사일을 장착할 수 있다. 위상배열 레이더는 미국의 알레이 버
크-III급 이지스함에 탑재된 레이더와 견주어도 손색이 없다. 중국
군은 공식 취역한 쿤밍함, 창사함 등 4척을 모두 위린기지에 배치

술로 만나는 중국·중국인

했다. 현재 4척의 052D 형 구축함이 취역했거나 건조 중이서 그 수는 더욱 늘어날 예정이다.

잠수함 부두는 위린기지만의 특색을 보여준다. 돌산을 뚫어 터널 속에 구축했다. 현재 싼야에는 잠수함을 은닉할 수 있는 터널이 10여 곳이나 된다. 가장 큰 곳은 입구 높이가 20m에 달한다. 터널은 바다와 바로 연결되어 있어 미국의 정찰위성이 잠수함의 출항 여부를 확인하기가 힘들다. 또한 기지 부근의 바다 수심이 곧바로 1,000m에 가까워 잠수함이 활동하기 적합하다. 최근 중국 해군은 야룽완亞龍灣에 세계 최대의 핵잠수함 기지를 건설 중이다. 이 기지가 완공되면 중국은 남중국해에서 미국에 못지않은 해상 전력을 확보하게 된다.

나는 2012년 3월 위린기지의 현황을 살펴보기 위해 싼야를 찾았다. 특히 전년도부터 건설되는 항공모함 부두를 확인하려 했다. 큰 부담을 안고 현지에 도착했지만, 의외로 현장을 금방 찾을 수 있었다. 적지 않은 택시 기사들이 부두 공사장을 알고 있었기 때문이다. 주변 어촌 주민들의 보상과 이주가 아직 이뤄지지 않아 공사장에 들어가기도 쉬웠다. 부두는 길이 800m, 폭 120m, 수심 30~40m에 달해 한 눈에 항공모함이 정착할 수 있는 곳임을 알 수 있었다. 현재 중국 해군은 그 부두를 칭다오와 함께 항모 전용기지로 운용하고 있다.

지난해 다시 찾은 싼야는 이전과 전혀 다른 분위기였다. 위린기지의 규모는 더 커져 군사보호구역이 확대됐다. 이 때문에 다둥하이 해변의 절반은 더 이상 일반인이 들어가지 못하게 됐다. 리조

남중국해를 배경으로 웨딩사진을 찍는 젊은 연인들.
싼야는 중국 최고 웨딩사진 명소다.

트와 골프장이 밀집된 야룽완도 마찬가지다. 잠수함 기지를 건설
하면서 해변의 1/3이 민간인 금지구역으로 바뀌었다. 이런 변화에
웨딩 화보업체 종사자들은 울상 짓고 있었다. 다둥하이의 절경에
서 더 이상 결혼사진을 못 찍게 됐기 때문이다. 과거 다둥하이 서
쪽은 웨딩화보의 천국이었다. 하루에도 수십 쌍의 연인들이 그곳
의 아름다운 풍광을 배경으로 웨딩사진을 찍었다.

쫓겨난 이들은 또 있다. 무한 자유를 만끽했던 누드 족이다. 다둥
하이와 야룽완 해수욕장의 한 구석은 중국에서 유일한 누드 해변이
었다. 4년 전 실오라기 하나 걸치지 않은 누드 족이 모래사장 위에
편하게 누워 일광욕을 즐기는 광경은 나에게 신선한 충격이었다.
그들 중 9할은 남자였지만 1할은 여자였다. 일광욕을 즐기다가 바

술로 만나는 중국·중국인

다에 들어가 해수욕을 즐기던 누드족의 모습은 지금도 기억 속에 강렬히 남아있다. 특히 바로 뒤편으로 있는 위린기지 담장의 붉은 별과 더불어 아주 묘한 풍경을 연출했다. 하지만 해군기지의 확장은 이 모든 것을 삼켜 버렸다.

이처럼 남국의 정취는 사라졌지만 다행히 일신우일신한 특산물이 있다. 중국에서 유일하게 야자를 이용해 빚은 '야자술椰子酒'이 그 주인공이다. 세계 각지의 술에 일가견이 있는 독자라면 야자술로 페르노리카의 말리부 럼(Malibu Rum)을 떠올릴 것이다. 말리부 럼은 알코올 21도의 과일 증류주다. 사탕수수와 야자즙이 첨가되어 술맛이 달짝지근하다. 이 때문에 주스를 섞어 칵테일로 만들면 제격이다. 나도 싼야를 처음 갔을 때 서양인들이 많이 몰리는 바에서 말리부 럼으로 카리부 루(Caribou Lou)를 제조해 마셨다.

그런데 싼야를 떠나기 하루 전 중국인 친구의 소개로 현지산 야자술을 접했다. 술맛이 말리부 럼에 비할 바 못 됐지만, 나름 독특한 맛과 향을 지녀 깊은 인상을 받았다. 하이난다오에서 야자술을 빚어 마시기 시작한 것은 당대 말기부터다. 소동파는 귀양을 온 지 얼마 되지 않아 야자술을 접했다. 술을 마신 느낌을 야자수를 이용해 만든 물건을 노래한 '야자관椰子冠' 도입부에 묘사했다.

하늘이 원앙(한대의 대신)을 살리려 날마다 술을 마시게 하니,
天教日飲欲全絲
좋은 술이 숲에서 생겨나니

야룽완의 한 리조트 앞을 수놓은 야자수.

의적(전설 속 술의 신)을 기다릴 필요 없네.
美酒生林不待儀

　과거 야자술은 즙을 빼낸 야자에 원주를 주입해 숙성시켰다. 그
렇게 제조된 술은 맛있으나 생산량이 적을 수밖에 없었다. 오늘날
야자술은 대량 생산을 위해 큰 항아리에 원주를 붓고, 야자 속껍질
과 사탕수수를 넣어 숙성시킨다. 따라서 이 술은 야자즙과 포도당
성분을 흡수해 감칠맛난다. 2012년만 해도 숙성기술이 덜 개발된
탓인지 저도주만 판매했었다. 그런데 이번에 보니 도수를 50도까
지 올렸다. 숙취를 일으키는 아세트알데하이드를 제거한 고도주를
생산하기 위해, 배합과 숙성 기술을 대폭 개선했던 것이다.
　무엇보다 병 용량이 150~200㎖에다 가격이 15~20위안(약

술로 만나는 중국·중국인

2,550~3,400원)에 불과하다. 이로써 지난 3~4년 전부터 젊은 소비자들을 타깃으로 출시되는 시장트렌드에 부합하면서 부담 없이 즐길 수 있는 가격 경쟁력을 갖췄다. 현재 아시아에서 야자술은 필리핀, 태국, 베트남 등지에서도 생산된다. 중국은 이들 나라보다 양조기술이 훨씬 앞서 있다. 알코올 도수를 높였으면서 달짝지근한 싼야의 야자술. 싼야가 '남중국해를 겨둔 칼'이 아닌 '중국의 하와이'로서 명성을 유지한다면, 앞으로 관광객들에게 큰 인기를 얻을 수 있는 술이다.

以酒認識的中國·中國人

술로 만나는 중국·중국인

초판 1쇄 발행 | 2016년 09월 20일
초판 2쇄 발행 | 2016년 10월 20일

지은이 | 모종혁
펴낸이 | 김정동
펴낸 곳 | 서교출판사

등록번호 | 제 10-1534호
등록일 | 1991년 9월 12일
주소 | 서울시 마포구 성지길 25-20 덕준빌딩 2F
전화 | 3142-1471(대)
팩스밀리 | 6499-1471
이메일 | seokyodong1@naver.com
홈페이지 | http://blog.naver.com/sk1book
ISBN | 979-11-85889-27-6 03980

서교출판사는 독자 여러분의 투고를 기다리고 있습니다. 특히 중국 관련 원고나 아이디어가 있으신
분은 seokyobooks@naver.com 으로 간략한 개요와 취지 등을 보내주세요. 출판의 길이 열립니다.